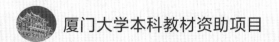 厦门大学本科教材资助项目

现代环境科学概论

[第四版]

主 编: 卢昌义

编 委: 陈 荣　史大林　林建荣
　　　　查晓松　郁 昂

厦门大学出版社
XIAMEN UNIVERSITY PRESS
国家一级出版社
全国百佳图书出版单位

图书在版编目（CIP）数据

现代环境科学概论 / 卢昌义主编. -- 4 版. -- 厦门：
厦门大学出版社，2023.9
ISBN 978-7-5615-9117-8

Ⅰ．①现… Ⅱ．①卢… Ⅲ．①环境科学-概论 Ⅳ.
①X

中国版本图书馆CIP数据核字(2023)第175619号

出 版 人　郑文礼
责任编辑　陈进才
责任校对　胡　佩
美术编辑　李夏凌
技术编辑　许克华

出版发行　厦门大学出版社

社　　　址　厦门市软件园二期望海路 39 号
邮政编码　361008
总　　　机　0592-2181111　0592-2181406(传真)
营销中心　0592-2184458　0592-2181365
网　　　址　http://www.xmupress.com
邮　　　箱　xmup@xmupress.com
印　　　刷　厦门市明亮彩印有限公司

开本　787 mm×1 092 mm　1/16
印张　24.25
字数　652 千字
版次　2005 年 10 月第 1 版　2023 年 9 月第 4 版
印次　2023 年 9 月第 1 次印刷
定价　48.00 元

厦门大学出版社
微信二维码

厦门大学出版社
微博二维码

内容简介

　　本书以习近平新时代中国特色社会主义生态文明思想为指导，简明扼要地介绍了当前环境科学中所包括的环境、资源、能源、全球变化、生态安全等方面的最新研究成果，包括不断发展的新时代生态文明理论等最新议题。在每章后附有相关的参考书目和网站，以供读者进一步学习。附录部分包括国家相关的主要法律法规文献、有关环保等方面的纪念日和历年世界环境日的主题，以及部分练习题的参考答案、部分研究生入学考试的水平测试题等。

　　本书以落实二十大精神进教材、进课堂、进头脑为编写思路，可作为大学相关专业学生的课程思政教材和相关学科考研参考书，还可作为从事环境保护与环境管理等相关专业人员，以及中小学青少年科技辅导员教师的参考书。

第四版前言

本书已出版近 20 年，其间不断再版修订，紧跟时代要求。其内容简洁明了，知识点突出，易于学生系统掌握、复习和进一步深造使用，因而受到普遍的欢迎。本书为福建省精品课程"环境科学导论"的教材，也被报考环境类研究生的学生作为入学复习考试的专业参考书。

党的二十大以来，习近平同志将十八大以来在生态文明建设和环境保护方面的一系列新理念、新要求、新目标和新部署又提高到一个更加崭新的高度，形成了习近平生态文明思想。该思想是我国生态环境保护历史上具有里程碑意义的重大理论成果。总书记在 2023 年 7 月全国生态环境保护大会上的讲话中强调，今后 5 年是美丽中国建设的重要时期，要深入贯彻新时代中国特色社会主义生态文明思想，坚持以人民为中心，牢固树立和践行绿水青山就是金山银山的理念，把建设美丽中国摆在强国建设、民族复兴的突出位置，推动城乡人居环境明显改善、美丽中国建设取得显著成效，以高品质生态环境支撑高质量发展，加快推进人与自然和谐共生的现代化。这为环境学科的发展指明了方向。本书在这些纲领性文件精神的基础上，为进一步满足课程思政的需要，在 2020 年第三版的基础上进行了修订，进一步融入党的二十大精神和习近平新时代中国特色社会主义生态文明思想。再版编写时，我们仍然特别注意保留和发扬本书原版的特点，即内容的广泛性，尽量向读者展示环境科学学科的全貌，使学生更加体会环境科学学科渗透、交叉的广泛性和意义；既反映当前环境科学的最新丰富资料，又通过内容的取舍来提高知识的实用性；注重环境科学理论联系实际的学科特色，加强基础、拓宽视角，贴近新时代社会和生活实际，关注社会热点；并注重与立德树人的根本任务更加紧密结合起来。参与本书编写工作的都是长期在教学第一线的本科教师和研究生导师。通过多年的教学活动，他们把日新月异的环境科学的最新成果和专业知识融入本书，使本书内容得到不断补充和更新，更加适应新时代环境科学教学的要求。

　　为节省篇幅,本书在编写中尽量少用图表。另外,除了对较新的内容进行详细论述外,传统的教材部分均采用提纲的方式,使学生不用阅读繁多的篇章就可基本领略现代环境科学的概况。由于环境科学的涉及面广,内容丰富,建议使用本书的教师和学生根据专业方向的要求自行取舍使用;教师在满足教学基本要求前提和课时安排条件下,因材施教,因需施教。

　　本书在每章后附有"推荐读物与网络资源",以便读者进一步加深对所学知识的理解和掌握。此外,书后还附有配套水平测试实战题目。

　　本书编写时参考学习了一些相关的教材和引用了一些网络资料,谨向资料的原作者表示谢意!也谨向参加本书前三版编写工作的叶勇、罗津晶、胡宏友等老师表示谢意!

　　限于编者水平和时间,本书还存在不少缺点和错误,敬请读者批评指正。

编　者

2023 年 8 月

目　录

第一章 绪 论

第一节 环境及其组成

一、环境的基本概念

环境(environment,surroundings)的概念是相对于中心事物而言的。广义地说,与某一中心事物有关的周围事物,就是这个事物的环境。

环境科学研究的环境是以人类为主体的外部世界,其中心事物是人。在这个定义下的环境包括:

社会(人工)环境:指人们生活的社会经济制度和上层建筑的环境条件,如构成社会的经济基础及其相应的政治、法律、宗教、艺术、哲学的观点和机构等。它是人类物质文明和精神文明发展的标志。

自然环境:是人类赖以生存和发展的必要物质条件,是人类周围各种自然因素的总和,即客观世界或自然界。它由小到大可分为四个层次:

(1)目前人类生活的自然环境:与人类最靠近、关系最密切,由空气、水、土壤、阳光和食物等各种基本因素所组成,一切生物离开了它就不能生存。

(2)地理环境:也在人类周围,范围大一些,由大气圈、水圈、土壤圈、岩石圈组成。其上界为大气圈对流层的顶部,下界为地壳风化层和成岩层的底部。地理环境包括上述"目前人类生活的自然环境",但在地理环境范围内有的是一般生物或人不能生活的。

(3)地质环境:是地下坚硬的地壳层,可延伸到地核的内部(包括内核、外核和地幔)。

(4)宇宙环境:是大气圈以外的宇宙空间。

在以上四类环境中,与人类关系最密切的是第一类,实际上就是我们常说的生物圈(biosphere)。

生物圈是地壳表面全部有机体(生物)及与它发生相互作用的其他自然环境因素的总称。人类活动的范围即生物圈的范围,是环境科学研究的主要对象。研究环境离不开生物,离不开人类;离开了人类来研究环境问题就毫无意义。

二、环境自净能力、环境容量与环境要素

(一)环境自净能力(environment self-purification capacity)

环境受到污染后,在物理、化学和生物作用下,逐步消除污染物达到自然净化的过程,叫作环境自净。这种自净作用的大小称为环境自净能力。环境自净能力是有限的,当污染物的数量超过环境自净能力时,污染的危害就不可避免地发生,生态系统就受到破坏。

(二)环境容量(environment capacity)

环境自净污染物质的能力是有一定限度的,这个限度就叫环境容量;或者说,在人类生存和自然生态不致受害的前提下,某一环境所能容纳的某种污染物的最大负荷量称为环境容量。环境容量的大小与环境空间的大小、环境自净能力的强弱、各环境要素的特性、污染物本身的物理和化学性质有关。环境空间越大,环境对污染物的净化能力越强,环境容量也就越大。对各种污染物而言,它的物理和化学性质越不稳定,环境对它的容量也就越大。环境容量主要应用于环境质量的分析、评价和控制,并为国家制定环境标准和排放标准以及工农业规划提供依据。

(三)环境要素(environment element)

构成人类环境整体的各个独立的、性质不同而又服从于整体演化规律的基本物质组分称环境要素,也称环境基质。环境要素可分为自然环境要素和社会环境要素,但通常指的是自然环境要素。环境要素包括水、大气、阳光、岩石、土壤等非生物环境要素以及动物、植物、微生物等生物环境要素。各环境要素之间是相互联系、相互依赖和相互制约的,环境要素组成环境的结构单元,环境的结构单元又组成环境整体或环境系统。例如由水组成河流、湖泊和海洋等水体,地球上的全部水体又构成水圈(水环境整体);由土壤组成农田、草地和林地等,由岩石组成岩体,全部岩石和土壤构成岩石圈或称土壤-岩石圈;由生物体组成生物群落,全部生物群落构成生物圈。环境要素具有一些非常重要的属性,这些属性决定了各环境要素间的联系和作用的性质,是人们认识环境、改造环境的基本依据。

第二节　环境问题及其与社会经济发展的关系

一、环境问题的定义及分类

1. 环境问题定义

由于自然原因或人类活动使环境条件发生不利于人类的变化,以致影响人类的生产和生活,给人类带来灾害的现象。

2. 环境问题分类

(1)自然造成的环境问题[也称第一(原生)环境问题]：是自然环境中原来就存在的，有害于生物(人类)生存的因素，如火山、地震、厄尔尼诺现象、台风和传统的流行病以及病虫害等所造成的对环境的破坏。

(2)人类造成的环境问题[也称第二(次生)环境问题]：是人类所造成的环境破坏，包括如下三方面：

①不合理开发利用自然资源，使自然环境遭受破坏。（自古以来就有的）

②城市生活和现代工农业发展等所引起的环境污染。（后来才发生发展的）

③战争，尤其是现代战争，例如海湾战争、巴尔干战争、伊拉克战争对环境造成的破坏都是触目惊心的。

这两类环境问题不是截然分开的，以下有例子可以说明。本书主要讨论的是第二类环境问题。

> 厄尔尼诺(El Niño)现象：太平洋的秘鲁和厄瓜多尔沿岸，圣诞节前后发生的一种海温异常升高的现象。"厄尔尼诺"一词系西班牙语，意为"圣婴"。这是一种大规模的海洋和大气相互作用的现象。厄尔尼诺出现前数月，赤道表层暖水发生大规模的自西向东移动。圣诞节前后，赤道太平洋东部沿岸暖水沿厄瓜多尔和秘鲁海岸南下，海温异常升高，暖水区可迅速向西扩展，热带多雨带也随之南移。原来干旱的赤道太平洋东部降水量剧增，本为雨季的赤道太平洋西部地区出现干旱。海温异常升高使沿岸生物大量死亡或潜逃，那里的海鸟也因丧失食物，或者饿死或者迁徙。厄尔尼诺事件每次持续的时间长短不一，短者数月即逝，长者可达一年以上。暖水扩展范围也各不相同。厄尔尼诺现象自古以来就有，1891年起开始有详细记载自然造成的环境问题，严重影响人类环境。1972—1973年发生的厄尔尼诺事件使秘鲁渔场鱼的捕获量从1970年的1 000万吨减少到500万吨左右。1982—1983年发生的厄尔尼诺事件被认为是较大的一次。1982年11月，赤道太平洋东部地区海温异常升高的范围越来越大，表层水温比常年升高了5～6 ℃，打破了历史记录。圣诞节前后，栖息在圣诞岛上的1 700多万只海鸟不知去向；接着，1982年冬到1983年春，太平洋东岸秘鲁等国家下大雨，河水泛滥成灾，并出现了世界性的气候异常。

二、环境问题与社会经济发展

环境问题的发展可概括为以下几个阶段：

1. 局部问题阶段

原始社会以来，人类同自然作斗争，但缺乏科学知识，因而对自然界依赖性很大，往往采取掠夺性开发，造成植被破坏、水土流失，引发水、旱灾害频繁；再加上战争，引起自然环境严重衰退。

例如在古代经济比较发达的美索不达米亚、希腊、小亚细亚等地，由于不合理的开垦和砍伐，后来成了荒芜的不毛之地。正如恩格斯所说"人类对自然界的每一次胜利，在第一步都确实取得了我们预期的结果,但在第二步和第三步却有了完全不同的、出乎预料的影响,常常把第一个结果又取消了"。习近平主席在 2019 年 2 月发表于《求是》杂志的文章中,也以这些中外古文明的实例来论证生态与文明兴衰的关系:"生态兴则文明兴,生态衰则文明衰。生态环境是人类生存和发展的根基,生态环境变化直接影响文明兴衰演替。古代埃及、古代巴比伦、古代印度、古代中国四大文明古国均发源于森林茂密、水量丰沛、田野肥沃的地区。奔腾不息的长江、黄河是中华民族的摇篮,哺育了灿烂的中华文明。而生态环境衰退特别是严重的土地荒漠化则导致古代埃及、古代巴比伦衰落。我国古代一些地区也有过惨痛教训。古代一度辉煌的楼兰文明已被埋藏在万顷流沙之下,那里当年曾经是一块水草丰美之地。河西走廊、黄土高原都曾经水丰草茂,由于毁林开荒、乱砍滥伐,致使生态环境遭到严重破坏,加剧了经济衰落。"

但由于当时人类生产力低下,破坏能力有限,并且环境容量相对很大,因而对环境的种种影响不大。这一时期的环境问题是局部性的,容易或可能得到恢复。

2. 较大范围的局部问题阶段

随着社会分工和商品交换的发展,城市成为手工业和商业的中心。城市里人口密集,工业逐步发达,环境污染和环境衰退也日益严重。特别是工业革命后,蒸汽机的发明和广泛使用使生产力得到很大发展,污染事件也因之不断发生。比较典型的有:

(1)1873—1892 年,在英国伦敦发生多次有毒烟雾事件(污染物排放造成的)。

(2)1934 年 5 月美国发生了一次席卷半个国家的特大尘暴,从西部的加拿大边境和西部草原地区几个州的干旱土地上卷起大量尘土,以每小时 100 km 左右的速度向东推进,最后消失在大西洋的海面上。这次风暴刮走了西部草原 3 亿多吨土壤。这是由当时乱垦荒种植作物,造成植被破坏,引起生态环境恶化所致。这是美国历史上一次重大灾难。尘暴唤醒了人们,美国各地从此开始开展大规模的农业保护活动。

3. 区域性问题阶段

20 世纪 40 年代前后,大量开采燃煤和石油作为主要能源,无机和有机合成化学工业迅速发展。排出的 SO_2、烟尘、酸、碱、盐和有机废物、毒物使环境污染由局部扩展到区域,以致严重的公害事件接连出现,先后发生了引起全球关注的八大公害事件:

(1)1930 年 12 月,发生在比利时马斯河谷的烟雾事件,主要是排放 SO_2 造成的。

(2)1948 年 10 月,发生在美国多诺拉的烟雾事件,也是排放 SO_2 造成的。

(3)1952 年 12 月,发生在英国伦敦的烟雾事件,同样是排放 SO_2 造成的。

(4)1943 年 5—10 月,发生在美国洛杉矶的光化学烟雾事件,主要是由汽车排放的尾气在紫外线的作用下引发。洛杉矶市三面环山,市区空气水平流动缓慢,当时的洛杉矶城内已有汽车 400 万辆,每天有 1 000 多吨碳氢化合物进入大气。

(5)1953 年,发生在日本水俣镇的甲基汞污染事件,又称水俣事件,是由工厂排放的含汞废物引起的。无机汞不仅有毒性,而且在水环境中经微生物作用,转化为毒性更强的甲基汞、二甲基汞[$Hg^{2+} + 2R—CH_3 \rightarrow (CH_3)_2Hg \rightarrow CH_3Hg^+$,$Hg^{2+} + R—CH_3 \rightarrow CH_3Hg^+ —R—CH_3 \rightarrow (CH_3)_2Hg$],通过食物链在生物体内逐级富集,最后进入人体。

(6)1931—1972 年,发生在日本富山县的骨痛病事件,是因炼锌工厂未经处理净化的含镉废水排入河中,居民吃了含镉的米和水致毒。

(7)1955 年以来,发生在日本四日市的四日事件,主要也是工业排放的 SO_2、煤尘及 Co、Mn、Ti 等重金属,引起市民的哮喘病。

(8)1968 年,发生在日本九州爱知县等 23 个府县的米糠油事件,是由于工厂在米糠油生产中用多氯联苯作为载热体,因管理不善,多氯联苯毒物进入了米糠油中。

实际上,当时发生的环境污染事件远不止这"八大公害",这些事件都不同程度地造成了人员的伤亡,震惊世界,唤醒人们认识到环境问题的严重性。人们采取了各种治理措施,但当时并未能有效制止环境污染的继续发展。

1962 年,美国生物学家 R.卡逊的《寂静的春天》引起了西方国家的强烈反响。

> 现在被誉为"绿色圣经"的《寂静的春天》1962 年在美国问世时,是一本很有争议的书。它那惊世骇俗的关于农药危害人类环境的预言,不仅受到与之利害攸关的生产与经济部门的猛烈抨击,而且也强烈震撼了社会广大民众。20 世纪 60 年代以前,几乎找不到"环境保护"这个词,"环境保护"在那时并不是一个存在于社会意识和科学讨论中的概念。长期流行于全世界的口号是"向大自然宣战""征服大自然"。R.卡逊第一次对这一人类意识的绝对正确性提出了质疑,向人类的基本意识和几千年的社会传统提出了挑战。《寂静的春天》在 1962 年一出版,一批有工业后台的专家首先在《纽约人》杂志上发难,指责 R.卡逊是歇斯底里的病人与极端主义分子。面对来自各方的指责,R.卡逊一遍又一遍地核查《寂静的春天》中的每一段话。许多年过去了,事实证明她的许多警告是估计过低,而不是说过了头。1963 年,当时在任的美国总统肯尼迪任命了一个特别委员会调查书中的结论,该委员会证实 R.卡逊对农药潜在危害的警告是正确的。国会立即召开听证会,美国第一个民间环境组织由此应运而生,美国环境保护局也在此背景下成立。由于《寂静的春天》的影响,仅至 1962 年底,已有 40 多个提案在美国各州通过立法以限制杀虫剂的使用。曾获诺贝尔奖的 DDT(二氯二苯基三氯乙烷,又名"滴滴涕")和其他几种剧毒杀虫剂终于从允许生产与使用的名单中彻底清除。

20 世纪 60 年代在一些工业发达国家兴起了"环境运动",成立不少全国性环保机构,制定全国性环保科学研究计划;逐步由被动的、单项的治理转变为综合治理。环境质量有所提高,但没有根本解决问题。

4. 生态环境恶化阶段

到了 20 世纪 70 年代,人们进一步认识到,除了环境污染问题严重外,人类生存环境所必需的生态条件正在日趋恶化。而这种恶化并不是由通常的水、气、渣、声的污染直接造成的。人口过度增长、森林过度采伐、沙漠化面积加速扩大、水土流失加剧、资源过度消耗、沙尘暴频频发生、蝗害复发等,都向社会和世界经济提出了严峻的挑战。这些生态恶化造成环境问题,一直延续到 21 世纪的现在。

> 在我国隐退多年的蝗虫灾害如今已卷土重来。蝗灾的暴发再次向人们敲响了生态保护的警钟。如 2000 年夏天,我国河北和山东等 13 个省区市 100 多个县不同程度地发生了蝗灾,面积达 6 万公顷。当越来越多的年轻人早已不知蝗灾为何事的时候,2000 年除了草地蝗虫灾害外,东亚飞蝗和亚洲飞蝗对我国沿海和中西部地区也造成了巨大冲击。部分飞蝗区的蝗虫密度一度达到每平方米1 000～4 000 只,个别地区一度出现了"飞蝗蔽日"的情景。

> 远在公元前 11 世纪以前,商代的甲骨文上就有了世界上最早的蝗灾记录。我国从公元 960 年至 1935 年的 975 年间,竟有 619 年出现蝗灾,明清和民国时期几乎年年有蝗灾。当时诗人形容道:"飞蝗蔽空日无色,野老田中泪垂血;牵衣顿足捕不能,大叶全空小叶折。"中华人民共和国成立后,政府下决心根治蝗灾,获得了巨大成功,飞蝗之害几近匿迹。
>
> 曾经被根治的飞蝗在我国个别地区再次出现"蔽日"景象,令人深思。飞蝗"死而复生"的一个重要原因是气候的变化。"久旱必生蝗"。蝗灾的暴发,虽与气候干旱异常有关,但蝗虫发生地生态环境的人为破坏,是导致蝗虫成灾的根源。无论是飞蝗还是草地蝗虫,它们必须在裸露的土地上才能产卵繁衍后代。植被的破坏为蝗虫繁衍提供了条件。当植被受到破坏,尤其是江河湖畔的树木被乱砍滥伐,水土流失加重,裸露的土地越多,飞蝗繁殖的场所也越广。草地蝗虫的诱发因素是过度放牧。草场管理不善,载畜量过大,导致草场的退化;而草场退化形成的裸露土地也为草原蝗虫的大量繁殖提供了有利条件,草原虫害反过来又加剧了草场的退化和沙化。蝗灾原本是第一环境问题(原生环境问题),但已经灭绝的蝗灾在生态环境受到人为干扰破坏后"卷土重来",就是典型的第二环境问题(或次生环境问题),这些例子(包括前面所说的厄尔尼诺现象)说明原生环境问题也可能成为次生环境问题。
>
> 蝗虫的危害,几个世纪来,在我国乃至全球,实际上延续不断。2020 年初,联合国粮农组织(FAO)就预警,希望全世界高度戒备正在肆虐的数千亿只沙漠蝗虫造成的蝗灾。

在这期间联合国及其有关机构召开了一系列会议,探讨人类面临的环境问题。1972 年,联合国在瑞典的斯德哥尔摩召开第一次人类环境会议,通过了《人类环境宣言和行动计划》,开始了全球环保新篇章。100 多位科学家参与撰写《只有一个地球》的重要报告,呼吁世界各国政府和人民共同努力来维护和改善人类环境,为子孙后代造福。但环境问题仍然发展成为制约经济与社会发展的重大问题。斯德哥尔摩会议后的十多年间,虽然全球的环保事业有了很大发展,但是全球的生态环境不但不见改善,反而继续恶化,一系列日益严重的问题提到人类面前。20 世纪 80 年代印度的美国联合碳化物公司甲基异氰酸酯爆炸,死亡 2 万多人,受害 20 万人。无论是发达国家还是发展中国家,环境问题都已成为制约经济与社会发展的重大问题。为了共同研讨和解决这一全球性问题,根据联合国大会决议,1984 年世界环境与发展委员会成立,并在 1987 年提交了《我们共同的未来》的报告,建议召开联合国环境与发展大会。联合国于 1990 年 12 月通过决议,决定在 1992 年 6 月 3—14 日,召开联合国环境与发展大会,地点在巴西的里约热内卢。此次会议有 178 个国家和地区的 1.5 万名代表参加,中国为副主席国之一。118 个国家首脑参加了 6 月 12—14 日的首脑会议。这次大会通过了《里约环境与发展宣言》(即《地球宪章》)、《21 世纪议程》、《联合国气候变化框架公约》、《生物多样性公约》四个重要文件,以及《关于森林问题的原则声明》非法律性文件。大会还发起了全球公民签字承诺保护地球的誓言。

"地球誓言"的英文是"Earth Pledge: I pledge to act to the best of my ability to help make the Earth a secure and hospitable home for present and future generations."。可译为 28 个

字:"我保证竭尽全力为今世和后代把地球建成一个安全而舒适的家园。"其中的关键字"今世和后代""安全""舒适""家园"已经成为现代环境保护、可持续发展的理念。

这次大会把全球的环境保护工作推到最高潮,为我们改善正在恶化的地球生态环境带来了一点希望,环境科学研究也得到进一步推动。

会议后的十多年里,地球环境仍在走向进一步的危机。温室效应加剧、沙漠化、水危机、森林减少、土壤碱化、气象异常等问题愈演愈烈,全球65%的可耕地已丧失应有的生物和物理功能;世界渔业的60%已达到捕捞极限或正在过度捕捞;27%的珊瑚礁据认为已经灭绝,另有32%将在2032年消失;25%的哺乳动物物种将面临灭绝危险。而且地球人口继续膨胀,贫困也继续蔓延。发达国家和发展中国家之间的贫富差距、卫生差距以及享有高新技术和能源资源等的差距,也都在迅速扩大。自1860年以来的14个"最热年份",都发生在最近的20年中,而每年消失的900万公顷森林面积相当于一个葡萄牙的国土面积。现在,病毒和细菌几乎已经学会了如何对付所有的药物,谁也不知道基因改造会给人类带来什么后果。可以说,贫困的扩大与生态环境的恶化互为循环。人类目前的行为极大地改变着未来的物种进化过程。

2002年8月26日—9月4日,包括104个国家元首和政府首脑在内的192个国家的代表出席了在南非约翰内斯堡召开的被称为又一次"地球峰会"的可持续发展世界首脑会议开幕式。本次可持续发展世界首脑会议的五大议题是健康、生物多样性、农业生产、水和能源。大会的成果则主要体现为闭幕时通过的《约翰内斯堡宣言》和《可持续发展世界首脑会议执行计划》两个重要文件。在《约翰内斯堡宣言》中,各国首脑和代表承诺:将不遗余力地执行可持续发展的战略,把世界建成一个以人为本、人类与自然协调发展的社会。《可持续发展世界首脑会议执行计划》指出,当今世界面临的最严重的全球性问题是消除贫困。这是可持续发展,尤其是发展中国家实现可持续发展必不可少的条件。

与1992年里约热内卢联合国环境与发展大会通过的《21世纪议程》相比,此次会议确定的目标更加明确,并设立了相应的时间表——2015年前,将全球无法得到足够卫生设施的人口降低一半;2010年时,大幅度降低生物多样性消失的速度;2005年,开始实施下一代人资源保护战略;等等。国际舆论认为,这届地球首脑会议为全球可持续发展进程注入了新的活力。

不过,在全球可持续发展领域还存在着令人无法视而不见的问题——发达国家和发展中国家之间的矛盾。发达国家能否采取实质性措施偿还对发展中国家的"生态债务"是解决这一矛盾的关键。全球可持续发展战略能否得到实施,相当程度上取决于里约热内卢联合国环境与发展大会确定的"共同但有区别的责任"原则的落实。

此次会议上争论的另一个焦点是可再生能源问题。现在可燃烧的化石燃料释放出的全球二氧化碳量,每年增加1个百分点。有人主张各国郑重承诺所使用的可再生能源(例如太阳能、风力、生物能)在2010年之前应该占全球能源生产的15%。

2012年6月20—22日,包括100多名国家元首在内,来自190个国家和地区超过5万人的各界人士出席了由联合国主办的"里约+20"环境问题峰会。此次会议与1992年在里约热内卢召开的"地球峰会"正好时隔20年,因此被称为"里约+20"峰会。这次大会是联合国数年内召开的最大型的会议,被人们看作是改善人类与地球关系的又一重大举措。峰会着眼于如何在不破损地球的前提下保证全球经济增长,同时确保新的环保政策都不会超越国际界限。当时全世界共有70亿人,大约有五分之一的人口,即14亿人,生活在贫困线之下;15亿人没有电用,25亿人没有厕所可用,大约10亿人每天都在挨饿;全球物种有三分之一正在发生变异,而另外三分之一正逐渐消亡。全球化并没有解决贫困和环境问题,反而使这些问题更加棘手,贫困和生态恶化将让我们的后代无法拥有一个宜居的地球。在这样的大背景下,"里约+

20"峰会聚焦两大主题:一是可持续发展和消除贫困背景下的绿色经济,二是可持续发展的体制框架。此外,会议还讨论了食品安全、海洋保护、可持续发展的城市、绿色职业、社会事务、能源、水、可持续消费和生产模式等问题。大会通过题为《我们憧憬的未来》的成果文件,内容全面,基调积极,总体平衡,反映了各方特别是发展中国家的主要关切。最终文件重申了"共同但有区别的责任"原则,使国际发展合作指导原则免受侵蚀,维护了国际发展合作的基础和框架;大会决定启动可持续发展目标讨论进程,就加强可持续发展国际合作发出重要和积极信号,为制定2015年后全球可持续发展议程提供了重要指导。

2015年12月12日,《联合国气候变化框架公约》近200个缔约方在巴黎气候变化大会上达成《巴黎协定》,并于2016年11月4日正式生效。这是继《京都议定书》后第二份有法律约束力的气候协议,为2020年后全球应对气候变化行动作出了安排。《巴黎协定》共29条,当中包括目标、减缓、适应、损失损害、资金、技术、能力建设、透明度、全球盘点等内容。从环境保护与治理上来看,《巴黎协定》的最大贡献在于明确了全球共同追求的"硬指标",即与工业革命前全球平均气温相比,全球温升应控制在2℃之内(最理想为1.5℃之内),而这一目标只有全球尽快实现温室气体排放量达到峰值并在21世纪下半叶实现温室气体净零排放才能实现。

中国坚定支持和落实应对气候变化的《巴黎协定》。尽管中国面临着来自国内经济转型等多重挑战——我们还要发展,还要消除贫困,但在控制温室气体排放上,中国的承诺体现了一个负责任大国的担当。应对气候变化的《巴黎协定》的中国批准书承诺:到2030年左右使二氧化碳排放量达到峰值,2030年单位国内生产总值(GDP)二氧化碳排放比2005年下降60%至65%。

2017年6月,美国政府出于本国利益,宣布退出《巴黎协定》。但美国的态度不影响中国和全世界大多数国家应对气候变化过程的行动,中国坚定支持和落实应对气候变化的《巴黎协定》。2020年9月22日,中国国家主席习近平在第75届联合国大会一般性辩论上宣布:"中国将提高国家自主贡献力度,采取更加有力的政策和措施,二氧化碳排放量力争于2030年前达到峰值,努力争取2060年前实现碳中和。"中国碳达峰、碳中和目标("3060"双碳目标)的提出,在国内国际社会引发关注。

绿色 GDP 简介

GDP 是一个国家一定时期的宏观经济总量。GDP 主要有两种统计方法:一种是收入法,它是全部要素所有者收入(如工资、利润、利息等)的汇总数;另外一种是支出法,它是全部要素所有者支出(如消费品、投资品、净出口等)的汇总数。收支两个数是相等的。GDP 能较准确地说明一个国家的经济产出总量,较准确地表达出一个国家的国民收入水平,是目前世界通行的国民经济核算指标。然而,从 GDP 中只能看出经济产出总量或经济总收入的情况,却看不出这背后的环境污染和生态破坏。实际上经济产出总量增加的过程,必然是自然资源消耗增加的过程,也是环境污染和生态破坏的过程。对于经济发展中的生态成本目前世界上还没有一个准确的核算体系,由于没有将环境和生态因素纳入其中,GDP 核算法就不能全面反映国家的真实经济情况,核算出来的有些数据甚至会很荒谬,因为环境污染和生态破坏也能增加 GDP。例如,发生了洪灾,就要修堤坝,这就造成投资的增加和堤坝修建人员收入的增加,GDP 数据也随之增加。

GDP 统计存在着一系列明显的缺陷,长期以来被人们批评,但长期以来没有得到修正。20 世纪中叶开始,随着环境保护运动的发展和可持续发展理念的兴起,一些经济学家和统计学家们尝试将环境要素纳入国民经济核算体系,以发展新的国民经济核算体系,这便是绿色 GDP。绿色 GDP 是指绿色国内生产总值,它是对 GDP 指标的一种调整,是扣除经济活动中投入的环境成本后的国内生产总值。

第三节　现代的环境科学

一、环境科学的形成和近代的发展

"环境科学"(environmental science)这个词最早是美国科学家 1954 年提出来的,当时指的仅仅是研究宇宙飞船内的人工环境问题涉及的"环境科学"。尽管"环境科学"一词的诞生也有 60 余年,但环境科学作为一门独立学科是近 50 多年的事。本书上一节已介绍了环境问题,而环境科学是在环境问题日益严重后产生和发展起来的一门综合性科学。它的出现是 20 世纪 60 年代以来自然科学发展的一个重要标志,是研究人类活动所引起的环境质量变化和保护与改善环境的科学。

环境科学的定义:一门研究人类社会发展活动与环境演化规律之间相互作用关系,寻求人类社会与环境协同演化、持续发展途径与方法的科学。

它有两个发展阶段:

(一)有关学科的分别探索

人类是会思维的高等动物,为了生存,在同自然界的斗争中逐渐积累了防治污染、保护自然的技术和知识。

公元前 5000 年,中国人已经懂得利用热烟上升的原理,设计制作排烟囱用于烧陶瓷的柴窑,这是考古工作者在我国西安半坡遗址发掘文物时发现的。可以说这是世界上最早的环境工程。

公元前 3000 年,古代印度炼铜中也采用类似的排烟囱。这比中国迟了 2000 多年。

大约在公元前 600 年,古罗马已懂得修建地下排水道。

19 世纪下半叶,随着经济社会的发展,环境问题已开始受到社会的重视,地学、生物学、物理学、医学和一些工程技术等学科的学者分别从本学科角度出发开始对当时所说的环境科学问题进行探索,如:1847 年,德国植物学家 C.N.弗拉斯的《各个时代的气候和植物界》一书论述了人类活动到一些植物界和气候的变化;1864 年,美国学者 G.P.马什所写的《人类和自然》一书从全球观点出发论述人类活动对地理环境的影响,特别是对森林、水、土壤和野生动物的影响,呼吁开展保护运动;1859 年,英国生物学家 C.R.达尔文的《物种起源》提出各种生物是进化而来的,认为生物进化同环境变化有很大的关系,生物只有适应环境才能生存——适者生存,不适者淘汰。这些已经逐步深入地把人类和各种生物的生存发展同环境紧紧联系起来讨论。

这些基础学科和应用技术的进展为解决环境问题提供了原理和方法,但仍是"零敲碎打"的研究方法,还没有形成环境科学的学科体系。

> 在英国的曼彻斯特,有一种昆虫叫桦尺蠖,其成虫桦尺蠖蛾夜间活动,白天伏在树上休息。在 19 世纪中叶以前,大多数桦尺蠖蛾是浅色的,但也可偶见黑色的蛾子。然而,随着工业革命的开始,黑色变种的蛾子成为优势型。桦尺蠖蛾的第一个黑色标本是 1849 年在曼彻斯特捕捉到的,但到了 1895 年,黑色种已占整个种群的 98%。桦尺蠖蛾优势色彩奇迹般变化的原因是:白天,当蛾子伏在树上休息时,浅色种不易被鸟类捕食。因为在自然条件下,浅色种与浅色的桦树树干难以区分;相反,黑色种较易被鸟发现,因此就增加了被捕食的机会。随着工业的发展,工厂排出大量烟尘、煤灰把树干都熏黑了,黑色种反而比浅色种不易被鸟发现,因此浅色种经过鸟类淘汰,黑色种就保留下来,成为桦尺蠖蛾种群的优势型。有趣的是,随着后来曼彻斯特环境的治理,工厂排放的烟尘、煤灰减少了,浅色桦尺蠖蛾又逐渐恢复为优势的种群。这个例子说明了生物对环境的适应,可以反映环境的变迁。

(二)环境科学的出现

从 20 世纪 50 年代环境问题成为全球性重大问题开始,许多科学家(包括生、化、地、医、物理、工程和社会科学家)对环境问题进行共同调查和研究。在各个原有学科的基础上,运用原有学科独特的理论和方法研究环境问题。通过这种研究,逐渐出现了一些新的分支学科,如环境生物学、环境化学、环境经济学等,从中孕育产生了环境科学。20 世纪 70 年代才开始出现以环境科学为书名的综合性专著。

环境科学的出现:①推动了自然科学各个学科的发展。自然科学是研究自然现象及其变化规律的,各个学科从不同的角度去探索、认识自然。环境科学的出现使自然科学的许多学科把人类活动产生的影响作为一个重要研究内容,拓宽了学科研究领域,推动了学科发展,同时也促进了学科间的相互渗透。②推动了环境科学整体化的研究。环境是一个完整的有机系统,是一个整体。过去,各门自然科学,比如物理学、化学、地理学、生物学等都是从本学科角度探讨环境科学。然而自然界的各种变化都不是孤立的,而是多种因素的综合变化。各个环境要素,如大气、水、生物、土壤和岩石同光、热、声等因素互相依存、互相影响。因此,在研究和解决环境问题时必须全面考虑各种因子,实行跨部门、跨学科的合作。现在,环境科学包括了数(数学)、理(物理)、化(化学)、天(天文)、地(地学)、生(生物)、医(医学)、工(工程)、社(社会)、经(经济)、法(法律)、管(管理)、宗(宗教)、艺(艺术)等学科的内容,是渗透面最广的一门学科。

二、现代环境科学的分支和发展趋势

(一)分支学科

1. 自然科学范畴

(1)环境地学:以人-地系统为对象,研究它的发生和发展、组成和结构、调节和控制、改造和利用。目前环境地学学科体系庞大,可再分为环境地质学、环境地球化学、环境海洋学、环境土壤学、污染气象学等。如其中的环境海洋学主要研究污染物在海洋中分布、迁移、转化的规律,污染物对海洋生物和人体的影响及其保护措施。

(2)环境生物学:研究生物与受人类干预的环境之间相互作用的机理和规律。环境生物学有两个领域:一个是针对环境污染问题的污染生态学,另一个是针对环境破坏问题的自然保护、生物多样性保护(如资源保护、合理利用,自然保护区建设,生态农业建设)。

宏观上:研究环境中污染物在生态系统中的迁移、转化、富集和归宿,及其对生态系统结构和功能的影响。

微观上:研究污染物对生物的毒理作用和遗传变异影响的机理和规律(如生态毒理学)。

(3)环境化学:主要是鉴定和测量化学污染物在环境中的含量,研究它们的存在形态和迁移、转化规律,探讨污染物的回收利用和分解成为无害的简单化合物的机理。环境化学有两个分支:环境污染化学和环境分析化学。

(4)环境物理学:研究物理环境和人类之间的相互作用,主要研究声、光、热、电、磁场和射线对人类的影响,及消除其不良影响的技术途径和措施。环境物理学分为环境光(声、热、电磁、放射)学和环境空气动力学、水环境流体动力学等。

(5)环境医学:研究环境与人群健康的关系,特别是研究环境污染对人群健康的影响及其预防措施,包括探索污染物在人体内的动态和作用机理,查明环境致病因素和致病条件,阐明污染物对健康损害的早期反应和潜在的远期效应,以便为制定环境卫生标准和预防措施提供科学依据。其领域有环境流行病学、环境毒理学、环境医学监测等。

(6)环境工程学:运用工程与生态学(生态工程)的原理和方法,防治环境污染,合理利用自然资源,保护和改善环境。主要研究内容有大气污染防治工程、水污染防治工程、水的综合利用与回用技术、固体废物的处理和利用、清洁能源、噪声控制等;以及运用系统工程和系统分析的方法,从区域环境的整体上寻求解决环境问题的最佳方案,包括环境质量管理(ISO 14000)、生态修复规划、环境规划(生态安全红线划定、景观生态规划、地理信息系统和遥感技术的应用)、环境影响评价。

2. 社会科学范畴

(1)环境社会学:以研究当代问题为主的社会学界同样密切关注着由环境问题导致的种种社会问题。社会学的分支学科——环境社会学就在这种背景下应运而生。环境社会学研究的责任就是阐述人类行为导致环境变化给人类社会带来各种影响的社会特征及问题的根源。1978年,美国社会学家R.E.邓拉普和W.R.卡顿撰写的论文《环境社会学:一个新范式》公开发表,该文被认为是环境社会学正式形成的标志。环境社会学是围绕环境问题的社会原因和社会影响来进行的。环境的改善或恶化会给人类社会带来好的或坏的结果,而环境的变化往往都是人类的行为使然。因此,环境社会学的具体研究领域应当包括:①政府、企业和组织对环境问题的反应;②人类对自然灾害和环境灾难的反应;③环境问题社会影响评估;④能源及其他资源短缺的社会影响;⑤社会不平等与环境风险之间的关系;⑥公众意识、环境主义和环境运动;⑦环境问题及政策的国家比较;⑧对公众环境态度变化的调查;⑨与环境相关的大规模社会变迁;⑩人口增长、贫富差距与环境的关系。有的社会学家还指出,环境社会学不仅要研究环境与社会的一般关系,而且要了解环境与社会相互影响、制约、作用的机制,从而探讨在环境问题上决定人类行为的价值观、道德观和思想根源。

(2)环境经济学:研究经济发展和环境保护之间的相互关系,探索合理调节人类经济活动、社会活动(包括人口控制)和环境之间的物质交换的基本规律,如对绿色金融、绿色信贷、绿色债券、环境税制定等环境经济政策的研究。其目的是研究如何使经济活动取得最佳的经济效益和环境效益,并利用经济手段来引导和刺激更多社会资本投入环境保护事业,运用市场经济促进环境保护发展。

(3)环境法学:研究关于自然资源保护和防治环境污染的立法体系、法律制度和法律措施,目的在于调整因保护环境而错失的社会关系,以及各种环境法规和环境纠纷处理方法、技术、程序。

(4)环境管理学:研究采用行政的、法律的、经济的、科普宣传教育的和计算机信息等科学技术的各种手段来调整社会经济发展同环境保护之间的关系,处理国民经济各部门、各社会团体和个人与环境问题的相互关系,通过有效管理手段全面规划和合理利用自然资源,达到保护环境和促进经济发展的目的。

(5)环境伦理学:这是一门介于伦理学与环境科学之间的新兴的综合性科学(如动物伦理学)。它的诞生是在人类生存发展活动和生存环境系统发生尖锐对立后,为满足协调人和生存环境系统的关系、求得人类和生存环境系统共同持续发展的社会需要的产物。它坚持人与自然万物的和谐共生,构建人与自然的生命共同体,协调人类和生存环境系统之间的矛盾——环境污染、生态破坏和恶化等问题。

(6)环境艺术:是一门绿色的艺术与科学,是创造和谐与持久的艺术与科学。美丽城市规划、美丽园林规划、节能城市、建筑和室内设计、城雕、壁画、建筑小品等美学建设都属于环境艺术范畴。

环境科学现有各分支学科正在蓬勃发展,还将出现更多新的分支学科。这种发展情况将使环境科学成为一个庞大的学科体系。各分支学科各有特色,相互渗透、相互依存,是环境科学这个枝繁叶茂的体系不可分割的组成部分。

(二)发展趋势

现代环境科学研究的重点已逐步转向长远性、探索性,由定性到定量,由短期急性效应到长期慢性效应,由研究一般污染物到新的污染物,由点源到非点源,由事后治理到预先防治。

这种趋势的特点是:以整体的观念剖析环境问题,更加注重研究生命维持系统;扩大生态学原理的应用范围;提高环境监测的效率;注意全球性问题和学科交叉是 21 世纪带头学科之一。

第四节　我国环境保护发展历程和习近平生态文明思想的形成

一、环境保护的定义

人类为了解决现实的或潜在的环境问题,协调人类与环境的关系,保障经济社会的可持续发展而采取的各种行动的总称。

二、新中国成立以来的环境保护历程

(一)非理性战略探索阶段(1949—1971)

新中国成立伊始,国家的主要任务是尽快建立独立的工业体系和国民经济体系,加上当时人口相对较少,生产规模不大,环境容量较大,整体上经济建设与环境保护之间的矛盾尚不突出,所产生的环境问题大多是局部个别的生态破坏和环境污染,尚属局部性的可控问题,未引起重视,没有形成对环境问题的理性认识,也没有提出环境战略和政策目标。

(二)环境保护基本国策的确立阶段(1972—1992)

该阶段是我国环保意识从启蒙期逐步进入初步发展的阶段,最后提出"环境保护是基本国策"。从"十年动乱"以阶级斗争为纲到改革开放以经济建设为中心时期,乡镇企业不断发展壮大,环境保护工作没有及时跟上经济发展形势,对乡镇企业的环境污染监管处于失控状态,所造成的环境问题十分严重。1972年6月5日,联合国第一次人类环境会议在瑞典斯德哥尔摩召开,我国派代表团参加了会议,开始认识到我国也存在严重的环境问题。1973年周恩来总理主持的第一次全国环境保护会议召开,拉开了环境保护工作的序幕。1982年,国家设立城乡建设环境保护部,内设环境保护局,结束了"国务院环境保护领导小组办公室"10年的临时状态。1983年12月,第二次全国环境保护会议明确提出了"环境保护是一项基本国策"。1988年建立了直属国务院的国家环境保护局,自此环境管理机构成为国家的一个独立工作部门开始运行。

(三)可持续发展战略阶段(1992—2000)

1992年,联合国召开环境与发展大会,通过了《21世纪议程》,大会提出可持续发展战略。1994年3月,国务院通过《中国21世纪议程》,将可持续发展总体战略上升为国家战略,进一步提升了环境保护基本国策的地位。1998年原副部级的国家环境保护局被提升为正部级的国家环境保护总局。但由于这一阶段我国工业化进程开始进入第一轮重化工时代,城市化进程加快,伴随粗放式经济的高速发展,经济建设与环境保护没有协调发展,环境问题全面爆发,工业污染和生态破坏总体呈加剧趋势,流域性、区域性污染开始出现,各级政府越来越重视污染防治工作,环保投入不断增大,污染防治工作开始由工业领域逐渐转向流域和城市污染综合治理。

(四)环境友好型战略阶段(2001—2012)

党的十六大以来,中共中央、国务院提出树立和落实科学发展观,并首次把建设资源节约型和环境友好型社会确定为国民经济与社会发展中长期规划的一项战略任务。这一时期,我国经济高速增长,重化工业加快发展,给生态环境带来了前所未有的压力,中共中央、国务院审时度势,着力实施污染物排放总量控制。其间环保投入大大增加,有效推进了当时欠账较大的环境基础设施能力建设。2008年成立环境保护部,从主要用行政办法保护环境转变为综合运用法律、经济、技术和必要的行政办法解决环境问题,政策体系基本成型。《水污染防治法》等法律法规适应新形势再次进行修改,《环境影响评价法》《放射性污染防治法》等相继出台;排污权交易、生态补偿、绿色信贷、绿色保险、绿色证券等环境经济政策试点启动并逐步落地实施;2008年,国家卫星环境应用中心建设开始启动,环境与灾害监测小卫星成功发射,标志着环境监测预警体系进入了从"平面"向"立体"发展的新阶段。2005年2月16日,《联合国气候变化框架公约》缔约方签订的《京都议定书》正式生效,《中国应对气候变化国家方案》出台,中国积极参加多边环境谈判,以更加开放的姿态和务实合作的精神参与全球环境治理。

回顾历史,早在20多年前的2001年11月,由全国人大环境与资源保护委员会、建设部、国家环境保护总局、厦门市人民政府联合主办的首届中国(厦门)国际城市绿色环保博览会,在厦门大学积极协助承办下,于厦门市举行。时任福建省省长的习近平同志在给博览会的贺信中提出,"坚持城市的可持续发展战略,推动城市建设有利于环境、投资与经济协调发展的绿色生活方式、绿色工作方式、绿色生产方式和绿色消费方式,是社会进步的重要表现"。可见当时提出的四个"绿色方式"是习近平总书记在福建工作期间对绿色发展提出的前瞻性理念,是他后来形成的绿色发展思想的源泉之一,同时也充分证明福建是习近平生态文明思想的重要孕育地和创新实践地。

(五)生态文明战略阶段(2013年至今)

自2013年党的十八届三中全会召开以来,以习近平同志为核心的党中央把生态文明建设摆在治国理政的突出位置。党的十八大通过的《中国共产党章程(修正案)》,把"中国共产党领导人民建设社会主义生态文明"写入党章,这是国际上第一次将生态文明建设纳入一个政党特别是执政党的行动纲领中。党中央把生态环境保护放在政治文明、经济文明、社会文明、文化文明、生态文明"五位一体"的总体布局中统筹考虑,生态环境保护工作成为生态文明建设的主阵地和主战场,环境质量改善逐渐成为环境保护的核心目标和主线任务,环境战略政策改革进入加速期。2015年4月,《关于加快推进生态文明建设的意见》对生态文明建设进行全面部署;2015年9月,中共中央、国务院印发《生态文明体制改革总体方案》,提出到2020年构建系统完整的生态文明制度体系。2018年3月,第十三届全国人大第一次会议通过了《中华人民共和国宪法修正案》,把生态文明和建设美丽中国写入《宪法》,这就为生态文明建设提供了可遵循的国家根本大法。2018年5月召开的第八次全国生态环境保护大会上,正式确立了习近平生态文明思想。2022年10月,党的二十大报告指出,坚持绿水青山就是金山银山的理念,坚持山水林田湖草沙一体化保护和系统治理,全方位、全地域、全过程加强生态环境保护,生态文明制度体系更加健全,污染防治攻坚向纵深推进,绿色、循环、低碳发展迈出坚实步伐,生态环境保护发生历史性、转折性、全局性变化,我们的祖国天更蓝、山更绿、水更清。

三、我国新时代生态环境保护的指导思想——习近平生态文明思想

(一)习近平生态文明思想的产生

2007年党的十七大从党和国家事业发展的战略高度,把生态文明建设纳入全面建设小康社会的奋斗目标体系,生态文明由此开始进入国家政治、经济和社会发展战略的主战场。2012年党的十八大报告中首次专门单独列出专章论述"大力推进生态文明建设",形成"五位一体"总体布局。报告指出:"大力推进生态文明建设。建设生态文明,是关系人民福祉、关乎民族未来的长远大计。面对资源约束趋紧、环境污染严重、生态系统退化的严峻形势,必须树立尊重自然、顺应自然、保护自然的生态文明理念,把生态文明建设放在突出地位,融入经济建设、政治建设、文化建设、社会建设各方面和全过程,努力建设美丽中国,实现中华民族永续发展。坚持节约资源和保护环境的基本国策,坚持节约优先、保护优先、自然恢复为主的方针,着力推进绿色发展、循环发展、低碳发展,形成节约资源和保护环境的空间格局、产业结构、生产方式、生活方式,从源头上扭转生态环境恶化趋势,为人民创造良好生产生活环境,为全球生态安全作出贡献。"2017年党的十九大对环境保护和生态文明提出了新的判断、新的观点和新的举措。十九大报告把"和谐美丽的社会主义现代化强国"纳入新时代中国特色社会主义思想,把"坚持人与自然和谐共生"纳入新时代坚持和发展中国特色社会主义的基本方略,将环境问题的解决纳入党的战略发展目标。针对人民的需要,十九大报告提出"永远把人民对美好生活的向往作为奋斗目标";针对国家的发展,提出"为把我国建设成为富强民主文明和谐美丽的社会主义现代化强国而奋斗"。十九大报告对党和国家在生态文明建设和生态环境保护方面取得的成就进行了客观全面的总结,提出了一系列的新思想、新要求、新目标和新部署,为推动人与自然和谐发展的现代化建设新格局、建设美丽中国提供了根本原则和行动指南。在《中国共产党章程(修正案)》总纲中又明确写入"中国共产党领导人民建设社会主义生态文明。树立尊重自然、顺应自然、保护自然的生态文明理念,增强绿水青山就是金山银山的意识"。在此基础上,2018年5月召开的第八次全国生态环境保护大会上,正式确立了习近平生态文明思想。

2018年5月18日至19日第八次全国生态环境保护大会在北京召开。习近平主席出席会议并发表重要讲话,他的讲话是新时代中国特色社会主义理论的重要理论体系,是我国新时代全国生态环境保护的指导思想。

(二)习近平生态文明思想的意义

习近平生态文明思想是我国生态环境保护历史上具有里程碑意义的重大理论成果,为环境战略政策改革与创新提供了思想指引和实践指南。习近平生态文明思想已经成为指导全国生态文明、绿色发展和"美丽中国"建设的指导思想,在国际层面也深化了世界可持续发展战略思想。

习近平生态文明思想顺应了人民对美好生活的期待。中国特色社会主义进入新时代后,人民美好生活需要日益广泛,当前,人民的美好生活已离不开清新空气、干净饮水、安全食品、优美环境等。生态文明是一种"共同财产",人人都可共享,提供这种最公平、最普惠的公共产

品顺应了广大人民群众的普遍意愿。

习近平生态文明思想是新时代中国特色社会主义发展的应有之义。新时代中国特色社会主义的发展,既要创造更多物质财富和精神财富以满足人民日益增长的美好生活需要,也要提供更多优质生态产品以满足人民日益增长的优美生态环境需要。党的十九大报告中指出:"我们要建设的现代化是人与自然和谐共生的现代化。"简单用征服自然的程度来判断全面小康或现代化实现的进度,显然是片面的;盲目开发造成的破坏,今后花多少钱也补不回来。

习近平生态文明思想体现了为子孙后代留下良好生存环境的历史担当。为子孙后代留下天更蓝、山更绿、水更清的优美环境是我们这一代的历史责任,党的十九大明确指出:"建设生态文明是中华民族永续发展的千年大计。"永续发展的本质就是资源开发利用既要支撑当代人过上幸福生活,也要为子孙后代留下生存根基。

习近平生态文明思想以中国特色社会主义进入新时代为时代总依据,紧扣新时代我国社会主要矛盾变化,把生态文明建设纳入中国特色社会主义"五位一体"总体布局和"四个全面"战略布局,坚持生态文明建设是关系中华民族永续发展的千年大计、根本大计的历史地位,是迄今为止中国共产党人关于人与自然关系最为系统、最为全面、最为深邃、最为开放的理论体系和话语体系,是马克思主义人与自然关系思想史上具有里程碑意义的最大成就,为21世纪马克思主义生态文明学说的创立作出了历史性的贡献。

习主席强调,要自觉把经济社会发展同生态文明建设统筹起来,充分发挥党的领导和我国社会主义制度能够集中力量办大事的政治优势,充分利用改革开放40多年来积累的坚实物质基础,加大力度推进生态文明建设、解决生态环境问题,坚决打好污染防治攻坚战,推动我国生态文明建设迈上新台阶。习主席强调,生态文明建设是关系中华民族永续发展的根本大计。中华民族向来尊重自然、热爱自然,绵延5 000多年的中华文明孕育着丰富的生态文化。生态兴则文明兴,生态衰则文明衰。习主席指出,我国生态文明建设正处于压力叠加、负重前行的关键期,已进入提供更多优质生态产品以满足人民日益增长的优美生态环境需要的攻坚期,也到了有条件有能力解决生态环境突出问题的窗口期。

四、新时代推进生态文明建设的原则和要求

(一)新时代推进生态文明建设的原则

习主席强调,生态环境是关系党的使命宗旨的重大政治问题,也是关系民生的重大社会问题。习主席指出,新时代推进生态文明建设,必须坚持好以下6个原则:

一是坚持人与自然和谐共生,坚持节约优先、保护优先、自然恢复为主的方针,像保护眼睛一样保护生态环境,像对待生命一样对待生态环境,让自然生态美景永驻人间,还自然以宁静、和谐、美丽。

二是绿水青山就是金山银山,贯彻创新、协调、绿色、开放、共享的发展理念,加快形成节约资源和保护环境的空间格局、产业结构、生产方式、生活方式,给自然生态留下休养生息的时间和空间。

三是良好生态环境是最普惠的民生福祉,坚持生态惠民、生态利民、生态为民,重点解决损害群众健康的突出环境问题,不断满足人民日益增长的优美生态环境需要。

四是山水林田湖草是生命共同体,要统筹兼顾、整体施策、多措并举,全方位、全地域、全过

程开展生态文明建设。

五是用最严格制度最严密法治保护生态环境,加快制度创新,强化制度执行,让制度成为刚性的约束和不可触碰的高压线。

六是共谋全球生态文明建设,深度参与全球环境治理,形成世界环境保护和可持续发展的解决方案,引导应对气候变化国际合作。

(二)新时代推进生态文明建设的要求

习近平主席对生态文明建设提出以下5点具体要求:

一是要加快构建生态文明体系,加快建立健全以生态价值观念为准则的生态文化体系,以产业生态化和生态产业化为主体的生态经济体系,以改善生态环境质量为核心的目标责任体系,以治理体系和治理能力现代化为保障的生态文明制度体系,以生态系统良性循环和环境风险有效防控为重点的生态安全体系。要通过加快构建生态文明体系,确保到2035年,生态环境质量实现根本好转,美丽中国目标基本实现。到本世纪中叶,物质文明、政治文明、精神文明、社会文明、生态文明全面提升,绿色发展方式和生活方式全面形成,人与自然和谐共生,生态环境领域国家治理体系和治理能力现代化全面实现,建成美丽中国。

二是要全面推动绿色发展。绿色发展是构建高质量现代化经济体系的必然要求,是解决污染问题的根本之策。重点是调整经济结构和能源结构,优化国土空间开发布局,调整区域流域产业布局,培育壮大节能环保产业、清洁生产产业、清洁能源产业,推进资源全面节约和循环利用,实现生产系统和生活系统循环链接,倡导简约适度、绿色低碳的生活方式,反对奢侈浪费和不合理消费。

三是要把解决突出生态环境问题作为民生优先领域。坚决打赢蓝天保卫战是重中之重,要以空气质量明显改善为刚性要求,强化联防联控,基本消除重污染天气,还老百姓蓝天白云、繁星闪烁。要深入实施水污染防治行动计划,保障饮用水安全,基本消灭城市黑臭水体,还给老百姓清水绿岸、鱼翔浅底的景象。要全面落实土壤污染防治行动计划,突出重点区域、行业和污染物,强化土壤污染管控和修复,有效防范风险,让老百姓吃得放心、住得安心。要持续开展农村人居环境整治行动,打造美丽乡村,为老百姓留住鸟语花香田园风光。

四是要有效防范生态环境风险。生态环境安全是国家安全的重要组成部分,是经济社会持续健康发展的重要保障。要把生态环境风险纳入常态化管理,系统构建全过程、多层级生态环境风险防范体系。要加快推进生态文明体制改革,抓好已出台改革举措的落地,及时制定新的改革方案。

五是要提高环境治理水平。要充分运用市场化手段,完善资源环境价格机制,采取多种方式支持政府和社会资本合作项目,加大重大项目科技攻关,对涉及经济社会发展的重大生态环境问题开展对策性研究。要实施积极应对气候变化国家战略,推动和引导建立公平合理、合作共赢的全球气候治理体系,彰显我国负责任大国形象,推动构建人类命运共同体。

习主席还强调要加快建立健全5个生态文明体系,即:以生态价值观念为准则的生态文化体系,以产业生态化和生态产业化为主体的生态经济体系,以改善生态环境质量为核心的目标责任体系,以治理体系和治理能力现代化为保障的生态文明制度体系,以生态系统良性循环和环境风险有效防控为重点的生态安全体系。

生态文明是中华民族永续发展的根本大计,我国生态文明建设取得举世瞩目的巨大成就,为新征程上全面推进美丽中国建设、加快推进人与自然和谐共生的现代化奠定了坚实基础。

同时必须清醒认识到,我国经济社会发展已进入加快绿色化、低碳化的高质量发展阶段,生态文明建设仍处于压力叠加、负重前行的关键期,生态环境治理呈现问题点多面广、矛盾新旧交织、压力累积叠加的特点,生态环境保护任务依然艰巨。要立足全面建设美丽中国新阶段,深刻把握生态环境保护的形势任务,始终保持战略清醒、战略自信、战略主动,迎难而上,久久为功,将美丽中国蓝图一步一步变为现实。

(三)两次全国生态环境保护大会开启生态文明建设的新阶段

2018 年 5 月 18 日至 19 日第八次全国生态环境保护大会在北京召开。会议提出加大力度推进生态文明建设、解决生态环境问题,坚决打好污染防治攻坚战,推动中国生态文明建设迈上新台阶。

2023 年 7 月 17 日至 18 日第九次全国生态环境保护大会在北京召开。习近平总书记出席了会议,他在讲话中强调,生态文明建设是关系中华民族永续发展的根本大计,是关系党的使命宗旨的重大政治问题,是关系民生福祉的重大社会问题。

习近平总书记对生态环境保护提出了总体要求,充分肯定了十八大以来的生态文明建设工作,用了三个"之大",四个"重大转变",阐述了对当前我国生态环境形势的判断,以及需要正确处理的五个关系。

习近平总书记提出的总体要求是:深入贯彻新时代中国特色社会主义生态文明思想,坚持以人民为中心,牢固树立和践行绿水青山就是金山银山的理念,把建设美丽中国摆在强国建设、民族复兴的突出位置,推动城乡人居环境明显改善、美丽中国建设取得显著成效,以高品质生态环境支撑高质量发展,加快推进人与自然和谐共生的现代化。

党的十八大以来,我们把生态文明建设作为关系中华民族永续发展的根本大计,开展了一系列开创性工作,决心之大、力度之大、成效之大前所未有,生态文明建设从理论到实践都发生了历史性、转折性、全局性变化,美丽中国建设迈出重大步伐。

出现的几个"重大转变"是:实现由重点整治到系统治理的重大转变;实现由被动应对到主动作为的重大转变实现;实现由全球环境治理参与者到引领者的重大转变;实现由实践探索到科学理论指导的重大转变。

这些成就,既有数据支撑,也有老百姓的切身感受。2018 年,我国启动蓝天、碧水、净土保卫战,短短数年时间已成效斐然:

(1)我国是全球大气质量改善速度最快的国家。在 2022 年,全国 339 个地级及以上城市 $PM_{2.5}$ 平均浓度为 29 $\mu g/m^3$,重度及以上污染天数比例为 0.9%,同比下降 0.4 个百分点,首次降低到 1% 以内。

(2)全国地表水优良断面比例达到 84.9%,已接近发达国家水平。

(3)全国土壤污染风险也得到基本管控。

习近平总书记对目前的生态环境保护形势作了最新的判断:我国生态环境保护结构性、根源性、趋势性压力尚未根本缓解;生态文明建设仍处于压力叠加、负重前行的关键期。

我国的生态文明建设和生态环境保护还任重道远,习近平总书记还强调了必须正确处理五个重大关系,它们是:高质量发展和高水平保护的关系;重点攻坚和协同治理的关系;自然恢复和人工修复的关系;外部约束和内生动力的关系;"双碳"承诺和自主行动的关系。

习近平总书记特别强调,我们承诺的"双碳"目标是确定不移的,但达到这一目标的路径和方式、节奏和力度则应该而且必须由我们自己作主,决不受他人左右。

要推动有效市场和有为政府更好结合,将碳排放权、用能权、用水权、排污权等资源环境要素一体纳入要素市场化配置改革总盘子,支持出让、转让、抵押、入股等市场交易行为,加快构建环保信用监管体系,规范环境治理市场,促进环保产业和环境服务业健康发展。

这两次大会开启了新时代生态环境保护工作的新阶段。在 2023 年 8 月 15 日首个全国生态日上,习近平主席又对生态文明建设作出重要指示,我们在全面建设社会主义现代化国家新征程上,要保持加强生态文明建设的战略定力,注重同步推进高质量发展和高水平保护,加快推进人与自然和谐共生的现代化,全面推进美丽中国建设,进一步深化习近平生态文明思想的大众化传播,提高全社会生态文明意识,增强全民生态环境保护的思想自觉和行动自觉,推动形成人人、事事、时时、处处崇尚生态文明的良好社会氛围。我们应响应习近平主席的号召:全社会行动起来,做绿水青山就是金山银山理念的积极传播者和模范践行者,身体力行、久久为功,为共建清洁美丽世界作出更大贡献。

［思考与练习］

1. 什么是环境? 如何理解环境的含义?

2. 什么是环境问题? 环境问题是如何产生的?

3. 了解环境自净作用、环境自净能力、环境容量和环境要素的概念及它们之间的关系。

4. 次生环境问题与原生环境问题有何联系?

5. 当代环境问题有何特点?

6. 简述环境问题的发展和现代环境科学发展的历史。

7. 了解历史上八大公害事件的地点和起因。

8. 了解 1992 年联合国环境与发展大会上"地球誓言"的深刻含义。

9. 目前全球性的环境问题有哪些? 你最有感触的是哪些?

10. 环境科学研究的对象与有关的自然科学部门有何区别?

11. 环境科学的研究对象和研究的主要内容是什么?

12. 当前环境科学的主要任务有哪些?

13. 了解近三年世界环境日的主题(含中国设立的主题)及意义。您参加了哪些相关的纪念活动?

14. 谈谈你对解决环境问题的认识。解决环境问题的根本途径有哪些?

15. 绘制环境科学的学科分支表,并且根据表格说说你对该学科知识体系和发展前景的看法。

16. 举例说明现代环境科学发展的趋势与特点。

17. 了解你所学的或感兴趣的学科处在环境科学庞大体系的哪一个位置。它与其他学科的关系如何?

18. 简述习近平生态文明思想的形成过程。

19. 简述习近平生态文明思想的意义。

20. 简述新时代全国推进生态文明建设的 6 个原则、对生态文明建设的 5 点要求和要加快建立健全的 5 个生态文明体系。

21. 以你身边的例子和切身感受说明我国启动蓝天、碧水、净土保卫战数年时间所取得的成效。

22. 简述 2023 年 7 月召开的第九次全国生态环境保护大会上，习近平总书记强调今后必须正确处理的五个重大关系。

［推荐读物与网络资源］

钱易，唐孝炎.环境保护与可持续发展.北京：高等教育出版社，2000

Eldon D.Enger，Bradley F.Smith.环境科学：交叉关系学科（第 7 版）（影印本）.北京：清华大学出版社，2002

郑有飞，等.环境科学概论.北京：气象出版社，2011

杨京平.环境与可持续发展科学导论.北京：中国环境科学出版社，2014

宋淑红，侯宏冰.爱护水环境.北京：地质出版社，2019

赵景联，史小妹.环境科学导论（第 2 版）.北京：机械工业出版社，2016

方淑荣，姚红.环境科学概论（第 2 版）.北京：清华大学出版社，2018

苏志华.环境学概论.北京：科学出版社，2018

周北海，等.环境学导论.北京：化学工业出版社，2017

钱易，何建坤，卢风.生态文明理论与实践.北京：清华大学出版社，2018

王金南，董战峰，蒋洪强，等.中国环境保护战略政策 70 年历史变迁与改革方向[J].环境科学研究，2019，32(10)：1636-1644.

黄承梁.中国共产党领导新中国 70 年生态文明建设历程[J].党的文献，2019(5)：49-56.

黄世贤，李志萌.绿水青山就是金山银山——学习领会《习近平谈治国理政》第二卷关于生态文明建设的重要论述[J].中国林业产业，2018(C1)：8-12.

王雨辰.论习近平生态文明思想对人类生态文明思想的革命[J].马克思主义理论学科研究，2022(3)：26-35.

www.mee.gov.cn　中华人民共和国生态环境部

www.craes.cn　中国环境科学研究院

www.mepcec.com　中环联合（北京）认证中心有限公司

www.cenews.com.cn　中国环境报社

www.chinacses.org　中国环境科学学会

www.caepi.org.cn　中国环境保护产业协会

www.cepf.org.cn　中华环境保护基金会

www.cfej.net　中国环境新闻网

www.gefchina.org.cn　中国全球环境基金

www.cesp.com.cn　中国环境出版集团

www.rcsds.org　中国可持续发展网

www.chinaeol.net　生态环境部宣传教育中心

www.sciencenet.cn　科学网

第二章　生态学基本原理

早在十八届三中全会审议通过《中共中央关于全面深化改革若干重大问题的决定》时习总书记就特别强调,生态文明体制改革一定要符合生态的系统性,即人与自然是一个生命共同体的理念。人的命脉在田,田的命脉在水,水的命脉在山,山的命脉在土,土的命脉在树。要建立人与自然和谐的社会,建立山水林田湖草沙的生命共同体,离不开人类周围的动植物的物种、种群、群落和它们与环境中的水、土、气构成的自然生态系统。人类与自然生态系统的关系也建立在基于生态学的原则之上。人类社会所面临的许多环境问题就其本质而言都是生态问题。生态学在促进环境问题研究方法的发展方面起着关键的作用。

环境科学是综合性的科学,生态学则是其理论基础之一。可以从两个方面来理解这句话:第一,由生态学本身的定义所界定,生态学就是研究生物与其外界环境之间的相互关系的科学;第二,当前环境科学中遇到的一系列问题(人口、资源、能源、粮食、环境污染)的解决都离不开生态学的基本原理。实际上环境危机、生态破坏、资源短缺等问题都是生态学工作者首先觉察出来的。当前环境学科发展趋势的特点也强调:更加注重研究生命维持系统,扩大生态学原理的应用范围。

环境科学与生态学有一定的区别。生态学研究的中心事物是所有的生物,而环境科学研究的中心事物是人,而非一般的生物。人也是生物,环境科学就是研究以人为中心事物的生命共同体的生态学。环境科学就是以人类发展与环境这对矛盾为对象,研究其对立统一关系的发生和发展、调节和控制以及利用和改造的科学。

为了学好环境科学知识,必须掌握好生态学的知识,把它作为理论基础。然而生态学知识如浩瀚大海,本身就是一门大学科(一级学科),本章只介绍最基本的、传统的生态学常识及与环境科学关系最直接的部分内容。

为了节省篇幅,本章内容主要以提要的形式出现,读者学习环境科学时还应根据本章后推荐的参考书进一步详细学习,拓展生态学的知识面,才能满足环境学科学习的需要。

第一节　生态学及其研究内容、分支学科

一、生态学的定义

"生态学"一词是 1869 年德国生物学家赫克尔(Haeckel)提出来的。

生态学英文名词来源：ecology（英文）←ockologie（希腊文），ockologie←oikos（住处或栖息地）＋logos（科学）。

此外，经济学 economics 的前缀"eco"是管理家庭的意思。ecology 和 economics 都以"eco"为前缀，可见两门学科的关系十分密切。

生态学是研究生命系统与外界环境系统之间的相互关系及其机理的科学。这里所说的生命系统包括动物、植物、微生物本身及其之间的相互关系；外界环境系统可分为生物环境和非生物环境。生态学是一门发源于生物学而又越来越独立于生物学的研究生物、环境及人类社会相互关系的科学，是一门研究个体与整体关系的系统科学。

二、生态学的研究内容

（1）以自然生态系统为对象：探索环境对生物的作用、生物对环境的反作用及其相互关系的规律。生命演化与层次大体可分为 14 个级别（图 2-1）。生态学主要涉及后 4 个级别，即种群、群落、生态系统和生物圈，或包括个体生态。

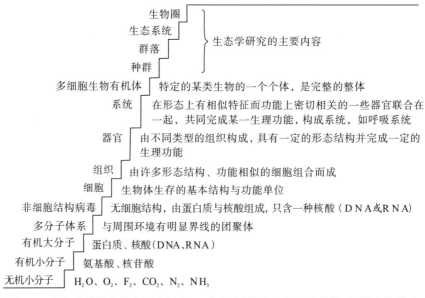

图 2-1 生命世界演化的各级水平与 14 个层次（修改自钟贻诚等的《简明生物学》）

（2）以人工生态系统或半自然生态系统为对象：研究不同区域系统的组成、结构、功能。当前研究的主要内容中纯粹自然生态系统已很少，大多为受干扰的（disturbed）生态系统。

（3）以社会生态系统为对象：生态学与社会经济的结合，如人口与社会经济发展的关系等。

从图 2-1 的阶梯层次可以了解到生态学研究的范畴包括：

（1）个体生态学（autecology）：以生物个体为研究对象，探讨生物与环境之间的关系，特别是生物体对环境的适应性。它可以通过控制条件下的实验研究，检验生物体对各种环境因子的要求、耐受和适应范围。个体生态学是生理学和生态学交叉的边缘学科，在现代生态学中仍占有重要的位置。

（2）种群生态学（population ecology）：研究栖息于同一地区同一生物个体的集合体所具有

的特征,包括种群的年龄组成、性别比例、数量变动与调节等及其与环境因子的关系。研究种群生态学对合理利用生物资源和防治有害生物(如生物入侵)具有特别重要的意义。

(3)群落生态学(community ecology):研究栖息于同一地域中所有种群集合体的组合特点、它们之间及其与环境之间的相互关系、群落的形成与发展等。

(4)生态系统生态学(ecosystem ecology):生态系统是生物群落与其栖息环境相互作用所构成的自然整体。生态系统包括生产者、消费者和分解者以及它们周围的非生物环境,是生态学研究的基本单位。生态系统生态学主要研究系统内能量流动、物质循环和信息传递及其稳态调节机制,这是现代生态学研究的主流。

(5)生物圈(biosphere):现代生态学的研究对象越来越大,其至包括整个生物圈。生物圈是地球上最大的、接近自我维持的生态系统,是地球上全部生物及与之发生相互作用的物理环境的总和。其范围大体上包括大气圈的下层、岩石圈的上层以及整个水圈和土圈。地球上所有的生命都在这个"薄层"里生活,故称生物圈。

随着全球性环境问题日益受到重视,如全球性气候变化、酸雨、臭氧层破坏、荒漠化、生物多样性减少,全球生态学已应运而生,并已经成为民众普遍关注的领域。

虽然多数生态学家认为生态学涉及的是有机体以上的系统层次,但是微观方面的研究现在也引起许多专家学者的重视,如近年来迅猛发展的分子生态学(molecular ecology)、量子生态学(quantum ecology)等新兴的学科,在微观世界进行宏观的探索。但就目前而言,生态学研究的重点还是在于生态系统和生物圈中各组成成分之间,尤其是生物与环境、生物与生物之间的作用。

生态学在研究生物与自然环境相互作用时,还必须依靠生物以外的其他自然科学,诸如气象学、气候学、海洋学、土壤学等等。生态学的一些原理已经深入许多自然科学学科之中,并被广泛地接受。学科间相互渗透,发展边缘学科,建立学科间的综合性研究,是现代科学发展的特点,也是生态学发展的特点。

三、生态学的分支学科

生态学有许多分支学科。这些学科及其相互关系可以用图 2-2 来表示,每一个分支学科都与现代环境科学的学科密切相关。

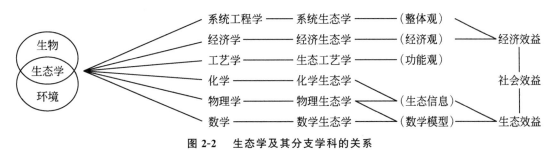

图 2-2　生态学及其分支学科的关系

第二节 有关种群、群落的基本知识

一、种群的基本概念

(一)种群的定义

种群是指某特定时间内栖居在某个自然区域内的同种有机体的组合(一定空间里同种个体的集合)(见图 2-3)。

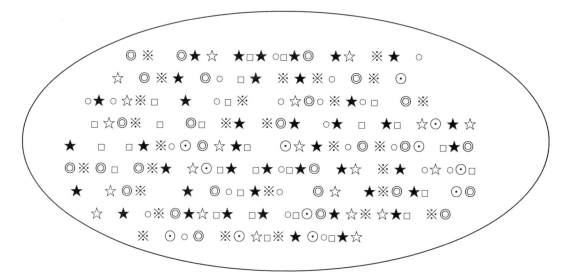

图 2-3 种群、群落与生态系统的关系(★、☆、□、⊙、○、◎、※分别代表不同个体)

图 2-3 中每一符号代表一个个体,同一符号的所有个体的组合代表种群。所有种群的整合代表群落。群落加上相应的环境代表生态系统。地球上各种生态系统构成生物圈。

(二)种群数量变动规律

种群是由个体组成的,但绝不是简单的相加,而是通过种群内关系结合而成的整体。一个种对环境和人类的影响取决于它的种群大小。种群数量大小指一个种的个体数目多少,具体由以下参数衡量:

(1)种群数量:一定面积或容积中某个种的个体总数。

(2)种群密度:单位面积或单位容积内的个体数目。

种群数量变动取决于出生率和死亡率、迁入和迁出这两组因素(图 2-4)。

出生率(natality):单位时间内生物繁殖后代个体的平均数(单位时间内出生的个体数同生物总数之比)。

图 2-4　种群数量变动影响因素示意图

死亡率(mortality)：单位时间内生物死亡个体的平均数(单位时间内死亡的个体数同生物总数之比)。

如：某种群 500 个个体，生 50 个，死 10 个，则：

$$出生率=\frac{50}{500}\times100\%=10\%,$$

$$死亡率=\frac{10}{500}\times100\%=2\%。$$

(三)存活曲线

存活曲线是由种群个体存活的数量的自然对数值为纵坐标，以种群的平均年龄阶段为横坐标绘制的曲线，可以从中直观地看出在环境的影响下不同年龄阶段种群数量的变动情况(图2-5)。

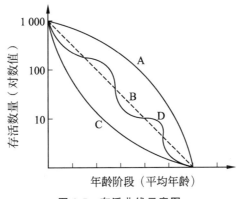

图 2-5　存活曲线示意图

A.凸形：接近生理寿命之前死亡的个体不多。

B.对角线形：个体在各年龄阶段的死亡率相等。

C.凹形：死亡多发生在幼体，种群中存活到生理寿命的个体很少。

D.波浪形：不同年龄阶段个体死亡率变化波动很大(常因环境变化造成)。

(四)性比和年龄结构

(1)性比：种群中雌性与雄性在数量上的比例，是推测种群未来发展趋势的一项指标。

(2)年龄结构(年龄组成、年龄分布)：种群内各个体的年龄分布状况，即各年龄阶段的个体数在整个种群个体总数中所占的百分数，可反映种群当时的发育阶段，并预测种群数量变化动态和发展趋势(图 2-6)(在研究人口问题上的应用广泛)。

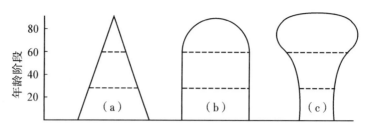

图 2-6　不同年龄结构种群的数量变化和发展趋势图

(a)增长型:幼年个体占最大百分数,老年最少,种群数量呈上升趋势。
(b)稳定型:各年龄级的个体数分布比较均匀,种群的大小趋于稳定。
(c)衰退型:与(a)相反,老年个体数很大,幼年个体数很少,种群数量趋于减少。

二、种群数量变动原因

(一)指数增长

时间 t 之末的种群数

$$N_t = N_0 + (b - d)。$$

N_0 为起始种群数,b 为出生数,d 为死亡数。

种群在单位时间内或某一瞬间增长率(r)为:

$$r = \frac{N_t - N_0}{N_0} \times 100\%,$$

$$\frac{\mathrm{d}N}{\mathrm{d}t} = rN（设环境资源不受限制,增长率 r 为一恒值）。$$

其指数式为 $N_t = N_0 \mathrm{e}^{rt}$(e 为自然对数的底),表示种群在这种环境状况下呈指数式增长。当 $r > 0$ 时,种群按指数曲线形式无限制地增长,呈 J 形指数生长曲线;当 $r = 0$ 时,$N_t = N_0$,种群数量不变;当 $r < 0$ 时,种群数量减少,种群可能衰退。

(二)逻辑斯谛增长方程(logistic growth equation)曲线

环境负荷量:实际上,环境条件(包括资源、食物、生活空间等)所能支持的种群最大数量有限,其极限值称环境负荷量,用 K 表示。

当 $N \approx K$ 时,

$$\frac{\mathrm{d}N}{\mathrm{d}t} = 0,$$

种群不再增长。

Verhulst(1839)及 Pearl 和 Reed(1920)最早提出描述公式,即逻辑斯谛增长方程:

$$\frac{\mathrm{d}N}{\mathrm{d}t} = rN \frac{K - N}{K}。$$

当 $K - N > 0$ 时,种群数量增长;当 $K - N < 0$ 时,种群个体数目减少;当 $K - N = 0$ 时,种群大小基本处于稳定的平衡状态。上式积分得:

$$N = \frac{K}{1 + e^{a-rt}},$$

式中 $a = r/K$。

由此方程绘制的曲线开始时呈指数增长趋势（J形），后来增长趋势逐渐缓慢，最后（在接近环境负荷量 K 时）达到比较稳定的停滞水平，呈现 S 形（图 2-7）。

(三)生物势与环境阻力

(1)生物势：生物在没有任何限制的环境中增长的潜在速率，又称内禀增长率(r)。

(2)环境阻力：环境因素限制生物增殖的力量。$(K-N)/K$ 表示在 J 形和 S 形曲线之间（图 2-7）。

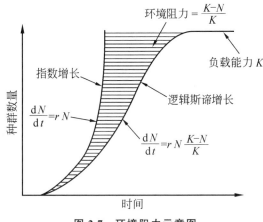

图 2-7　环境阻力示意图

(四)种群的平衡与种的关系

1. 种群的平衡

指种群的数量在相当长的时间内维持在一个水平上的情形，是一种动态平衡。这阶段出生数和死亡数大致相等，互相抵消。

2. 种内关系(指同种个体之间的关系)

(1)种内斗争：如某些肉食性鱼类。具有生物学和资源保护的意义。

(2)种内互助：如社会性昆虫蚂蚁、蜜蜂等，鸟类。

(3)种内寄生：指同种个体之间甲个体靠消耗乙个体的物质为生。如角鮟鱇。

3. 种间关系

(1)竞争

竞争排斥原理(高斯假说)：在一个稳定环境内，两个以上受资源限制但具有相同资源利用方式的种，不能经久地共存在一处。能较好利用环境中有用资源的一个种必定排挤另一些种。将逻辑斯谛增长方程扩展到两个种竞争的种群上：

$$\frac{dN_1}{dt} = r_1 N_1 \frac{K_1 - N_1 - \alpha N_2}{K_1},$$

$$\frac{dN_2}{dt} = r_2 N_2 \frac{K_2 - N_2 - \beta N_1}{K_2}.$$

$\alpha(\beta)$为竞争系数,表示在物种1(或2)的环境里,每存在一个物种2(或1)的个体,对物种1(或2)种群的负效应。

(2)捕食:竞争的一种方式。

(3)共栖:指两种生物生活在一起,一种受益,对另一种没有不良影响。

(4)共生:两种生物共同生活在一起,彼此都有利,如果失去一方,另一方就不能生存。

(5)寄生:一种生物寄居于另一种生物的体表或体内,并依靠对方的"供养"而生活。得益的一方叫寄生物,受害的一方叫宿主。

(6)协调:自然界中各种生物的关系总体是处于协调之中的。人类在利用自然资源时应当是作"精明的捕食者",不能把赖以生存的资源都消耗殆尽。

4. 决定种群数量变动的因素

(1)气候因素:包括温度、降水、光照等。

(2)生物因素:种间的互相制约,如化感作用等生物个体间的捕食广泛用于生物防治,可达到无污染、低成本的效果。

(3)食物因素:利用控制食物来管理动物种群。

(4)种内关系:种群自动调节。

三、群落的基本概念

(一)群落的定义

群落是不同种的种群有规律的集合体。

对于植物群落,这里的"有规律"体现在:

(1)通过一定的发展过程,植物群落是在长期历史过程中发展而成的,具有一定的外貌、结构和种类组成。

(2)群落内种群和种群之间、种群和环境之间已建立一定的联系。

一个池塘生物群落 { 多种水生植物种群 / 多种浮游动物种群 / 多种浮游植物种群 / 多种底栖生物种群 / 多种细菌种群 / 多种鱼类种群 / …… } 外貌、结构、种类组成 ⟹ 具有一定功能,与环境相互影响

群落并不是各种生物的杂乱堆积或相加。注意把群落和偶然的"群聚"区别开来。

(二)植物群落的外貌

即群落外部的"样子"(外观),是植物群落长期适应外界环境的一种外部表征。

生活型是指植物在外界综合环境的长期作用下所显示的适应形态。同种植物在不同环境条件下,生活型可能不同。不同种植物在相同的环境条件下,也会有相同的形态反应和适应形式(相同的生活型),这是植物在相同环境作用下的趋同适应。

1. 若恩开尔(Raunkiaer)生活型

分类基础是植物度过不利时期对恶劣条件的适应形式,即根据抵抗芽(休眠芽)所处的位置高低,把高等植物划分成 5 类(图 2-8):

(1)高位芽植物:乔木、灌木、热带草本;15 个亚类。

(2)地上芽植物:抵抗芽离地不超过 30 cm;4 个亚类。

(3)地面芽植物:仅地面处有芽;3 个亚类。

(4)地下芽(隐芽)植物:土表之下或水面之下有芽存活;7 个亚类。

(5)一年生种子植物:以种子的形式度过不良季节。

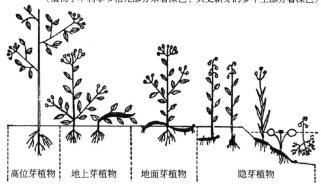

(植物于不利季节枯死部分未着深色;具更新芽的多年生部分着深色)

图 2-8　Raunkiaer 生活型划分的示意图

2. 生活型谱

不同气候区域中的植物区系里,各种植物类型(生活型)的对比关系是不同的,这种对比关系称为生活型谱(表 2-1)。

表 2-1　表征不同气候区域生物类型的生活型谱　　　　　　　单位:%

项目与地区	高位芽(Ph)	地上芽(Ch)	地面芽(H)	地下芽(G)	一年生(Th)
1 000 种植物标准谱	46	9	26	6	13
400 种植物标准谱	47	9	27	4	13
热带地区	61	6	12	5	16
沙漠地区	12	21	20	5	42
北极地区	1	22	60	15	2
丹麦	7	3	50	22	18
俄罗斯科斯特罗马省区	7	4	52	19	18

表 2-1 可以说明以下的问题:

(1)植物的生活型谱组成与当地的气候、环境条件是相适应的。

(2)植物的生活型谱可以用来指示气候和环境(注意:这里所指的环境是指长期影响和塑造生活型谱的环境,而不是短期的环境质量)。

四、群落的结构与分布

(一)群落的结构

1. 群落的垂直结构
分层现象。

2. 群落的水平结构
平面上不同的小群落。

3. 有关生态位(ecological niche)的概念及其应用

生态位是现代生态学广泛使用的术语,它与生境(habitat)、生态幅度(ecological amplitude)、分布区(distribution area)等的概念并不等价。Grinnell(1917)是最早使用"生态位"术语的学者,1928 年他把"生态位"定义为"每个物种由自身结构上的和功能上的限制被约束在其内的最后分布单位",强调生态位的空间概念,因而实际上可理解为空间生态位(space niche)。Elton(1927)则强调物种在群落中的功能状况,认为"生态位的意思是要说它在生物环境中的位置、它的食物和敌害关系"。这种概念其实是营养关系,即营养生态位(trophic niche)。Gaulse(1934)把生态位与种间竞争联系起来,提出排斥原则,即"竞争的结果使两个相似的种极少占据相似的生态位";进而发展成为相似排斥原理。Hutchinson(1957)将 Gause 和 Elton 的生态位概念结合并发展成为一个生态位的多维空间概念,即可以使生物生存繁衍的 n 维环境变量(时间、空间、湿度、温度、海拔、营养 ……),认为"生态位是指自然生态系统中一个种群在时间、空间上的位置及其与相关种群之间的功能关系"。

通俗地讲,生态位是指生物在漫长的进化过程中形成的对其生存环境中的生物性和非生物性资源利用的总和。

(1)生态位宽度(niche breadth,niche width):是指被一个有机体单位所利用的各种不同资源的总和,从单维考虑,即是物种在该维上所占据的长度。也可以说,生态位宽度或广度是指一个物种所利用的各种资源总和的幅度。

一般来说,在资源可利用少的情况下,生态位宽度一般应该增加,促进生态位的泛化(generalization);而在资源丰富的环境里,可导致选择性的采食和狭窄的食物生态位宽度,促进生态位的特化(specialization)。因此,通常泛化意味着具有较宽的生态位,而特化则意味着具有较窄的生态位。对生物群落中种群生态位宽度的测定,有助于了解各个种在群落中的优势地位以及彼此间的关系,并可在某种程度上反映生物对生态环境的适应程度。

(2)生态位重叠(niche overlap):是指不同物种的生态位之间的重叠现象或共有的生态位空间,即两个或更多的物种对资源位或资源状态的共同利用。这是生态位理论的中心问题之一,它涉及资源分享的数量,关系到两个物种的生态要求可以相似到多大程度而仍能共存,或相互竞争的物种究竟多么相似还能稳定地共同生活在一起。一般认为,生态位重叠是利用性竞争的一个必要条件,但除非资源供应不足,重叠并不一定导致竞争,在可利用资源过剩的情况下,生态位大概能完全重叠而对有机体没有伤害。

(3)生态位移动(niche drift):是指种群对资源谱利用的变动。种群的生态位移动往往是环境胁迫或是激烈竞争的结果。例如,在南亚热带森林演替过程中,先锋树种马尾杉在阔叶树种入侵后渐渐衰亡,种群的生态位向群落边缘地带移动。

(4)生态位分离(niche separation):是指两个物种在资源序列上利用资源的分离程度。这是环境胁迫或竞争的结果。将生态位概念与理论应用到自然生物群落,有如下一些要点:① 一个稳定的群落中占据了相同生态位的两个物种,其中一个终究要灭亡;② 一个稳定的群落中,由于各种群在群落中具有各自的生态位,种群间能避免直接的竞争,从而又保证了群落的稳定;③ 一个相互起作用的生态位分化的种群系统,各种群在它们对群落的时间、空间和资源的利用方面,以及相互作用的可能类型方面,都趋向于互相补充而不是直接竞争。因此,由多个种群组成的生物群落,要比单一种群的群落更有效地利用环境资源,长期维持较高的生产力,具有更大的稳定性。

(5)生态位理论的应用:生态位现象对生命而言是具有普遍性的一般原理,生态位的形成减少了不同物种间的恶性竞争,有效地利用了自然资源,使不同物种都获得一定的生存优势,这正是自然界各种生物欣欣向荣、共同发展的原因所在。以生物群落为例,一个稳定的群落中,占据了相同生态位的两个物种,其中一个终究要灭亡;该群落中各种群具有各自的生态位,使种群间避免直接竞争,也保证了群落的稳定;竞争可塑造多样性,这是因为在自然开放的系统中,物种常常能够转换它们的功能生态位去避免竞争的有害效应。

它不仅适用于生物界,同样适用于人类。人类经济与社会发展诸多领域只有正确定位,才能立足自身资源,形成自身特色,发挥比较优势,提高社会发展的整体效率和效益。例如,随着社会竞争愈加激烈,为解决企业、城市区域发展瓶颈的“企业生态位”“城市生态位”等新概念应运而生。可以这样认为,生态位理论为促进人与自然和谐发展和构建社会主义和谐社会提供了基本的理论支撑。

(二)群落的分布

1. 垂直分布

海拔每升高 180 m,气温一般要下降 1 ℃。温度进而影响降雨、湿度、风速、土壤和其他生物。因此海拔通过气温等一系列作用来影响群落的分布。

2. 水平分布

不同纬度的气候不同,各种气候因子共同作用,影响群落分布。

植物群落基本上随纬度有规律地分布。

3. 我国陆地植物群落分布类型

我国陆地植物群落分布类型主要有:①针叶木本植物群落;②落叶阔叶木本植物群落(温带夏绿林);③常绿阔叶木本植物群落;④雨林木本群落;⑤干燥草本群落;⑥干荒漠群落;⑦高寒植物群落。

世界上的群落类型还要再加上极地、苔原、热带草原、海洋、淡水生物群落,其中海洋生物群落包括大洋、岩岸、泥沙岸生物群落等。

五、植被调查

植被是指整个地球上全部植物群落的总和。植物群落是植被的基本单元。如前所述,植被对环境具有指示作用。植被调查在环境评价和环境规划中有重要作用。

进行植被调查的方法很多,如常用的有样方、样带、样线、样圆、点四分法等。面积大小根据调查类型来决定,一般乔木 10 m×10 m,灌木 5 m×5 m,草本 1 m×1 m。

六、生物的学名

在环境科学、生态工程和与环境影响评价关系密切的植被调查工作中常常涉及到要表达生物的名录。世界上的动、植物种类很多,各国的语言和文字又不相同,因而动、植物的名称也就不同,就是在一个国家内也会出现不同的名称。为了科学技术的交流,统一使用动、植物学名是完全必要的。瑞典植物学家林奈(Linnaeus,1707—1778)于1753年在总结前人工作的基础上,较完整地提出了科学命名的概念,即双名法系统。

(一)双名法的基本构成

所谓"双名法"或"二名法",就是用拉丁文(或拉丁化的希腊等国文字)拼写的"属名＋种加词"作为物种的学名。也可以说,其中第一个单词是该种生物的属名,而第二个单词是该种生物的种名,这两个单词合并在一起就成为该种生物的学名。属名在前,开头字母要大写;种加词在后,开头字母应小写。种加词之后,附定名人姓名,多用缩写形式。如卤蕨(一种红树植物)的学名为: *Acrostichum aureum* L.。如仅仅鉴定到属、未能确定种的,可以记为在属名后加"sp.",如海桑属的一个(未知)种,写为: *Sonneratia* sp.。注意:拉丁文以斜体字出现,以便与定名人(英文)的正体字区别,学名中的 sp.(种,species 的缩写)、var.(变种,varietas 的缩写)等也用正体字。

(二)学名的附加部分

在所定的种名后通常附有定种人的名字,例如由林奈(Linnaeus)所鉴定的海漆(一种红树植物),其学名为 *Excoecaria agallocha* Linnaeus。为了便于应用,通常将某些著名命名人的名字进行缩写,例如前面所提到的这种植物也可写成 *Excoecaria agallocha* L.。定种人的名字要按照优先原则,谁先进行命名就使用谁的名字。如果新种命名者所命名的物种的属有了改变,则原命名人仍要保留,但要将其名字放在括号内。例如 *Luria rassita* von Martius,后改为 *Achhornia rassita* (Mart.)Solms-Laub.。定种人的名字第一个字母要大写,如果两个人共同定名一个物种,则在此二人的名字间要加上 et(正体字)或"&",例如 *Pemphis acidula* Forst.et Forst.f.或 *Pemphis acidula* Forst. & Forst.f.。在两个命名人中间以 ex 相连接的,如 *Hypericum patulum* Thunb. ex Murray,则表示本种植物先由 Thunb.定了名,但尚未正式发表,之后 Murray 同意此学名并正式加以发表。

有些文献为了简化,学名之后也可不附加定名人。要注意:定名人只有缩写才要在后面加"."的,如 Hornst.,但 Hornsted 的后面就不能随意加"."了。不该"点"的不加".",但该"点"的不能随便省略,如 Hornst.,相比 Hornsted,只缩写了两个字母"ed",还是要加"."的。

(三)括号的正确使用

有些人将学名之后的定名人都加括号,这是不正确的。但有时常见在植物学名的种名之后有一括号,括号内为人名或人名的缩写,此表示这一学名经重新组合而成。如 *Avicennia marina* (Forsk.) Vierh.,这是由于该种植物学名早先由 Forsk.命名为 *Clandia marina* Forsk.,之后经 Vierh.研究将其列入 *Avicennia* 属。根据植物命名法规定,需要重新组合(如修改属名、由变种升为种等)时,应保留原种名和原命名人,但原命名人要加上括号。这充分体现了对知识产权的尊重。

(四)种以下学名的表示方法

种以下的分类等级有亚种(subspecies)在学名中缩写为 subsp.或 ssp.,变种(varietas)缩写为 var.,变型(forma)缩写为 f.。这些分类等级的学名表示法:在原种名后加亚种的缩写,其后写亚种名(又称亚种加词)及亚种命名人;变种和变型也是同样的表示法。如尖瓣海莲(我国独有的一种红树植物):*Bruguiera sexangula* var. *rhynochopetala*。(特别注意 var.为正体,后面要加"。")

(五)栽培变种的表示方法

在现代的园林生态工程中,常有栽培变种植物,用"cv."表示。cv.是拉丁文*cultivarietas*的缩写,也以正体表示,用于植物学名,意为栽培变种(栽培型)。例如:中文名'长穗'猫毛草,其学名是 *Melica scabrosa* cv. ' Longtassel '。该学名表明'长穗'猫毛草是猫毛草(*Melica scabrosa*)种内的一个栽培变种(栽培型);英文 Longtassel 是该栽培变种的栽培加词(cultivar epithet),意为长穗,指该栽培变种的长而美丽的花穗。

栽培变种比较特殊,依照《国际栽培植物命名法规》和《圣路易斯法规》的规定,栽培加词必须放在英文单引号"''"中间,首字母大写,写成' Longtassel '的形式。并且栽培加词的来源非常广泛,甚至可以用阿拉伯数字和英文字母混合编号。栽培加词的个数也可以是 2 个或者 3 个。

栽培变种符号 cv.也可以省略不写,即 *Melica scabrosa* cv. ' Longtassel '也可写成 *Melica scabrosa* ' Longtassel '的形式。由于此种省略的写法使一个栽培变种的学名只有属名、种名、栽培加词三部分,很简洁,所以应用较多。需要说明的是,有些学者认为当 cv.没有被省略的时候,栽培加词不用加单引号,直接写成 *Melica scabrosa* Longtassel 的形式(甚至有些权威的植物志也这样书写),这可能是过去的写法;根据《国际栽培植物命名法规》和《圣路易斯法规》的最新版规定,无论 cv.是否被省略,栽培加词都要加单引号。

七、群落的演替与环境因子的关系

(一)演替的概念

演替(succession)是指群落经过一定历史发展的时期,由一种类型变为另一种类型的顺序进程。

(二)演替的动力

(1)内因动态演替(内源演替)。

(2)外因动态演替(外源演替)。

造成演替的外因有:①气候性因素;②土壤性因素;③动物性因素;④植物性因素;⑤火成性因素;⑥人为性因素。

一切演替都是群落发展的必然规律,根据热力学第二定律,自然现象总是朝平衡方向发展,朝熵值增大的方向进行。

(三)演替的基本类型

(1)原生演替:从没有土壤和高等植物繁殖体的裸岩上开始的群落演替。
(2)次生演替:从一个生物群落被破坏但没有完全消灭的地区开始的演替。

(四)演替的顶极理论

演替是一个历史发展过程,是一个不断建立平衡和打破平衡的过程,它的发展趋势是向群落更稳定化的方向发展,最后达到一个稳定阶段,即该阶段的植被与该地气候、土壤、地形相适应、最协调,这个终点称为演替顶极或顶极群落。在顶极群落里,能量的输入和输出互相平衡,不存在物种更替,与物理环境相对平衡,是一个自我维持系统。

第三节　生态系统的基本知识

生态系统是生物群落(包括动物、植物和微生物)及其环境,通过各个组成要素间的物质循环和能量流动而形成的、具有统一功能的整体,是自然界的基本功能单位。

正如习近平主席说的:"生态是统一的自然系统,是相互依存、紧密联系的有机链条。"

生态系统的概念由 Tansley 1935 年首先提出。生态系统可大可小,生物圈可看作一个全球的生态系统。

一、生态系统的基本组成

(一)生产者

主要是绿色植物及光合细菌,能把环境中简单的无机物合成为自身的有机物,贮存太阳能。

$$6H_2O+6CO_2+709\ kcal \xrightarrow[\text{叶绿体}]{\text{太阳光}} C_6H_{12}O_6+6O_2(注:1\ kcal=4.184\ kJ)$$

利用太阳能,通过叶绿素等的生化过程,把二氧化碳固定为自身的有机物,这就是初级生产者固碳、储碳的基本原理。

(二)消费者

主要是动物或以有机物为营养的其他异养生物。其中草食动物为一级消费者,吃一级消费者的(肉食动物)叫二级消费者,吃二级消费者的叫三级消费者。

(三)还原者(分解者)

主要为细菌、真菌和某些原生动物。它们能把动植物残体分解成植物可重新利用的无机养料,归还给环境,为生产者再次利用。

(四)非生物环境

(1)光、温度、大气、水分、土壤、pH 值(生物生存的自然条件)。

(2)C、H、O、N、P 等无机物质(构成有生命物质的物质基础)。

(3)腐殖质、蛋白质、脂肪等有机物质(联系生物与非生物之间的有机物)。

二、生态系统的营养结构和功能

(一)食物链和食物网

生态系统中生物之间由于食物关系所形成的联系,即以能量和营养的联系而形成的各种生物之间的链索,称为食物链。食物链上的每一个层次都称为一个营养级,彼此交错的食物链构成食物网。

从生态系统食物链的概念出发,当我们准备对生态系统中某一个成员(某一环节)施加干预时,应考虑到它对各个成员,乃至整个生态系统可能产生的影响和后果。也就是说,应把我们的思想从干预某一种生物,或环境中某一因素,提高到可能会干预整个生态系统的水平上来认识。这种理念在环境影响评价工作中得到充分重视和采纳。我国的环评法已明确对区域的开发必须进行环境影响评价,一些先进的国家甚至对政府出台重大政策也要求必须进行环境影响评价。

(二)生态金字塔

当物质和能量通过食物链而流动时,高一营养级的生物不能全部利用低一营养级生物所贮存的有机物和能量,有部分能量未被利用,或消耗于生命的呼吸过程。

每经过一个营养级,能流量都要剧烈地减少一次,将通过各营养级的能流量由高至低绘制成一个图,就会出现底大、顶尖的"金字塔",包括能量金字塔、数量金字塔、生物量金字塔,统称为生态金字塔。

(三)生态系统的主要功能——能量流动、物质循环、信息传递

1. 能量流动模式特点

(1)生态系统中的能量流动是单向的,即单向流动,不可反复利用。

(2)能量在各营养级的流动过程中层层递减。

"十分之一"定律:每经过一个营养级,能流的总量就要大大地减少,后一个营养级只能利用上一个营养级大约十分之一的能量。

(3)能量流动以物质的形式为主要传递形式。能量贮存于物质的化学键中,当物质在生态系统中流动时,会由一种化合物转变为另一种化合物,这样贮存于其中的能量也随之变化和转移。能量流动和物质循环是两个密切联系、难以分割的过程。

2. 生物生产力

绿色植物通过光合作用,把太阳能转变成贮存在化学键中的化学能的过程叫作生态系统的初级生产过程。单位时间单位面积内的初级生产称为初级生产力,用 gC/m^2 表示。

$P_g = P_n + R$ 或 $P_n = P_g - R$,这里 P_g 为总初级生产力,P_n 为净初级生产力,R 为呼吸的

消耗。

除了初级生产者以外,其他有机体的生产称为次级生产,次级生产者利用初级生产量进行生长、发育、繁殖以及营养物质的贮存和积蓄。

3. 物质循环

自然界中有 20 多种重要的元素是生物生长所必需的,其中主要有 C、H、O、N 和 P 5 种,占全部原生质的 97%以上。这些元素在生物与生物之间,又在生物与无机环境之间反复循环,具有全球性,称为生物地球化学循环。

物流是一个循环过程,物质可以被反复利用。生物圈中的物质都处于永恒的循环变化之中。

从生态系统的物质循环功能可以得出这样的概念,即:自然资源与废物、污染物之间没有绝对不可逾越的鸿沟,它是根据其是否符合人类需要和利益划分的。"废物"是不适当的时间、不适当的量、放在不适当位置上的资源。因此现在称"固体废弃物"是不科学的,而应称"固体废物",体现了"废物"不可"弃"的生态学理念。

下面简要介绍几种主要的物质循环。

(1)水循环:地球上有水 13.86 亿立方千米,97.41%是海水,2.59%是淡水,淡水中的大部分存于南北极冰雪。

(2)碳循环:碳是构成有机体的重要成分,约占有机干物质的 49%,没有碳就没有生命。

地球上蕴藏在地下的矿物燃料,煤有 7.5×10^{12} t。煤和石油中的碳比目前地球上活着的有机体所含的总碳多 50 倍以上。

地球上的碳有两类库:①贮存库——贮存于岩石中,容量很大,流通率低,只有 8 g/(m^2 · a);② 交换库(循环库)——在生物体和它们生活的环境之间的交换,容量小,流通率很大,达 400 g/(m^2 · a),十分活跃。

地球上 99.9%的碳被岩石圈束缚着(以碳酸盐的形式)。碳在海洋中约占 0.1%,在大气中约占 0.002 6%。

现代人类将地质年代贮存在地下的碳加以利用,将其重新加入自然界碳循环的行列,使碳的流通率比正常情况大大增加,大气中 CO_2 浓度增加,破坏了生物圈中的 CO_2 平衡,导致温室效应加剧。

由于碳循环与当代所关注的全球气候变化密切相关,目前已经成为全球研究的热点。

(3)氮循环:氮是构成生物体的重要成分。在大气中氮气占 79%,是化学性质不活泼的一种气体。绝大部分生物无法直接利用大气中的氮气。微生物在生态系统的氮循环中起很大作用。氮循环包括以下两类:①氮的大循环——指氮在生态系统中的循环;②氮的小循环——指氮化物进入土壤或水中,仍回到土壤及水中的循环。

工业固氮:2000 年每年产量超过 1 亿吨。自然界里通过闪电固氮、固氮微生物、蓝藻将大气中的氮转化为高等植物可直接利用的氮素。

(4)硫循环:自然界的硫源自火山爆发、化石燃烧、动植物残体分解,经植物吸收进入食物链。排放到大气中的 SO_2 是引发酸雨的主要成分。

(5)磷循环:自然界中的磷主要来自含磷酸盐的矿石,经侵蚀进入生态系统的循环。

磷肥和含磷洗涤剂使城市污水含磷量增加,进入河流、海湾,引起富营养化和赤潮。有些城市和地方已经禁止使用含磷洗衣粉。如厦门市环保局(今生态环境局)、技术监督局(今质量技术监督局)、工商管理局(今市场监督管理局)等部门联合发出通告,要求从 1999 年 10 月 1

日起禁止生产、销售、使用含磷洗衣粉。

4. 生态系统的功能之三——信息传递

生态系统的信息传递是生物体通过自己的神经系统和内分泌系统等,在个体与个体之间、种群与种群之间、生物与环境之间发生的相互联系。这种联系在某种情况下支配着生态系统前述的两个功能,即能量流动和物质循环。

生态系统信息传递的方式包括:

(1)物理信息

光、声、接触信息,如鸽子对磁场的感知。

(2)化学信息

生物在活动和代谢过程中分泌一些化学物质,被其他生物接收而传递,如"相克物质"、化感物质。

(3)营养信息

由于外界营养物质数量的变化,引起生物的生理代谢变化,传递给其他个体及后代,以适应新的环境。

(4)行为信息

各种生物具有特定的行为特征,同类生物能做出各种不同的行为反应,借助物理、化学物质等信息而传递。如蜜蜂通过"舞蹈语言"传递采蜜活动的信息。

生态系统的自我调节能力和稳态的功能也是通过信息传递来完成的,信息流体现了控制机理和反馈机能。系统中每一种变化结果必然反过来又影响这一变化本身,生态系统就是通过这种反馈作用来维持其生态平衡的。前面所述两个种群竞争的逻辑斯谛增长方程中的竞争系数 α、β(效应系数),就是通过信息传递来体现的。

三、生态系统的平衡

(一)生态系统的自我调节能力和稳态

通过调节自身的功能来维护机体相对稳定的状态叫自我调节能力。在受到外来干扰之后,生态系统通过自身的调节而维持其相对稳定的状态叫稳态;但是这种干扰不能超过生态系统的阈值,否则将生态失调。

(二)生态系统的平衡与良性循环

生态系统发展到成熟的阶段,其结构和功能,包括生物种类的组成、各个种群的数量比例以及能量和物质的输入、输出等都处于相对稳定的状态,叫生态系统的平衡(自然平衡或生态平衡)。其明显标志是在相当长时间内处于群落演替顶极,具有较好的自我调节和稳态能力。

正确地理解维护生态平衡应是:生态平衡是一种动态平衡。当某种特定生态平衡状态有利于人类的生存和经济发展或利多于弊时,就要维护这种平衡;但当某种生态平衡状态不利于人类或弊多于利时,就应破坏这种平衡和建立新的更有利的生态平衡。因此有人把这种"维护生态平衡"的理念理解为"维护生态系统的良性循环"。

衡量利与弊时要全面权衡,即注意三大效益(经济效益、生态效益、社会效益)的统一和利弊的相对性。

[概念与知识点]

生态学、种群、双名法、种群密度、两个种群竞争的逻辑斯谛增长方程、趋同适应、生活型、生活型谱、生态位、高斯假说、群落、群落演替、食物链(网)、营养级、生态金字塔、"十分之一"定律、初级生产、生态系统、能流模式、生物地球化学循环、稳态、若恩开尔生活型的分类法、生态系统良性循环

[思考与练习]

1. 何谓生态学和生态系统? 生态学的研究内容是什么?

2. 以简图说明种群、群落、生态系统之间的关系。

3. 掌握生物拉丁学名的正确表达。

①查阅以前的相关环评报告书,进行生物学名表达的纠错。

②请根据植物的命名法则,纠正以下 7 个植物种拉丁学名的错误写法:

尖瓣海莲 *Bruguiera sexangula var. rhynochopetala*

秋茄 *Kandelia Obovata*

红海榄 *Rhizophora Stylosa*

木榄 *Bruguiera gymnorrhiza*(L.) *Lamk.*

白骨壤属的一个种 *Avicennia sp.*

水芫花 *pemphis acidula*

桐花树 *Aegiceras corniculatum*(*Blanco.*)

4. 如何理解生态位的"多维空间"概念?

5. 结合生态位理论阐述该理论对你个人事业发展定位有何重要启示。

6. 绘制存活曲线的 4 种典型类型示意图,并举例解释其意义。

7. 指数增长、逻辑斯谛增长的定义各是什么? 写出它们的方程式,绘制曲线示意图,并指出环境阻力的含义。

8. 决定种群数量变动的因素有哪些? 这些因素又是如何决定种群数量变动的?

9. 如何通过种群的年龄结构来预测种群数量变化的动态和发展趋势?

10. 生物及其群落对环境的影响主要表现在哪些方面?

11. 环境因子如何影响群落的演替?

12. 群落与群聚有什么不同?(群落的主要特征)

13. 何谓生活型谱? 举例说明它对反映气候、环境条件有什么作用?

14. 人类在利用自然资源时,如何做一个"精明的捕食者"?

15. 何谓植被? 植被调查在环境保护工作中的意义何在?

16. 查阅有关植被调查的参考书,学习点四分法等调查方式,并应用于实践中。

17. 举例说明你所看到的食物链或食物网。

18. 为什么自然界的食物链长度一般不超过 5 个环节?

19. 为什么位于高营养级上的生物取食空间范围要比低一级上的生物取食空间范围大?

20. 举例说明生态学上所谓的"十分之一"定律。

21. 生态系统的能量流动与物质循环有何关系？植物在其中起什么作用？

22. 生态系统为何能处于完美、和谐之中？

23. 生态系统的基本组成和结构如何？

24. 绘制生态系统中正常的碳循环示意图，并指出现代人类在哪些环节上如何干扰了正常的碳循环。

25. 生态系统三大功能的内容、特点和相互关系如何？

26. "保护生态平衡就是保护自然，保护原始状态"，这种说法是否正确？为什么？

27. 简述破坏生态平衡的因素。试列举你熟知的破坏生态平衡的例子。

28. 根据生态平衡的正确理解，如何处理环境保护与经济发展的关系？

29. 为什么说生态学是环境科学的理论基础之一？请从生态学本身的定义及当前环境的五大问题（人口、能源、资源、粮食、环境污染）选一例子具体说明。

30. 从 2023 年起，每年的 8 月 15 日是我国的生态日，请您结合自己的专业，策划一次相关的纪念活动。

[推荐读物与网络资源]

牛翠娟，娄安如，孙儒泳，等.基础生态学（第 3 版）.北京：高等教育出版社，2015

孙儒泳，李博，诸葛阳，等.普通生态学.北京：高等教育出版社，1993

Mark B. Bush.生态学：关于变化中的地球（第 3 版）（影印版）.北京：清华大学出版社，2003

李振基，陈小麟，郑海雷.生态学（第 4 版）.北京：科学出版社，2016

Aulay Mackenzie，Audy S. Ball，Sonia R. Virdee.现代生物学精要速览：生态学（中文版）.Aulay Mackenzie，Audy S. Ball，Sonia R. Virdee.现代生物学精要速览：生态学（影印版）.北京：科学出版社，1999

郑师章，吴千红，王海波，等.普通生态学：原理、方法和应用.上海：复旦大学出版社，1994

钟章成.植物种群生态适应机理研究.北京：科学出版社，2000

W.拉夏埃尔.植物生理生态学.李博，张陆德，岳绍先，等译.北京：科学出版社，1980

Samuel C. Snedaker，Jane G. Snedaker，红树林生态系统研究方法.郑德璋，郑松发，廖宝文，译.广州：广东科技出版社，1984

J.L. Chapman，M. J. Reiss.生态学：原理与应用（第 2 版）.北京：清华大学出版社，2001

肖笃宁，李秀珍，高峻，等.景观生态学.北京：科学出版社，2003

盛连喜.环境生态学导论（第 2 版）.北京：高等教育出版社，2009

杨士弘，等.城市生态环境学（第 2 版）.北京：科学出版社，2003

林鹏.植物群落学.上海：上海科学技术出版社，1986

林昌善，吴丰明.环境生物学.北京：中国环境科学出版社，1989

孔繁翔，尹大强，尹国安.环境生物学.北京：高等教育出版社，2000

熊治廷.环境生物学.北京：化学工业出版社，2010

张景来，王剑波，常冠钦，等.环境生物技术及应用.北京：化学工业出版社，2002

陈坚.环境生物技术.北京：中国轻工业出版社，2001

张志杰，环境生物监测.北京：冶金工业出版社，1990

张志杰.环境保护生物学.北京：冶金工业出版社，1982

钟贻诚,李玉和,张銮光.简明生物学.天津:南开大学出版社,1990

严力蛟,鲍毅新,钱建东.生态研究与探索.北京:中国环境科学出版社,1997

中国科学院植物研究所,中国植物学会主办.植物生态学报.北京:科学出版社

www.rcees.ac.cn　中国科学院生态环境研究中心

www.plant-ecology.com　植物生态学报

www.cees.org.cn　中国生态经济学学会

www.eedu.org.cn　环境生态网

第三章　　当前全球性的环境问题

习近平主席这样来看待全球的环境问题,他说:"仰望夜空,繁星闪烁。地球是全人类赖以生存的唯一家园。我们要像保护自己的眼睛一样保护生态环境,像对待生命一样对待生态环境,同筑生态文明之基,同走绿色发展之路!"他还说:"我们应该追求人与自然和谐。山峦层林尽染,平原蓝绿交融,城乡鸟语花香。这样的自然美景,既带给人们美的享受,也是人类走向未来的依托。无序开发、粗暴掠夺,人类定会遭到大自然的无情报复;合理利用、友好保护,人类必将获得大自然的慷慨回报。我们要维持地球生态整体平衡,让子孙后代既能享有丰富的物质财富,又能遥望星空、看见青山、闻到花香。"

人的一生(按平均 90 岁计算)约从外界环境吸入 486 t 空气、饮用 81 t 淡水和食用 48 t 食物,同时向环境排出数量大致相同的废物。

人口猛增、城市化、工业化、农业发展造成对自然环境的冲击和压力(污染)之大是历史上所没有的。

当前出现的一些环境问题是没有国界、不分制度的,属于全球性问题。

第一节　　温室效应的加剧

一、温室效应的概念

美国宇航局戈达德太空研究所(GISS)的科学家称 2018 年全球气温比 1951—1980 年的平均温度高出将近 1 ℃。从全球来看,2018 年的气温排在 2016 年、2017 年和 2015 年之后。世界气象组织(WMO)在对主要的数据分析后指出,2016 年仍然是有记录以来最热的一年,2019 年是有记录以来第二热的年份,这是影响全球变暖、非常强烈的厄尔尼诺现象和长期气候变化相结合产生的结果。实际上,近几十年来全球气温上升已是不争的事实。2023 年多地气温破 40 ℃,或超过 2016 年成为有记录以来最热的一年。

为了了解大气的温室效应问题,有必要先了解温室效应的物理概念。

真正的温室效应:玻璃有一种特殊的性质,它可以让太阳辐射进入玻璃房的温室内部,加热室内的地面和空气,却又阻止玻璃房内部的辐射热量透过玻璃散失到室外面去,玻璃房内的辐射热量收入大于支出,温度就升高。

大气的"温室效应"是借用词。

自然界中任何物体,只要它的温度在绝对零度(0 K,相当于-273.15 ℃)以上,就会放出热辐射,散失热量。温度越高的物体,放出辐射的波长越短,反之亦然。

太阳表面温度约 6 000 K,最大光能在 600 nm($1 nm=10^{-9} m$)处,放出的为短波辐射。地球表面温度平均约 288 K,最大辐射能量在 16 000 nm 处,为长波辐射。

地球向外的长波辐射主要集中在 7 000~13 000 nm 范围,这个波段称为大气窗。

太阳辐射有 40%为可见光,太阳辐射能一部分被地球表面和云及大气尘埃和空气分子反射或散射返回宇宙空间,剩余部分进入大气层,被地球表面(陆地和水体)吸收,使地球表面增温,变暖的地球表面又向上以长波形式辐射能量。由于大气中存在作用如同温室玻璃罩的温室气体,这些气体对短波辐射没有多大影响,可以让它通过,但对长波辐射的波段有很强的吸收。温室气体吸收了地球表面的辐射波后,温度增高,同时使近地表面的空气温度增高,使大气越来越暖,这就是大气的"温室效应"。

自从有了地球,就有 CO_2、水蒸气等温室气体,就会产生温室效应。科学家模拟测算,如果没有温室效应,地球表面温度只有-18 ℃。因此,温室效应不是一种灾害,我们的任务也不是如何消除温室效应。温室效应的积极作用与现代温室效应加剧造成的危害这两个概念要区别开。

二、CO_2、CH_4 等温室气体的影响

造成温室效应的气体叫温室气体,有 CO_2、CH_4、N_2O、CFCs(氯氟烃类,如 CFC-11)等。CH_4 的增温潜势为 CO_2 的 21 倍,CFCs 的增温潜势为 CO_2 的 1 万多倍。

全球气候在近百万年来一直处于不断变化之中,而深埋在极地地表之下的冰芯是这种变化的忠实记录者。借助新钻取的古老冰芯样品,分析冰芯气泡的温室气体含量就能获得近几十万年间全球气候变化的具体证据。

(一)CO_2

公元 1000—1800 年,大气中 CO_2 含量为 270~290 $\mu L/L$,平均 280 $\mu L/L$;1990 年为 354 $\mu L/L$;2020 年已达到 407 $\mu L/L$。1 $\mu L/L$ 相当于大气中含 2.12 Gt 碳或 7.8 Gt CO_2(1 Gt=10 亿吨)。

CO_2 含量改变引起的气候变化主要采用数值模拟的方法进行研究,近年的研究认为若大气 CO_2 含量加倍,全球平均气温上升应在 3.5~5.2 ℃之间。

近代 CO_2 浓度急剧增加的原因是:①大量燃烧矿物燃料,使释放的 CO_2 进入大气层,加速了碳的流通率(占增加的 CO_2 总量的 70%);②森林遭受破坏,吸收 CO_2 大大减少;③烧毁森林时又释放大量 CO_2(占增加的 CO_2 总量的 30%)。

(二)CH_4

CH_4 对大气温室效应的贡献仅次于 CO_2 和 O_3,其主要来自泥塘、沼泽、稻田、牲畜反刍、开采煤矿及燃烧。

采用南极冰芯分析表明,大气中 CH_4 在工业化前只有 700 $\mu L/m^3$,目前已达 1 700 $\mu L/m^3$,近 100 年增长了 1 倍多。

近 600 年来,大气中 CH_4 浓度的增长与世界人口的增长趋势非常一致。持续增加的 CH_4 浓度对大气温室效应的加剧起着重要的直接作用。

尽管大多数科学家认为温室效应加剧是目前全球气候变暖的原因,但也有科学家持不同的意见,他们认为全球变暖是自然现象,新一轮的冰河时期就要到来。对于温室效应的加剧,一直有两类观点:一类观点认为是人为因素引起的,另一类观点认为是自然因素引起的。持人为因素影响观点的人中,有的认为人类燃烧矿物燃料产生大量CO_2,增加了大气中CO_2的含量,导致温室效应加剧;有的认为是人类活动引起大量碳粒粉尘排放到大气中,众多的碳粒聚集在对流层中导致了云的堆积,而云的堆积便是温室效应的开始,因为40%~90%的地面热量来自云层所产生的大气逆辐射,云层越厚,热量越是不能向外扩散,地球也就越来越热了。2000年,有科学家对各种温室气体的含量变化做了整理记录,发现在1950—1970年间,CO_2的含量增长了近两倍,而从20世纪70年代到90年代后期,CO_2含量则有所减少,用目前流行的理论很难解释仍在恶化的全球变暖现象。这一观点认为人们在最近几十年中看到的全球变暖现象主要是由其他热量吸收物质(甲烷、氯氟烃、内燃机和煤烟产生的黑色微粒以及制造业烟雾中包含的臭氧化合物)的排放引起的。有的科学家认为当今气候变暖并非人为因素造成的,可能是其他因素导致的结果。人类活动影响全球变暖的观点无法解释在8 000年前持续很长时间的高温期气温比当今气温高出1~3 ℃的现象。气候变暖与CO_2排放量的增加有直接关系的理论也存在漏洞:地球的温度在1945—1970年间下降了,而那时的CO_2排放量却在逐步增加。

三、大气温室效应加剧对人类的影响

1985年10月联合国环境规划署(UNEP)、世界气象组织(WMO)和国际科学联盟理事会(ICSU)在奥地利的菲拉赫(Villach)共同召开"评价CO_2及其他温室气体对气候变化的影响及其后果学术讨论会",会议发表声明指出:"温室气体浓度的增长将导致下世纪全球气候变暖。"

1988年11月汉堡"全球气候变化会议"指出:如果温室气体剧增造成的温室效应加剧不被阻止,世界将在劫难逃。因此,1989年世界环境日就以"警惕,全球变暖(Global Warming;Global Warning)"为主题。

1997年9月30日来自60多个国家和地区的1 500多位科学家(包括98名诺贝尔奖获得者)在华盛顿召开"气候变化高层科学会议"并发表声明,强烈呼吁各国领导人立即采取行动,防止全球变暖可能导致的灾难性后果。大气温室效应加剧对人类的影响主要在如下五方面:

(1)气候变暖,冰川融化,再加上海水升温膨胀,致使海平面上升。估计当全球增温1.5~4.5 ℃时,海平面可能上升20~165 cm。据统计,近100年来,随着平均温度升高大约0.6 ℃,全球海平面约上升了10~15 cm。海平面上升这种渐进性的自然灾害使沿海地区的居民及生态系统受到威胁:

①威胁沿海地区。全球约1/3人口生活在沿海岸线60 km范围以内。经济比较发达的地区也是沿海大城市,三角洲平原是鱼米之乡。

②沿海低地将被淹没。

③海滩和海岸遭受侵蚀冲刷,海岸线后退。

④土地恶化,地下水位上升,导致土壤盐渍化。

⑤海水倒灌与洪水加剧,风暴潮频度增加。

⑥损坏港口设备和海岸建筑物,影响航运。

⑦影响沿海水产养殖业,影响旅游业。

⑧破坏水的管理系统等等。

2007年1月29日,联合国政府间气候变化专门委员会(IPCC)在巴黎举行会议,结束后发表一份评估全球气候变化的报告。报告的初期版本预测,到2100年,全球气温将升高2～4.5℃,全球海平面将比2007年上升0.13～0.58 m。报告的初期版本中还提到,过去50年来的气候变化现象,有90%的可能是由人类活动导致的。也有专家表示,有可能在报告的最终版本中改变措辞,把可能性改写为99%。

因此,2007年世界环境日就以"冰川消融,后果堪忧(Melting Ice—A Hot Topic?) "为主题警示人类。

> 2019年6月13日,阿拉斯加哈伯德冰川外的冰山崩解。哈伯德冰川位于沃尔什山以西约8 km处,海拔约3 m。随着全球变暖导致气温升高,更多的冰山从阿拉斯加的冰川崩解,这些冰山的融化速度比过去快得多。与此相应的是,格陵兰的冰川超乎想象地快速融化,科学家原本预估这融化的速度50年后才会发生,但在2019年7月底,融化已达到气候模型预测的2070年才会发生的最糟状况;按照这速度,整个格陵兰冰盖可能在1 000年内融化,导致海平面上升达7 m。
>
> 大洋洲岛国图瓦卢位于斐济的北面,全国面积26 km²,由9个环状珊瑚岛组成。侵袭岛上最大的巨浪是3.2 m,而图瓦卢海拔最高的地点只有4.5 m,20世纪初,全国约1.1万人口。温室效应加剧造成的海平面上升使图瓦卢的居民从2002年起将被迫举国搬迁。目前,已有近1/3的图瓦卢人被迫背井离乡。由于海平面上升有可能淹没这个小岛国,他们计划建立一个数字版的图瓦卢,复制岛屿及其地标,保存其历史和文化。2022年11月15日,图瓦卢外交部长西蒙·科菲(Simon Kofe)在第二十七届联合国气候变化大会(COP 27)上说:"我们的土地,我们的海洋,我们的文化是我们人民最宝贵的资产,为了使它们不受伤害,无论世界发生什么,我们将把它们移到云端,继续作为一个国家运作。"

(2)气温上升导致气候带(降水带)移动。原本温度较低的地区气温升高,相当于原来处于较低纬度的气候带往高纬度地区推移。除了温度带移动外还包括降水带移动,影响水分分布,发生洪灾和旱灾的可能性增大。

(3)气温上升使热带传染病发病区扩大。全球变暖增加人类乃至动植物病的可能性。与疾病有关的某些病毒、细菌、真菌在气温稍升高一点时就加快繁殖速度。蚊子与扁虱等病菌传播者也在比较温暖的情况下加速繁殖。而气温低则妨碍细菌的生长,可临时性地阻止寄生虫的活动。

（4）气温上升影响土壤状况和季节变化，加剧粮食短缺。

（5）气温上升加速物种灭绝。即使气候发生小幅度变化，也足以导致许多本地物种灭绝。如夏威夷鸟是当地的一种鸟类，气候的变化使得蚊子生活在更高的山腰，这样夏威夷鸟就捕捉不到蚊子而失去食物来源，食物链断裂，因此濒临灭绝。有人预测，地球上 1/3 的物种到 21 世纪末可能将不复存在。

四、围绕减排温室气体的国际斗争

为了保证世界气候系统的安全，需要削减 50%～60% 的温室气体排放。控制温室气体的排放是全球性的工作，减少温室气体的排放需要全球各个国家和地区都参与才能达到预期目标。1997 年有 150 多个国家和地区参加的《联合国气候变化框架公约》第三次缔约方会议通过了《京都议定书》。

《京都议定书》规定在 2008—2012 年期间，38 个主要工业国的 CO_2 等 6 种温室气体排放量必须在 1990 年的基础上平均削减 5.2%，其中美国削减 7%，欧盟削减 8%，日本和加拿大分别削减 6%。

该协议要求根据联合国有关规定，需要占 1990 年全球温室气体排放量 55% 以上的发达国家核准之后，才具有国际法效力。到 1998 年，全球共有 60 个国家和地区签署了《京都议定书》。中国于 1998 年 5 月 29 日签署了议定书。2002 年 3 月和 6 月，欧盟和日本先后核准了《京都议定书》。

为了促进各国完成温室气体减排目标，《京都议定书》允许采取下列四种减排方式：①两个发达国家之间可以进行排放额度买卖的"排放权交易"，即难以完成削减任务的国家，可以花钱从超额完成任务的国家买进超出的额度；②以"净排放量"计算温室气体排放量，即从本国实际排放量中扣除森林所吸收的 CO_2 量；③可以采用绿色开发机制，促使发达国家和发展中国家共同减排温室气体；④可以采用"集团方式"，即欧盟内部的许多国家可视为一个整体，采取有的国家削减、有的国家增加的方法，在总体上完成减排任务。

温室气体世界头号排放"大户"，排放量为 1990 年全球排放总量 36% 以上的美国，虽然在 1998 年的 11 月完成了签署工作，但是 2001 年突然宣布退出，使当时核准《京都议定书》的发达国家的温室气体排放量仅为 1990 年全球温室气体排放总量的 37.1%，尚未达到使这一议定书生效的要求。

对于批准《京都议定书》的问题，俄罗斯国内一直存在非常激烈的争论。很多经济专家认为，批准议定书将阻碍俄经济的发展。面对是选择发展国家经济还是选择减少 CO_2 排放量的两难处境，俄罗斯政府从本国的利益出发，一直拒绝签订《京都议定书》。2004 年 9 月 30 日，俄政府最终还是通过了批准议定书的法律草案，很多政府官员表示批准议定书是"不得不作出的政治决定"。

俄罗斯批准《京都议定书》后，中国可能会成为被关注的头号国家。中国是该公约第 37 个签约国，并于 2002 年向联合国提交了中国政府的"核准书"。条约中没有为包括中国、印度在内的发展中国家规定减少温室气体排放的义务，因此成了美国退出议定书的一个主要借口。

2009 年 12 月 7—18 日在丹麦首都哥本哈根召开联合国气候变化大会，全称《联合国气候变化框架公约》第十五次缔约方会议暨《京都议定书》第五次缔约方会议。来自 192 个国家和地区的谈判代表召开峰会，商讨《京都议定书》一期承诺到期后的后续方案，即 2012—2020 年的全球减排协议。这是继《京都议定书》后又一具有划时代意义的全球气候协议书,毫无疑问,会对地球今后的气候变化走向产生决定性的影响。这是一次被喻为"拯救人类的最后一次机会"的会议。

这次大会的焦点问题主要集中在"责任共担"。气候变化问题表面上是环境问题,其实质却关乎政治和经济问题。发达国家与发展中国家矛盾的核心是对发展经济空间的争夺,争论焦点在于是否贯彻公平性原则。气候科学家们表示全球必须停止增加温室气体排放,并且在2015—2020年间开始减少排放。科学家们预计想要防止全球平均气温再上升2℃,到2050年,全球的温室气体减排量需达到1990年水平的80%。

作为《联合国气候变化框架公约》及《京都议定书》的缔约方,中国一向致力于推动公约和议定书的实施,认真履行相关义务。中国也已经从科学和社会发展等多方面认识到气候变化的巨大影响,并且开始进行着积极的应对。中国是最早制定实施应对气候变化国家方案的发展中国家:制定和修订了节约能源法、可再生能源法、循环经济促进法、清洁生产促进法、森林法、草原法和民用建筑节能条例等一系列法律法规,把法律法规作为应对气候变化的重要手段;中国是历年来节能减排力度最大的国家——通过不断完善税收制度,积极推进资源性产品价格改革,加快建立能够充分反映市场供求关系、资源稀缺程度、环境损害成本的价格形成机制;中国是新能源和可再生能源增长速度最快的国家,水电装机容量、核电在建规模、太阳能热水器集热面积和光伏发电容量均居世界第一位。我国正处于工业化、城镇化快速发展的关键阶段,能源结构以煤为主,降低排放量存在特殊困难。然而,中国始终把应对气候变化作为重要战略任务。在政治、外交上我们可以根据公约、法规、议定书作为准则开展斗争,为中国的发展争取空间和时间,但中国必须对人类负责。围绕全球变暖问题,从技术层面上,环境科学与技术工作者大有作为,研究的目标是:

(1)减少温室气体排放的技术(清洁生产)和有利于这些技术运用的体制。

(2)绿色产业(发展、保护森林和森林生态系统的自然保护区)和蓝碳技术(海洋固碳)。

(3)处理温室气体技术(如处理二氧化碳技术)。

2015年12月,《联合国气候变化框架公约》各缔约方在巴黎气候变化大会上达成了面向2020年全球应对气候变化安排的重要协议——《巴黎协定》,这是继1992年《联合国气候变化框架公约》、1997年《京都议定书》之后,人类历史上应对气候变化的第三个里程碑式的国际法律文本。《巴黎协定》的最大贡献在于明确了全球共同追求的"硬指标",即把全球平均气温较工业化前水平升高控制在2℃之内。

从国家层面上看,《巴黎协定》的生效使得国际上又有了一个具有法律约束力的气候协议,填补了《京都议定书》第一承诺期2012年到期后存在的法律空白。尽管《巴黎协定》还是沿用了《京都议定书》中确立的缔约各方按照"国家自主贡献"的原则来参与应对全球气候变化,但各国的"国家自主贡献"的具体目标一旦提交,就必须以行动细则的方式明确下来,这点不同于《京都议定书》中确立的"承诺"。如此,该目标就会置于缔约各国的共同监督之下。此外,《巴黎协定》还明确规定,从2023年起,每隔5年对全球气候治理行动进行一次整体盘点,尤其是要对一些大国的履约行动进行盘点和检查。

从企业层面上看,企业既面临着因碳排放超标而被处罚的风险,也迎来了发展的新机遇。许多国家将会努力通过科技创新和机制创新,实施优化产业结构,构建低碳能源体系,发展绿色建筑、节能减排产业和低碳交通,建立全国碳排放交易市场等一系列政策措施,形成人与自然和谐发展的新格局,其中必然出现众多不同于以往的商机。从个人角度看,《巴黎协定》的生效将会引领每个社会个体进一步走向低碳生活。这方面的典型案例就是低碳社区的建设：2015 年国家发展改革委颁布了《低碳社区试点建设指南》，明确提出城市低碳社区建设必须考虑的一些硬性约束指标，更有利于节能减排。

《巴黎协定》是在经过艰难的博弈后最终获得通过的，中国为此作出了历史性的突出贡献。在谈判过程中，斗争非常激烈，矛盾非常尖锐；习近平主席亲自做工作，要求各个国家求同存异，相向而行。在此次会议上，中国坚持创新、协调、绿色、开放、共享的理念，与缔约各方举行了广泛而深入的会谈，并承诺加大推进绿色经济、低碳经济、循环经济的发展力度。

《巴黎协定》体现了世界各国面对气候变化采取全球行动的坚定决心，使得政府、城市、地区、公民、企业和投资者的努力得以具体化。这是人类在战胜气候变化威胁上的一个历史转折。

2017 年 6 月美国宣布退出《巴黎协定》，但不影响中国的行动，中国将一如既往地做应对全球气候变化进程中的行动派。中国以时代发展为己任，以责任为担当。习主席指出，应对气候变化不是别人让我们做的，而是我们自己要做的，这是中国实现可持续发展的内在要求。作为世界上碳排放量最大的国家之一，中国愿意同各方加强沟通合作，为构建合作共赢、公正合理的全球气候治理机制作出贡献。中国为此提出了许多应对的措施，如启动建设全球最大的碳排放交易市场，在全国范围实施启动一批第三方治理方案，能源转让权、碳排放权、排污权交易，环境税收推进等，引导和激励更多社会资本投入绿色产业，运用市场机制促进实现《巴黎协定》要求的目标的积极作用日渐明显。

2020 年 9 月 22 日，国家主席习近平在第七十五届联合国大会上提出："中国将提高国家自主贡献力度，采取更加有力的政策和措施，二氧化碳排放力争于 2030 年前达到峰值，努力争取 2060 年前实现碳中和。"

2023 年 7 月 17—18 日在北京召开的全国生态环境保护大会上，习近平指出：我们承诺的"双碳"目标是确定不移的，但达到这一目标的路径和方式、节奏和力度则应该而且必须由我们自己作主，决不受他人左右。

习近平强调，要积极稳妥推进碳达峰碳中和，坚持全国统筹、节约优先、双轮驱动、内外畅通、防范风险的原则，落实好碳达峰碳中和"1+N"政策体系，构建清洁低碳安全高效的能源体系，加快构建新型电力系统，提升国家油气安全保障能力。

五、碳中和与碳达峰

碳中和（carbon neutrality），是指国家、企业、产品、活动或个人在一定时间内直接或间接产生的二氧化碳或温室气体排放总量，通过植树造林、节能减排等形式，以抵消自身产生的二氧化碳或温室气体排放量，实现正负抵消，达到相对"净零排放"。

碳达峰（peak carbon dioxide emissions）指的是碳排放进入平台期后，进入平稳下降阶段。

碳达峰与碳中和一起，简称"双碳"。中国正努力争取在 2030 年前实现碳达峰，2060 年前实现碳中和，是国家"3060"双碳目标的决策。

2021 年 3 月 5 日，政府工作报告中指出，扎实做好碳达峰、碳中和各项工作，制定 2030 年前碳排放达峰行动方案，优化产业结构和能源结构。

2021 年 2 月 2 日，《国务院关于加快建立健全绿色低碳循环发展经济体系的指导意见》，意见指出:要深入贯彻党的十九大和十九届二中、三中、四中、五中全会精神,全面贯彻习近平生态文明思想,认真落实党中央、国务院决策部署,坚定不移贯彻新发展理念,全方位全过程推行绿色规划、绿色设计、绿色投资、绿色建设、绿色生产、绿色流通、绿色生活、绿色消费,使发展建立在高效利用资源、严格保护生态环境、有效控制温室气体排放的基础上,统筹推进高质量发展和高水平保护,建立健全绿色低碳循环发展的经济体系,确保实现碳达峰、碳中和目标,推动我国绿色发展迈上新台阶。

减少二氧化碳排放量的手段,一是碳封存,主要由土壤、森林和海洋等天然碳汇吸收储存空气中的二氧化碳,人类所能做的是植树造林;二是碳抵消,通过投资开发可再生能源和低碳清洁技术,减少一个行业的二氧化碳排放量来抵消另一个行业的排放量,抵消量的计算单位是二氧化碳当量吨数。一旦彻底消除二氧化碳排放,我们就能进入净零碳社会。

2021年7月12日,教育部印发《高等学校碳中和科技创新行动计划》,为发挥高校基础研究主力军和重大科技创新策源地作用,为实现碳达峰碳中和目标提供科技支撑和人才保障。当前各高校正在为国家实现"3060"双碳目标培养急需的人才。

2023年8月15日,是首个全国生态日,习近平主席作出重要指示强调:以"双碳"工作为引领,推动能耗双控逐步转向碳排放双控,持续推进生产方式和生活方式绿色低碳转型;坚持把绿色低碳发展作为解决生态环境问题的治本之策,加快形成节约资源和保护环境的空间格局、产业结构、生产方式、生活方式;积极稳妥推进碳达峰碳中和,做到在发展中降碳、在降碳中实现更高质量发展。

六、海洋与蓝碳

为应对气候变化的严峻形势,2015年《巴黎协定》明确规定了全球增温控制目标并倡导各国自主减排。中国政府积极响应并承诺"力争CO_2排放于2030年前达到峰值",2020年第75届联合国大会上进一步提出"争取2060年前实现碳中和"的宏伟目标。这是我国向全世界的郑重承诺,彰显了大国责任。如何降低温室气体浓度和应对气候变化已成为全球关注的焦点。同时,我们清醒地认识到,作为发展中国家,高质量发展是硬道理,必须科学规划、合理布局。目前,基于CO_2减排增汇(增加CO_2吸收)应对气候变化,主要从三方面着手:一是促进以化石燃料为基础的人类生产生活方式的转型;二是增加现有生物(尤其初级生产者植物体)吸收和固定的CO_2量;三是防止因碳库破坏而大量释放温室气体。主要路径包括对CO_2减排和增汇,我国应在尽可能减排的同时大力研发"负排放(主动增汇)"各种途径,落实可行的负排放方案,为碳中和国家战略提供科技支撑。

蓝碳的概念:"蓝碳"是指大气中CO_2被吸收和固定在海洋中的那部分碳。这里的"蓝碳"是相对于陆地生态系统固定的"绿碳"而言的。可包括海洋蓝碳和海岸带滨海蓝碳。

(一)海洋蓝碳

海洋占地球总表面积近71%,根据全球碳项目(global carbon project)发布的《2020年全球碳预算》,海洋是地球上最大的活跃碳库,海洋碳库的总储碳量近40万亿吨,是大气碳库的近50倍、陆地碳库的近20倍,是地球表面最大的活跃碳库。工业革命以来,约1/4人类活动排放的CO_2被海洋吸收。早在2009年,联合国就发布了《蓝碳报告》,指出海洋碳汇在调节气候变化和维持生态系统可持续发展中的重大作用。海洋"负排放"潜力巨大,是实现碳中和的重要途径。国际上,针对生物泵(biological pump,BP)等海洋储碳机制的研究已有近40年的历史,早在20多年前就尝试了海洋施肥等地球工程(geoengineering),这些尽管存在生态后效等争议,但积累了丰富的科学数据,为今后实施海洋"负排放"提供了宝贵的资料。在国内,过去近20年来,海洋碳汇研究取得了长足进展,焦念志在国际上首次提出"微型生物碳泵"(microbial carbon pump,MCP)"储碳机制的原创性基础理论,揭示了海洋巨大惰性溶解有机碳(recalcitrant dissolved organic carbon,RDOC)的成因。现代海洋中RDOC碳库的碳量约为6 500亿吨,地球历史上可达现代RDOC碳库的上千倍,显示了RDOC增汇的研发潜力。

中国海洋国土面积约为300万平方千米,纵跨多个气候带,拥有广阔的边缘海。地处热带、亚热带的南海受西太平洋暖池影响,多样的自然条件赋予了中国海域多种"负排放"途径的潜力。据估算,中国陆架边缘海的沉积有机碳通量为每年约为2 000万吨。显然,与每年18～28亿吨CO_2的负排放缺口相比,海洋自然碳汇远不足以实现碳中和目标。因此,必须研究海洋"负排放"理论与方法,研发有效的"负排放"路径与方案。对于海洋"负排放",焦念志等学者提出了相关的八个基本路径,包括陆海统筹减排增汇、海洋缺氧酸化环境减排增汇、滨海湿地生态系统减排增汇、海水养殖环境减排增汇、珊瑚礁生态系统"源-汇"效应评估与减排增汇、海洋地质碳封存技术、海洋碳汇核查技术体系,以及海洋碳汇交易体系和量化生态补偿机制。焦念志、戴民汉等人指出,海洋储碳机制及海洋"负排放"相关的生物地球化学过程有待于通过生物、化学、地质学科的交叉融合,以深入解析多种储碳机制的协同作用,且可望建立"负排放"最大化的理论框架,形成基于生态系统平衡和可持续发展理念的海洋储碳理论体系。

(二)海岸带滨海蓝碳

联合国2009年发布《蓝碳报告》之后的十多年里,国内外对海岸带蓝碳就开展了大量研究。尽管这部分蓝碳的总量有限,无法达到碳中和的目的,但其在调节气候变化和维持生态系统可持续发展中仍然具有重大作用。

红树林、滨海盐沼和海草床等滨海湿地生态系统能够捕获和长期储存大量有机碳,因而成为地球上最高效的碳汇之一,被称为"滨海蓝碳"。

中国有约300万平方千米的管辖海域和1.8万千米的大陆岸线,是世界上少数几个同时拥有海草床、红树林、盐沼这三大滨海蓝碳生态系统的国家之一,6.7万平方千米的滨海湿地也为蓝碳发展提供了广阔空间。海水养殖产量常年位居世界首位,大型藻类等产量占总产量的85%左右,不仅吸收了大量CO_2,还能消氮除磷、净化海水,贡献了优质的食物和工业原料。

海岸带滨海蓝碳研究的一个重要应用在于海岸带湿地恢复的碳汇价值,一旦蓝碳定量化方法被全面认可,就有可能通过恢复盐沼湿地、红树林、海草床等来获取新增碳汇,从而得到碳积分,进而通过市场机制推动湿地恢复。

增加海岸带蓝碳碳汇主要通过修复已退化的生态系统来实现,具体包括四方面技术。

(1)海岸带土壤碳或沉积物减排技术。通过实施水文连通、恢复潮汐作用,以保持淹水条件和厌氧环境,抑制土壤有机碳矿化分解,提高海岸带土壤或沉积物碳封存能力。

(2)植物固碳增汇技术。促进植被恢复,构建高生物量、高碳汇型水生生物群落,增加植被光合碳吸收和固定量。对于海洋"负排放"基本路径,焦念志等人提到:滨海湿地生态服务功能与增汇方案滨海湿地生态系统是海岸带蓝碳的主要贡献者,其单位面积的固碳速率可达陆地森林生态系统的10倍以上。然而,人类活动业已导致海草床的退化,降低了海岸带储碳能力。我国滨海湿地生态系统增汇技术路线尚未建立起来,在一些重要生态过程方面认知不足,滨海湿地生态系统储碳潜力仍未得到详细阐述。焦念志等人指出互花米草通常被认为是外来入侵生物而被强力消杀,但对我国海岸带互花米草分布状况的调查分析表明,互米花的生态功能值得进一步系统研究,以全面认识其在生态系统中的作用与功能,综合评估其生态风险和碳汇效应,可望通过趋利避害发挥其应有的生态作用。

(3)微生物固碳技术。通过改善土壤/沉积物和水体环境,提高植被覆盖及多样性,进而影响微生物种群与功能,提高微生物固碳能力。

(4)碳沉积埋藏技术。通过水文连通恢复和植被修复,促进湿地发育、陆源和海源有机碳沉积和累积,提高土壤/沉积物碳沉积埋藏能力。

海岸带滨海蓝碳提升是一项综合性工程,必须建立起包括多部门参与的长效管护机制,并逐步建立健全蓝碳经济相关法律法规,以保护和加快推动海岸带蓝碳经济发展。此外,当前国内外已经建立了一些海岸带蓝碳核算和交易标准体系,但仍存在一些问题,包括核算指标体系不够完善、指标核算边界不清晰、评价具有主观性等。因此,亟须建立编制一套国际认可、全球通用、科学公正的海岸带蓝碳核算体系,使之成为海岸带固碳增汇目标实现与碳汇交易开展的重要参考依据,同时也为提高我国在国际碳汇核算体系制定中的影响力和话语权提供强有力的支撑。

第二节 臭氧层破坏和紫外线辐射

一、臭氧层破坏

地球上的大气,按其高度和特性可分为对流层、平流层、中间层、电离层和逸散层。地球表面 $10\sim50$ km 上空的平流层里,由于太阳光的强烈作用,O_2 经光化学反应后生成臭氧(O_3),形成了离地面 25 km 高的臭氧层。

臭氧可吸收紫外线、X 射线、γ 射线这些短波辐射(自身分解为氧分子 O_2 和氧原子 O),使这些射线大部分不能达到地球表面,从而保护着人类和生物免受短波辐射的伤害,成为地球的"保护伞"。人类以及地球上的生物就是在这把"保护伞"下生息、繁衍、进化了几千万年,形成地球现在相对稳定的生态系统。

人类活动干扰和破坏了大气层平流层臭氧的自然平衡,使臭氧的含量大为减少,在南极上空首先发现"臭氧层空洞"。近几十年来南半球每年春季时(9—11 月)南极上空就会出现臭氧层空洞。1995 年,南极上空一次臭氧层空洞历时 40 多天,面积 2 000 万平方千米,相当于两个欧洲。尽管 1992 年联合国环境与发展大会以来全世界对保护臭氧层采取了一系列措施,但至1997 年,全球仍不断有臭氧层空洞的报道。1997 年,南极臭氧层空洞面积已达 1 859 万平方千米,为南极大陆面积的 1.3 倍,被破坏的臭氧量约为 5 508 万吨。在青藏高原等世界高地形区上空也探测出臭氧低谷。2000 年 9 月 3 日,南极上空的臭氧层空洞面积达到 2 830 万平方千米,相当于美国国土面积的 3 倍。后来又观察到最大的空洞达 2 918 万平方千米,是迄今为止观察到的最大的臭氧层空洞。

2002年臭氧层空洞变小了,但2003年10月科学家又发现,当年南极上空大气中的臭氧消失量自1961年有观测史以来达到最大值,臭氧层空洞面积发展为有观测史以来的第二大规模,达2 868万平方千米,约为南极面积的两倍。2005—2016年南极冬季期间,臭氧消耗降低了20%,这表明大气中对臭氧层有破坏作用的氯含量有下降。

> 臭氧层空洞在南极形成的原因:在冬季半年里,南极上空有一个深厚的涡旋,气流沿着南极高原作顺时针旋转,把南极大陆封闭起来。从赤道来的富含臭氧的气流进不了南极上空,而在涡旋中上升的空气,因为上升过程中气温下降的速度要比实际大气中快得多,加上南极高原本来就海拔高气温低,所以形成极低的低温环境。臭氧层所在的25 km高度上气温通常在−80 ℃以下(比北极要低得多)。南极大气涡旋中的空气上升过程中还会生成大量的冰晶云,云中的冰晶不断吸收氯氟烃气体,浓度越来越高。一旦南极春季(9月)来临,极夜结束,在阳光照射下冰晶云升温,氯氟烃气体迅速释放,而氯氟烃分子在紫外线照射下开始释放氯原子,臭氧层受到破坏的过程立即开始,臭氧层因大量损耗臭氧而出现臭氧层空洞。一旦春末南极旋涡残缺或破坏消失,大量富含臭氧的赤道南下的新鲜空气进入南极上空,臭氧层空洞便又匆匆消失。

二、臭氧层破坏的机制

臭氧层空洞的发生主要是由于具有破坏臭氧层的物质进入了臭氧层。

(一)氯氟烃化合物(CFCs)

人类合成的某些化合物,尤其是氯氟烃化合物进入平流层后,在短波紫外光作用下离解生成氯自由基(·Cl),并起连锁催化作用,促进臭氧的分解,造成臭氧层破坏。其简化反应式为:

CFCs+紫外线→·Cl

·Cl+O_3→ClO·+O_2

ClO·+O→·Cl+O_2

从上面的反应式可以看到,只要有少量氯自由基,就会使臭氧不断分解。

造成氯自由基产生的是一类用途很广的氯氟烃化合物,主要有CFC-11($CFCl_3$)、CFC-12(CF_2Cl_2)等,是制冷、雾化、发泡等的重要原料。在还没有替代品之前,全世界每年生产氯氟烃200万吨以上,其中大部分最终被释放到大气层中。

人们通常所说的氟利昂,实际上就是全氯氟烃产品,"氟利昂"只是国外最早开发生产出来的一个商品的名称。氯氟烃对臭氧层的破坏作用十分严重,它是消耗臭氧层物质(ODS)中数量最大的一类。然而,由于其具有优良的化学和物理性能,人们在发现其"劣行"之前,对它的应用已经深入到了国民经济的各个领域,包括航空航天、机械电子、医药卫生、石油及日用化工、建筑、食品加工、家用电器、商业服务等行业。

现在所谓的"无氟"冰箱实际是用氢氟烃替代氯氟烃作为制冷剂,不是"无氟"而是"无氯"。

(二)氮氧化物

氮氧化物也是消耗臭氧层的主要物质,其作用的过程比较复杂,但可用以下的反应式来简单地表达:

$$NO + O_3 \rightarrow NO_2 + O_2$$

$$NO_2 + O \cdot \rightarrow NO + O_2$$

$$O \cdot + O_3 \rightarrow 2O_2$$

氮氧化物来自氮肥生产和化石燃料的大量使用。超音速飞机排出的 NO 气体和汽车尾气也是氮氧化物的重要来源。

(三)其他化学物质

另外还有其他 1 万多种化学物质如 CCl_4、$C_2H_3Cl_3$ 等,都是不同程度地消耗臭氧层的物质。

现代频繁的大气层空间实验把平流层推开一个又一个的"洞",并将氮氧化物和氯推进平流层,使它们更有机会进入臭氧层。

三、紫外线辐射增强的危害

太阳向四周空间放射的巨大能量称为太阳辐射,它是地球上光和热的来源,对植物生长、动物健康和生产力有着很大影响。从太阳辐射的物理特性来看,辐射是一种电磁波,而紫外线为电磁波谱中的特定波长的射线。受这种紫外线长期辐射会引起白内障等各种眼病。紫外线按照其辐射波长的不同,可以划分成紫外线A、紫外线B、紫外线C 三个波段。其中紫外线A 波长为 315~400 nm,正常都可到达地面;紫外线B 波长为 280~315 nm,吸收量与 O_3 含量呈正相关,其对人类也有较大的影响,因此,可以在地面通过对紫外线 B 的直接测量和分析来研究大气臭氧层的变化以及紫外线辐射对环境和人体的影响;紫外线 C 波长为 280 nm 以下,基本上被 O_3 完全吸收。

平流层中 O_3 每减少 1%,到达地球表面的紫外线辐射就会增加 2%。根据国际臭氧趋势专题研究组的预测资料统计分析,在北半球 30°~60°纬度地区内,年平均减少率为 1.7%~3.0%。预计到 2050 年,平流层 O_3 将减少 4%~20%。

通常紫外线对人体是有益的,如紫外线具有促进维生素 D 合成的作用,能够帮助骨骼的生长发育。紫外线可使微生物细胞内核酸、原浆蛋白发生化学变化,以杀灭有害微生物,对空气、水、污染物体表面进行消毒灭菌。

但紫外线是一把双刃剑,现在已经普遍认识到过多的紫外线辐射是有害的。人类在漫长的进化过程中适应的是被臭氧层"过滤"后达到地球表面的紫外线 A,而突如其来的紫外线 C和大量的紫外线 B 对人类健康会造成危害。

(1)对人体健康的危害。紫外线主要影响眼睛和皮肤,引起急性角膜炎和结膜炎、慢性白内障、青光眼等眼疾,诱发皮肤癌。过量地照射紫外线会导致皮肤老化,出现皱纹、雀斑等等,使人的免疫系统变化,并最终诱发皮肤癌。紫外线 C 和紫外线 B 对人体造成的危害大于紫外线 A。

(2)对化工材料的影响。紫外线辐射会加速各种有机材料和无机材料的化学分解和老化;加速高分子聚合物质,如塑料制品的老化过程,促使颜料和染料物褪色。

(3)对农作物、水生生物的危害。海洋中的浮游生物也会因紫外线的照射,生长受到影响甚至死亡。紫外线 B 辐射可使浮游植物的光合作用削弱 60%。

(4)对生态系统的破坏。紫外线杀灭生态系统中某一环节(营养级)会使生态系统的良性平衡发生变动。

(5)对环境的污染。过多紫外线同样也会杀灭有益微生物,削弱自然净化能力;而且紫外线对光化学烟雾起催化作用。

四、关于保护臭氧层的国际行动

面对臭氧层破坏带给人类的巨大危害,全世界对保护臭氧层的行动日益重视。最早在 1985 年,国际上就签订有《保护臭氧层维也纳公约》(简称《维也纳公约》)。1987 年 9 月 16 日,24 个国家共同签署了控制氯氟烃使用量、保护臭氧层的《关于消耗臭氧层物质的蒙特利尔议定书》(简称《蒙特利尔议定书》),进一步确定了全球保护臭氧层国际合作框架。《蒙特利尔议定书》的首要目的是淘汰氯氟烃、哈龙(Halon)、四氯化碳等臭氧耗损潜势(ODP)较高的消耗臭氧层物质。从此每年的 9 月 16 日定为国际保护臭氧层日。至 2023 年 6 月,加入该议定书的缔约方已达 198 个。发达国家已于 1996 年完全停止了氯氟烃和哈龙的生产和使用。

五、我国在保护臭氧层工作上的国际态度

保护臭氧层是人类的共同责任。我国在 1991 年加入议定书,且 1993 年就正式出台了《中国逐步淘汰消耗臭氧层物质国家方案》,并在 2010 年全部实现无氯产品。

中国消耗臭氧层物质淘汰活动已开展 30 多年,中国政府认真履行公约义务,在化工以及清洗、泡沫、气雾剂、制冷、汽车空调、烟草等消耗臭氧层物质生产和消费领域开展了大规模的淘汰活动。淘汰方式逐渐从单个项目发展到伞形项目,乃至行业机制;项目管理也从最初的国际执行转变为国家执行的管理模式。

根据不同时期的情况,针对不同的行业特点,淘汰活动采取了一系列富有成效的管理措施与办法。这是中国政府在不断摸索和实践中,依据自身国情独创的管理模式。它不仅保证了履约活动的顺利进行,还为其他发展中国家的淘汰活动提供了有益的借鉴。

2010 年 9 月 27 日,环境保护部、发展改革委、工业和信息化部等三部门联合发布《中国受控消耗臭氧层物质清单》。这份清单显示按照《蒙特利尔议定书》自 2010 年 1 月 1 日起全面禁止及使用第一类全氯氟烃、第二类哈龙、第三类四氯化碳、第四类甲基氯仿、第六类含氢溴氟烃和第七类溴氯甲烷;而第五类含氢氯氟烃将按《蒙特利尔议定书》规定,2013 年生产和使用分别冻结在 2009 年和 2010 年两年平均水平,2015 年在冻结水平上削减 10%,2020 年削减 35%,2025 年削减 67.5%,2030 年实现除维修和特殊用途以外的完全淘汰;第八类甲基溴将按《蒙特利尔议定书》规定,在 2015 年前实现除特殊用途外淘汰所有甲基溴的生产和使用。截至 2021 年 9 月,中国加入《蒙特利尔议定书》30 年来,已累计淘汰消耗臭氧层物质约 50 万吨,为议定书的履行作出了重要贡献。

2021 年 10 月,生态环境部、国家发展和改革委员会、工业和信息化部修订发布了《中国受控消耗臭氧层物质清单》(2021 年第 44 号公告,以下简称《清单》)。增补了新的受控物质,纳入 18 种 HFCs,并注明其主要用途和削减义务,并明确了"受控物质"的定义。根据《修正案》履约要求,我国须自 2024 年起将 HFCs 生产和使用冻结在基线水平(基线是 2020 至 2022 年 HFCs 平均值加上含氢氯氟烃基线水平的 65%,以二氧化碳当量为单位计算),2029 年起 HFCs 生产和使用不超过基线的 90%,2035 年起不超过基线的 70%,2040 年起不超过基线的 50%,2045 年起不超过基线的 20%。

关闭、减少氯氟烃企业的生产,抓好氯氟烃替代品的工作更是不容忽视。与此同时,规范替代品的标准,加强技术领域的多方合作也是重要工作。

第三节 酸雨的形成和危害

一、酸雨(酸式气溶胶、酸性沉降物)的形成和酸度

纯净的雨雪中溶有空气中的 CO_2,形成 H_2CO_3,具有微酸性。当空气中 CO_2 浓度为

$400\ \mu L/L$时,降落雨水pH^*值约为5.62。

一般认为酸雨是pH值小于5.60的被酸性物质污染的降雨,是燃烧煤、石油和天然气所产生的二氧化硫和氮氧化物与大气中的水分结合而形成的产物,含酸的主要成分是硫酸和硝酸。pH值小于5.60的雪叫酸雪,高空或高山上弥漫的雾pH值小于5.60时叫酸雾。

雨水中还含有碱性物质,主要来自土壤、工业粉尘和天然来源的氨等。雨水的酸碱度实际上是酸碱中和平衡的结果。

近代工业革命从蒸汽机开始,锅炉烧煤,产生蒸汽,推动机器;而后火力电厂星罗棋布,燃煤数量日益猛增。遗憾的是,煤含杂质硫约百分之一,在燃烧中将排放酸性气体SO_2;燃烧产生的高温还能促使助燃的空气发生部分化学变化,O_2与N_2化合,也排放酸性气体NO_x。它们在高空中为雨雪冲刷、溶解,雨成为酸雨;这些酸性气体成为雨水中杂质硫酸根(SO_4^{2-})、硝酸根(NO_3^-)和铵离子(NH_4^+)。1872年,英国科学家史密斯分析了伦敦市雨水成分,发现它呈酸性,且农村雨水中含碳酸铵,酸性不大;郊区雨水含硫酸铵,略呈酸性;市区雨水含硫酸或酸性的硫酸盐,呈酸性。于是史密斯首先在他的著作《空气和降雨:化学气候学的开端》中提出"酸雨"这一专有名词。

酸雨率:一年之内可降若干次雨,有的是酸雨,有的不是酸雨,因此一般称某地区的酸雨率为该地区酸雨次数除以降雨的总次数。其最低值为0%,最高值为100%。如果有降雪,当以降雨视之。有时,一个降雨过程可能持续几天,所以酸雨率应以一个降水全过程为单位,即酸雨率为一年出现酸雨的降水过程次数除以全年降水过程的总次数。除了年均降水pH值之外,酸雨率是判别某地区是否为酸雨区的又一重要指标。

酸雨区的四级标准:某地收集到酸雨样品,还不能算是酸雨区,因为一年可有数十场雨,某场雨可能是酸雨,而又有某场雨可能不是酸雨,所以要看年均值。根据《酸雨和酸雨区等级》(QX/T 372—2017),由区域内全部单站(月、季、年)平均降水pH值,用插值方法计算得到(月、季、年)平均降水pH值(用pH_m表示,下标m代表平均)的空间分布,据此划分较轻酸雨区($5.0 \leqslant pH_m < 5.6$)、轻酸雨区($4.5 \leqslant pH_m < 5.0$)、重酸雨区($4.0 \leqslant pH_m < 4.5$)、特重酸雨区($pH_m < 4.0$)。

20世纪以来,全世界酸雨污染范围日益扩大。pH值3~4已为常见。加拿大酸雨面积已达120万~150万平方千米,pH值多为4.0~4.5。美国15个州测定降雨pH值平均4.8以下,最低达1.5。

我国酸雨主要是硫酸型,我国三大酸雨区分别为:①华中酸雨区——目前已成为全国酸雨污染范围最大、中心强度最高的酸雨污染区;②西南酸雨区——是仅次于华中酸雨区的降水污染严重区域;③华东沿海酸雨区——污染强度低于华中、西南酸雨区。

1992—2019年,中国酸雨总体呈减弱、减少趋势。2002年之前的10年来我国酸雨状况基本趋于稳定,东北、华北地区略有好转,长江以南仍为我国主要酸雨区,而且长江以南个别地区酸雨形势有明显加重趋势。出现如上情况的原因在于20世纪末期我国制定了酸雨控制区的

---

* pH的数学表达式是$-\lg[H^+]$,是氢离子浓度的对数的负值。[注意字母的大小写。在数学上,常用对数(即以10为底的对数)的负值用小写的p表示;H表示氢离子,因为氢的元素符号是H,因此要大写。]

控制方案与对策,在一定程度上遏制了相应污染物排放增长势头,使排放量有所下降。但到 2005 年我国酸雨形势又趋严峻,全国平均降水 pH 值分布除东北外,又大致退回到 1992—1995 年的状态,京津、华北等北方部分地区相继出现酸雨,中东部地区酸雨形势有所加重。最近十余年来我国酸雨治理力度加大,截至 2022 年底,全国平均降水 pH 值为 5.67,酸雨区面积降至 48.4 万平方千米,占陆域国土面积的 5%。

二、酸雨形成的原理

酸雨的形成是一种复杂的大气化学和大气物理现象,可简单表示如下:

1. 硫氧化物

气相反应:$2SO_2 + O_2 \rightarrow 2SO_3$,$SO_3 + H_2O \rightarrow H_2SO_4$

液相反应:$SO_2 + H_2O \rightarrow H_2SO_3$,$2H_2SO_3 + O_2 \rightarrow 2H_2SO_4$

2. 氮氧化物

$2NO + O_2 \rightarrow 2NO_2$,$2NO_2 + H_2O \rightarrow HNO_3 + HNO_2$

三、酸雨的危害

(一)对水生生态系统的影响

酸雨对水体的影响主要体现在使湖泊、河流酸化,引起 pH 值的降低,水体酸化又促使土壤中的重金属溶出;水体酸化后对浮游生物种类和群落结构造成影响,破坏生态系统的生产力和食物链。在酸化的湖泊中离子浓度变化,阴离子中的 SO_4^{2-} 取代 HCO_3^-,阳离子中 Ca^{2+} 浓度随 H^+ 浓度的增加而降低,Al、Ni、Cu、Zn、Pb 等的金属离子浓度相应增加。

(二)对陆地森林、农作物的影响

(1)酸雨对陆地森林的影响。酸雨对树木的伤害首先反映在叶片上,而树木不同器官的受害程度为根>叶>茎。不同种类的灌木对酸雨的敏感性和抗性差异大。我国西南地区有不少抗酸雨的乔灌木树种,如火力楠、罗汉松、塔柏、樟树等。酸雨对成熟林生长和生产力也产生不利的影响。

(2)酸雨对农作物的影响。不同农作物类别对酸雨的敏感性差异很大。水稻对酸雨的抗性较强,只有在较强酸雨的影响下生长才会受到危害;而油菜、小麦、大麦、番茄、芹菜、茄子、豇豆、黄瓜、春菜白易受酸雨的影响造成减产;抗性较强的有青椒、甘蓝、小白菜、菠菜、胡萝卜等。

(3)酸雨对土壤的影响。降低土壤的阳离子交换量和盐基饱和度,破坏土壤的肥力,导致植物营养不良。酸性导致有毒有害元素活化,特别是富铝化土壤,造成植物铝中毒。有机质含量轻微下降。土壤中微生物总量、种类变化,影响固氮作用,氮素的转化与平衡遭到一定的破坏。

(三)腐蚀建筑材料、金属结构、油漆、古迹、雕塑等

特别是许多大理石和石灰石材料的历史建筑物和艺术品,耐酸性差,容易受酸雨的影响而产生腐蚀和变色。

(四)对人体健康的影响

酸雨使饮用水源污染,通过食物链进入人体。

四、控制酸雨蔓延的对策

控制和消除酸雨的最根本方法是限制 SO_2 和 NO_x 的排放量,或者从燃料中先把这些物质去掉。可以考虑采取以下的措施:

(1)加强监测,建立预报和最优控制模型。

(2)建立合理的工业布局。

(3)清洁生产。降低煤炭中的含硫量,高硫煤应进行洗选。

(4)工厂安装脱硫设备,提高脱硫技术。

(5)提高城市燃气普及率。

(6)改良已经酸化的土壤。

(7)加速城市绿化和恢复植被,禁止在林地剃枝割草和收集枯枝落叶。

酸雨是在高空雨云中形成的,并可远距离传输,成为跨越省界、国界的公害,是全球性的环境污染问题。因此,不能仅控制酸雨区的酸性物质排放,应该连同周边地区一起控制。科学家曾估计过,我国大部分省区排放的 SO_2 有一半以干湿沉降方式沉降在本省范围,20%~30%沉降到周围省区,其他则沉降到较远的省区。大城市更为突出,它们排放的 SO_2 仅有 20%左右沉降在本市内,80%被传输到其他地方。可见,不但要控制和消减酸雨地区的酸性物质排放,还要控制和消减其周边地区酸性物质排放,特别是要控制和消减大城市的酸性物质排放,才能完全解决酸雨问题。

第四节　海洋酸化

一、海洋酸化的概念

海洋是地球上最大的活跃碳储库,以每小时 100 万吨以上的速率从大气中吸收 CO_2,是全球气候的重要调节器。目前,海洋中所储存的 CO_2 总量是大气中的近 50 倍,陆生生态系统及土壤中的近 20 倍。工业革命以来,海洋累计吸收了约 1/4 的人为排放的 CO_2,导致海水碳酸盐系统发生显著改变,表现为海水中的 CO_2 和 HCO_3^- 浓度升高、CO_3^{2-} 浓度和海水 pH 值下降,即"海洋酸化"。随着人为排放的加剧,海洋吸收 CO_2 的能力正在减弱。因此,除了全球暖化,海洋酸化是与 CO_2 相关的另一重大环境问题。

2005 年,英国皇家学会的一份报告正式提出海洋酸化问题。如今,世界各地的研究者都在报告海洋酸化的研究成果。例如,一份来自夏威夷附近海域的长时间序列观测数据显示,海水表层 pH 值已从 1960 年的 8.15 下降到 8.05,这表示,海水中 H^+ 浓度增加了 30%。不仅如此,当前海水酸化速度超过了过去 3 亿年内的任何时期。2009 年,来自全球超 150 位海洋研究人员齐聚于摩纳哥并签署《摩纳哥宣言》,旨在宣告海洋酸化正在严重威胁海洋生态系统,将给海洋生态多样性和全球渔业资源多样性造成显著影响。2015 年,《科学》杂志发表文章,认为海洋酸化可能是造成 2.5 亿年前地球上生物大灭绝的"元凶"。该研究显示,二叠纪末期的古海洋酸化事件持续约 6 万年,首先 CO_2 以缓慢速度释放了 5 万年,进入海洋的 CO_2 被强碱性的海水中和,对地球生命的影响相对缓和,而后的 1 万年中 CO_2 释放速度加剧,伴随火山喷发的发生,海水酸碱度突变,使得地球上约 90% 的海洋生物和 2/3 的陆地生物灭绝。根据联合国政府间气候变化专门委员会(IPCC)的预测,如按照目前 CO_2 排放量的水平进行,到 21 世纪末海水 pH 值将下降至 7.8 左右,这意味着海水中的 H^+ 浓度将增加 100%~150%。

二、海洋酸化的危害

海洋酸化的影响是复杂的,它通过改变海水中的化学循环、物理条件和生物过程等多个方面,对海洋生物及生态系统产生持续且多重的影响。

(一)影响海洋生态

海洋酸化会直接影响大多数海洋生物的生长及生理活动,同时,通过综合效应间接改变生物群落的组成而对整个生态系统产生影响。以海洋浮游植物为例,海洋酸化的影响主要包含两个方面:一方面,与大气进行气体交换的表层海水,吸收了大量的 CO_2,导致温度上升且密度变小,会减弱表层与中深层海水的物质交换,并使海洋上部混合层变薄,不利于浮游植物的生长及各类生理活动的进行;另一方面,海水中 CO_2 浓度上升可在一定程度上促进海洋藻类的光合作用,同时改变部分浮游动物的繁殖率,进而通过食物链影响物种间的相互作用和生态系统的稳定性。

最易受到海洋酸化影响的是海洋中的钙质生物——大多数的软体动物、棘皮动物、珊瑚和钙化藻类等。研究表明,在 CO_2 浓度升高引起的海水酸化条件下,大多数钙化生物的钙化速率均大幅下降,例如珊瑚藻以及造礁珊瑚种类的钙化速率平均下降了 30%,颗石藻细胞表面的颗石片脱落,对于钙化海洋无脊椎动物幼体的影响也尤为显著。

海洋酸化对于非钙质生物也会产生影响。研究发现,海水 pH 值下降会改变浮游植物对海水中铁、磷等关键营养元素的利用能力,从而影响浮游植物的重要生理过程,进而影响海洋初级生产力和碳、氮生物地球化学循环等重要过程。例如,海洋酸化会促进藻类与浮游动物的呼吸作用,影响藻类的无机碳获取机制;海洋优势固氮蓝藻束毛藻在海水酸化条件下,其固氮酶效率显著降低,固氮作用被抑制。

(二)影响渔业经济

海洋浮游植物作为重要的初级生产者和海洋食物网的基础,它们的"重新洗牌"会导致从小鱼、小虾到鲨鱼、巨鲸的众多海洋生物都将受到重大影响。据联合国粮农组织估计,全球有 5 亿多人依靠捕鱼和水产养殖作为蛋白质摄入和经济收入的来源。我国作为世界上最大的水产养殖国,其中贝类养殖业约占全球总量的 85%。而研究者在模拟实验中发现,严重酸化的海水中,部分鱼种的幼鱼将失去听力、视力、嗅觉,无法发现敌害,丧失了相应的逃逸和生存能力。同时,海洋酸化会影响贝类的呼吸、代谢和繁殖。美国国家海洋和大气管理局发现海洋酸化导致牡蛎幼虫大量死亡,超过 50% 的翼足目动物外壳会被严重溶解。据此,海洋酸化的加剧将严重影响全球渔业资源,造成重大经济损失。

(三)加大海洋污染物影响

海洋酸化导致海水中 OH^- 和 CO_3^{2-} 浓度降低,从而直接影响其与海水中无机金属配合物的组成,这些阴离子的减少会增加游离态重金属的浓度。pH 的变化也影响金属的氧化和还原速率,酸化对还原速率的提升通常高于氧化速率,因为后者对 pH 的依赖性较小。

海洋中的有机污染物可以被胶体有机物质吸收或结合并固定在有机金属矿物复合物中,超过 50% 的有机质被约束在海洋的有机金属矿物复合物中。海洋酸化引起的金属离子溶解可能会破坏有机金属复合物,从而增加有机污染物的释放和毒性。此外,纳米材料也会与海洋酸化产生联合毒性。近年来,多国学者都在关注海洋酸化与金属离子或纳米离子之间的耦合毒性效应。

三、海洋酸化的防治

一是需加强基础研究。搞清海洋酸化对地球生态系统的影响及其程度是至关重要的。当前海洋酸化的研究可总结为以下 5 个前沿方向:①多因子耦合情景下海洋酸化对生物的效应;②生物对海洋酸化的具体生理响应机制;③海洋酸化影响下的生物响应的综合评估及预测;④全球变化背景下海洋酸化对生态系统的综合影响;⑤海洋酸化的历史溯源及成因。

二是需加强全球合作。海洋酸化的自然恢复需要数千年以上,遏制它的唯一有效途径就是快速有效地减少 CO_2 的全球排放量。2015 年《巴黎协定》明确规定了全球增温控制目标并倡导各国自主减排。中国政府积极响应并承诺在 2030 年之前实现碳达峰,并在 2020 年第七十五届联合国大会上进一步提出,争取 2060 年前实现碳中和的宏伟目标,未来将努力落实 CO_2 的减排和增汇两个重要路径。

第五节 污染物的迁移

一、污染物迁移的定义

人类制造的所有东西(包括混凝土桥梁、玻璃建筑、电脑、衣服等)的总质量已超过地球上所有生物的质量(2020 年)。人类释放到全球环境中去的各种人造物质已超 1 亿种,且每年大约又增加 450 万种。污染物进入环境后会发生迁移和转化,并通过这种迁移和转化与其他环境要素和物质发生化学的、物理的或物理化学的作用。污染物的迁移是指污染物在全世界范围的环境中发生的空间位置移动及其引起的富集、分散和消失过程。

二、污染物的迁移方式

污染物在环境中的迁移主要有机械迁移、物理-化学迁移和生物迁移三种方式。

(一)机械迁移

根据机械搬运力的不同又可分为：①水的机械迁移作用，即污染物在水体中的扩散和被水流搬运；②气的机械迁移作用，即污染物在大气中的扩散和被气流搬运；③重力的机械迁移作用，即大气中颗粒物在重力作用下的沉降。

1. 污染物在大气中的扩散

导致化学污染物在大气介质中扩散的主要原因是化学势梯度，属于湍流扩散，可以近似地当作分子扩散。大气湍流扩散过程以垂直扩散占优势。此外，化学污染物在大气中的扩散形式与污染源有密切关系，可以分为点源扩散、线源扩散和面源扩散。

2. 污染物在海洋中的扩散

化学污染物进入海水中，也发生湍流扩散。不过，它以水平扩散占优势，并受海水的温度、盐度和压力的影响。它含两个过程，即横向混合过程和垂直混合过程。其中垂直混合过程是由于海水垂直环流的作用以及由风力形成的漂流和波浪、海水温度与盐度的时空变化，导致进入海洋生态系统中的化学污染物发生垂直混合。

3. 污染物在河水中的扩散

污染物在河流中的扩散，受源强、河流两岸和流场的影响。污染物发生湍流混合作用，直至剖面浓度均匀为止。

4. 污染物在土壤中的扩散

污染物进入土壤介质后，在土壤介质中的迁移和扩散过程，可以用水流模型和溶质迁移模型进行描述。

(二)物理-化学迁移

对无机污染物而言，是以简单的离子、络合物或可溶性分子的形式在环境中通过一系列物理化学作用，如吸附-解吸作用、溶解-沉淀作用、络合-解离作用、烷基化作用等所实现的迁移。对有机污染物而言，除上述作用外，还有通过化学分解、光化学分解和生物化学分解等作用所实现的迁移。物理-化学迁移是污染物在环境中迁移的最重要的形式，这种迁移的结果决定了污染物在环境中的存在形式、富集状况和潜在危害程度。

1. 吸附-解吸作用

吸附-解吸主要发生在土壤生态系统中。无机污染物和亲水性有机污染物在土壤/沉积物介质中的吸附机理主要是表面静电吸附和共价结合作用。

2. 溶解-沉淀作用

与吸附-解吸过程相比，溶解-沉淀过程相对比较简单。土壤介质中化学污染物的沉淀或矿物可以部分溶解于土壤溶液中；相反，土壤溶液中存在的溶解态的化学污染物可以与土壤介质中的其他各种化学成分发生反应而形成沉淀。

3. 络合-解离作用

络合-解离过程也是生态系统中发生的最基本的和最普遍的过程之一。尤其当水溶液中

存在过量的 OH^-、Cl^-、I^-、Br^-、F^-、SO_4^{2-}、SCN^-、CN^- 时,这种络合作用更容易发生。

4. 烷基化作用

生态系统中的许多重金属污染物在一定条件下可以转化为金属有机化合物,这一转化使金属的生物毒性得以加剧。例如,金属汞的烷基化过程就是一个非常有害的污染生态过程。它又分为两种:生物烷基化过程和非生物烷基化过程。

5. 影响因素

污染物在环境中的物理-化学迁移受到两方面因素的制约:一方面是污染物自身的物理化学性质,另一方面是外界环境理化条件和区域自然地理条件。

(三)生物迁移

污染物通过生物的吸收、代谢、生长、死亡等过程所实现的迁移,是一种非常复杂的迁移形式,与各生物种属的生理、生化和遗传、变异作用有关。某些生物体对环境污染物有选择吸收和积累作用,某些生物体对环境污染物有降解能力。生物通过食物链对某些污染物(如重金属和稳定的有毒有机物质)的放大积累作用是生物迁移的一种重要表现形式。

污染物的生物迁移大致可分为两个层次,即污染物在生物个体内的迁移以及在食物链(网)上的转移。污染物在生物个体内的迁移主要包括各种生物对污染物的吸收、积累,在个体不同部位、组织或器官的转移,以及污染物被排出体外的过程。污染物在生物个体层次上的转移是污染物在生态系统中迁移和积累的基础,它与生物的生理生化特性密切相关。污染物在食物链(网)上的转移是污染生态学的关键问题。污染物在生态系统中的迁移和积累既包括微观上从分子水平阐明吸收、积累机制方面的内容,又包括宏观上阐明污染物在生态系统中的格局和过程。

1. 生物对污染物的吸收

生物对污染物的吸收,是污染物进入生物体内的第一过程。各类生物对污染物的吸收方式和途径各有其特点。

2. 生物富集

许多污染物在生物体内的浓度远远大于其在环境中的浓度,并且只要环境中这种污染物继续存在,生物体内污染物的浓度就会随着生长发育时间的延长而增加。对于一个受污染的生态系统而言,处于不同营养级上的生物体内的污染物浓度,不仅高于环境中污染物的浓度,而且具有明显的随营养级升高而增加的现象。生物个体或处于同一营养级的许多生物种群,从周围环境中吸收并积累某种元素或难分解的化合物,导致生物体内该物质的平衡浓度超过环境中浓度的现象,叫生物富集,又叫生物浓缩(bio-concentration)。生物富集常用富集系数或浓缩系数(即生物体内污染物的平衡浓度与其生存环境中该污染物浓度的比值)来表示。

此外还有人用生物积累、生物放大等术语来描述生物富集现象。前者是指同一生物个体在生长发育的不同阶段生物富集系数不断增加的现象;后者是指在同一食物链上生物富集系数从低位营养级到高位营养级逐级增大的现象。

污染物是否沿着食物链积累决定于以下三个条件,即污染物在环境中必须是比较稳定的,污染物必须是生物能够吸收的,污染物是不易被生物体在代谢过程中分解的。目前最典型的还是杀虫剂 DDT 在生态系统中的转移和积累。

在生态系统中,污染物在沿食物链流动过程中其浓度随营养级的升高而增加,其富集系数在各营养级中均可达到极其惊人的含量。

三、防治污染物迁移的国际行动

20世纪30年代以来,人造合成有机化学品的生产和使用急剧增长,其中许多化学品对现代社会而言是很重要的,但同时也可能对人体健康和环境带来严重危害。

1. 持久性有机污染物(POPs)

持久性有机污染物(persistent organic pollutants,POPs)是一类具有长期残留性、生物累积性、半挥发性和高毒性,并通过各种环境介质(大气、水、生物等)能够长距离迁移,对人类健康和环境具有严重危害的天然的或人工合成的有机污染物。国际上公认POPs具有下列四个重要的特性:

(1)能够在环境中持久地存在。由于POPs对生物降解、光解、化学分解作用有较高的抵抗能力,一旦被排放到环境中则难以被分解。持久性基准:用半衰期($t_{1/2}$)来判断,在水体中为180 d,在底泥中为360 d,在土壤中为360 d。

(2)能蓄积在食物链中,对有较高营养级的生物造成影响。POPs具有低水溶性、高脂溶性的特点,导致POPs从周围媒介中富集到生物体内,并通过食物链的生物放大作用达到中毒浓度。生物蓄积性基准:用生物富集系数(BCF)来判断,BCF>5 000。

(3)能够经过长距离迁移到达偏远的极低地区。POPs所具有的半挥发性使得它们能够以蒸气形式存在或者吸附在大气颗粒上,便于在大气环境中远距离迁移,同时这一适度的挥发性又使得它们不会永久停留在大气中,能够重新沉降到地球上。关于远距离迁移并返回到地球上的基准:半衰期2 d(空气中)以及蒸气压0.01~1 kPa。

(4)在一定的浓度下会对接触该物质的生物造成有害或有毒影响。POPs大都具有"三致"(致癌、致畸、致突变)效应。判断在偏远的极低地区一种物质是否存在的基准:该物质在水体中质量浓度大于10 ng/L。

POPs是一类特殊的污染物,即使接触的剂量很低也可能致癌、导致中枢和外周神经系统损伤、免疫系统患病、生殖系统紊乱、婴幼儿正常生长发育受阻等。由于POPs在环境中不易降解、存留时间较长,可以通过大气、水的输送而影响区域和全球环境,并可通过食物链富集,最终将严重影响人类健康。它是严重威胁人类健康和生态环境的全球性环境问题,由于其持久性、生物累积性和长距离迁移性,这种危害是长期而复杂的,因此国际社会对POPs问题引起了广泛关注,呼吁采取紧急国际行动,减少和消除其排放,并开展了卓有成效的不懈努力以促成对POPs采取全球统一控制行动。经过长达4年的多轮政府间谈判,127个国家和地区的代表于2001年5月22日终于通过《关于持久性有机污染物的斯德哥尔摩公约》。中国于2004年8月13日递交批准书,同年11月11日公约对中国生效。

2001年12月,国际文书政府间谈判委员会第五次会议达成了禁用12种POPs的协议。国际社会的关注体现了POPs在学术研究领域、社会发展中的重要地位。建立有机污染物分析和监测新技术、新方法并将其用于揭示有机污染物在海洋环境中的迁移、转化、生态效应及微观毒性机制是目前该研究领域里的国际性前沿课题。

公约规定最初采取国际削减和淘汰行动的物质共12种(类)包括3类:一是杀虫剂类(有机氯农药),主要是艾氏剂(aldrin)、氯丹(chlordane)、滴滴涕(DDT)、狄氏剂(dieldrin)、异狄氏剂(endrin)、七氯(heptachlor)、灭蚁灵(mirex)、毒杀酚(toxaphene)和六氯苯(hexachlobenzene,

HCB）；二是工业化学品（精细化工产品），主要是六氯苯（HCB）和多氯联苯（PCBs）；三是副产物，主要是二噁英（PCDDs）、呋喃类（PCDFs）、六氯苯（HCB）和多氯联苯（PCBs）。公约还规定可以按一定程序增加受控物质的种类。

中国为履行《关于持久性有机污染物的斯德哥尔摩公约》，已经成立了专门组织指导POPs 的削减和淘汰工作组，并正积极编制和实施 POPs 削减和淘汰国家实施计划，以期最终控制和消除 POPs 对人民健康和环境的危害。

2. 持久性毒性物质（PTS）

现在还有一类污染物——持久性毒性物质（persistent toxic substance，PTS），它可以定义为在环境中长期存在并能够被生物蓄积的有毒物质，包括 POPs、重金属和某些环境激素等。PTS 具有急性和慢性毒性，对人体健康和生态环境产生了极大的威胁。PTS 中的多环芳烃（PAHs）、PCBs、PCDDs、PCDFs、有机磷和有机氯农药等是备受瞩目的有机污染物。该部分知识在环境化学里将有详细论述。

［概念与知识点］

全球变化、温室效应、大气温室效应、温室效应加剧、温室气体、碳中和、臭氧层、消耗臭氧层物质（ODS）、酸沉降、海洋酸化、污染物的生物迁移、生物富集、浓缩系数、持久性有机污染物（POPs）、持久性毒性物质（PTS）

［思考与练习］

1. 什么叫温室效应？什么是温室气体？为什么"温室效应危害"的提法是不妥的？
2. 造成温室效应的物质主要有哪些？它们的来源是什么？
3. 结合实际谈谈大气温室效应加剧对人类可能产生哪些不利的影响。
4. 试述全球气候变暖的原因及影响，并说明如何防治。
5. 臭氧层对保护地球生命所起的作用是什么？
6. 造成臭氧层破坏的人为排放物质主要有哪些？南极臭氧层空洞形成的原因是什么？
7. 试述臭氧层破坏对人类环境的影响。
8. 人类在遏制臭氧层破坏方面采取了哪些措施？今后应注意什么问题？
9. 酸雨的酸度如何规定？
10. 为什么酸雨的 pH 值是低于 5.60，而不是 7.0？
11. 简述酸雨的形成过程和主要危害。如何防治？
12. 海洋酸化的概念及其危害是什么？
13. 污染物在环境中的迁移主要有哪些方式？
14. 为防止污染物的全球迁移，国际上采取了哪些行动？我国如何执行？
15. 简述持久性有机污染物（POPs）的定义及其危害。
16. 何谓"蓝碳"、海洋"负排放"？
17. 简述"3060"双碳目标的含义和意义。

［推荐读物与网络资源］

焦念志.研发海洋"负排放"技术支撑国家"碳中和"需求.中国科学院院刊,2021,36：179-187

焦念志,刘纪化,石拓,等.实施海洋负排放践行碳中和战略.中国科学:地球科学,2021,51：632-643

焦念志,戴民汉,翦知湣.海洋储碳机制及相关生物地球化学过程研究策略.中国科学:科学通报,2022,DOI:10.1360/TB-2022-0057

王法明,唐剑武,叶思源,等.中国滨海湿地的蓝色碳汇功能及碳中和对策.中国科学院院刊,2021,36:1-11

张瑶,赵美训,崔球,等.近海生态系统碳汇过程、调控机制及增汇模式.中国科学:地球科学,2017,47:438-449

Yuan J J, Ding W X, Liu D Y, et al. Exotic *Spartina alterniflora* invasion alters ecosystem-atmosphere exchange of CH_4 and N_2O and carbon sequestration in a coastal salt marsh in China. Global Change Biology,2015, 21: 1567-1580

温刚,严中伟,叶笃正.全球环境变化:我国未来(20—50年)生存环境变化趋势的预测及研究.湖南:湖南科学技术出版社,1997

Mark B. Bush.生态学:关于变化中的地球(第3版).北京:清华大学出版社,2003

Kang-Tsung Chang.地理信息系统导论.陈健飞,等译.北京:科学出版社,2003

寒冬,寒之.臭氧层.北京:中国环境科学出版社,2001

孙崇基.酸雨.北京:中国环境科学出版社,2000

Caldeira K, Wickett M E.Anthropogenic carbon and ocean pH.Nature,2003,425:365

Jacobson M Z. Studying ocean acidification with conservative, stable numerical schemes for nonequilibrium air-ocean exchange and ocean equilibrium chemistry. Journal of Geophysical Research-Atmospheres, 2005, 110: D07302

Hönisch B, Ridgwell A, Schmidt D N, et al. The geological record of ocean acidification. Science, 2012, 335(6072): 1058-1063

Hoegh-Guldberg O, Mumby D J, Hooten, A J, et al. Coral reefs under rapid climate change and ocean acidification. Science, 2007, 318(5857):1737-1742

Fabry U F, Seibel B A, Feely R A, et al. Impacts of ocean acidification on marine fauna and ecosystem processes. ICES Journal of Marine Science, 2008, 65 (3):414-432

Munday P L, Dixson D L, McCormick M I, et al. Replenishment of fish populations is threatened by ocean acidification. PNAS, 2010,107(29):12930-12934

陈芃,陈新军,陈长胜,等.基于文献计量的全球海洋酸化研究状况分析.生态学报,2018,38(10):3368-3381

李明璧.《巴黎协定》正式生效.生态经济,2017,33(1):2-5

王昊,赵信国,陈碧鹃,等.海洋酸化与重金属、有机污染物和人工纳米颗粒的联合毒性效应研究进展.生态毒理学报,2019,14(1):2-17

www.chinaozone.com　臭氧在线

www.ccchina.gov.cn　中国气候变化信息网

www.unfccc.de　联合国气候变化框架公约

www.essp.org　地球系统科学联盟（ESSP）

www.sinopu.com　中国塑协聚氨酯制品专委会

www.china-pops.org　中国 POPs 履约行动

第四章　我国主要的环境污染问题

第一节　大气污染

　　大气同水、土地、矿产一样，都是自然环境中可为人利用的资源，主要表现在：①大气作为资源被直接应用到工农业生产中；②大气提供了风能。

　　环境科学中研究的大气主要是地球上空的对流层。对流层是大气圈中最接近地面的一层，平均厚度为 12 km。对流层有两个显著的特点：①气温随高度增加而降低；②具有强烈的对流运动。人类活动排放的污染物主要在对流层聚集，大气污染主要也在这一层发生。

　　大气保证了人和其他生物的呼吸作用。相对于食物和水，空气对人体的影响要直接、迅速得多。

　　洁净的空气是人类赖以生存的必要条件之一，一个人在三五天内不吃饭或 5 天内不喝水，尚能维持生命，但一般超过 5 分钟不呼吸空气便会死亡。

　　世界上发生过的严重公害事件大多数是大气污染造成的。

一、大气的组成

　　首先要区别"大气"和"空气"这两个概念。从自然科学的角度来看，这两个概念是没有什么差别的，但在环境学的研究中，为了方便说明问题，须将这两个名词分别使用，且它们各有相应的质量标准和评价方法。

　　空气：室内和特指某个地方（如车间、厂区等）供人和动植物生存的气体。例如教室里有人吸烟，大家说空气浑浊，不会说大气浑浊。

　　大气：指在大气物理、大气气象和自然地理的研究中，以大区域或全球性的气流为研究对象。

　　大气的总质量 6 000 万亿吨，厚度约 1 000 km；人类赖以生存的空气主要是近地面 10～12 km 范围的部分。

　　环境空气是指人群、植物、动物和建筑物所暴露的室外空气。"环境空气"的质量比"大气环境"的质量与人类健康更为直接相关；但"环境空气"应包含在"大气环境"中，没有截然的分界，广义地说，它还包括人们生活期间的室内环境的空气。

　　大气的组分可分为：

1. 恒定组分

指氮（占总体积的 78.09%）、氧（20.95%）、氩（0.93%）。这三种气体占大气总体积的 99.97%。还有微量的氖、氦、氪、氙、氡等稀有气体。这一组分的比例在地球表面上任何地方几乎是可以看作不变的。

恒定组分较稳定的主要原因：

（1）分子态氮和惰性气体的性质不活泼。固氮作用所消耗的氮素基本上被反硝化作用形成的氮素补充。

（2）自然界中由于燃烧、氧化、岩石风化、呼吸、有机物腐解所消耗的氧，基本上由植物光合作用释放的氧得到补充。

2. 可变组分

指二氧化碳和水蒸气。在通常情况下，水蒸气的含量低于 4%，二氧化碳的含量为 0.04%。这些组分在空气中的含量是随季节和气象的变化以及人们的生产和生活活动的影响而发生变化的。

3. 不定的污染组分

自然界的火山爆发、森林火灾、海啸、地震等暂时性的灾难给大气带来的尘埃、硫、硫化氢、硫氧化物、氮氧化物、盐类及恶臭气体等污染物，以及人类的生产和生活活动给大气带来的一些不定组分，如煤烟、尘等，这些是大气中不定组分的最主要来源，也是造成大气污染的主要根源。

知道了大气组成，可以很容易判定大气中外来污染物。如果大气中某个组分的含量远远超过其标准含量，或自然大气中本来不存在的物质在大气中出现，即可判定它们是大气的外来污染物。

按照《中华人民共和国大气污染防治法》相关规定和国务院印发的《打赢蓝天保卫战三年行动计划》要求，2018 年 8 月生态环境部会同市场监管总局发布了《环境空气质量标准》（GB 3095—2012）修改单，修改了标准中关于监测状态的规定，并修改完善了相应的配套监测方法标准，实现了与国际接轨。本次修订的主要内容：调整了环境空气功能区分类，将三类区并入二类区；增设了颗粒物（粒径小于等于 2.5 μm）浓度限值和臭氧 8 h 平均浓度限值；调整了颗粒物（粒径小于等于 10 μm）、二氧化氮、铅和苯并（a）芘等的浓度限值；调整了数据统计的有效性规定。与新标准同步还实施了《环境空气质量指数（AQI）技术规定（试行）》（HJ 633—2012）。重点明确气态污染物按照参比状态（25 ℃、101.325 kPa）、颗粒物及其组分按照实际监测时的大气温度和压力开展监测。为保持监测数据的一致性和可比性，环境空气污染物质量浓度的历史数据也将进行回溯。今后，生态环境部将按照统一可比的监测数据对各地环境空气质量改善情况进行评价、考核，标准修改单的发布实施不影响"十三五"环境空气质量改善目标。为配合《环境空气质量标准》的实施，生态环境部同步发布了与环境空气质量标准中污染物项目监测直接相关的 19 项环境监测标准，对涉及结果计算与表中污染物浓度的监测状态内容进行调整，与标准保持一致。

二、大气污染的形成和污染源

（一）大气污染的概念

按照国际标准化组织（ISO）作出的定义，大气污染通常是指由于人类活动和自然过程引起某种物质进入大气中，呈现出足够的浓度，达到了足够的时间并因此危害了人体的舒适、健康和福利或危害了环境的现象。

(二)对大气污染定义的理解

(1)定义指明了造成大气污染的原因是人类的活动和自然过程。人类活动包括生活活动和生产活动两方面;自然过程包括火山活动、森林火灾、海啸、土壤和岩石风化以及大气圈的空气运动等。

(2)定义指明了形成大气污染的必要条件,即污染物在大气中要含有足够的浓度,并在此浓度下对受体作用足够的时间。

随着居住条件的改善,建材中所含的甲醛、甲苯以及微量射线使室内空气也遭到污染。目前被称作"病态建筑综合征"(sick building syndrome)或称"谢克氏大楼症状"的疾病在白领阶层中广泛存在,是现代空气环境污染的突出问题。这部分将在下面专门论述。

(三)大气的自净能力

大气自身的运动可使大气污染物输送、稀释扩散,从而起到对大气的净化作用,包括平流输送、湍流扩散和清除等机制。由于大气的自净作用,自然过程造成的大气污染经过一段时间后会自动清除,所以自然过程所造成的大气污染多为暂时的和局部的。大气对污染物的容纳和消化能力是有一定限度的,这个限度就是大气的自净能力。当污染物的浓度超过其自净能力时,所产生的变化将影响到人类的生存。

而人类活动排放污染物是造成大气污染的主要根源。因此,我们对大气污染所开展的研究,主要是针对人为造成的大气污染问题。

三、污染源类型划分

(一)按污染源存在的形式划分

适用于进行大气质量评价时绘制污染源分析图。
(1)固定污染源:位置固定,如工厂的排烟。
(2)移动污染源:位置可移动,如汽车排放的尾气。

(二)按污染物排放的时间划分

分析污染物排放的时间规律。
(1)连续源:污染源连续排放,如化工厂的排气筒。
(2)间断源:排出源时断时续,如取暖锅炉的烟囱。
(3)瞬间源:排放时间短暂,如某些工厂的事故排放。

(三)按污染物排放的形式划分

适用于大气扩散计算。
(1)高架源:距地面一定高度上排放污染物。
(2)面源:在一个大范围内排放污染物。
(3)线源:沿一条线排放污染物。

(四)按污染物产生的类型划分

分析危害程度和治理措施。

(1)工业污染源。

(2)家庭炉灶排气。

(3)汽车排气。

空气污染的危害主要取决于污染物在空气中的浓度,而不仅是它的数量。

四、一次污染物和二次污染物

(一)一次污染物

由污染源直接排入环境的、其物理和化学性状未发生变化的污染物,或称原发性污染物。如工厂排出的 SO_2。

1. 种类

(1)反应性污染物:其性质不稳定,在大气中常与某些其他物质发生化学反应,或作为催化剂促进其他污染物发生反应。

(2)非反应性污染物:其性质较为稳定,不发生化学反应或者反应速度很缓慢。

2. 反应方式

(1)气体污染物之间的反应。如常温下有催化剂存在时,H_2S 和 SO_2 气体污染物之间的反应。

(2)气体污染物在气溶胶中的溶解作用。

(3)空气中粒状污染物对气体污染物的吸附作用,或粒状污染物表面上的化学物质与气体污染物之间的化学反应。如尘粒中的某些金属氧化物与 SO_2 直接反应:

$$4MgO + 4SO_2 \rightarrow 3MgSO_4 + MgS$$

(4)气体污染物在太阳光作用下的光化学反应。

(二)二次污染物

排入环境中的一次污染物在物理、化学因素或生物的作用下发生变化,或与环境中的其他物质发生反应所形成的物理、化学性状与一次污染物不同的新污染物,又称继发性污染物。如硫酸烟雾通过下面的变化过程而形成: $SO_2 \rightarrow SO_3 \rightarrow H_2SO_4 \rightarrow (H_2SO_4)_m(H_2O)_n$ (硫酸气溶胶)。SO_2 在干燥的空气中其含量达 $800 \ \mu L/L$,人还可以忍受;但形成气溶胶后含量仅 $0.8 \ \mu L/L$,人就受不了。又如:汞 → 甲基汞 → 二甲基汞,汞在微生物的作用下转变成二甲基汞,毒性显著增强。足见二次污染物对环境的危害之大。

当然,也不是说所有的二次污染物都比它的一次污染物毒性强。

五、污染物种类

大气中的污染物种类主要有烟尘、粉尘、CO、氮氧化物(NO_x)、碳氢化合物、硫氧化物、光化学烟雾、含氟或含氯废气、核试验的放射性降落物等。

(一)大气中的烟尘、粉尘等微粒污染

1. 微粒污染的类型

微粒是指空气中分散的液态或固态物质,其直径 $0.0002 \sim 500~\mu m$,具体包括气溶胶、烟、尘、雾、炊事油烟等。

(1)尘粒:直径大于 $10~\mu m$ 的固体微粒迅速沉降而成。

(2)烟尘:直径小于 $1~\mu m$ 的固体微粒。

(3)雾尘:为液体微粒,直径可达 $100~\mu m$。

(4)煤尘:燃烧过程中未被燃烧的煤粉尘及露天煤矿的煤扬尘。

(5)气溶胶:悬浮于空气中的固液微粒,直径小于 $1~\mu m$。

总悬浮颗粒物(total suspended substance,TSP)是分散在大气中的各种粒子的总称,也是目前大气质量评价中的一个通用的重要污染指标,其粒径绝大多数在 $100~\mu m$ 以下。

(1)降尘:直径大于 $10~\mu m$,由于重力作用会很快沉降。

(2)可吸入颗粒物(particular matter less than $10~\mu m$,PM_{10} [*]):指直径小于等于 $10~\mu m$、可在空气中长期飘浮的固体颗粒物,也称为飘尘,危害较大。PM_{10} 一直是影响空气质量的首要污染物。

(3)细颗粒物(particular matter less than $2.5~\mu m$,$PM_{2.5}$):$PM_{2.5}$ 是指环境空气中空气动力学当量直径小于等于 $2.5~\mu m$ 的固体颗粒物,称为细颗粒物(英文名 fine particular matter)。因它可被吸入肺泡,故也称"可入肺颗粒物"。最近几年,$PM_{2.5}$ 造成的雾霾天气更是严重地影响我国的大气质量。

2. 微粒污染的危害

PM_{10} 的危害可简单归纳如下:

(1)PM_{10} 能形成细粒子层,是化学反应床,是多相反应的载体。

(2)PM_{10} 能降低大气能见度(阳伞效应:遮挡阳光,透光率下降,气温降低,形成冷凝核,使雨雾增多,从而影响气候)。

(3)PM_{10} 能形成干沉降,是致酸物质;经远距离输送,在区域范围内造成酸沉降。

(4)SO_x 与 PM_{10} 的复合物可进入呼吸道,严重危害呼吸系统。

(5)汽油中的铅微粒排入空气可能引起铅中毒,导致脑神经麻木和慢性肾病。由于在铅含量高的环境中小孩的脑发育明显受阻,所以现代已经禁止使用含铅汽油,而必须使用无铅汽油。

PM_{10} 比 $PM_{2.5}$ 颗粒大一些,直径大约 3 倍,体积是 $PM_{2.5}$ 体积的 64 倍。PM_{50} 比 PM_{10} 更大,体积是 $PM_{2.5}$ 体积的 8 000 倍。PM_{50}、PM_{10}、$PM_{2.5}$ 是三个临界值,空气里并非只有这三种直径的颗粒物。

PM_{50} 是肉眼可见的临界值,可以进入鼻腔,鼻腔黏膜细胞的纤毛能挡住 PM_{50},使其不能继续前进。当 PM_{50} 在人们鼻腔积累到一定程度时,人们就会想擤鼻涕、挖鼻屎。PM_{10} 是可以到达咽喉的临界值,因此,PM_{10} 以下的微粒被称为"可吸入颗粒物"。咽喉是 PM_{10} 的终点站,咽喉表面分泌的黏液会粘住它们。

$PM_{2.5}$ 是到达肺泡的临界值。$PM_{2.5}$ 以下的细微颗粒物,上呼吸道挡不住,可以一路下行,

---

[*] 生态环境部颁发的规范性文件和国外文献中的"10"和"2.5"等是采用右下标,但目前许多文献不用右下标的也被默许,只要全文前后一致就可以。

进入细支气管、肺泡。肺泡数量有 3 亿～4 亿个,吸入的氧气最终进入肺泡,通过肺泡壁进入毛细血管,再进入整个血液循环系统。人们吸入的 $PM_{2.5}$,因为太小,也能进入肺泡,再通过肺泡壁进入毛细血管,进而进入整个血液循环系统。

$PM_{2.5}$ 携带了许多有害的有机和无机分子,是致病之源。细菌、病毒是微米级生物,$PM_{2.5}$ 和细菌一般大小。细菌进入血液,血液中的巨噬细胞(免疫细胞的一种)立刻会把它吞下,它就不能使人生病,这就如同老虎吃鸡。$PM_{2.5}$ 进入血液,血液中的巨噬细胞也会立刻把它吞下。细菌是生命体,是巨噬细胞的食物,但 $PM_{2.5}$ 是没有生命的,巨噬细胞吞下它,如同老虎吞石头,无法消化,最终被噎死。巨噬细胞大量减少后,人们的免疫力就会下降。不仅如此,被噎死的巨噬细胞还会释放出有害物质,导致细胞及组织的炎症。可见 $PM_{2.5}$ 比细菌更易致病,进入血液的 $PM_{2.5}$ 越多,人们就越容易生病。

$PM_{2.5}$ 对人体的危害可以归纳如下:

(1)引发呼吸道阻塞或炎症。研究证实,$PM_{2.5}$ 及以下的微粒,75% 在肺泡内沉积,作为异物长期停留在呼吸系统内,会引起呼吸系统发炎。

(2)作为载体,使致病微生物、化学污染物、油烟等进入人体内致病。

$PM_{2.5}$ 还可作为载体使其他致病的物质如细菌、病毒"搭车"进入呼吸系统深处,造成感染。$PM_{2.5}$ 可以直接进入血液,诱发血栓的形成,或者刺激呼吸道产生炎症后,呼吸道释放细胞因子引起血管损伤,最终导致血栓的形成。

(3)影响胎儿发育造成缺陷。有研究表明,孕妇接触高浓度 $PM_{2.5}$ 后其胎儿的发育可能会受到影响。更多研究发现,大气颗粒物的浓度与早产儿、新生儿死亡率的上升,低出生体重,宫内发育迟缓,以及先天性功能缺陷具有相关性。

(4)$PM_{2.5}$ 可通过气血交换进入血管,从而引起人体细胞的炎性损伤。

3. 对大气 $PM_{2.5}$ 的控制标准

世界卫生组织(WHO)认为,$PM_{2.5}$ 小于 $10(\mu g/m^3,24\ h$ 平均值,下同)是安全值,而中国大部分地区均高于 50 而接近 80！WHO 为各国提出了非常严格的 $PM_{2.5}$ 标准,全球大部分城市都未能达到该标准。针对发展中国家,WHO 也制定了三个不同阶段的标准值,其中第一阶段为最宽的限值,新标准的 $PM_{2.5}$ 与该限值统一,而 PM_{10} 此前的标准宽于第一阶段限值,新标准也将其提高,同 WHO 的第一阶段限值一致。

4. 雾霾

不少地区把阴霾天气现象并入雾一起作为灾害性天气预警预报,统称为"雾霾天气"或"灰霾天气"。其实雾与霾、灰霾与雾霾从某种角度来说是有差别的。

雾和霾是两种天气现象,世界气象组织(WMO)和中国观测规范等对此都有明确界定。雾和霾的共同点都是能够造成能见度下降。对于雾而言,造成能见度下降的主要原因是空气中水汽凝结形成大量微小水滴或冰晶;对于霾而言,造成能见度下降主要原因是空气中存在大量干性悬浮细颗粒污染物。雾和霾的异同点主要在于组分类型、水分含量、可见厚度、外观颜色、边界特征和水平能见度等。

雾:大量微小水滴浮游空中,常呈乳白色,有雾时水平能见度小于 1 km。

轻雾:微小水滴或已湿的吸湿性质粒所构成的灰白色稀薄雾幕,出现时水平能见度为 1～10 km。

霾:大量极细微的干尘粒等均匀地浮游在空中,使视野模糊并导致能见度下降,水平能见度小于 10 km 的空气普遍浑浊的现象。霾使远处光亮物体微带黄、红色,而使黑暗物体微带蓝色。大气 $PM_{2.5}$ 是构成雾霾的主要成分。

雾和霾的区别一般来讲主要在于水分含量的大小:水分含量达到 90% 以上的叫雾,水分含量低于 80% 的叫霾;80%~90% 之间的是雾和霾的混合物,但主要成分是霾。就能见度来区分:如果目标物的水平能见度降低到 1 km 以内,就是雾;水平能见度在 1~10 km 范围的,称为轻雾或霭;水平能见度小于 10 km,且是灰尘颗粒造成的,就是霾或灰霾。另外,雾和霾还有一些肉眼看得见的"不一样":雾的厚度只有几十米至 200 m,霾则有 1~3 km;雾的颜色是乳白色、青白色或纯白色,霾则是黄色、橙灰色;雾的边界很清晰,过了雾区可能就是晴空万里,但是霾则与周围环境边界不明显。

霾粒子的分布比较均匀,而且灰霾粒子的尺度比较小,从 0.001 μm 到 10 μm,平均直径在 1~2 μm,肉眼看不到空中飘浮的颗粒物。由灰尘、硫酸、硝酸等粒子组成的霾,其散射波长较长的光比较多。

从气象学的常识来看,天气现象只有"雾"和"霾",没有"灰霾",也没有"雾霾"。因为雾和霾两种天气现象在空气质量不佳的时候常常相伴发生,互相影响,比较不容易清楚地分辨开,近年来媒体上常用"雾霾"这个词来形容这一类能见度障碍性的天气。因纯粹的粒子浓度过高而导致能见度小于 10 km 的情况太少,而一旦空气的湿度上升,水汽与各种产生霾的气溶胶粒子结合,或者促进一次气溶胶反应生成更大粒子的二次气溶胶,或者促进气溶胶粒子的合并长大等等,这样在粒子总量变化不大的情况下能见度会有相当大的变化。这种气溶胶和水汽共同作用而产生的所谓"雾霾"占了实际情况的大多数。

而灰霾的气象定义是悬浮在大气中的大量微小尘粒、烟粒或盐粒的集合体,使空气浑浊,水平能见度降低到 10 km 以下的一种天气现象;是在湿度比较低的情况下,人们强调比较纯粹的"霾"而与"雾"关系不大的一种说法。灰霾的组成成分非常复杂,包括数百种大气颗粒物。其中有损人类健康的主要是直径小于 10 μm 的气溶胶粒子,如矿物颗粒物、海盐、硫酸盐、硝酸盐、有机气溶胶粒子等,它们能直接进入并粘附在人体上下呼吸道和肺叶中。目前学术研究中用灰霾比较多。

雾霾天气形成的原因主要有以下几点:

(1)这些地区近地面空气相对湿度比较大,绿化不够,或植被破坏,使土地裸露,地面灰尘大,人和车流使灰尘搅动起来;工业化和城镇化大规模建设(工地)产生大量的扬尘。

(2)没有明显冷空气活动,风力较小,大气层比较稳定,由于空气的不流动,空气中的微小颗粒聚集,飘浮在空气中。若天空晴朗少云,有利于夜间的辐射降温,也可能使近地面原本湿度比较高的空气饱和凝结形成雾。

(3)机动车尾气是主要的污染物,近年来城市的汽车越来越多,排放的尾气是雾霾的一个因素。

(4)"燃煤为主"的不合理能源结构,使工厂产生出大量的一次污染物。

(5)北方冬季取暖排放烟尘污染物。

(6)有人认为,中国式的烹饪、爆炒形成的油烟可能也是大城市雾霾天气的成因之一。

由于雾霾是由实在的固体微粒造成的,这些固体微粒在大气中迁移、扩散并非立竿见影,有时会有一定的时间滞后效应,如某一时间出现的雾霾现象,也可能是前一段时间或一个时期内大气污染物积累到一定程度,在特定的气象条件下的后效应。

(二)CO

在氧气(O_2)不足或者火焰温度不够高的情况下,碳氢化合物燃料不完全燃烧产生 CO。

80％的 CO 是汽车尾气排放所造成的,每年约 2×10^8 t 的 CO 排入大气,占全部有毒气体的 1/3。人体内 O_2 的输送是靠血红蛋白(Hb)与 O_2 结合完成,但是 CO 与 Hb 的亲和力比 O_2 与 Hb 的亲和力大 200～300 倍,CO 与 O_2 争夺 Hb,生成羧基血红素,降低血液携氧能力,引起人体供氧不足而窒息。由于 CO 无色、无味、无刺激性,它的产生不能被人体感官觉察,所以一般人常在无意中发生中毒而不自知。有人称 CO 为"隐形杀手",其危害性比刺激性气体大。

(三)NO_x

NO_x 一般指 NO 和 NO_2。NO、NO_2 为汽车、工厂,特别是氮肥厂、硝酸厂排出的尾气。实验证明:300 ℃以下很少产生 NO,温度高于 1 500 ℃时产生的 NO 显著增加,且 NO 的生成速度随燃烧温度增高而加大;另外,O_2 的浓度越大,则生成的 NO 量也就越大。这个规律跟 CO 正好相反,因此要有效控制这两种污染物的排放,就要选择合适的燃料空气比和燃烧温度;另外,开发新型催化剂也是行之有效的办法。在空气中,NO 转化成 NO_2 的速度很慢,因此空气中的 NO_2 主要来自燃烧过程。一般情况下,空气中 NO 对人体无害,但它转变为 NO_2 时就有腐蚀性和生理刺激作用。NO_2 是形成光化学烟雾的主要因素之一,它是吸收光能引发光化学反应的引发剂。N_2O 毒性极强,人一旦吸入这种气体,就会引起面部肌肉痉挛,看上去像在发笑,故称之为"笑气"。

(四)碳氢化合物

包括甲烷和非甲烷总烃(NMHC)。天然源甲烷主要包括湿地、地质甲烷、白蚁、野生反刍动物等,天然源甲烷占总源的 30％～50％。人为源甲烷包括反刍动物肠道发酵、动物和人类垃圾、稻田、生物质燃烧、垃圾填埋场和化石燃料,人为源甲烷占总源的 50％～70％。全世界每年产生的甲烷大约有 3 亿吨。NMHC 主要包括烷烃、烯烃、芳香烃等组分,实际上是指具有 2～12 个碳原子的烃类物质。大气中 NMHC 的主要来源包括室外和室内,室外主要来自工业生产(石油化工、表面涂装、制药工业、包装印刷、电子产业等)、燃料燃烧和交通运输产生的工业废气、汽车尾气等;室内主要来自燃煤和天然气等的燃烧产物,吸烟、采暖和烹调等的烟雾,建筑和装饰材料、家具、家用电器、清洁剂和人体本身排放等。城市空气中的碳氢化合物虽然对健康无直接伤害,但能导致有害的光化学烟雾。

(五)硫氧化物(SO_2、SO_3)

燃烧含硫的煤和石油等燃料时产生的。矿物燃料中一般都含有相当数量的硫(煤中约含 0.5％～6.0％)。全世界每年排入大气中的 SO_2 约 1.5 亿吨,其中矿物燃料燃烧占 70％以上。SO_2 的排放源,90％以上集中在北半球的城市和工业区,造成了这些地区的各种大气污染问题。SO_2 和 SO_3 是酸性气体,有较强的腐蚀性,另外还有生理刺激性,长期处在 SO_2 浓度较高的环境中,人可能患呼吸系统疾病,严重的会导致肺癌;植物长期处在 SO_2 浓度较高的环境中,会出现叶落过多等症状。

硫氧化物会造成酸雾、酸雨等酸性沉降物、酸性气溶胶。

(六)光化学烟雾

汽车和工厂排出的氮氧化物(NO_x)和碳氢化合物(除甲烷外)经太阳光紫外线作用发生化学反应而产生的一种有害气体。NO_x 为吸收光能的引发剂,以 NO_2 最为重要。

现象:强烈刺激性的浅蓝色烟雾(有时呈紫色或黄褐色),使能见度降低,行人眼睛红肿流泪,刺激呼吸系统,损害肺功能,或使橡胶开裂,植物叶片受毒变黄以至枯死。

1943年美国洛杉矶首次发生光化学烟雾事件,此后东京、墨西哥城、兰州、上海及其他许多汽车多、污染重的城市历史上都曾出现过。目前光化学烟雾已成为许多大城市的一种主要大气污染现象。

(七)含氟或含氯废气

F_2、HF 主要来自电解铝,生产磷肥、磷酸铝及含氟有机物、氟利昂工厂排出的废气。Cl_2、HCl 来自生产氯碱和盐酸的工厂,由工厂的"跑、冒、滴、漏"造成。

(八)其他污染

包括核试验的放射性降落物和宇宙的太空细小垃圾等。

污染物在大气中的浓度取决于排放的总量、排放源的高度、气象和地形。这部分知识将在大气污染气象学部分有专题论述。

六、空气污染指数和空气质量指数

(一)术语和定义

(1)空气污染指数(air pollution index,API)表征空气污染程度的无量纲指数。它是根据近地面几种主要的空气污染物浓度以及它们持续的时间来确定的。根据我国空气污染特点和污染防治重点,目前计入空气污染指数的项目有:二氧化硫、二氧化氮和可吸入颗粒物或总悬浮颗粒物。

(2)空气质量指数(air quality index,AQI)是定量描述空气质量状况的无量纲指数。AQI的数值越大、级别越高,说明空气污染状况越严重,对人体健康的危害也就越大。看 AQI 时,不需要记住AQI的具体数值和级别,只需要注意优(绿色)、良(黄色)、轻度污染(橙色)、中度污染(红色)、重度污染(紫色)、严重污染(褐红色)6 种评价类别和表征颜色。利用 AQI 可以直观地评价大气环境质量状况并指导空气污染的控制和管理。

(3)空气质量分指数(individual air quality index,IAQI)是单项污染物的空气质量指数。

(4)首要污染物 (primary pollutant)指 AQI 大于 50 时 IAQI 最大的空气污染物。

(5)超标污染物(non-attainment pollutant)指浓度超过国家空气质量二级标准的污染物,即 IAQI 大于 100 的污染物。

(6)气溶胶(aerosol)是指液体或固体颗粒均匀地分散在气体中所形成的相对稳定的悬浮体系。在大气污染中,气溶胶系指沉降速度可以忽略的小固体粒子、液体粒子或它们在气体介质中的悬浮体系。

(二)AQI 计算方法

1. IAQI 分级方案

IAQI 级别及对应的污染物项目浓度限值见表 4-1。

表4-1 空气质量分指数(IAQI)及对应的污染物项目浓度限值

IAQI	二氧化硫(SO₂)/(μg/m³) 24 h平均	二氧化硫(SO₂)/(μg/m³) 1 h平均①	二氧化氮(NO₂)/(μg/m³) 24 h平均	二氧化氮(NO₂)/(μg/m³) 1 h平均①	颗粒物(粒径≤10 μm) 24 h平均/(μg/m³)	一氧化碳/(mg/m³) 24 h平均	一氧化碳/(mg/m³) 1 h平均①	臭氧(μg/m³) 1 h平均	臭氧(μg/m³) 8 h滑动平均	颗粒物(粒径≤2.5 μm) 24 h平均/(μg/m³)
0	0	0	0	0	0	0	0	0	0	0
50	50	150	40	100	50	2	5	160	100	35
100	150	500	80	200	150	4	10	200	160	75
150	475	650	180	700	250	14	35	300	215	115
200	800	800	280	1 200	350	24	60	400	265	150
300	1 600	②	565	2 340	420	36	90	800	800	250
400	2 100	②	750	3 090	500	48	120	1 000	③	350
500	2 620	②	750	3 840	600	60	150	1 200	③	500

注:①二氧化硫(SO₂)、二氧化氮(NO₂)和一氧化碳(CO)的1 h平均浓度值仅用于实时报告,在日报中需使用相应污染物的24 h平均浓度限值。
②二氧化硫1 h平均浓度值高于800 $\mu g/m^3$ 的,不再进行IAQI计算,二氧化硫IAQI按24 h平均浓度计算的分指数报告。
③臭氧(O_3)8 h平均浓度值高于800 $\mu g/m^3$ 的,不再进行IAQI计算,臭氧IAQI按1 h平均浓度计算的分指数报告。

2. AQI 计算方法

污染物项目 P 的空气质量分指数（$IAQI_P$）按下式计算：

$$IAQI_P = \frac{IAQI_{Hi} - IAQI_{Lo}}{BP_{Hi} - BP_{Lo}}(c_P - BP_{Lo}) + IAQI_{Lo}$$

式中：$IAQI_P$——污染物项目 P 的空气质量分指数；

c_P——污染物项目 P 的质量浓度值；

BP_{Hi}——表 1 中与 c_P 相近的污染物浓度限值的高位值；

BP_{Lo}——表 1 中与 c_P 相近的污染物浓度限值的低位值；

$IAQI_{Hi}$——表 1 中与 BP_{Hi} 相应的空气质量分指数；

$IAQI_{Lo}$——表 1 中与 BP_{Lo} 相应的空气质量分指数。

3. AQI 级别

空气质量按照 AQI 大小分为 6 个级别，指数越大、级别越高说明污染的情况越严重，对人体的危害也就越大。AQI 级别根据表 4-2 规定进行划分。

表 4-2　空气质量指数（AQI）及相关信息

AQI	级别	类别及表示颜色		对健康状况的影响	建议
0～50	一级	优	绿色	空气质量令人满意，基本无空气污染	各类人群可正常活动
51～100	二级	良	黄色	空气质量可接受，但某些污染物可能对极少数异常敏感的人群健康有较弱影响	极少数异常敏感人群应减少户外活动
101～150	三级	轻度污染	橙色	易感人群症状有轻度加剧，健康人群出现刺激症状	儿童、老年人及心脏病、呼吸系统疾病患者应减少长时间、高强度的户外锻炼
151～200	四级	中度污染	红色	进一步加剧易感人群症状，可能对健康人群心脏、呼吸系统有影响	儿童、老年人及心脏病、呼吸系统疾病患者避免长时间、高强度的户外锻炼，一般人群适量减少户外运动
201～300	五级	重度污染	紫色	心脏病和肺病患者症状显著加剧，运动耐受力降低，健康人群普遍出现症状	儿童、老年人和心脏病、肺病患者应停留在室内，停止户外运动，一般人群减少户外运动
>300	六级	严重污染	褐红色	健康人群运动耐受力降低，有明显强烈症状，提前出现某些疾病	儿童、老年人和病人应当留在室内，避免体力消耗，一般人群应避免户外运动

4. AQI 及首要污染物确定方法

（1）AQI 计算方法

AQI 按下式计算：

$$AQI = \max(IAQI_1, IAQI_2, IAQI_3, \cdots, IAQI_n)$$

式中，n 为污染物项目。

（2）首要污染物及超标污染物的确定方法

AQI 大于 50 时，IAQI 最大的污染物为首要污染物。若 IAQI 最大的污染物为两种或两种以上，则并列为首要污染物。

IAQI 大于 100 的污染物为超标污染物。

（3）空气质量日报的组成：污染指数、首要污染物、空气质量级别。当 AQI 小于 50 时，可以不报告首要污染物。

例：2013 年 1 月 5 日，某市自动监测系统测得全市各项污染物 24 h 平均浓度分别为 SO_2 42 $\mu g/m^3$、NO_2 18 $\mu g/m^3$、$PM_{2.5}$ 70 $\mu g/m^3$。请问该地当天的 AQI 为多少，首要污染物是什么？

解：从表 4-1 可以查得各污染物浓度等级限值，代入公式

$$IAQI_P = \frac{IAQI_{Hi} - IAQI_{Lo}}{BP_{Hi} - BP_{Lo}}(C_P - BP_{Lo}) + IAQI_{Lo}，计算各分指数：$$

$$IAQI_{SO_2} = \frac{50-0}{50-0} \times (42-0) + 0 = 42，$$

$$IAQI_{NO_2} = \frac{50-0}{40-0} \times (18-0) + 0 = 22.5 \approx 23（注意小数点全部进一），$$

$$IAQI_{PM_{2.5}} = \frac{100-50}{75-35} \times (70-35) + 50 = 93.75 \approx 94。$$

再求最大值：

$$AQI = \max(IAQI_{SO_2}, IAQI_{NO_2}, IAQI_{PM_{2.5}}) = \max(42, 23, 94) = 94，$$

则该市当天的 AQI 为 94，首要污染物是 $PM_{2.5}$。

现代很多仪器都可把检测到的数据按以上的数学关系直接换算，给出空气污染指数（AQI）。以上只是介绍了解其数据来源的数学关系，必要时也可通过上述公式对仪器直接给出的数据和结论进行验证。

七、汽车尾气排放与排放标准

汽车尾气排放是指汽车的发动机在燃烧做功过程中产生的有害废气。这些废气包括 CO（一氧化碳）、碳氢化合物、NO_x（氮氧化物）、PM（微粒、碳烟）等有害气体。这些有害气体产生的原因各异：CO 是燃油氧化不完全的中间产物，当 O_2 不充足时会产生 CO，混合气浓度大及混合气不均匀都会使排气中的 CO 增加。碳氢化合物是燃料中未燃烧的物质，由于混合气不均匀、燃烧室壁冷等造成部分燃油未来得及燃烧就被排放出去。NO_x 是燃料（汽油）在燃烧过程中产生的一种物质。PM_{10} 也是燃油燃烧时缺氧产生的一种物质，其中以柴油机最明显。因为柴油机采用压燃方式，柴油在高温高压下裂解更容易产生大量肉眼看得见的碳烟。

汽车尾气排放造成空气污染，是当前雾霾天气的主要来源之一。汽车排出的氮氧化物和碳氢化合物经阳光照射，生成一种浅蓝色的烟雾，在很短的时间里可造成人的呼吸道疾病和红眼病，甚至中毒死亡。氮氧化物还是造成大气温室效应加剧和臭氧层破坏的有害气体。

为了抑制这些有害气体的产生，促使汽车生产厂家改进产品以减少这些有害气体的产生，欧洲多国都制定了相关的汽车排放标准。

欧洲汽车废气排放标准（表 4-3）是欧盟国家为汽车尾气排放对环境造成的危害而共同采

用的汽车废气排放标准。当前对几乎所有类型的车辆排放的氮氧化物（NO_x）、碳氢化合物（HC）、一氧化碳（CO）和颗粒物（PM）都有限制，但不包括海轮和飞机。对每一种车辆类型，汽车废气排放标准有所不同。欧洲标准是由欧洲经济委员会（EEC）的汽车废气排放法规和欧盟（EU）的汽车废气排放指令共同加以实现的。汽车废气排放法规由 EEC 参与国自愿认可，排放指令是 EEC 或 EU 参与国强制实施的。在欧洲，汽车废气排放的标准一般每四年更新一次。在 1992 年实行了欧洲 1 号标准，1996 年开始实行欧洲 2 号标准，1999 年开始实行欧洲 3 号标准，2013 年开始实行欧洲 6 号标准。欧洲标准也是发展中国家大都沿用的汽车废气排放体系。例如中国大陆于 2001 年实施的《轻型汽车污染物排放限值及测量方法（Ⅰ）》等效于欧洲 1 号标准（EU Ⅰ 或 EURO 1）；2004 年实施的《轻型汽车污染物排放限值及测量方法（Ⅱ）》等效于欧洲 2 号标准（EU Ⅱ 或 EURO 2）；2015 年实施的国Ⅴ标准相当于欧洲 5 号标准（EU Ⅴ 或 EURO 5）；2019 年 7 月 1 日，燃气车执行国六 a 阶段排放标准；2020 年 7 月 1 日，城市车辆（城市内运营的公交车、环卫车、邮政车）执行国六 a 阶段排放标准；2021 年 1 月 1 日，重型燃气车辆执行国六 b 阶段排放标准；2021 年 7 月 1 日，所有车辆执行国六 a 阶段排放标准；2023 年 7 月 1 日，所有车辆执行国六 b 阶段排放标准。目前国产新车都会标明发动机废气排放达到的标准。

表 4-3　我国借鉴的欧洲卡车和公共汽车废气排放标准

标准等级	开始实施日期	CO	HC	NO_x	PM	烟度
欧洲 1 号	1992 年，<85 kW	4.5	1.1	8.0	0.612	无标准
	1992 年，>85 kW	4.5	1.1	8.0	0.36	无标准
欧洲 2 号	1996 年 10 月	4.0	1.1	7.0	0.25	无标准
	1998 年 10 月	4.0	1.1	7.0	0.15	无标准
欧洲 3 号	1999 年 10 月（EEV）	1.0	0.25	2.0	0.02	0.15
	2000 年 10 月	2.1	0.66	5.0	0.1	0.8
欧洲 4 号	2005 年 10 月	1.5	0.46	3.5	0.02	0.5
欧洲 5 号	2008 年 10 月	1.5	0.46	2.0	0.02	0.5
欧洲 6 号	2013 年 1 月	1.5	0.13	0.5	0.01	

注：欧洲汽车废气排放标准，单位为 $g/(kW \cdot h)$；烟度单位为 m^{-1}。

EEFV 是 enhanced environmentally friendly vehicle 的缩写，直译为中文就是"环境友好汽车"。这个法律仅在部分欧洲国家实行，其标准介于欧洲 5 号与欧洲 6 号之间。

> 2002 年 9 月 22 日欧洲迎来了泛欧第四个"无车日"。欧盟 15 个成员国和其他 22 个欧洲国家的 1 300 多个城市参加这次活动。举办"无车日"活动旨在增强公民的环保意识，进一步提高人们的生活质量。"无车日"活动于 1998 年起源于法国，后被欧盟纳入其环保和可持续发展计划；1999 年，第一个欧洲"无车日"活动举行，法国的 66 个城市和意大利的 92 个城市参加。此后参与该活动的城市和人数急剧增加，2002 年参与城市已达 1 300 多个，参加人数超过了 1 亿人。目前，在欧洲各国，越来越多的人对城市的空气质量、噪声污染、过度拥挤表示不满，因此开展"无车日"活动的倡议迅速得到了广大民众的支持。在"无车日"

这一天,参与活动的欧洲城市将主要通过限制机动车进入城区,设立步行区、自行车专用区和举行提高人们环保意识的其他活动来增强民众的环保意识,给城市居民创造一个更加安静、安全的生活环境。2000 年 10 月 15 日成都市开设了我国第一个"无车日",从 9：00—19：00 在成都内环线上,除公交车、自行车、残疾人车、执行公务车外,一切"闲车"禁止通行。深圳市也宣布从 2004 年开始将每年"6·5"世界环境日后第一个星期五确定为"绿色行动日"(即"无车日"),国家也大力提倡"绿色出行""绿色交通"。从国内外"无车日"的行动中我们能有什么样的启示呢?我们能否也开展这样的活动?

八、我国的大气污染防治工作

大气环境保护事关人民群众根本利益,事关经济持续健康发展,事关全面建成小康社会,事关实现中华民族伟大复兴中国梦。

为切实改善空气质量,2013 年 6 月 14 日,国务院确定了大气污染防治十条措施,9 月 10 日又印发了《大气污染防治行动计划》(简称"大气十条"),其内容主要精神是:①加大综合治理力度,减少多污染物排放,全面整治燃煤小锅炉,加快重点行业脱硫脱硝除尘改造;②调整优化产业结构,推动产业转型升级,严控高耗能、高污染行业新增产能,提前一年完成钢铁、水泥、电解铝、平板玻璃等重点行业"十二五"落后产能淘汰任务;③加快企业技术改造,提高科技创新能力,大力推行清洁生产,重点行业主要大气污染物排放强度到 2017 年底下降 30% 以上;④加快调整能源结构,增加清洁能源供应,加快调整能源结构,加大天然气、煤制甲烷等清洁能源替代利用和供应;⑤严格节能环保准入,优化产业空间布局,强化节能环保指标约束;⑥发挥市场机制作用,完善环境经济政策,推行激励与约束并举的节能减排新机制;⑦健全法律法规体系,严格依法监督管理;⑧建立区域协作机制,统筹区域环境治理;⑨建立监测预警应急体系,妥善应对重污染天气,将重污染天气纳入地方政府突发事件应急管理;⑩明确政府企业和社会的责任,动员全民参与环境保护。

2018 年 1 月 31 日,生态环境部召开新闻发布会,宣布"大气十条"目标全面实现,具体表现在:重点任务已完成;空气质量正大幅提升,2017 年,全国 338 个地级及以上城市 PM_{10} 平均浓度比 2013 年下降 22.7%,二氧化硫浓度较 2013 年下降 41.9%;在全面实现改善目标的同时,全国整体空气质量大幅改善。

2018 年 7 月 3 日国务院公开发布了《打赢蓝天保卫战三年行动计划》,与"大气十条"相比,主要有四方面变化:

(1)更加突出精准施策,目标方面聚焦当前环境空气质量超标最严重的 $PM_{2.5}$,重点区域范围增加汾渭平原。从时间尺度上,更加聚焦秋冬季污染防控,着力减少重污染天气。重点措施方面,更加强调突出抓好工业、散煤、柴油货车和扬尘四大污染源的治理。

(2)更加强化源头控制。优化产业结构,推进"散乱污"企业的综合治理;优化能源结构,稳步推进农村散煤清洁化替代;优化运输结构,按照"车、油、路"三大要素三个领域齐发力来解决机动车污染问题;优化用地结构。

(3)更加注重科学推进。强调措施要科学合理,更加因地制宜,多措并举,循序渐进。在技术上要确保切实可行,在执行时间上要确保分类要求,在实施范围上要做到由重点区域逐步向全国开展。

(4)更加注重长效机制。重点防控区域调整:汾渭平原成重点防控区。

生态环境部已为我们制定了明确的工作内容和努力方向,环科人将大有用武之地。

九、室内空气质量和居室环境质量

居室是人的一生中接触时间最长的外环境,也是与人的关系最为密切的外环境,因此居室的环境质量关系到每一个人的生活质量,关系到每一个人的健康。世界卫生组织和联合国环境规划署已将居室环境污染列为当今对公众健康危害最大的五种环境因素之一。居室环境污染主要是室内空气质量(indoor air quality,IAQ)问题,也包括由非空气因素(如噪声、辐射与放射性)引发的其他室内环境污染的问题。本书把它归在大气污染这一节一并讨论。长期生活和工作在现代建筑物中的人们常表现出一些越来越严重的病态反应。这一问题引起了专家们的广泛重视,病态建筑(sick building)、病态建筑综合征(sick building syndrome)(或称"谢克氏大楼症状")等一些新概念由此被提出。根据世界卫生组织1983年的定义,病态建筑综合征是因建筑物使用而产生的症状,包括眼睛发红、流鼻涕、嗓子疼、困倦、头痛、恶心、头晕、皮肤瘙痒等。近些年来,有些专家学者建议将人们对室内气味产生的不满也纳入病态建筑综合征中。

IAQ问题导致的病态建筑综合征,使人们的健康和工作效率大受影响。一些现代化写字楼中的工作人员受到的影响尤其明显。室内空气污染常常超出室外的2~5倍,偶尔超出100倍,而绝大部分人在室内度过其90%的时间,因此IAQ对人的影响往往比室外更大。由IAQ问题间接引起的社会工作效率降低和病休、医疗费用增多等社会问题也受到了广泛的关注。

随着科技的发展和人民生活水平的不断提高,居室电器的使用越来越多,人们对家居装修的要求越来越高,各种建筑装饰材料也更多地被用于居室装修,由此而引发的居室环境污染问题日趋严重。居室环境污染已成为一种无形的"健康杀手"。

(一)中国居室环境污染现状

我国居室环境污染呈现出越来越严重的趋势,特别是近年来随着人民生活水平的提高,中国住房改革带来的购房、室内装修热潮,使得IAQ问题在我国尤为突出。市场监管总局(现国家市场监督管理总局)的《关于2018年产品质量国家监督抽查情况的公告》中显示,全年抽查36种6 055家企业生产的6 505批次的建筑和装饰装修材料产品,不合格发现率为9.2%。其中,聚乙烯(PE)管材、卫生陶瓷(洗面器、坐便器)、淋浴用花洒等14种产品不合格发现率在10%~20%之间;防盗安全门、新型墙体材料(砖和砌块)等4种产品不合格发现率为20%及以上。

(二)居室环境污染的来源及其危害

1. 污染物的来源

居室环境的有害因素类型很多,可分为化学污染、物理污染和生物污染,包括废气、烟尘、挥发性有机物、噪声、辐射与放射性、微生物、臭味等几类。来源也极为广泛,有的是同一种污染源产生多种有害因素,有的则是一种有害因素来自多种来源,其源于室外或来自室内。

　　(1)室外污染源

　　主要包括周围的工厂、附近机动交通工具、周围大小烟囱、分散小型炉灶、局部臭气发生源、垃圾焚烧、施工噪声、可吸入颗粒物等。这些污染物借助渗透和通风换气而进入居室,室外环境质量(空气、饮水、土地等)密切影响居室环境,在室外环境污染严重地区,室外污染源可能成为室内污染的主要来源。室外污染物还可人为带入,成为室内的污染源,如:干洗后带回家的衣服,可释放出四氯乙烯等挥发性有机化合物;将工作服带回家中,可使工作环境中的苯进入室内;在室外使用过的一次性口罩回家后没有正确处置等。

　　(2)室内污染源

　　①生活污染

　　人体自身每天都要排出一定的废气(呼出气,汗液、皮肤散发的气体等),通过大小便等排出的 CO_2、氨类化合物、H_2S 等内源性化学污染物,通过咳嗽、打喷嚏等飞沫喷出的病毒、结核分枝杆菌、链球菌等生物污染物,加上其他各种有害气体难以排出,会使居室空气变得浑浊。燃料(燃煤取暖、液化气等)、家庭日用化学品(杀虫剂、喷发胶、樟脑等)、烹饪(油烟)、吸烟(香烟中的尼古丁、焦油)是居室废气和挥发性有机物的主要来源,废气主要有 CO、CO_2、NO_2、SO_2、O_3 等,挥发性有机物主要有多环芳烃类(PAHs)、苯、其他芳香族化合物等。家庭燃煤取暖、室内烟雾程度对人的呼吸系统健康有不利的影响。室内淋浴、加湿空气产生的卤代烃等造成化学污染。室内用具产生的生物性污染,如在床褥、地毯中孳生的尘螨等。现代家庭的过分封闭(装有空调的居室),也是导致居室有害气体增多的因素之一。

　　②家用电器、通风系统

　　家用电器和某些办公设备(如电视、冰箱、洗衣机、微波炉、电脑、消毒柜、电热毯等)是居室电磁辐射和臭氧等的主要来源,危害较大的主要有微波炉、电脑、电热毯、电视等。通风系统噪声也不容忽视,例如空调、抽油烟机、排气扇等在使用过程中都不同程度地发出噪声。

　　③建筑装饰材料

　　建筑材料释放的放射线是居室污染源之一,如石材、陶瓷制品、砖、水泥、石膏等,特别是含有放射性元素的石材易释放出氡及其衍生物,是室内氡最主要的来源之一。家具、家用化学品和装修材料(人造板材、胶黏剂、墙纸、油漆、涂料等)释放的甲醛和挥发性有机化合物(VOC)等,是居室甲醛、苯、甲苯、二甲苯等的主要来源。

　　④其他

　　居室噪声,主要指住户楼内左邻右舍、楼上楼下等产生的生活噪声的互相干扰以及给排水设备、水泵房设备噪声等。

　　居室的供水系统尤其二次供水系统的污染(供水系统的蓄水池和水箱的内壁涂料质量、密封加盖程度、清洗周期)最需要引起注意,这种污染的水中往往含有很多病原体和有害物质,甚至含有致癌物。

　　2. 室内空气主要污染物及其危害

　　装修后室内产生有害污染物 20 余种,其中甲醛、苯、氨气为三大室内杀手。

　　(1)甲醛对室内空气污染的程度最重。甲醛的释放是一个持续缓慢的过程,而且释放量随着季节和气温的变化而变化。甲醛对人体健康的主要危害包括刺激眼、鼻、上呼吸道,产生变态反应如过敏性皮炎、过敏性哮喘等。室内空气中甲醛的含量达到 $0.1\ mg/m^3$ 就会使人出现不适反应,感觉有异味;$0.5\ mg/m^3$ 时刺激眼睛引起流泪;$0.6\ mg/m^3$ 时引起咽喉不适或疼痛;高浓度的甲醛对免疫系统、肝脏、神经系统等都有危害,还可以损伤细胞中的遗传物质,国际癌症研究机构(IARC)已将其列为可疑致癌物质。

(2)苯是一种无色的具有特殊芳香气味的液体,甲苯、二甲苯属于苯的同系物。人在短时间内吸入高浓度的甲苯,可出现中枢神经系统麻醉,轻者头晕、头痛、恶心、胸闷、乏力、意识模糊,严重者可昏迷以致因呼吸循环衰竭而死亡;可破坏造血功能,引起白细胞和血小板减少,可导致再生障碍性贫血。如果长期接触一定浓度的甲苯会引起慢性中毒,可出现头痛、失眠、精神萎靡、记忆力减退等神经衰弱症。苯对孕妇和胎儿也有影响,可引起自然流产率和新生儿低体重发生率增高。

(3)氨是一种无色、具有强烈刺激性臭味的气体,比空气轻,对人体的皮肤、眼睛、呼吸道黏膜有刺激和腐蚀作用,减弱人体对疾病的抵抗力。经呼吸道吸入可造成嗅觉缺失,严重时可出现支气管痉挛和肺气肿;还可通过三叉神经末梢的反射作用引起心脏停搏和呼吸停止。

(4)氡由放射性元素镭、钍等衰变而生成。人体吸入氡后,衰变产生的氡子体呈微粒状,会吸入并堆积在肺部,沉淀到一定程度后,这些微粒会损坏肺泡,可能进而导致肺癌。氡及其子体已被国际癌症研究机构确认为人体致癌物,在导致肺癌的因素中,氡被列为继吸烟之后的第二大因素。室内氡的主要来源为:房基土壤或岩石中析出的氡,氡气通过泥土地面、墙体裂缝、建筑材料缝隙渗透进入房间;建筑装饰材料如水泥、石材、沥青等,本身含有微量放射性元素而源源不断地释放出氡气;户外空气中进入室内的氡;供水及天然气中释放的氡。

(5)烹调油烟具有多种有毒化学成分,主要成分多环芳烃是指具有两个或两个以上苯环的一类有机化合物,常见的有萘、蒽、苯并(a)芘、菲等。大多数多环芳烃具有致癌和致突变作用,其中苯并(a)芘是第一个被发现的环境化学致癌物,而且致癌性很强;它占全部致癌性多环芳烃的 $1\%\sim20\%$,对人体具有遗传毒性、免疫毒性、肝脏毒性以及潜在致癌性。

(6)电磁辐射无色、无味、无形,当其充斥着我们的生活空间时,会悄悄地侵害人们的健康,造成人体神经、心血管、免疫功能、眼睛以及生殖等多方面的影响,使人感到头昏头痛、疲倦乏力、心慌失眠,导致消化不良、血压增高、情绪消沉、记忆力减退及性功能下降等。

此外还有 CO、NO_2、SO_2、悬浮颗粒物、卤代烃、挥发性有机化合物、臭氧、硫化氢、苯、苯乙烯、甲醇、二硫化碳(CS_2)、氯仿等,及结核分枝杆菌、链球菌等生物污染物。

3. 污染特点

许多污染物在没有仪器检测的情况下单凭人自身的感官是根本无法被发现的。伤害一般是在无意识或无知觉的状态下发生的,特别是许多污染受害者的不良反应通常要在数年后才表现出来。

(三)居室环境污染防治

(1)推行绿色环境设计,重视室内环境因素,合理搭配装饰材料,尽可能选用具有获得环保认证产品的节能型材料和使用环境标志认证产品,选用不含甲醛黏胶剂的贴面板等,选用不含苯的涂料、石膏板材等环保型材料。在工艺上,尽量减少施工中废气、噪声、粉尘等对环境的污染。

(2)改变燃料结构,选用高效低污染清洁燃料和炊具,采用集中供热等措施,可减少烹饪油烟以及燃料燃烧所引起的室内污染。

(3)养成优良、健康的生活习惯,不要在室内吸烟,可以避免香烟烟雾对室内的污染。

(4)选择绿色家电,慎重选择家具及家庭日用化学品。

(5)装修后不要急于入住,保持通风,改善室内环境通风换气条件,尤其是改善厨房的通风换气条件,最好安装排风扇或抽油烟机等人工排风设备,可以显著降低室内污染水平。此外,还可以选用各种空气净化器。

（6）在室内适量栽种些花草来吸收有害物质，如芦荟、仙人掌、非洲菊、耳蕨、吊兰、虎尾兰吸收甲醛能力极强，15 m² 的居室中栽两盆虎尾兰或吊兰，可减少甲醛污染。月季、蔷薇等花草能较多地吸收苯、苯酚、硫化氢、乙醚等有害气体。铁树、菊花、常春藤、耳蕨等可以减少苯、二甲苯的污染。红鹳花还可以吸收甲苯、氨。雏菊、万年青等可以有效吸收室内的三氯乙烯。龟背竹、一叶兰、虎尾兰等叶片硕大的观叶植物，能吸收室内 80% 以上的多种有害气体，堪称室内"治污能手"。但在卧室内或密闭空间不宜放置太多植物。

（7）改善室外环境空气质量，居住区周边保证必要的绿化带、隔离带，以减少或降低室外有害气体、粉尘和噪声进入室内。栽种些具有净化空气功能的树木，如山茶、米兰、白兰、玫瑰、菊花、榆树、夹竹桃和泡桐等。榆树有"粉尘过滤器"之称，它的叶片滞尘率可达 12 g/m²。玫瑰不但具有很高的观赏价值，而且能吸收空气中的二氧化硫、氟化氢等有毒气体。珊瑚树、桂花树、圆柏、水杉、鹅掌楸等都对减少噪声有良好的效果。

（8）加强室内环境质量检测。室内环境污染的状况只有依靠专业队伍使用专有仪器设备才能准确、客观地监测，因此应建立室内环境监测专业化队伍，为新建、已建、新装修及装修后的房屋提供室内环境监测服务，为房屋装修后有监测愿望和需求的用户提供帮助，使他们更了解自己的居住环境。

（9）制定行业标准，规范建筑、装修材料市场。技术监督、环保等政府有关部门对建筑与装修材料进行不定期检查，发布主要污染物排放信息。

我国第一部《室内空气质量标准》（见表 4-4）于 2003 年 3 月 1 日正式实施，于 2022 年修订。该标准引入室内空气质量概念，明确提出"室内空气应无毒、无害、无异常嗅味"的要求。其中规定的控制项目包括化学性、物理性、生物性和放射性污染。规定控制的化学性污染物质不仅包括人们熟悉的甲醛、苯、氨、氡等污染物质，还有可吸入颗粒物、二氧化碳、二氧化硫等16 项化学性污染物质。该标准结合我国的实际情况，不仅考虑到发达地区城市建筑中的风量、温湿度以及甲醛、苯等污染物质，同时还根据一些不发达地区使用原煤取暖和烹饪的情况，制定了此类地区室内一氧化碳、二氧化碳和二氧化氮的污染标准。《室内空气质量标准》与《民用建筑工程室内环境污染控制标准》、室内装饰装修材料有害物质限量 10 项国家标准共同构成我国较完整的室内环境污染控制和评价体系。该标准适用于住宅和办公建筑物，其他室内环境可参照执行。

表 4-4　室内空气质量标准（部分）（GB/T 18883—2022）

序号	参数	单位	标准	备注
1	甲醛（HCHO）		≤0.08	
2	氨（NH₃）	mg/m³	≤0.20	1 h 平均
3	苯（C₆H₆）		≤0.03	
4	氡（²²²Rn）	Bq/m³	≤300	年平均（参考水平*）
5	总挥发性有机化合物（TVOC）	mg/m³	≤0.60	8 h 平均

注：* 表示室内可接受的最大年平均氡浓度，并非安全与危险的严格界限。当室内氡浓度超过该参考水平时，宜采取行动降低室内氡浓度。当室内浓度低于该参考水平时，也可以采取防护措施降低室内氡浓度，体现辐射防护最优化原则。

国家发布的与室内环境有关的甲醛的检测标准主要如下：

(1)《人造板及其制品甲醛释放量等级》(GB/T39600—2021)规定：人造板及其制品按甲醛释放量分成三个等级，其中 E_1 级$\leqslant$0.124 mg/m³，E_0 级$\leqslant$0.050 mg/m³ 和 E_{NF} 级$\leqslant$0.025 mg/m³。

(2)《室内空气质量标准》(GB/T18883—2022)规定：室内空气中甲醛的最高容许浓度为 0.08 mg/m³(1 小时平均)。

根据世界卫生组织的定义，"健康住宅"是指能够使居住者在身体上、精神上、社会上完全处于良好状态的住宅，具体标准有：①会引起过敏症的化学物质的浓度很低。为满足这一要求，尽可能不使用易散发化学物质的胶合板、墙体装修材料等；因建筑材料中含有有害挥发性有机物质，所有住宅竣工后要隔一段时间才能入住，在此期间要进行通风换气。②设有换气性能良好的换气设备，能将室内污染物质排至室外，特别是对高气密性、高隔热性来说，必须采用具有风管的中央换气系统进行定时换气。③在厨房灶具或吸烟处要设局部排气设备。④起居室、卧室、厨房、厕所、走廊、浴室等要全年保持在 17～27 ℃之间；室内的湿度全年保持在 40%～70%之间。⑤二氧化碳浓度低于 1 000 mg/L；悬浮粉尘浓度低于 0.15 mg/m³；噪声小于 50 dB。⑥一天的日照确保在 3 h 以上。⑦设足够亮度的照明设备。⑧住宅具有足够的抗自然灾害的能力。⑨具有足够的人均建筑面积，并确保私密性。⑩住宅要便于护理老龄者和残疾人。

第二节　水体污染

我国的水环境当前存在的主要问题有三个：一是水资源短缺，二是水污染，三是用水的极大浪费。20 世纪 70 年代以来，我国在水污染防治方面做了很多工作，特别是自 2015 年 4 月国务院发布实施《水污染防治行动计划》(以下简称"水十条")以来，在党中央、国务院坚强领导下，生态环境部会同各地区、各部门，以改善水环境质量为核心，出台配套政策措施，加快推进水污染治理，落实各项目标任务，切实解决了一批群众关心的水污染问题，全国水环境质量总体保持持续改善势头。

一、概念

(1)水体：指河流、湖泊、沼泽、水库、地下水、海洋，它包括水中的悬浮物、溶解物质、水生生物和底泥等完整的生态系统。

(2)水体污染：排入水体的污染物在水体中的含量超过了水体的本底含量和水体的自净能力，使水和底泥的物理、化学性质或生物群落组成发生变化，从而破坏了水体原有的用途，危害人体健康或者破坏生态环境，造成水质恶化的现象。

对水体污染而言,工业革命前的人群生活污染,一般能通过水体自净作用消除,恢复水体水质。水体严重污染主要是现代工业大发展和城市人口高度集中带来的。

水体一旦受到污染,必将对生物的生长产生不良影响,最终危害人类健康。水生生物通过食物链有极高的富集能力,可将水中的污染物蓄积于体内,阻碍人类和生物的健康生长,甚至产生致癌、致畸作用;而且人类的许多疾病可通过被污染的水发生、传播和流行。据世界卫生组织报道,在所有已知疾病中,约有 80％ 与水污染有关,如肠道传染病、病毒性肝炎、伤寒、霍乱、血吸虫病及皮肤病等。

二、我国水污染的现状

根据国家生态环境部发布的《2022 中国生态环境状况公报》,2022 年,长江、黄河、珠江、松花江、淮河、海河、辽河七大流域和浙闽片河流、西北诸河、西南诸河监测的 3 115 个国控断面中,Ⅰ～Ⅲ类水质断面占 90.2％,Ⅳ类占 8.3％,Ⅴ类占 1.0％,劣Ⅴ类占 0.4％。2022 年,监测水质的 210 个重要湖泊(水库)中,Ⅰ～Ⅲ类湖泊(水库)占 73.8％,Ⅳ～Ⅴ类占 21.4％,劣Ⅴ类占 4.8％。主要污染指标为总磷、化学需氧量和高锰酸盐指数。监测营养状态的 204 个湖泊(水库)中,贫营养状态的占 9.8％,中营养状态的占 60.3％,轻度富营养状态的占 24.0％,中度富营养状态的占 5.9％。

三、水污染类型和衡量水体污染的指标

(一)悬浮物(SS)

SS 是衡量水体污染的基本指标之一。它指的是污水中呈固状的不溶解物质,单位为 mg/L。如泥土等颗粒状悬浮物,是无毒害物质,但存在于水中降低了光的穿透能力,减少了水中植物的光合作用,故影响水体的自净作用。颗粒物含量高时还会使水中植物因见不到阳光而难以生长或死亡。固体物会淤塞排水道,窒息底栖生物,破坏鱼类的产卵地。悬浮小颗粒物会堵塞鱼类的鳃,使之呼吸困难,导致死亡。悬浮固体物会污染水质,增加净化水的难度和成本。SS 可能是各种污染物的载体,它可能吸附一部分水中的污染物并随水流动迁移。SS 可使水体同化能力降低,并妨碍水体的自净能力。现代生活垃圾中的难降解固体成分(如塑料包装)进入水体后,会使水生动物误食后死亡。

(二)有机物浓度

这是一个重要的水质指标。由于有机物的组成比较复杂,要想分别测定各有机物含量比较困难,一般采用以下指标。

(1)生物化学需氧量(biochemical oxygen demand,BOD):表示好氧条件下,水中有机污染物经微生物分解所需溶解氧的量(单位为 mg/L)。BOD 越高,表示水中有机物质越多。

一般有机物在微生物新陈代谢作用下,其降解过程可分为两个阶段:第一阶段是有机物转化成无机的 CO_2、NH_3 和 H_2O 的过程;第二阶段是硝化过程,即 NH_3 进一步在亚硝化菌和硝化菌的作用下,转化为亚硝酸盐和硝酸盐。

在测定 BOD 时,必须规定一个标准温度,一般以 20 ℃作为测定的标准温度。在 20 ℃和 BOD 的测定条件下,一般有机物 20 d 才能基本完成第一阶段的氧化分解过程。这就是说,测定第一阶段的全部 BOD 需要 20 d 的时间,显然太长了,在实际工作中是难以做到的,也不必要。为此,国际上规定了一个统一衡量的标准时间,即以 5 d 作为测量 BOD 的标准时间,记为 BOD_5,称为"五日生化需氧量"。BOD_5 约为 BOD_{20} 的 70%左右。

(2)化学耗氧量(chemical oxygen demand,COD):指用化学氧化剂氧化水中的有机污染物所需的氧量。COD 越高,表示有机污染物越多。

常用的氧化剂有重(念"chóng")铬酸钾和高锰酸钾,对应的化学需氧量分别记为化学需氧量(COD)和高锰酸盐指数(I_{Mn})。

COD 指在一定的条件下,经重铬酸钾氧化处理时,水样中的溶解性物质和悬浮物所消耗的重铬酸钾相对应的氧的质量浓度,又称其为重铬酸钾耗氧量或铬法。重铬酸钾能够比较完全地氧化水中的有机物,它对低碳直链化合物的氧化率为 80%～90%,其缺点是不能像 BOD 那样表示微生物氧化的有机物量;此外,由于它还能氧化一部分还原性物质,所以 COD 也会有一定的误差。

高锰酸盐指数(I_{Mn})是反映水体中有机及无机可氧化物质污染的常用指标。定义为:在一定的条件下,用高锰酸钾氧化水样中的某些有机物及无机还原性物质,由消耗的高锰酸钾量计算相当的氧量。为了与重铬酸钾耗氧量 COD 相区别,又称其为高锰酸盐指数或锰法。

以上都是利用氧化有机物质的原理,前者是微生物的作用,后两者都是利用化学物质的作用。BOD 基本上能反映出有机物进入水体后在一般情况下氧化分解所消耗的氧量,即反映了能被微生物氧化降解的有机物的量,故比较符合水体中的实际情况;缺点是完成全部监测分析需要 5 d 时间,对于指导生产实践,显得不够迅速及时,并且当废水的毒性太强时,微生物的氧化分解作用就会受到一定的抑制,从而影响测定结果,有时甚至无法进行测定。用高锰酸钾氧化法,其氧化率为 50%～60%;高锰酸钾也能够将有机物氧化,测出的耗氧量为 I_{Mn} 较 COD 低,这时测得的值也称为耗氧量。

COD 几乎可以表示水中有机物全部氧化所需要的氧量。它的测定不受废水水质成分的限制,而且在 2～3 h 内即可完成,但不能反映出水体中被微生物氧化分解的有机物所占的氧量,一般用于污染较重的废水的测定。I_{Mn} 的优点是测定的时间最短,缺点是在一般的测定条件下只能氧化掉一小部分的有机物,这是由于高锰酸钾的氧化能力弱于重铬酸钾;并且也不能表示出被微生物氧化降解的有机物的量。因此 I_{Mn} 一般用于测定天然水体中(常用于海水)的有机污染物,有些是可被微生物降解的,有些则是不易为微生物降解的。

COD 是以重铬酸钾为氧化剂,在一定条件下,是用氧化有机物时所消耗氧的量来间接表示污水中有机物的量的一种综合性指标。BOD_5 是用微生物在氧充足的条件下,进行生物降解有机物时所消耗的水中溶解氧量来表示,也是表示污水中有机物量的综合性指标。因此,可把测得的 BOD_5 值,看成是可降解的有机物量。通过计算 BOD_5 和 COD 的比值可以大致判定水体的生物可降解性,一般认为:

BOD_5/COD>0.58,为完全可生物降解污水。

BOD_5/COD=0.45～0.58,为生物降解性良好。

BOD_5/COD=0.30～0.45,为可生物降解污水。

BOD_5/COD<0.30,为难生物降解污水。

(3)总有机碳(total organic carbon,TOC)或总需氧量(total oxygen demand,TOD),快速

测定使用。TOC 指的是污水中有机污染物的总含碳量,其测定结果以 C 含量表示,单位为 mg/L。有机物主要由 C、H、N、S 等元素组成。当有机物完全被氧化时,C、H、N、S 分别被氧化为 CO_2、H_2O、NO 和 SO_2,此时的需氧量称为TOD。

(三)溶解氧(dissolved oxygen,DO)

DO 是水质的重要参数之一,也是鱼类等水生动物生存的必要条件。DO 完全消失或其含量低于某一限值时,就会影响这一生态系统的平衡。水中 DO 耗尽后,有机物将进行厌氧分解,产生 H_2S、NH_3 和一些有难闻气味的有机物,使水质进一步恶化。

(四)pH 值

pH 值是水质的重要指标之一。水体的 pH 值小于 6.5 或大于 8.5 时,都会使水生生物受到不良影响,严重时造成鱼虾绝迹。pH 值的测定和控制,对维护水处理设施的正常运行、防止污水处理及输送设备的腐蚀、保护水生生物的生长和水体的自净功能都有重要的实际意义。

(五)酸、碱

酸、碱污染水体,使水体的 pH 值发生改变,破坏自然缓冲作用,抑制微生物生长或消灭微生物,妨碍水体的自净作用。如长期受酸、碱污染,水质会逐渐恶化,危害渔业生产。酸碱中和可产生某些盐类,酸、碱与水体中的矿物相互作用也可产生某些盐类,水中无机盐的存在能增加水的渗透压,对淡水植物生长不利。酸、碱造成水体的硬度增加。

(六)细菌(及病原菌、病毒)污染

(1)细菌总数:细菌总数可作为评价水质清洁程度和净化、消毒效果的指标。细菌总数增多说明水被污染,但不能说明污染来源,必须结合总大肠菌群来判断水质污染的来源和安全程度。据调查,国内水厂的出厂细菌总数均在每毫升 100 个以下,有相当一部分在 10 个以下。故标准限值为每毫升 100 个。

(2)大肠菌群数:由于水致传染病的病原菌和病毒检测困难,所以用大肠菌群作为间接指标。大肠菌群数是指单位体积水中所含的大肠菌群的数目,单位为个/L。作为新增水质标准,标准限值为每 100 mL 水样中不得有大肠菌群检出。

(七)植物营养物

N、P、K、S 元素及其化合物是植物必需的物质,但过多营养物质进入天然水体会引起富营养化,藻类大量繁殖,产生"水华"或"水花",而当产生的藻类死亡时,又大量消耗溶解氧。一般总磷超过 0.02 mg/L 或无机氮超过 0.3 mg/L,即可认为水体处于富营养化状态。

测定指标为 TN(总氮)、TP(总磷)、NH_4^+、NO_2^-、NO_3^-、$H_2PO_4^-$、HPO_4^{2-} 等。

(八)重金属

主要为汞、镉、铅、铬、砷五毒,还有锌、铜等。重金属不能被微生物降解,只有形态之间的转化、分散、富集,如沉淀作用、吸附作用、生物富集。

重金属污染的特点:

(1)在天然水体中只要有微量存在就会产生毒性效应。例如汞和镉,产生毒性的浓度范围

在 0.01~0.001 mg/L 以下。

(2)微生物不能降解重金属,相反地,某些重金属可能在微生物的作用下发生二次污染。

地表水中的重金属可以通过食物链成千上万倍地富集而达到相当高的浓度,最终通过多种途径进入人体,危害人体健康。

(九)放射性污染

放射性污染是水中所含放射性元素构成的一种特殊的污染。原子能工业的发展、放射性矿藏的开采、核试验和核电站的建立以及同位素在医学、工业、科研等领域的应用,造成一定的放射性污染。污染水体最危险的放射性物质是锶(Sr)、铯(Cs)等。这些物质半衰期长,经水和食物进入人体后,能在一定部位积累,从而增加人体的放射线辐射,严重时可引起遗传变异或癌症。尤其 ^{90}Sr、^{137}Cs 的半衰期长,性质似 Ca、K,进入人体内后不易排出。

放射性污染不仅存在于水体中,也存在于大气和土壤中。目前主要的工作是必须彻底查清我国的放射源现状,安全收贮废弃放射源,清除放射性污染危害,以促进核技术的安全利用。

放射源是指用放射性物质制成的能产生辐射的物质或实体。放射源按其密封状况可分为密封源和非密封源;密封源是在包壳或紧密覆盖层里的放射性物质,工农业生产中应用的探伤机等就是密封源,如 ^{60}Co、^{137}Cs、^{192}Ir 等;非密封源是指没有包壳的放射性物质,医院里使用的放射性示踪剂属于非密封源,如 ^{131}I、^{125}I 等。

放射源发射出的射线看不见、闻不到、摸不着。识别放射源,除了要根据标签、标志和包装外,一定要由有经验的专业人员采用专用的仪器来确认。当发现无人管理的标有电离辐射标志的物体,或者体积小却较重的金属罐(特别是铅罐)时,首先必须远离现场,既不要接触,也不要擅自移动这些物品,更不要因为好奇而打开容器;然后立即拨打环保举报热线,由有经验的专业人员采用专用的仪器来确认和处理。随着我国核技术利用事业的发展,放射源的数量急剧增加。国务院新闻办公室 2019 年 9 月 3 日发布《中国的核安全》白皮书称:截至 2019 年 6 月,中国在用放射源 142 607 枚,各类射线装置 181 293 台(套),从事生产、销售、使用放射性同位素和射线装置的单位共 73 070 家,放射源和射线装置 100% 纳入许可管理,废旧放射源 100% 安全收贮。放射源辐射事故年发生率持续降低,由 20 世纪 90 年代的每万枚 6.2 起降至目前的每万枚 1.0 起以下,达到历史最低水平。

(十)难降解有机污染物

有些有机污染物比较稳定,不易被微生物分解,称为难降解有机污染物。因为它们难降解,所以在使用 BOD 指标时可能产生较大的误差,通常使用 COD、TOD 和 TOC 等指标为宜。难降解有机污染物一般有以下几类:

(1)酚类化合物:来源于冶金、煤气、炼焦、石化、塑料等工业排入的含酚废水。一般来说,低浓度的酚能使蛋白质变性,高浓度的酚能使蛋白质沉淀,对各种细胞都有直接危害。例如:水中低浓度的酚会使鱼肉有酚味,高浓度会引起鱼类大量死亡甚至绝迹。

(2)有机氯农药:水生生物对有机氯农药有很强的富集能力,有机氯农药通过食物链进入人体,累积在脂肪含量高的组织中,达到一定浓度后,将显示出对人体的毒害作用。有机氯农药的污染是世界性的,从水体中的浮游生物到鱼类,从家禽到野生动物体内,几乎都可以测出有机氯农药。

(3)氰化物:水体中的氰化物主要来源于电镀废水及金、银选矿废水等。氰化物是剧毒物质,急性中毒抑制细胞呼吸,造成人体组织严重缺氧,人只要口服 0.3～0.5 mg 就会死亡。我国饮用水标准规定,氰化物含量不能超过 0.05 mg/L。

(十一)无机盐、致癌物质

印染废水中有机污染物含量高、碱性大、水质变化大,属难处理的工业废水之一。废水中含有染料和无机盐等,染料中有多种芳香胺类以及 3,4-苯并芘等致癌物质。无机盐增加能导致水中硬度和离子增加以及增加水的渗透压,对淡水生物生长产生不良影响。在盐碱化地区,地面水、地下水中的盐对土壤质量产生较大影响。

(十二)热污染

因能源的消耗而引起环境增温效应的污染称为热污染。以电力工业为主,包括冶金、化工、石油、造纸、建材和机械等工矿企业向江河排放的冷却水和高温废水,经常能形成热污染带,使水体温度升高。当水温升高超过自然水温的 2～4 ℃时,构成的热污染不仅直接影响水中鱼类的正常生长,而且会加速污染物的化学反应,使水体中有毒物质对水生生物的毒性提高。高温废水会加快水中化学反应,溶解氧减少,使氰化物和重金属离子在较高温度下毒性增强。此外,适当的水温升高可使一些藻类繁殖增快,加速水体富营养化的过程,也使水中溶解氧减少,破坏水体的生态平衡,影响水体的使用价值。

(十三)水的表观

包括颜色(色度)、透明度。纯净的水是无色透明的。天然水经常呈现一定的颜色,主要来源于植物的叶、根、茎、腐殖质以及可溶性无机矿物质和泥沙。当各种工业废水如染料、纺织等废水排入水体后,可使水的颜色变得极其复杂。颜色可以说明所含污染物的含量。

(十四)恶臭

这也是一种普遍的污染危害。人们嗅到的恶臭物有 4 000 多种,危害大的有几十种。它们主要来源于金属冶炼、炼油、石油化工、造纸、农药等工厂的生产过程及排放的废水、废气和废渣。恶臭使人憋气,妨碍正常的呼吸功能;可使人厌食、恶心呕吐,使消化功能减退;可使人精神萎靡不振,工作效率降低和记忆力减退;严重时造成嗅觉障碍,损坏中枢神经以及大脑皮质的兴奋和调节功能。

有些河流由于受有机物污染,水中长时间缺氧,也会导致恶臭。恶臭破坏了水体本来的用途和价值。

四、非点源污染

(一)非点源污染的定义及治理的重要性

水环境污染问题通常可分为点源污染和非点源污染。点源污染主要包括工业废水和城市生活污水污染,通常有固定的排污口集中排放;非点源污染是从"non-point source pollution"转译过来的(简称 NPS 污染或 NPSP)。NPSP 是指溶解的和固体的污染物从非特定的地点,在降水(或融雪)冲刷作用下,通过径流过程而汇入受纳水体(包括河流、湖泊、水库和海湾等)

并引起水体的富营养化或其他形式的污染。美国《清洁水法修正案》(1977)对NPSP的定义为：污染物以广域的、分散的、微量的形式进入地表及地下水体。这里的微量是指污染物浓度通常较点源污染低，但NPSP的总负荷却是非常巨大的。

与点源污染相比，NPSP起源于分散、多样的地区，地理边界和发生位置难以识别和确定，具有随机性强、成因复杂、潜伏周期长的特点，因而防治十分困难。随着各国政府对点源污染控制的重视，点源污染在许多国家已经得到较好的控制和治理；而NPSP由于涉及范围广、控制难度大，目前已成为影响水体环境质量的重要污染源。

随着点源污染控制能力的提高，NPSP的严重性逐渐显现出来。在美国即使达到零排放，仍然不能有效控制水体污染，人们从而认识到NPSP控制的重要性；我国对污染物排放实行总量控制，如实施"一控双达标"，但这只对点源污染的控制有效，无法对NPSP进行控制。在我国强化工业和生活污水排放与治理的同时，NPSP的控制也应积极开展和加强，否则水体污染不会得到根本性好转。

(二)NPSP的来源

NPSP的来源比较广泛，虽然城市径流的非点源也是其来源之一，但来自农业的NPSP最为突出，它主要是指农业生产活动引起的各种污染物(沉淀物、畜禽粪便、流失的营养物、农药、盐分、病菌等)以低浓度、大范围的形式，缓慢地在土壤圈内运动和从土壤圈向水圈扩散。

NPSP主要来自山林植被破坏和农业耕种引起的水土流失、农业耕种的农药和肥料流失、畜禽养殖和农村生活污水的排放等。其基本特征表现为：污染发生的随机性，机理过程的复杂性，排放途径及排放污染物的不确定性，污染负荷的时空差异性而导致对其监测、模拟与控制的困难性。

1. 大量施用化肥、农药的污染

化肥的大量施用和不合理施用，主要表现在过量施用氮肥和磷肥，钾肥施用不足，土壤肥力不均衡，从而导致土壤板结，耕作质量差，肥料利用率低，土壤和肥料养分易流失，造成对地表水、地下水的污染，导致江河湖泊富营养化。尤其是沿江河一面山的经济林木的农药、化肥流失，沿江河畔高尔夫球场用于控制草皮生长的农药流失。

农药对水体的污染主要来自：①直接向水体施药；②农田使用的农药随雨水或灌溉水向水体迁移；③农药生产、加工企业废水排放；④大气中的残留农药随降雨进入水体；⑤农药使用过程中，雾滴或粉尘微粒随风飘移沉降进入水体以及施药工具和器械的清洗等。一般来讲，只有10%～20%的农药附着在农作物上，其余则流失在土壤、水体和空气中，在灌水与降水等淋溶作用下污染地下水。

2. 集约化养殖场的污染

近年来农村或近郊建立了一大批养殖场，原先分散的养殖变成了集约化养殖。如果养殖场的畜禽粪便废物没有进行有效的管理，露天堆置，降雨期间则随着雨水进入地表径流，从而造成径流中有机氮浓度增高。

第三节　海洋污染

海洋占地球表面积的 70.8%，是地球上一个稳定的生态系统。海洋的主要功能包括：为人类提供物产，如海洋食品(鱼、虾和海带等)、海盐、矿物资源(如铀、银、金、铜和可燃冰等)；调节气候(地球上的最大碳库，海水和海洋微型生物吸收二氧化碳)、蒸发水分有利于降雨；提供能源(潮汐能可以用来发电)、旅游、航运等。

全世界共有 150 个领土与海洋沾边的岛国和临海国。世界上最大的临海国是俄罗斯，其次是加拿大、中国、美国、巴西和印度等。我国位于亚洲大陆东南部，雄踞北太平洋西侧，海域辽阔，海岸线总长度为 3.2 万千米，其中大陆海岸线 1.8 万千米，岛屿海岸线 1.4 万千米。邻近海域陆架辽阔，近岸海域具有红树林、珊瑚礁、滨海湿地、海草床、海岛、海湾、入海河口等多种类型的海洋生态系统。海洋生态环境在支撑着人类社会经济发展的同时，也承受着巨大的环境压力。

一、海洋污染的现状和特点

联合国教科文组织下属的政府间海洋学委员会对海洋污染明确定义为："由于人类活动，直接或间接地把物质或能量引入海洋环境，造成或可能造成损害海洋生物资源、危害人类健康、妨碍捕鱼和其他各种合法活动、损害海水的正常使用价值和降低海洋环境的质量等有害影响。"一些自然因素，如海底火山爆发以及自然灾害等引起海洋的损害则不属于海洋污染的范畴。

海洋污染主要是陆源排污所致，污染物质包括无机氮、磷酸盐、有机物、油类、垃圾、微塑料和重金属等。在靠近大陆的海湾，由于密集的人口和工业，大量的废水和固体废物倾入海水，加上海岸曲折，水流交换不畅，使得海水的温度、pH 值、含盐量、透明度、生物种类和数量等发生改变，对海洋的生态平衡构成危害。

目前，海洋污染突出表现为石油污染、赤潮、有毒物质累积、塑料污染和核污染等几个方面。2016 年 7 月，联合国教科文组织下属的政府间海洋学委员会就全球大型海洋生态系统的现状发布研究报告称，不断加剧的气候变化和人类活动导致全球大型海洋生态系统状况堪忧。大量有机物的排放往往是发生大规模赤潮和蓝潮的主要成因，世界上每年有 2 000 多人因食用含有赤潮毒素的鱼虾而死亡。2022 年夏季，我国管辖海域呈富营养状态的海域面积为 28 770 km²（比例约为 1%），其中重度富营养状态的海域主要集中在辽东湾、长江口、杭州湾和珠江口等近岸海域。2022 年，我国近海海域共发现赤潮 67 次，累计面积 3 328 km²，直接经济损失 851 万元，其中浒苔绿潮持续影响我国黄海海域 53 d，最大覆盖面积约 135 km²。此外，石油和COD 在各海域中均有超标现象，其中污染最严重的海域已造成渔场外迁、鱼群死亡、赤潮泛滥、有些滩涂养殖场荒废、一些珍贵的海生资源正在丧失。

根据国家生态环境部发布的《2022 中国生态环境状况公报》，2022 年，全国近岸海域水质总体保持改善趋势，主要超标指标为无机氮和活性磷酸盐。监测的 1 359 个点位中，优良（Ⅰ

类、Ⅱ类)水质面积比例平均为 81.9%,同比上升 0.6 个百分点;劣Ⅳ类水质面积比例平均为 8.9%,同比下降 0.7 个百分点。对于海洋污染,尽管目前国家采取了许多的措施加以控制,但总体来说,由于经济和技术的局限性,海洋污染远比陆地污染更加难以治理。我国海洋污染快速蔓延的势头虽得到了一定程度的减缓,但海洋环境质量恶化的总体趋势仍未得到有效的遏制。

由于海洋的特殊性,海洋污染与大气污染、陆地污染有很多不同,有其突出的特点:

(1)污染源多而复杂。除人类在海洋的活动外,人类在陆地的各种活动所产生的各种污染物,也将通过江河径流入海或通过大气扩散和雨雪等降水过程,百川汇合,最终都将汇入海洋,因此大气、土壤、陆地地表水的各种污染源也都是海洋的污染源。人类的海洋活动主要是航海、捕捞、养殖和海底石油开发等。全世界各国的远洋商船穿梭于全球各港口,它们在航行期间都要向海洋排出大量油性的机舱污水,通过江河径流入海的含有各种污染物的污水量更是大得惊人。

(2)污染持续性强,危害性大。海洋是地球上地势最低的区域,它不可能像大气和江河那样,通过一次暴雨或一个汛期就可使污染得以减轻,甚至消除。一旦污染物进入海洋,很难再转移出去,因此海洋是各地区污染物的最后归宿。不能溶解和不易分解的物质在海洋中越积越多,它们可以通过生物的浓缩作用和食物链传递,对人类造成潜在威胁。

(3)污染扩散范围大。世界上各个海洋互相沟通,海水不停运动,污染物在海洋中可以扩散到任何角落。一个海域出现的污染,往往会扩散到周边海域,甚至扩大到邻近大洋,有的后期效应还会波及全球。

(4)防治难,危害大。海洋污染有很长的积累过程,不易及时发现,一旦形成污染,需要长期治理才能消除影响,且治理费用较大,造成的危害会波及各个方面,特别是对人体产生的毒害更是难以彻底清除干净。20 世纪 50 年代中期,震惊世界的日本水俣病,是直接由汞这种重金属对海洋环境污染造成的公害病,通过几十年的治理,直到现在还没有完全消除其影响。"污染易、治理难",它严肃告诫人们,保护海洋就是保护人类自己。

除上述污染源多、持续性强、扩散范围广、防治难等特点外,海洋污染还会造成海水浑浊,严重影响海洋植物(浮游植物和海藻)的光合作用,从而影响海域的生产力,对鱼类也有危害。重金属和有毒有机化合物等有毒物质在海域中累积,并通过海洋生物的富集作用,对海洋动物和以此为食的其他动物造成毒害。

二、海洋污染的"白""红""黑"

随着人口的增加、科学技术的进步、人类活动范围的扩大,地球上几乎所有污染物通过人工倾倒、船舶排放、海损事故、战争破坏、开采石油等多种途径,源源不断进入海洋。目前,每年都有数十亿吨的淤泥、污水、工业垃圾和化工废物等直接流入海洋,河流每年也将近百亿吨的淤泥和废物带入沿海水域。

除了水体污染所包括的内容外,海洋污染还有三个突出的表现:

(一)"白"——海洋垃圾污染和海洋微塑料污染

1. 概念

海洋垃圾是指海洋和海岸环境中具持久性的、人造的或经加工的固体废弃物。

海洋垃圾以塑料垃圾为主,《2022 中国生态环境状况公报》数据显示,在海面漂浮垃圾、海滩垃圾和海底垃圾分类中塑料垃圾分别占 86.2%、84.5% 和 86.8%。

微塑料(microplastic)是直径小于 5 mm 的塑料碎片的统称,广泛存在于海洋、河口及淡水水体中。实际上,微塑料的粒径范围从几微米到几毫米,是形状多样的非均匀塑料颗粒混合体,肉眼往往难以分辨,被形象地称为"海中的 PM$_{2.5}$"。

2. 来源

海洋垃圾的主要来源为生活垃圾、工业垃圾和航运、捕鱼等海上活动。海洋中的塑料垃圾约 80% 来源于沿海地区的陆地或海岸活动,约 15% 来源于海上活动(其中 65% 来源于渔业活动,35% 来源于航运活动),其他则由内陆地区通过河流输送进入海洋。

海洋垃圾中最受关注的微塑料,根据来源可分为初生微塑料和次生微塑料两类。初生微塑料广泛作为去角质类化妆品添加剂,如洁面乳等,以及工业磨料和喷砂介质等。这类微塑料通常经生活污水收集系统进入污水处理厂,因其体积小、难以沉降或去除,使污水处理厂成为陆源微塑料的重要聚集区,随着处理后污水的排放最终会有部分微塑料进入海洋系统。次生微塑料来源于大型塑料(macroplastic)或中型塑料(mesoplastic)碎片的降解,由海洋中存在的大块塑料通过热化学、光氧化、臭氧诱导和生物裂解等作用逐步形成,是海洋微塑料的主要来源。

3. 危害

海洋垃圾不仅会造成视觉污染,造成水质恶化,而且还严重威胁海洋生物的生存和海洋生态安全。例如,废弃的渔网有的长达数千米,被渔民们称为"鬼网"。在洋流的作用下,这些渔网绞在一起,成为海洋哺乳动物的"死亡陷阱",每年都会缠住和淹死数千只海豹、海狮和海豚等。其他海洋生物则容易误食一些塑料制品,例如海龟就特别喜欢吃酷似水母的塑料袋;海鸟则偏爱打火机和牙刷,因为它们的形状很像小鱼,可是当它们想将这些东西吐出来反哺幼鸟时,弱小的幼鸟往往被噎死。在普里比洛夫群岛每年至少有 5 万只北方海狗死亡,经检查证实是吃了塑料垃圾。塑料制品在动物体内无法消化和分解,动物误食后会产生胃部不适、行动异常、生育繁殖能力下降,甚至死亡。海洋生物的死亡最终导致海洋生态系统被打乱。塑料垃圾还可能威胁航行安全,例如废弃塑料会缠住船只的螺旋桨,特别是被称为"魔瓶"的各种塑料瓶会损坏船身和机器,引起事故和停驶,给航运公司造成重大损失。

微塑料污染可危害海洋生物进而威胁海洋生态系统,例如微塑料由于粒径小、数量多,很容易被贻贝、浮游动物等低端食物链生物误作为食物,最终对这些海洋生物产生不良效应。此外,有些种类的塑料本身就有较强的毒性,因塑料在生产过程中根据不同的实际用途会加入不同的有毒有机化学添加剂,再加上微塑料具有较大的比表面积和吸附能力,在自然环境中经常会大量吸附重金属和持久性有机污染物(POPs),如长期残留在海水中的 DDT、PCBs、PAHs 和其他有机氯农药等。微塑料和自身拥有或吸附的这些污染物会对浮游生物产生联合效应;不同材质的微塑料在海洋环境中具有不同的物理降解和化学转化过程,其渗滤液是一类组分复杂的污染物质,会对浮游动物等产生急性毒性作用,使得误食微塑料的海洋动物发生营养不良或死亡。海洋环境中,食碎屑、杂食性和滤食性等不同营养级动物均可以摄食微塑料;微塑料也正是可能通过不同营养级捕食者的摄食在食物链上进行层层传递,极大威胁海洋生态系统安全和人类健康。

4. 防治措施

应对海洋垃圾和海洋微塑料污染人们应该在以下方面加强工作：①加强科研工作，以掌握海洋垃圾和海洋微塑料污染的种类、数量和来源，评估其演变趋势；此外，通过生物降解消除海洋中微塑料污染是一类环境友好而有应用前景的方法。②清除海洋垃圾和海洋微塑料。清理海洋塑料垃圾的方法可按照区域分为海岸、海滩收集法和海上船舶收集法，其中海岸、海滩收集法要比海上船舶收集法简单许多，因为垃圾一旦进入海洋便会具备持续性强和扩散范围广两个特点，加大了海上船舶收集垃圾的难度。③健全相关法律以限制微塑料在工业生产中的使用和排放。例如，我国和欧美已将塑料微珠列入"高污染、高环境危险"产品名录。④加强公众教育。提高全社会对海洋垃圾和微塑料污染危害的认识以自觉减少塑料材料的使用，自觉维护海洋环境安全。

第八大陆

众所周知，我们所生活的这颗蔚蓝色星球由七片大陆和四片大洋共同构成。可是，你听说过"第八大陆"吗？

"第八大陆"位于美国西海岸和夏威夷岛之间，它并不是一个真正意义上的大陆，是由太平洋上因洋流等条件而聚集成的一片由约 400 万吨塑料垃圾组成的漩涡。因此"第八大陆"又被称作"垃圾岛"，它的总面积达 140 万平方千米，相当于 2 个德克萨斯州，或 4 个日本，或 200 个上海，或 1 000 个香港的面积，而且还有不断扩大之势。更为令人担忧的是：如今这个巨大的垃圾带在缓慢运动着，已经顺着洋流慢慢地朝向我国涌来。

第一次发现"第八大陆"的人是美国船长查尔斯·摩尔。1997 年 8 月间，摩尔及其船员驾驶着他的渔船驶离夏威夷，原本他想抄近道从赤道无风带（被称为"海洋中的沙漠"）航行穿过，结果却意外陷入一个从未被人们发现的"垃圾带"。据摩尔回忆："我目光所及之处全部都是塑料。"因为想要抄赤道附近的近路，误打误撞驶入了这个垃圾场里，他们花了一周时间才穿越了这片垃圾带。这片垃圾带后来被人们称为"第八大陆"，吸引了多国科学家的深入考察。2018 年 11 月到 2019 年 1 月间，美国史密森尼环境研究中心在东北太平洋副亚热带环流收集了 105 个漂浮的塑料碎片，其中 70.5% 的碎片中发现了沿海生物物种存活的证据。2023 年 4 月，《自然·生态与演化》发表的一项研究中称，通常只栖息在沿海地区的海洋无脊椎动物被发现在太平洋东北部亚热带环流的远海塑料碎片中生活和繁殖。科学家们猜测，也许在"第八大陆"上，通过塑料碎片数年累积的迁移，也许正在形成一个新的海洋生态群落。

(二)"红"——赤潮

1. 赤潮的概念

赤潮(red tide)又称有害藻华(harmful algae bloom)，是由于海水中一些(或某种)赤潮生物(如裸甲藻、原甲藻等微小的浮游藻类或原生动物或细菌)，在一定的条件下暴发性繁殖(增殖)或高密度聚集引起水体变色(常为赤红)的一种有害的生态异常现象。但发生赤潮时，海水不一定都变成红色,有时能变成橘红色、黄色、绿色或褐色等。我国是遭受赤潮影响严重的国家之一,主要发生在近海海域。在我国,最早的赤潮记录是 1933 年发生在浙江沿海一带的夜光藻和骨条藻赤潮;进入 20 世纪 70—80 年代,赤潮记录次数呈几何倍数增长。2000—2022年赤潮累计暴发面积达到 24 万平方千米,尽管赤潮记录次数的增加与我国赤潮监测体系的建立和不断完善有关,但还是反映出近海赤潮的暴发次数与我国沿海经济的快速增长存在一定相关性。

中国赤潮的发展趋势主要为四个方面:频率增高;持续时间长,范围广,危害大;新记录种类增多;赤潮类型多样化。

2. 赤潮发生的机制

(1)海域水体的富营养化。随着沿海地区工农业发展和城市化进程加快,大量未经处理的含高浓度氮、磷的工业废水、生活污水和养殖废水排放入海,造成近岸海域的水体富营养化;尤其是水体交换能力差的河口海湾地区,污染物不容易被稀释扩散,因此这些地区是赤潮多发区。海水养殖密度高的区域也往往存在水体的富营养化,形成赤潮的可能性较大。某些特殊物质参与作为诱发因素可能成为赤潮暴发的调控因子,已知的有维生素 B_1、维生素 B_{12}、铁、锰、脱氧核糖核酸等。

(2)海域中赤潮生物种源的存在。海洋浮游微藻是引发赤潮的主要生物,根据研究统计,全球可引发赤潮的物种超 300 种。赤潮生物除少数的原生动物和细菌外,大都属于浮游植物,包括蓝藻、硅藻、甲藻、金藻和隐藻等门类,其中硅藻和甲藻类占多数。甲藻类是最主要的赤潮生物,其中的一些种类能产生毒素,危害非常大,因而甲藻形成的赤潮是近年来研究的焦点。2023 年中国科学院海洋研究所最新的研究结果显示,中国沿海各海域中的赤潮生物有 200 多种(含 13 种有毒种类),夜光藻(*Noctiluca scintillans*)、中肋骨条藻(*Skeletonema costatum*)、海洋原甲藻(*Prorocentrum micans*)、微型原甲藻(*Prorocentrum minimum*)、尖刺菱形藻(*Nitzschia pungens*)、赤潮异弯藻(*Heterosigma akashiwo*)、裸甲藻(*Gymnodinium sp.*)和红中缢虫(*Mesodinium rubrum*)为我国沿海的主要赤潮生物。由于营养需求上的差异,在特定的环境条件下,赤潮生物在与其他浮游植物的营养竞争中占优势,从而大量繁殖形成赤潮。

(3)合适的海流作用和气象条件。一般在海流缓慢、风力较小、湿度大、闷热、阳光充足时易发生赤潮。海流、风有时能使赤潮生物聚集在一起,沿岸的上升流可以将含有大量营养盐物质的底层水带到表层,也可以将赤潮生物的"种子"带入水表层,为赤潮的发生提供必要的物质条件。如果风力适当、风向适宜的话,就会促进赤潮生物的聚集,从而使赤潮的产生更加容易。有些赤潮生物种类通过远洋船舶的压舱水到处传播,造成生态入侵,在新的海域引发赤潮。

(4)适宜的水温和盐度。不同海区不同类型赤潮暴发对水温和盐度的要求各不相同,一般表层水温突然升高和盐度降低时,会促进赤潮的发生。

3. 赤潮的毒素

赤潮并不都是有害的,有害赤潮主要是因有害赤潮生物产生的毒素造成的危害。目前已经发现的赤潮藻毒素有麻痹性贝毒(paralytic shellfish poison,PSP)、神经性贝毒(neurotoxic shellfish poison,NSP)、腹泻性贝毒(diarrhetic shellfish poison,DSP)等。贝类或鱼类摄食含有毒素的浮游植物以后,毒素进入食物链;人畜误食含有毒素的水产品就会发生中毒事件。

PSP 是世界范围内分布最广、危害最严重的一类毒素,因而对赤潮藻毒素的研究主要集中在这一方面。迄今为止所发现的能产生 PSP 的赤潮生物多数是甲藻;此外,红藻(*Jania* sp.)和绿藻($Aphanizomenon$ sp.)也可以产生 PSP。

有害赤潮的危害状况可以归纳如下：①危害水产养殖和捕捞业。赤潮对水产生物的毒害方式主要有以下几种：赤潮生物分泌黏液或死亡分解后产生黏液，附着在鱼虾贝类的鳃上，使它们窒息死亡；鱼虾贝类吃了含有赤潮生物毒素的赤潮生物后，直接或间接累积发生中毒死亡；赤潮生物死亡后的分解过程消耗水体中的溶解氧，鱼虾贝类由于缺少氧气窒息死亡。②损害海洋环境。赤潮发生时使 pH 值升高，水体的透明度降低，分泌抑制剂或毒素使其他生物减少；赤潮消亡阶段还可使水体缺氧。③影响海洋旅游业。赤潮破坏了旅游区的秀丽风光，一层油污似的赤潮生物及大量死去的海洋动物被冲上海滩，臭气冲天。④危害人体健康。赤潮水体使人不舒服，与皮肤接触后，可出现皮肤瘙痒、刺痛、出红疹；如果溅入眼睛，疼痛难忍；有赤潮毒素的雾气能引起呼吸道发炎。应避免在赤潮发生水域游泳或进行水上活动。赤潮发生海域的水产品能富集赤潮毒素，不慎食用会对身体健康产生威胁。

目前，在防范赤潮工作方面，有些国家正在建立赤潮防治和监测监视系统，对有迹象出现赤潮的海区进行连续跟踪监测，及时掌握引发赤潮环境因素的消长动向，为预报赤潮的发生提供信息；对已发生赤潮的海区则采取必要的防范措施。加强海洋环境保护，切实控制沿海废水废物的入海量，特别要控制氮、磷和其他有机物的排放量，避免海区的富营养化，是防范赤潮发生的一项根本措施。此外，随着沿海养殖业的兴起，避免养殖废水污染海区。很多养殖场已建立小型蓄水站以淡化水体的营养，在赤潮发生时可以调剂用水；与此同时，改进养殖饵料种类，用半生态系养殖方法逐步替代投饵喂养方式，以自然增殖有益藻类和浮游生物，改善自然生态环境。

对于小型的网箱养殖，可以采用拖曳法来对付赤潮，也就是将养殖网箱从赤潮水体迅速转移至安全水域。利用黏土矿物对赤潮生物的絮凝作用，以及黏土矿物中铝离子对赤潮生物细胞的破坏作用来消除赤潮，也取得很好进展，并有可能成为一种较实用的防治赤潮的途径。利用黏土治理赤潮具有很多优点，目前已证实的有：对生物和环境无害，有促进生态系统的物质循环和净化作用；黏土资源丰富，且是底栖生物和鱼贝类幼仔的饵料；操作简便易行，可以大范围使用。

(三)"黑"——石油污染

主要为石油及其产品，包括原油和从原油中分馏出来的溶剂油、汽油、煤油、柴油、润滑油、石蜡、沥青等等，以及经过裂化、催化而成的各种产品。目前每年排入海洋的石油污染物约1 000多万吨，主要来源有：①河流和沿海工业排入；②油船的压舱水、洗舱水和其他船上污水排入；③海底油田开发和油井、油轮失事；④油矿天然泄漏。特别是一些突发性的事故，一次泄漏的石油量可达 10 万吨以上，出现这种情况时大片海水被油膜覆盖，将促使海洋生物大量死亡，严重影响海产品的价值以及其他海上活动。

石油污染后，海区的生物要经过 5～7 年才能重新繁殖。1 kg 石油完全氧化需要消耗 40 万升海水中的溶解氧，这会造成海水缺氧导致海洋生物窒息死亡。同时，当石油泄漏到海面几小时后，便会发生光氧化学反应，所生成的过氧化物，即醛、酮、醇、酚、羧、酸和硫的氧化物等，都对海洋生物有很大的毒害。此外，油液易堵塞海兽和鱼类的呼吸器官，也会使海兽和鱼类窒息而死。据研究，当海水中油浓度为 0.01 mg/L 时，孵出的鱼畸形率为 25%～40%；当海水中油浓度为 1 mg/L 时，24 h 内大海虾幼体能死亡 50%；海水中如含有 1% 的柴油乳化液，就能完全阻止海藻幼苗的光合作用。油污还会使海洋中的鱼类遗传器官受到影响，使鱼类繁殖的后代越来越小。海洋遭受石油污染后,海面会被大面积的油膜覆盖,阻碍了正常的海洋和大气间的交换,有可能引起全球或局部地区的气候异常。石油进入海洋,经过种种物理化学变化,最后形成黑色的沥青球,长期漂浮在海上;通过风浪流的扩散传播,在世界大洋一些非污染海域里也能发现这种漂浮的沥青球。

据不完全统计,2000年我国海域发现的溢油事件约10起,其中最严重的一次为11月14日,两艘外轮在珠江口虎门大桥附近水域相撞,船体严重破损,所载的230 m³燃料油全部泄漏入海,受污染水域面积约390 km²。海上溢油不仅破坏海洋环境,而且还存在发生火灾的危险;因此,一旦出现溢油事故,一方面要尽可能缩小污染区域,另一方面要迅速消除和回收海面上的浮油。

石油泄漏案例

1. 墨西哥湾溢油事件

墨西哥湾溢油事件,又称英国石油(British petroleum,BP)溢油事故,是2010年4月20日发生的一起墨西哥湾外海油污外漏事件。起因是英国石油公司所属的外海钻油平台故障并爆炸。爆炸同时导致了11名工作人员死亡及17人受伤。据估计,直至2010年7月15日英国石油公司宣布阻止了原油泄漏,大约有200万~400万桶*原油漏到墨西哥湾,导致至少2 500 km²的海水被石油覆盖着,16 000英里(1英里=1.609 km)海岸线受污染。此次漏油事故是美国历史上最严重的一次漏油事故,不仅影响了当地的渔业和旅游业,而且导致了一场严重环境灾难,影响多种生物。

2. 康菲溢油事件

2011年夏天渤海蓬莱19-3油田B、C平台发生溢油事故,至少2 500桶原油溢出,污染渤海7%海面。与墨西哥湾溢油事件相比,虽然康菲的溢油总量低得多,但渤海的面积只有墨西哥湾的1/20,而且水体浅并且封闭程度要大得多,计算出的污染负荷量要比墨西哥湾溢油高出1倍多,所造成的污染强度超过墨西哥湾漏油。此次事故对渤海湾海洋环境的污染和对相关养殖业造成的损失难以估计。

石油进入海洋后扩散成表面的一层膜状浮油,1 L石油可形成100~2 000 m²的范围。膜状浮油造成以下影响:

(1)油膜隔绝了大气与海水的气液交换。

(2)油膜在生物降解过程中要消耗大量溶解氧。

(3)油膜减弱了太阳辐射能透入海水的能量,影响海洋绿色植物光合作用,影响海域生产力,破坏食物链。

(4)油浓度为0.01 mg/L,甚至更低时,鱼体就会出现油臭,严重影响食用价值。

(5)油污危害海洋动物,玷污鸟、兽皮毛。

(6)石油成分本身有一定的毒性。

---

* 欧佩克(OPEC,石油输出国组织)和英美等西方国家原油数量单位通常用"桶"来表示。1桶石油=0.137 t=137 kg(全球平均);因原油的密度变化范围较大,如果油质较轻(稀),则1 t约等于7.2桶或7.3桶。

三、海洋污染对海洋资源的影响

在海洋污染和酷渔滥捕的双重危害下,海洋生物资源逐渐减少。世界一些渔产丰富的海域内捕获量在持续下降。全球海洋渔业资源正面临枯竭的危机,有的鱼种已濒临灭绝,珍贵的蓝鲸、灰鲸、长须鲸也快绝迹,海豚、海象、海豹的数量正在急剧减少。重达 3 t、易受伤害和以海草为生的北海牛,在 1741 年被发现后,由于人类的大量捕捉,几年就灭绝了。最近几年接连发现巨鲸集体"自杀",海鸟大量死亡,有 30 种海鸟面临灭绝的威胁。由于地中海海水污染严重,许多地段浮游生物和植物以及以它们为食料的动物已灭绝。科学家曾经检测到,从海中捕起的鱼有 40%～50%都患有"环境病",如捕到的蝶鱼和比目鱼,有 40%患了肝癌,有的还患有溃疡病,体内含汞、含铅量超出正常标准的 4 倍。

四、海洋污染的控制

在控制国际水域及海洋资源危机和环境污染方面,国际社会采取了大量行动,制定了大量双边和多边国际条约,在有关国际组织和有关国家的共同参与下,采取了一些重要的国际合作行动。

保护海洋环境的国际行动是从防止海洋石油污染开始的。1954 年制定了第一个保护海洋环境的全球性公约《国际防止海上油污公约》。20 世纪 60 年代以后,先后制定了《国际干预公海油污事故公约》等,完善了控制船舶造成污染的国际法律制度及污染损害赔偿制度。1972年,在伦敦通过了第一部控制海洋倾废的全球性公约,即《防止倾倒废物和其他物质污染海洋公约》。在海洋资源保护方面,1946 年制定了《国际捕鲸管制公约》,设立了国际捕鲸委员会。1958 年在日内瓦召开的第一次联合国海洋法会议通过了《捕鱼及养护公海生物资源公约》,对海洋生物资源保护作了比较全面的规定。1982 年 4 月,第三次联合国海洋法会议经过近 10年的讨论,以压倒性多数通过了《联合国海洋法公约》,其中对海洋环境保护作了全面系统的规定。

我国政府对海洋环境污染和保护非常重视,从 20 世纪 70 年代起开展了大规模的海洋环境污染调查、检测和研究工作。21 世纪又启动了多项海洋环境和资源的调查研究工作以及国际合作。2015 年 9 月,习近平主席对美国进行国事访问,取得了一系列重要成果,其中之一就是"双方支持通过进一步双边努力开展海洋合作,包括中国沿海城市厦门和威海与美国沿海城市旧金山和纽约建立伙伴关系,分享在减少垃圾流入海洋方面的最佳实践"。为贯彻落实习近平主席访美成果,国家制定了《中美海洋垃圾防治厦门-旧金山"伙伴城市"合作实施方案》为厦门-旧金山海洋垃圾防治合作、厦门海洋垃圾防治工作开展提供了重要纲领性文件。方案提出了九大措施和重点工作方向,其中包括建立和完善海洋垃圾防治管理体制机制、加强海洋垃圾监测调查评价与预警预报、加大入海溪流和农村面源污染的综合整治、进一步完善基础设施、强化垃圾防治科技创新、推进海洋整治修复、加强海洋垃圾防治宣传教育、深化中美海洋垃圾防治科技合作等,以实现厦门入海溪流水清岸绿、海面沙滩干净整洁、海洋生境良好的目标。

自"十三五"以来,我国海洋生态环境总体改善,局部海域生态系统服务功能明显提升。2022 年,中央 6 个部门联合印发《"十四五"海洋生态环境保护规划》,将继续以海洋生态环境突出问题为导向,以海洋生态环境持续改善为核心,聚焦建设美丽海湾。

国家建设了多个有关海洋的国家级重点实验室,如厦门大学近海海洋环境科学国家重点实验室,并依托这些重点实验室开展了卓有成效的海洋环境科学和资源保护的研究工作。

第四节　土壤污染

一、概念

土壤是地理环境统一体中一个组成要素,它是指覆盖在地球陆地表面上能够生长植物的疏松层。

(1)土壤结构组成:土壤是由固体、液体和气体三类物质组成的。固体物质包括土壤矿物质、有机质和微生物等,液体物质主要是指土壤水分,气体是存在于土壤孔隙中的空气。土壤中这三类物质构成了一个矛盾的统一体。它们互相联系、互相制约,为作物提供必需的生活条件,是土壤肥力的物质基础。

(2)土壤功能:具有提供和协调植物生长所需的营养条件(水分与养分)以及环境条件(温度和空气)的能力,并具有同化和代谢外界输入物质的能力。

(3)土壤污染:是指因人为因素导致某种物质进入陆地表层土壤,引起土壤化学、物理、生物等方面特性的改变,影响土壤功能和有效利用,危害公众健康或者破坏生态环境的现象。

二、土壤污染的特点、种类和来源

2005 年 4 月至 2013 年 12 月,环境保护部会同国土资源部开展了首次全国土壤污染状况调查。结果显示,全国土壤环境状况总体不容乐观,部分地区土壤污染较重,耕地土壤环境质量堪忧,受农药污染不容忽视,虽然六六六(六氯环己烷)与 DDT 已禁用数十年,但仍时有检出;工矿业废弃地土壤环境问题突出。

(一)我国土壤污染的特点

我国土壤污染是在经济社会发展过程中长期累积形成的。工矿业、农业生产等人类活动是造成土壤污染的主要原因。而与水体和大气污染相比,土壤污染具有隐蔽性、滞后性和难可逆性。治理土壤污染的成本高,周期长。

1. 土壤污染具有隐蔽性和滞后性

大气污染、水污染和各种废弃物污染等问题一般都比较直观,通过感官就能发现。而土壤污染则不同,它往往要通过对土壤样品进行分析化验和农作物的残留检测,甚至通过研究对人畜健康状况的影响才能确定。因此,土壤污染从产生污染到出现问题通常会滞后较长的时间。如日本的"骨痛病"经过了 10～20 年之后才被人们认识。

2. 土壤污染具有累积性

污染物质在大气和水体中,一般都比土壤中更容易迁移。这使得污染物质在土壤中并不像在大气和水体中那样容易扩散和稀释,因此容易在土壤中不断积累而超标,同时也使土壤污染具有很强的地域性。

3. 土壤污染具有难可逆转性

重金属对土壤的污染具有难可逆性,许多有机化学物质的污染也需要较长的时间才能降解。如被某些重金属污染的土壤可能要 $100 \sim 200$ 年时间才能够恢复。

4. 土壤污染很难治理

如果大气和水体受到污染,切断污染源之后通过稀释作用和自净化作用也有可能使污染问题不断逆转,但是积累在污染土壤中的难降解污染物则很难靠稀释作用和自净化作用来消除。土壤污染一旦发生,仅仅依靠切断污染源的方法往往很难恢复,有时要靠换土、淋洗土壤等方法才能解决问题,其他治理技术可能见效较慢。因此,治理污染土壤往往不易采取大规模的消除措施,通常治理成本较高,治理周期较长,难度大。

鉴于土壤污染难以治理,而土壤污染问题的产生又具有明显的隐蔽性和滞后性等特点,土壤污染问题近年来才更加受到重视。

(二)土壤污染的种类和来源

1. 重金属污染

主要来自工业"三废"排放和农业的生产活动。

(1)工业"三废"排放:汞、镉、铅、铬、砷、锌等重金属会引起土壤污染。这些重金属污染物主要来自冶炼厂、矿山、化工厂等工业"三废"排放。虽然我国已实现汽油无铅化,但公路两侧土壤的铅含量相对较高。土壤一旦被重金属污染,是较难彻底清除的,对人类危害严重。

(2)农业的生产活动:砷曾被大量用作杀虫剂和除草剂,磷肥中可能含有镉。

利用生活污水和工业废水灌溉农田,可能使有毒有害物质沉积和吸附在土壤中,并通过植物吸收进入食物链。土壤中含镉一般为 $0.3 \sim 0.5 \ mg/L$,超过 $1 \ mg/L$ 就算被污染。土壤对镉忍受性最小,而对镉吸附力却很强。

2. 农药和化肥有机物污染

现代化农业大量施用农药和化肥。凡是残留在土壤中的农药和氮、磷化合物,在发生地面径流或土壤风蚀时,就会向其他地方转移,扩大土壤污染范围。

(1)化学农药的污染:目前化学农药已多达数千种,全球每年约生产化学农药数千万吨。我国农药行业起步较晚,但发展迅速,产量从 1983 年的 33 万吨上升至 2014—2016 年的 370 万吨以上,随后整体呈现下降趋势,2018 年降至最低只有 208.3 万吨后出现回暖,2021 年全国化学农药原药产量为 249.8 万吨。中国农药数量和结构已发生变化,在一定程度上反映了法规政策的变化、市场的需求和外部市场环境的趋势和现状。2022 年 1 月,农业农村部、国家发展改革委、科技部等部门印发了《"十四五"全国农药产业发展规划》,提出到 2025 年,农药产业体系更趋完善,产业结构更趋合理,对农业生产的支撑作用持续增强,绿色发展和高质量发展水平不断提升。

(2)化肥对土壤的污染:我国每年施用化肥达数千万吨。长期使用氮肥会使土壤结构破坏,易使蔬菜中硝酸盐含量超标,而亚硝酸盐与胺类物质结合形成的 N-亚硝酸基化合物为强致癌物质,还易造成土壤的有益菌、蚯蚓大量死亡。长期施用化肥易加速土壤酸化,加速钙、镁从耕作层淋溶,从而降低盐基饱和度和土壤肥力。有机肥投入的不足,化肥使用的不平衡,会造成耕地土壤退化,耕层变浅,耕性变差,保水肥能力下降。

3. 病原菌污染

禽畜饲养场的厩肥和屠宰场的废物,其性质近似人粪尿。利用这些废物做肥料,如果不进行物理和生化处理,则其中的寄生虫、病原菌和病毒等可引起土壤和水域污染,并通过水和农作物危害人群健康。

4. 大气沉降物

大气中的二氧化硫、氮氧化物和颗粒物,通过沉降和降水降落到地面。北欧的南部、北美的东北部等地区,雨水酸度增大,引起土壤酸化,土壤盐基饱和度降低。

5. 放射性污染

主要有两个方面,一是放射性试验,二是原子能工业中所排出的"三废",由于自然沉降、雨水冲刷而污染土壤。土壤受到放射性污染是难以排除的,只能靠自然衰变达到稳定元素时才结束。这些放射性污染物会通过食物链进入人体,危害健康。

6. 固体废物

主要指城市垃圾和矿渣、煤渣、煤矸石和粉煤灰等工业废渣。固体废物的堆放占用大量土地,而且废物中含有大量的污染物,污染土壤、恶化环境,尤其是城市垃圾中的废塑料包装物、一次性塑料用品,以及农用塑料薄膜等等。这些塑料物质很不容易被分解,丢落到土壤中时,对土壤产生极大的影响。它们在土壤中有可能一待就是好几百年或者更长,同样也会对土壤的再生能力构成极大的威胁。有的形成碎片或微塑料,通过食物迁移的食物链方式进入人类的生态系统。

7. 其他

(1)土壤养分失调。

(2)土壤板结:现代的农业施用了大量的化肥,由于缺乏科学的施肥方法和技巧,作物仅能够吸收肥料中的部分营养,许多的物质都以其他的形式存留在土壤当中。它们作为外来物质必然改变了土壤原有的结构和功能,显著的表现就是造成土壤的板结。例如,肥料中过多的钾营养元素和过磷酸盐会使土壤理化条件变得很差,土壤通气性不好,这样就造成土壤板结,影响植物的生长发育,间接地影响作物的产量。

(3)土壤侵蚀和荒漠化。

(4)土壤盐碱化。

三、土壤污染的危害和改良措施

(一)土壤污染的危害

(1)土壤污染导致严重的直接经济损失。

(2)土壤污染导致食物品质不断下降。

(3)土壤污染危害人体健康。

(4)土壤污染导致其他环境问题。

(二)已污染土壤可采取的改良措施

(1)可用排水的办法。

(2)改变耕作制度,促进污染物分解。

（3）采取深翻土地的方法。

（4）采取换客土的办法。

四、土壤污染治理方法

党中央、国务院高度重视土壤环境保护工作，2016年5月，我国制定了《土壤污染防治行动计划》（即"土十条"），该计划确定了十个方面的措施：一是开展土壤污染调查，掌握土壤环境质量状况；二是推进土壤污染防治立法，建立健全法规标准体系；三是实施农用地分类管理，保障农业生产环境安全；四是实施建设用地准入管理，防范人居环境风险；五是强化未污染土壤保护，严控新增土壤污染；六是加强污染源监管，做好土壤污染预防工作；七是开展污染治理与修复，改善区域土壤环境质量；八是加大科技研发力度，推动环境保护产业发展；九是发挥政府主导作用，构建土壤环境治理体系；十是加强目标考核，严格责任追究。该计划立足我国国情和发展阶段，着眼经济社会发展全局，以改善土壤环境质量为核心，以保障农产品质量和人居环境安全为出发点，坚持预防为主、保护优先、风险管控，突出重点区域、行业和污染物，实施分类别、分用途、分阶段治理，严控新增污染、逐步减少存量，形成政府主导、企业担责、公众参与、社会监督的土壤污染防治体系。该计划提出："到2020年，全国土壤污染加重趋势得到初步遏制，土壤环境质量总体保持稳定，农用地和建设用地土壤环境安全得到基本保障，土壤环境风险得到基本管控。到2030年，全国土壤环境质量稳中向好，农用地和建设用地土壤环境安全得到有效保障，土壤环境风险得到全面管控。到本世纪中叶，土壤环境质量全面改善，生态系统实现良性循环。"该计划的制定实施是党中央、国务院推进生态文明建设、坚决向污染宣战的一项重大举措，是系统开展污染治理的重要战略部署，对确保生态环境质量改善、各类自然生态系统安全稳定具有重要作用。2019年1月1日首次颁布的《中华人民共和国土壤污染防治法》正式施行，把行动计划上升到法。这部法律从立法上解决了"谁负责、谁监管、谁污染谁治理及如何治理"等问题，明确规定建立农用地分类管理和建设用地准入管理制度，加大环境违法行为处罚力度，为扎实推进"净土保卫战"提供了坚强有力的法治保障。土壤的属性不同于大气和水，土壤污染也不同于大气污染和水污染，它具有隐蔽性、滞后性、累积性和间接性等特点。因此，不同于《中华人民共和国大气污染防治法》和《中华人民共和国水污染防治法》以治理为主，《中华人民共和国土壤污染防治法》更多关注的是土壤污染的预防和修复，充分体现了"预防为主、保护优先、分类管理、风险管控、污染担责、公众参与"的原则。

第五节　固体废物污染

一、概念

固体废物（solid waste）亦称废物，是指在生产、生活和其他活动中产生的丧失原有利用价值或者虽未丧失利用价值但被抛弃或者放弃的固态、半固态和置于容器中的气态的物品、物质以及法律、行政法规规定纳入固体废物管理的物品、物质。

由于废物具有相对性，一过程的废物往往可以成为另一过程的原料，所以有人说固体废物是"被错待了的原料"，"废物"不废，更不该"弃"，而应加以利用。因此正确的提法是"固体废物"，而不宜说"固体废弃物"。

二、固体废物的分类

按其组成可分为有机废物和无机废物；按其形态可分为固体（块状、粒状、粉状）和泥状的废物；按其来源可分为工业废物、矿业废物、城市垃圾、农业废物和放射性废物等；按其危害特性可分为有害有毒废物和一般废物。

我国制定的《中华人民共和国固体废物污染环境防治法》从固体废物管理的需要出发，将固体废物主要分为生活垃圾、工业固体废物和危险废物三大类。

（一）生活垃圾

生活垃圾是指在日常生活中或者为日常生活提供服务的活动中产生的固体废物以及法律、行政法规规定视为生活垃圾的固体废物。它的主要特点是成分复杂，有机物含量高，产量不均匀。生活垃圾主要有纸品类、金属类、塑料类、橡胶类、玻璃类、废电池类、电子废物及有机垃圾等。生活垃圾的组分受生活区域的规模、居民生活习惯、消费水平、区域地理气候及季节变化等多种因素的影响。

我国城市垃圾年产量已大于 2 亿吨，且每年以 8% 左右的速度递增，有近 2/3 的城市陷入垃圾围城困境。目前城市生活垃圾中比较突出的是电子废物、塑料制品和建筑垃圾。

1. 电子废物

电子废物主要有报废的电脑、冰箱、电视机、洗衣机、手机及油烟机等。电子产品含有大量有毒有害物质，不恰当地处理这类废物将会对环境造成严重的污染。电子垃圾不仅量逐渐增大而且危害严重，已成为困扰全球的大问题，特别是在发达国家。

2. 塑料制品

废弃包装用塑料膜、塑料袋、农用薄膜和一次性塑料餐具等，在环境中长期不被降解，散落在市区、风景旅游区、水体、公路和铁道的两侧，影响景观，污染环境。由于废塑料制品多呈白色，所以将其对环境的污染统称为"白色污染"。

塑料不易分解，如前所述，它进入土壤之后，长期不降解，占用大量的土地资源，而且影响土壤的通透性和渗水性，因而破坏土质，严重危害植物的生长，降低土地的使用价值，带来长期的深层次的环境问题。

白色污染是当今严重的污染源之一，其主要的成分是塑料垃圾。塑料垃圾在自然界中很难降解，一般降解周期为 200～400 年。抛弃塑料垃圾不仅严重损害环境景观，更严重的是会造成土壤恶化；牲畜误食会生病，甚至死亡；抛入河流、湖泊会影响航运，使水质变坏。另外，焚烧塑料垃圾如果处理不妥，会释放出多种有害的化学物质，对大气造成二次污染。其所造成的负面影响远远超过其实际利用价值。而我国又是塑料袋的使用大国，每天有大量塑料购物袋从各个商业零售网点免费流到顾客手中。

2007 年 12 月 31 日，国务院办公厅下发了《国务院办公厅关于限制生产销售使用塑料购物袋的通知》。这份被群众称为"限塑令"的通知明确规定："从 2008 年 6 月 1 日起，在全国范围内禁止生产、销售、使用厚度小于 0.025 毫米的塑料购物袋"；"自 2008 年 6 月 1 日起，在所有超市、商场、集贸市场等商品零售场所实行塑料购物袋有偿使用制度，一律不得免费提供塑料购物袋"。颁布了"限塑令"之后，每个超市、商场的塑料袋都标上了价格，要用必须付钱，从而让人们减少使用塑料袋，大大减少了白色污染，达到保护环境的作用。

2020 年 1 月 16 日，发布的《国家发展改革委、生态环境部关于进一步加强塑料污染治理的意见》（以下简称《意见》），也被称为"新限塑令"。该《意见》明确：到 2022 年，一次性塑料制品消费量明显减少，替代产品得到推广，塑料废弃物资源化能源化利用比例大幅提升；在塑料污染问题突出领域和电商、快递、外卖等新兴领域，形成一批可复制、可推广的塑料减量和绿色物流模式；到 2025 年，塑料制品生产、流通、消费和回收处置等环节的管理制度基本建立，多元共治体系基本形成，替代产品开发应用水平进一步提升，重点城市塑料垃圾填埋量大幅降低，塑料污染得到有效控制。该《意见》提出：按照"禁限一批、替代循环一批、规范一批"的原则，禁止生产销售超薄塑料购物袋、超薄聚乙烯农用地膜；禁止以医疗废物为原料制造塑料制品；全面禁止废塑料进口。分步骤禁止生产销售一次性发泡塑料餐具、一次性塑料棉签、含塑料微珠的日化产品；分步骤、分领域禁止或限制使用不可降解塑料袋、一次性塑料制品、快递塑料包装等；研发推广绿色环保的塑料制品及替代产品，探索培育有利于规范回收和循环利用、减少塑料污染的新业态新模式；加强废塑料分类回收清运，规范废塑料资源化利用和无害化处置。

3. 建筑垃圾

建筑垃圾是指建设单位、施工单位新建、改建和拆除各类建筑物、构筑物、管网等，以及居民装饰装修房屋过程中产生的弃土、弃料和其他固体废物。随着对老旧城区的拆除重建，建筑工程数量大，施工频繁，使我国的建筑垃圾的数量不断增多，巨量的建筑垃圾已经给我国的环境造成了威胁。

（1）建筑垃圾再生利用的必要性

我国每年由建筑工程产生的巨量建筑垃圾，由于处理不方便而遭到填埋处理，对环境和生态造成了破坏。再加上建筑材料多有重度污染的性质，给我国的生态造成严重影响。由于建筑材料属于高能耗材料，所以积累过程中也增大了碳排放，造成温室效应加剧。

（2）建筑垃圾"变废为宝"的措施

建筑垃圾可以作为矿产资源进行利用，详见本节第五部分"固体废物的资源化——'城市矿产'"。在意识上，要加强人们对建筑垃圾再生资源利用的认识。建筑垃圾再利用涉及的内容繁多，涉及的范围广泛，需要社会各个方面相互配合，才能完成建筑垃圾资源化的任务。在科技发展上，通过先进的科技水平、科学的方式进行建筑垃圾资源化的处理。通过制定科学的分类收集计划、高效的再生处理工艺，对建筑垃圾进行实事求是的处理，通过建筑垃圾资源化解决当前建筑资源短缺的问题，从而实现"变废为宝"。

4. 污水处理产生的污泥

随着城市和工业发展，生活用水量和工业用水量激增，产生大量的生活污水和工业废水，这些污水在处理过程中产生的污泥，按污水处理工艺，分为栅渣、沉砂池沉渣、浮渣、初沉污泥、二沉污泥、深度处理污泥等;按污水来源,分为生活污水污泥和工业污泥,但通常指前者。其生态含水率高达 92.0%~99.5%,有机物含量较高,其处理处置主要遵循减量化、稳定化、无害化和资源化的原则,常用的方法有浓缩、消化、脱水、干化、焚烧、堆肥、填埋等。焚烧、堆肥、填埋都可能会造成二次环境污染问题,最好的办法是通过浓缩、脱水、干化,制造污泥有机肥,变废为宝,提升资源利用价值。

5. 废电池的处理问题

为保护环境、保障人体健康,指导废电池污染防治工作,2003 年 10 月 9 日,国家环境保护总局和国家发展和改革委员会、建设部、科技部、商务部联合发文(环发〔2003〕163 号)关于批准发布《废电池污染防治技术政策》。该技术政策作为指导性文件,自发布之日起实施。该技术政策适用于废电池的分类、收集、运输、综合利用、贮存和处理处置等全过程污染防治的技术选择,指导相应设施的规划、立项、选址、施工、运营和管理,引导相关环保产业的发展。该政策指出,在目前缺乏有效回收的技术条件下,不鼓励集中收集已达到国家低汞或无汞要求的一次性使用废电池。

1997 年底,国家经贸委、中国轻工总会等 9 个部门联合发出《关于限制电池产品汞含量的规定》,要求国内电池制造企业要逐步降低电池汞含量,2002 年 1 月 1 日起国内销售的电池要达到低汞水平。《废电池污染防治技术政策》还规定禁止生产和销售氧化汞电池,逐步减少糊式电池的生产和销售量,最终实现淘汰糊式电池;2006 年通常的生活电池达到无汞水平,成为环保电池。对于进口电池,海关等有关部门也会对其作出检验,检验合格之后才能进口。因此,2006 年后我国工厂生产的和市场上使用的一般都是环保电池,这种电池污染不大,因此没有必要再继续回收。现在正规商场里销售的一次性干电池(通常的 2 号、5 号、7 号等电池)基本已达到低汞或无汞,分散丢弃少量电池对环境基本不构成危害。诚然,这些废电池除了低汞或无汞外,可能还含有碳粉、金属外壳等少量可能造成污染的物质,但对这些物质目前还"缺乏有效回收的技术条件"。有些环保组织在环保活动中号召社会上将这些环保电池集中收集,又没有专门机构回收处理的渠道,堆积在一起腐烂,反而将分散的、危害极小的污染源集中,是不可取的。

必须指出,对于含有铬镍、氢镍、锂离子、铅酸等成分的扣式电池、充电电池、手机电池等,并不属于环保电池,这些电池还是不能随意丢弃的。废氧化汞电池、废镉镍电池、废铅酸蓄电池属于危险废物,应该按照有关危险废物的管理法规、标准进行管理。环保组织仍然可通过宣传和普及有害的废电池污染防治知识,提高公众环保意识,促进公众对废电池管理及其可能造成的环境危害有正确了解,实现对废电池科学、合理、有效的管理。政府应制定鼓励性经济政策等措施,加快符合环境保护要求的废电池分类收集、贮存、资源再生及处理处置体系和设施建设,推动废电池污染防治工作。

城市居民一般平均每人每天产生 1.2 kg 生活垃圾,一年便达 440 kg 之多。根据现代的生活水平,这些垃圾中 32% 为生物垃圾,18% 为塑料垃圾,8% 为纸垃圾,4% 为纺织品,3% 为金属,1.5% 为玻璃制品。2019 年底暴发新冠肺炎,居民大量使用一次性口罩,产生的丢弃物数量惊人。塑料制品大分子化学结构稳定,自然条件下难以降解,焚烧又会放出滚滚浓烟,含有二噁英,污染环境。

二噁英(dioxin)是一类多氯代三环芳香化合物,其化学性质很特殊,难溶于水,但很容易附着于土壤中,不容易被微生物分解,很难发生化学反应,是一种极难消除和处理的化学品。这些化合物大部分具有强烈致癌、致畸、致突变的特点。二噁英对生态和人类的危害是长期的。二噁英一旦被排放或泄漏到自然环境中,便通过水源、泥土和植物进入食物链,家畜、家禽吃了含有二噁英的饲料后,二噁英便储存在脂肪细胞内;人类吃了这些动物的肉、奶、蛋,二噁英便自然转移到人体内,永远不能分解和排出。长期食用二噁英含量超标的食品能诱发癌症和造成组织破坏,损害人体的生殖器官、免疫系统和内分泌系统。20世纪60—70年代,越南战争中,美国空军在越南丛林及农田喷洒一种含有二噁英的枯叶剂,用以破坏越南军队的掩护屏障和农业生产。到20世纪70年代后期,越南就出现了许多畸形的新生儿,归国美军也出现了许多不良症状,同时他们的下一代生残率特别高,人们才进一步证实二噁英对人体健康的威胁。

二噁英由于其来源广泛、毒性强,已被世界各国公认为是对人类健康具有极大危害的全球性重要有机污染物。国际组织已将其列为人类一级致癌物。

自然界中森林火灾能够产生二噁英,但二噁英更主要来自人类活动,如:城市生活垃圾焚烧,杀虫剂、防腐剂、除草剂和油漆添加剂的生产,还有纸浆漂白、汽车尾气和金属的熔炼等都是二噁英的主要来源。焚烧垃圾是造成二噁英污染的主要原因,占已知二噁英生成量的95%。因此对兴建大型垃圾焚烧厂选址一定要加以慎重论证,并要在综合防治二噁英污染过程中,针对生活垃圾有机质含量高、水分大、塑料袋多等特点,努力探索出一条用垃圾分选发酵生物工程"冷处理"办法取代二噁英污染严重的垃圾焚烧"热处理"的新路。

(二)工业固体废物

工业固体废物是指在工业生产活动中产生的固体废物,其中有很多属于危险废物。对于危险废物下面将另立专条叙述。

工业固体废物按行业主要包括以下几类:冶金工业固体废物、能源工业固体废物、石油化工工业固体废物、矿业工业固体废物、轻工业工业固体废物、城市建筑废物、其他工业废物。

1. 工业固体废物增加的状况

1996年,全国工业固体废物产生量65 897万吨;2004年,全国工业固体废物产生量为12.0亿吨,比2003年又增加20.0%;2014年以来,为促进环境信息公开、增进社会公众参与,生态环境部每年定期以年报形式发布固体废物污染环境防治信息。全国200个大、中城市2018年统计一般工业固体废物产生量为15.5亿吨,工业危险废物产生量为4 643.0万吨,医疗废物产生量为81.7万吨。以上数据说明随着工业生产的发展,特别是能源工业和原材料工业的发展,工业固体废物每年的产生量逐年增加,"旧的不减,新的再来"。环保措施可使排放量减少,只有进一步提高综合利用率才能科学有效地消解固体废物。

2. 工业固体废物的危害

(1)固体废物对水体的污染

①固体废物可随雨水径流进入地面水体。

②固体废物的有害成分通过土壤渗漏进入地下水体。1980年美国的"腊芙运河(Love Canal)污染案"就是例子。工业固体废物的垃圾填埋场除了一般生活垃圾填埋场存在的化学物质污染问题外,往往还含有工业废料带来的放射性物质引起的放射性污染。

③通过倾废直接倾入而污染湖泊、河流、海洋。

(2)固体废物对空气的污染

①固体废物的恶臭在空气中的散发。

②细颗粒废物在空气中的扩散。

③有害气体、粉尘、放射性物质在大气中的扩散。

④固体废物垃圾焚烧不完全可能产生大量二噁英污染。

(3)固体废物对土壤的污染

固体废物中的污染物质被植物吸收而进入食物链,最终影响人体健康。

腊芙运河(Love Canal)污染案

1980年美国发生了一件轰动世界的特大公害事件,即腊芙运河污染案。腊芙运河位于纽约州尼亚加拉的边区,是一条不到1 000 m长的未挖成河道。1942年一家农药工厂购买了这块2.4公顷(1公顷=10 000 m²)土地的产权,用来倾倒废弃物。在11年中,倾倒的多种氮化物、硫化物等化学物质达21 000 t。1953年这家工厂填埋了运河,赠交给当地政府,此后在这里建起了1 200栋房子和1所学校。25年后,经日晒雨淋,从运河覆盖层渗透出一层黑色油腻的污液,随雨水流经附近的房子和地下室。居民们不知道是什么东西,立即向环境部门反映。经有关部门对空气、地下水、土壤的测定,发现有六六六、氯仿、氯苯、三氯苯酚等82种化学物质,其中有11种被认为有致癌危险;同时,发现该地区孕妇的流产率是正常地区的1.5倍,婴儿先天性缺陷也比正常地区高,等等。这些调查情况一公布,居民更加恐慌和激愤,抗议、游行、集会不断,要求赔偿健康和经济损失。当时的总统卡特不得不宣布腊芙运河区处于"卫生紧急状态",然后采取一系列措施,将几千户居民迁走。但是像腊芙运河那样的化学废弃物填埋地,据估计美国有25 000~50 000处,这些地方就像定时炸弹,随时可能出现严重后果。

---

3. 工业固体废物的管理及消除污染的途径

工业固体废物处理的原则仍然是减量化、无害化、资源化、稳定化。应以减量化、资源化为核心,大力综合利用工业固体废物,妥善处置未利用的工业固体废物。对工业固体废物综合利用进一步实行鼓励优惠政策,确保现有的政策落实;制定促进废物利用的强制性和指示性的法规、准则;禁止建设无工业固体废物污染处理设施的项目,制定淘汰的产生固体废物严重污染的工艺、设备的名录。对现有露天贮存工业固体废物,无专用的贮存设施、场所的企业,要限期建设,限期内未建设的,禁止产生新的工业固体废物,对排放工业固体废物的企业要限期禁止排放。健全工业固体废物的环境法规和标准,强化对工业固体废物产生、收集、运输、利用、贮存、处置和排放的监督。

(三)农业固体废物

农业固体废物是指在农业生产活动中产生的固体废物。县级以上人民政府农业农村主管部门负责指导农村固体废物回收利用体系建设,鼓励和引导有关单位和其他生产经营者依法收集、贮存、运输、利用、处置农业固体废物,加强监督管理,防止污染环境。产生秸秆、废弃家用薄膜、农药包装废弃物等农业固体废物的单位和经营者,应当采取回收利用和其他防止污染环境的措施。从事畜禽规模养殖者应当及时收集、贮存、利用或处置养殖过程中产生的畜禽粪污等固体废物,避免造成环境污染。禁止在人集中地区、机场周围、交通干线附近以及当地人民政府划定的其他区域露天焚烧秸秆。国家鼓励研究开发、生产、销售、使用在环境中可降解且无害的农用薄膜。

(四)危险废物和进口废物

1. 危险废物

(1)危险废物的定义

危险废物是一类对环境影响极为恶劣的废物。由于有许多政府机构负责管理与处置危险废物,所以它有很多定义。

《中华人民共和国固体废物污染环境防治法》中规定:危险废物是指列入国家危险废物名录或者根据国家规定的危险废物鉴别标准和鉴别方法认定的具有危险特性的固体废物。这个定义是从归类来划定的,并未表明危险废物的本质。

本书将危险废物定义为:当操作、储存、运输、处理或其他管理不当时,会对人体健康或环境带来重大威胁,因而必须对其进行特殊处理和处置的固体废物称为危险废物。这一类废物还包括桶装的液态或气态危险废物。

(2)危险废物的危害

危险废物不仅包括医疗废物、废树脂、药渣、含重金属污泥、酸和碱废物等,还包括确认为急性危险废物的商业化学品及其中间产物、半成品、残留物,以及放射性核废料等。危险废物的特性通常包括急性毒性、爆炸性、易燃性、腐蚀性、化学反应性、浸出毒性和疾病传染性,并以其特有的性质对环境造成污染;如果不处置或处置不当,其危害是严重的、长期的、潜在的,其中的有毒有害物质对人体和环境构成很大威胁。一旦危险废物的危害性爆发出来,不仅可以使人畜中毒,也可因无控焚烧、风扬、风化而污染大气环境,还可因雨水渗透污染土壤、地下水,由地表径流冲刷而污染江河湖海,从而造成长久的、难以恢复的隐患及后果。受到污染的环境的治理和生态破坏的恢复不仅需要很长时间,而且要付出高昂的代价,有的甚至无法恢复,造成的损失有时难以用金钱衡量。危险废物大部分来自化学和石油化学工业。现在全世界已登记的化学物质 700 多万种,正在使用的有约 6 万种,每年有数千种新的化学物质投放市场。

原国家环保总局、国家经贸委、外经贸部和公安部于 1998 年 7 月 1 日实施了《国家危险废物名录》,并于 2021 年进行了第三次更新。《国家危险废物名录(2021 年版)》将危险废物调整为 50 大类别 481 种。危险废物名录上的危险废物来源主要是各工业企业和医院,包括各种有机废溶剂、高浓度化工母液、热处理电镀废渣液、二噁英的卤代化合物、化工废渣、防腐剂、镉镍等废电池、医院手术临床废物等。列入《危险废物豁免管理清单》中的危险废物,在所列的豁免环节且满足相应的豁免条件时,可以按照豁免内容的规定实行豁免管理。共有 32 类危险废物列入《危险废物豁免管理清单》,其中 7 种危险废物的某个特定环节的管理已经在相关标准中进行了豁免,如生活垃圾焚烧飞灰满足入场标准后可进入生活垃圾填埋场填埋(填埋场不需要危险废物经营许可证);另外 9 种是基于现有的研究基础可以确定某个环节豁免后其环境风险可以接受,如废弃电路板在运输工具满足防雨、防渗漏、防遗撒要求时可以不按危险废物进行运输。

《国家危险废物名录(2021 年版)》的发布实施将推动危险废物科学化和精细化管理,对防范危险废物环境风险、改善生态环境质量起到重要作用。

(3)危险废物现有的处置、处理方式及存在的问题

①将危险废物变废为宝,用作另一产品的生产原料。如将电石渣用作水泥掺和料;生产抗生素的企业将全部医药废物再加工制成动物饲料添加剂等。实际操作中往往只将其看成原料,而忽略了其作为危险废物的特性,容易造成二次污染。

②由生产厂家自行回收,返回生产工艺再利用。如某些企业的石棉废物、废钢板及边角料,均可回收再用于生产。但也容易因操作上的随意性和不规范性而造成污染。

③由其他专门单位收购。目前,有不少企业通过将加工厂可提炼有价值物质的危险废物卖给某些专门收购单位来实现危险废物的转移。比较常见的如含铜蚀刻液、含铅冶炼废物等,均有相当的再利用价值。但收购单位往往没有经营许可,不利于管理。

④综合利用。比较常见的如将含重金属的污泥废物通过一定的科学比例烧砖。但在实际操作过程中常因工作人员素质较低,难以科学化处理,造成二次污染。

⑤焚烧处理。如对医院临床废物、过期的废物药品等,一般采取焚烧处理。但如果焚烧不规范,会给周围居民带来极大的污染危害。

⑥非法转移。部分企业未经生态环境部门审核批准,擅自将危险废物转移给个体户及乡镇企业拆解;部分企业为图眼前利益,擅自将危险废物实施跨区、跨省转移,造成极大的污染隐患。

⑦直接排入环境。应该说,目前除部分得到综合利用外,有些危险废物混在生活垃圾或其他工业固体废物中排放,大部分危险废物堆放在工厂内或由企业自行简易储藏,对环境造成极大污染,对公众健康造成危害。

(4)处理处置危险废物的对策

①危险废物的处置方向:前述强调危险废物污染环境的危害性,并非说危险废物很可怕,只要处理处置合理,如通过解毒、焚烧、稳定化、固化和安全填埋等处理处置措施,危险废物的危害性就能降到最低程度。如一些含重金属的污泥,如果随意堆放或处置不当,对环境的危害是不言而喻的,但通过采取脱水和惰性材料稳定固化,其化学性质非常稳定,重金属成分几乎不被浸出。但是如果要求所有废物产生单位都建立自己的高水平的处置设施,一般企业是没有能力的。同时我们也应避免重复建设引起不必要的浪费,而且如果危险废物处置设施分散在众多企业,生态环境部门在监测、管理上也顾不过来,容易出现漏洞。集中处置是危险废物安全、无害化处理处置的发展方向。就危险废物污染环境的现状看,集中处置已迫在眉睫。

②对策:第一,根据国家的法律政策,进一步加强地方性相关法规、部门规章的制定,从法律和规章的层面规范企业对危险废物的处置。第二,加大危险废物集中处置要求及安全无害化处置重要性的宣传力度,提高产废企业遵守法规、规章的自觉性及社会公众参与危险废物的

安全无害化处理处置的积极性。第三,加强教育,普遍提高公众的环保意识,引导公众摈弃随便丢抛垃圾的千年陋习。第四,完善全过程管理的机制,建立起一套针对产生、收集、贮存、运输、利用、处置全过程的行之有效的管理模式,提高危险废物管理的可操作性。第五,强化执法力度,提高企业集中处置的自觉性。第六,提高服务意识,切实做到无害化处置。

危险废物申报登记:凡产生危险废物的企事业单位,都必须对所产生的危险废物进行申报登记。申报登记内容包括 50 类危险废物的产生,废物来源以及利用、贮存、处置等。2014 年 4 月环境保护部办公厅的《重点环境管理危险化学品目录》公布了需重点环境管理的 84 种危险化学品,以据此全面启动危险化学品环境管理登记工作。

危险废物转移联单制:为了防止危险废物转移造成环境污染,转移危险废物的企事业单位必须按照国家有关规定填写危险废物转移联单,并向危险废物移出地的县级以上地方人民政府环境保护行政主管部门报告。

危险废物经营许可证制度:凡从事收集、贮存、运输危险废物经营活动的单位,必须向县级以上人民政府环境保护行政主管部门申请领取经营许可证。

医疗卫生机构应当依法分类收集本单位产生的医疗废物,交由医疗废物集中处置单位处置。医疗废物集中处置单位应当及时收集、运输和处置医疗废物,防止医疗废物流失、泄漏、渗漏、扩散。重大传染病疫情等突发事件发生时,县以上人民政府应当统筹协调医疗废物等危险废物的收集、贮存、运输、处置等工作。

2. 进口废物的环境管理

为了防止各种冠冕堂皇的固体废物(所谓的"洋垃圾"),特别是危险废物从发达国家向发展中国家转移,污染发展中国家环境,联合国环境规划署于 1989 年制定了《控制危险废物越境转移及其处置巴塞尔公约》(简称《巴塞尔公约》)。我国是《巴塞尔公约》缔约方之一。国家生态环境部是中国实施《巴塞尔公约》的主管当局和联络点。为了实施《巴塞尔公约》,保护我国环境,原国家环境保护总局、外经贸部、海关总署、国家商检局、国家工商局于 1996 年 4 月 1 日颁布了《废物进口环境保护管理暂行规定》。2017 年 7 月,国务院办公厅印发《禁止洋垃圾入境推进固体废物进口管理制度改革实施方案》,明确提出"分批分类调整进口固体废物管理目录"和"逐步有序减少固体废物进口种类和数量";新的固体废物污染环境防治法明确"国家逐步实现固体废物零进口"。

(1)国家限制进口的可用作原料的废物目录

在 2017 年将生活来源废塑料、未经分拣废纸、废纺织品、钒渣等 4 类 24 种固体废物调整为禁止进口的基础上,2018 年 4 月调整了第二、第三批目录:将废五金、废船、废汽车压件、冶炼渣、工业来源废塑料等 16 种固体废物调整为禁止进口,自 2018 年 12 月 31 日起执行;将不锈钢废碎料、钛废碎料、木废碎料等 16 种固体废物调整为禁止进口,自 2019 年 12 月 31 日起执行。

(2)废物进口审批程序

凡申请进口列入废物名录的废物的企业,必须填写废物进口申请书,并进行废物进口环境风险评价,然后经废物利用地市级生态环境部门初审,经省级生态环境部门复审同意后,报国家生态环境主管部门审批,审批同意后发给"进口废物批准证书"。废物到港后由商检部门出具商检证明,海关凭进口废物批准证书和商检证明予以放行,凡不符合进口条件的,由海关责令退运出境。

(3)实施《巴塞尔公约》

《巴塞尔公约》已召开了多次缔约方会议,通过了一系列的决议和会议文件。包括对《巴塞尔公约》的修正,制定《巴塞尔公约》所辖废物名录,制定危险废物环境无害化管理技术准则,建立危险废物区域培训和技术转让中心,打击非法转移危险废物活动,制定危险废物越境转移造成损害的责任与赔偿议定书,以及危险废物管理信息系统等。我国积极参与履行《巴塞尔公约》的各项活动,禁止经中华人民共和国过境转移危险废物,为保护发展中国家利益作出了积极的贡献。

三、固体废物的处理

(一)生活垃圾

我国对生活垃圾的环境管理是从 20 世纪 80 年代开始的。1986 年国务院转发城乡建设部等部门的《关于处理城市垃圾改善环境卫生面貌的报告》已涉及垃圾污染及防治对策,正式开始了对生活垃圾的环境管理。

2000 年建设部确定北京、上海、广州、深圳、杭州、南京、厦门和桂林 8 个城市为"生活垃圾分类收集试点城市"。近年来,我国加速推行垃圾分类制度,2016 年 12 月,习近平主席亲自主持召开中央财经领导小组会议研究普遍推行垃圾分类制度,强调要加快建立分类投放、分类收集、分类运输、分类处理的垃圾处理系统,形成以法治为基础、政府推动、全民参与、城乡统筹、因地制宜的垃圾分类制度,努力扩大垃圾分类制度覆盖范围。全国垃圾分类工作由点到面,逐步启动,成效初显。2019 年 6 月,习近平主席再次对垃圾分类工作作出重要指示,指出实行垃圾分类,关系广大人民群众生活环境,关系节约使用资源,也是社会文明水平的一个重要体现。他强调,推行垃圾分类,关键是要加强科学管理、形成长效机制、推动习惯养成。要加强引导、因地制宜、持续推进,把工作做细做实,持之以恒抓下去。要开展广泛的教育引导工作,让广大人民群众认识到实行垃圾分类的重要性和必要性,通过有效的督促引导,让更多人行动起来,培养垃圾分类的好习惯,全社会人人动手,一起来为改善生活环境作努力,一起来为绿色发展、可持续发展作贡献。习总书记还多次实地了解基层开展垃圾分类工作情况,并对这项工作提出明确要求。2019 年起,全国地级及以上城市全面启动生活垃圾分类工作,到 2020 年底 46 个重点城市基本建成垃圾分类处理系统,预计 2025 年底前全国地级及以上城市将基本建成垃圾分类处理系统。

迄今为止,处理城市垃圾的主要方法仍是填埋、堆肥和部分焚烧。垃圾集中处理是我国当前处理生活垃圾的主要措施。分类收集和混合收集后的垃圾都应集中处理。处理的原则应是使之达到"减量化"、"无害化"、"资源化"和"稳定化"。

我国垃圾集中处理采取的措施主要有以下几种:

(1)填埋:填埋是最原始最常见的城市垃圾处理技术,一般有露天堆放、自然填沟和填坑等方式,这些方式是最不卫生的做法,是病虫、病菌的繁殖之地,危害人体健康,并且污染空气、水源和影响市容,已被许多国家禁止。填埋还占用大量的土地,不仅破坏了大量宝贵的耕地,而且造成许多隐患——有毒化学物质的产生、害虫和病菌的孳生、水源和土壤的污染、爆炸性气体的渗漏。填埋垃圾等于制造定时炸弹,如不尽早采取措施,将来会付出昂贵的代价。大多数垃圾填埋方式都是简易填埋,忽视了处理中的环境管理。填埋导致的大气污染、水污染等二次污染严重。卫生填埋是垃圾处理必不可少的最终处理手段。卫生填埋场的规划、设计、建设、运行和管理应严格按照《城市生活垃圾卫生填埋技术标准》等要求执行。科学合理地选择卫生填埋场场址,有利于减少卫生填埋对环境的影响。场址的自然条件符合标准要求的,可采用天然防渗方式;不具备天然防渗条件的,应采用人工防渗技术措施。应当坚持垃圾填埋场的环境影响评价和环境监测,加强垃圾填埋的环境监督管理。

(2)堆肥:食物垃圾(或称"厨余垃圾""餐余垃圾")约占生活垃圾总量的1/3以上。食物垃圾和其他一些有机垃圾具有分散、量大、处理困难、容易污染环境等特点,采用堆肥方式,不仅减少了垃圾污染,而且使之与其他垃圾成分分离,加快了垃圾分类,有利于城市生活垃圾的全面处理。但堆肥易造成地下水污染,发酵不成熟,堆肥效果不理想。堆肥产生大量甲烷,处理不好可能引发爆炸。堆肥场所应选在通风的地域,并远离地下水源地。

(3)焚烧:焚烧的成本很大,焚烧不完全易产生二噁英,造成大气污染。垃圾焚烧场的建立应严格遵守"三同时"制度、环境影响评价制度、环境标准制度和环境监测制度。垃圾焚烧要和发电结合起来。

我国各城市基本配套建设了垃圾清扫、收集、贮存、运输和集中处置设施、场所,大多数城市实行了城市生活垃圾集中处置,垃圾分类收集制度也在稳步推进。实行环境污染第三方治理的制度,政府要加快完善环境基础设施使用和服务收费制度,鼓励民间资本投入绿色环境基础设施建设和运营,在投资、税收、征地、就业用工等方面给予优惠政策。人民政府应当有计划地改进燃料结构,发展清洁能源,减少燃料废渣等固体废物的产生量;应加强产品生产和流通过程管理,避免过度包装,组织净菜上市,减少生活垃圾产生量。要加大公众参与力度,垃圾分类是处理固体废物的一项有效措施。

20世纪70年代起,我国已开始把固体废物作为资源和能源加以回收利用,从消极处理转向积极利用,实现废物的再资源化。城市生活垃圾的分类收集和集中处理的业务应面向社会、平等竞争、有偿服务,鼓励单位或个人举办分类收集和集中处理的专业化服务企业,倡导新时代的"破烂王"。2/3以上的垃圾是可以回收利用的:1 t废纸可造纸800 kg;1 t废塑料可炼汽油700 kg;一次性木筷可以用来造纸,生物垃圾可制成优质肥料,不能回收的纸屑、布头等仍可燃烧发电。要解决垃圾问题,根本的办法是将它们纳入物质循环。因为垃圾本身只是"放错了地方的资源",只要处理得当,完全可以成为巨大的社会财富,是巨大的"城市矿产"。

四、固体废物的资源化——"城市矿产"

(一)"城市矿产"的概念

"城市矿产"是对废弃资源再生利用规模化发展的形象比喻,是指工业化和城镇化过程中产生和蕴藏于废旧机电设备、电线电缆、通信工具、汽车、家电、电子产品、金属和塑料包装物以及建筑垃圾等废料中,可循环利用的钢铁、有色金属、贵金属、塑料、橡胶等资源。目前我国正处于城镇化迅速发展时期,但国内矿产资源不足,难以支撑经济增长,同时我国每年产生大量废弃资源。因此,建立城市矿产示范基地,对于废弃的资源加以有效利用,可替代部分原生资源,减轻环境污染。

建筑垃圾可以作为矿产资源进行利用,通过对建筑垃圾的再加工,使其中的混凝土、砂浆等材料得到充分的利用,重新加工成骨料、微粉等再生材料,用于城市道路建设或者海绵城市的建设过程中,既减少了污染,又使建筑垃圾得到了充分利用,对于环境具有重要的保护作用。

因此，推进建筑垃圾再生利用具有很大的必要性。

（二）"城市矿产"示范基地建设

1."城市矿产"示范基地的建设

国家计划"十二五"期间在全国建设 50 个技术先进、环保达标、管理规范、利用规模化、辐射作用强的国家级"城市矿产"示范基地，推动报废上述物资等重点"城市矿产"资源的循环利用、规模利用和高值利用。开发、示范、推广一批先进适用技术和国际领先技术，提升"城市矿产"资源开发利用技术水平。探索形成适合我国国情的"城市矿产"资源化利用的管理模式和政策机制，实现"城市矿产"资源化利用的标志性目标。开展"城市矿产"示范基地建设是缓解资源瓶颈约束、减轻环境污染的有效途径，也是发展循环经济、培育战略性新兴产业的重要内容。"城市矿产"示范基地建设将有力推动再生资源规模化、产业化发展。住房和城乡建设部2018 年在北、上、广、深等 35 个城市开展了全国建筑垃圾治理试点工作，随着各地环保力度加大，行业发展很快。以"十三五"国家重点研发计划建筑垃圾类项目为代表的多项研究表明建筑垃圾资源化技术已成为热点，在现有成熟技术基础上必然有众多新技术产生，并与传统建材的提质转型相结合，形成固体废物建材新方向。行业标准体系越来越健全，将为建筑垃圾资源化提供全面的标准化支撑。建筑垃圾的资源化是一个长期的工作，需要持之以恒地坚持下去才能够完成。建筑垃圾资源化具有无比广阔的发展前景，并且具有时代赋予的发展机遇。

大规模、高起点、高水平开发利用"城市矿产"资源，具有十分重要的意义，既能节省大量原生资源，弥补我国原生资源不足，又能减少这些物资炼造过程中消耗的大量能源和污染物的排放，为缓解我国资源环境约束作出积极贡献。

2."城市矿产"示范基地建设的重要意义

（1）是缓解资源瓶颈约束的有效途径。当前我国仍处于工业化和城镇化加快发展阶段，一方面，经济增长对矿产资源的需求巨大；另一方面，国内矿产资源不足，难以支撑经济增长，重要矿产资源对外依存度越来越高。与此同时，我国每年产生大量废弃资源，如有效利用，可替代部分原生资源。

（2）是减轻环境污染的重要措施。"城市矿产"资源已经载有原生资源加工过程中能耗、物耗、设备损耗等。利用"城市矿产"资源就是充分利用废旧产品中的有用物质，变废为宝，化害为利，可产生显著的环境效益。如我国废钢利用量 7 200 万吨，就相当于减少废水排放6.9 亿吨，减少固体废物排放 2.3 亿吨，减少二氧化硫排放 160 万吨。开展"城市矿产"示范基地建设，将拆解、加工环节产生的污染集中处理，能有效减少环境污染。

（3）是发展循环经济的重要内容。发展循环经济的根本目的在于提高资源利用效率，保护和改善环境，实现可持续发展。利用"城市矿产"资源能够形成"资源—产品—废物—再生资源"的循环经济发展模式，切实转变传统的"资源—产品—废物"的线性增长方式，是循环经济"减量化、再利用、资源化"原则的集中体现。

（4）是培育新的经济增长点的客观要求。随着我国全面建成小康社会任务的逐步实现，"城市矿产"资源蓄积量将不断增加，资源循环利用产业发展空间巨大。同时，利用"城市矿产"资源有助于带动技术装备制造、物流等相关领域发展，增加社会就业，形成新的经济增长点，是发展战略性新兴产业的重要内容。

国家发展改革委、财政部将会同有关部门加强对示范基地的监督管理，确保示范基地严格执行国家产业政策、环保法规和标准、职业安全的法规和标准，把示范基地建成一个技术先进、环保达标、管理规范、利用规模化、辐射作用强的产业园。"城市矿产"示范基地建设方兴未艾,具有广阔前景。

3."无废城市"及其示范基地建设

"无废城市",就是基于创新、协调、绿色、开放、共享的发展理念,通过持续推动绿色发展方式和生活方式,持续推进固体废物源头减量和资源化利用,最大限度减少填埋量,将固体废物环境影响降至最低的城市发展模式。可见,"无废城市"不是没有固体废物产生,也不意味着固体废物能完全资源化利用,而是一种先进的城市管理理念,旨在最终实现整个城市固体废物产生量最小、资源化利用充分、处置安全的目标,需要长期探索与实践。

2018 年 12 月,国务院办公厅印发《"无废城市"建设试点工作方案》。通过在试点城市深化固体废物综合管理改革,总结试点经验做法,形成一批可复制、可推广的"无废城市"建设示范模式,为推动建设"无废社会"奠定良好基础。推进生产方式和生活方式的绿色化发展是"无废城市"建设的重要内容。方案提出实施工业绿色生产,推动大宗工业固体废物贮存处置总量趋零增长;推行农业绿色生产,促进主要农业废物全量利用;践行绿色生活方式,推动生活垃圾源头减量和资源化利用;提升风险防控能力,强化危险废物全面安全管控;激发市场主体活力,培育产业发展新模式等。

第六节 噪声污染

一、噪声污染的定义

噪声就是人们所不需要的声音,噪声污染一般属于感觉污染,但超过一定阈值后,对人的听觉系统产生直接伤害,就不属于感觉污染了。噪声污染归类于物理性的污染。它与声音的客观物理性质和人的主观意愿有关,与人们的生活状态有关。优美的音乐与噪声之间从物理学的观点来看是没有差别的。噪声的特点是:①它时高时低,无残留,没有污染物质,不会积累,无后效性,即当噪声源停止后噪声亦随之停止,污染也就立即消失;②噪声的污染具有局部性、区域性,传播距离一般不太远;③噪声可叠加和随距离衰减,声的能量最后消失为空气的热能。

二、噪声的声学特性

为了便于学习,先将噪声的某些声学特性作简要的介绍。

1. 频率

声波每秒钟振动的次数,单位为赫兹(Hz)。频率越高,声调越尖锐。

2. 声压

声音在空气传播过程中,空气压力相对于大气压力的压力变化,用 P 表示,单位为帕(Pa)或微巴(μbar)表示。

$1\ Pa=1\ N/m^2$，$1\ Pa=10\ \mu bar$，$1\ \mu bar=1\ dgn/cm^2$

3. 声强

声音的强度，指 1 s 内通过与声音前进方向垂直的 1 m² 面积上的能量，用 J 表示，单位是 W/m^2。

声强与声压的平方成正比：

$J=P^2/\rho c$（ρ 是介质的密度，c 是声音传播的速度）。

4. 声压级

声强（或声压）之比的对数，用 L_p 表示。

$L_p=\lg(J/J_0)=\lg[(P^2/\rho c)/(P_0^2/\rho c)]=\lg(P^2/P_0^2)=2\lg(P/P_0)$。

这里，P 为被测声压；P_0 为基准声压，设定为 2×10^{-5} Pa。

$L_p=2\lg(P/P_0)$，该式中 L_p 的单位是贝尔（B）。但贝尔的单位太大，通常用贝尔的 1/10，即分贝（dB）作单位，此时公式改为：

$L_p=20\lg(P/P_0)$（单位为 dB）。

声压和声压级可以互相换算。

例：强度为 80 dB 的噪声其相应的声压为多少？

解：根据公式 $\qquad\qquad\qquad L_p=20\lg(P/P_0)$

公式变换 $\qquad\qquad\qquad\qquad \lg(P/P_0)=L_p/20$

$$\lg P-\lg P_0=L_p/20$$

将 $L_p=80$ dB 代入公式，得：

$$\lg P=L_P/20+\lg P_0=80/20+\lg(2\times10^{-5})=\lg(2\times10^{-1})$$

则 $\qquad\qquad\qquad\qquad P=0.2\ Pa=2\ \mu bar$。

5. 噪声级

要表示噪声的强弱，必须同时考虑声压级和频率对人的作用，这种共同作用的强弱称为噪声级。

噪声级可使用噪声计测量。噪声计设有 A、B、C 3 种特性网络。其中 A 网络可将声音的低频大部分滤掉，能较好地模拟人耳的听觉特性，对听觉的相关性较好。由 A 网络测出的噪声级称为 A 声级，单位 dB(A)。A 声级越高，人们越觉得吵闹，因此现大都采用 A 声级来衡量噪声的强弱。

但噪声不连续，时强时弱，这与从具有稳定声源的区域中测出的 A 声级数值极不相同，为较准确地评价噪声的强弱，1971 年国际标准化组织公布了等效连续 A 声级的概念，它的定义可以用以下的积分式表示：

$$L_{eq}=10\lg\left[1/(T_2-T_1)\right]\int_{T_1}^{T_2}10^{0.1L_p}\,dt$$

式中，T_1 为噪声测量的起始时刻，T_2 为终止时刻。该式把随时间变化的声级变换为等声能稳定的声级。

在实际测定中，每隔 5 s 读一个瞬时 A 声级，连续取 100 或 200 个。现代的噪声仪都可以自动记录读取数据，并自动进行函数计算，使用起来十分方便。一般的噪声仪也可将读取的数据，采用下式计算等效连续 A 声级：

$$L_{eq} = 10\lg(1/100)\sum_{i=1}^{100}10^{0.1L_i}$$

式中,L_i 为等间隔时间 t 读取的噪声级(或第 i 个 A 声级)。

6. 声压级的和

80 dB 的噪声和 60 dB 的噪声相加不是等于 140 dB,因为声音是一种能量,声压级相加不是简单的代数和,而是要按能量(声压平方)相加,求合成的声压级 L_{1+2}:

因为 $L_1 = 20\lg(P_1/P_0)$,$L_2 = 20\lg(P_2/P_0)$(dB),

对数换算得 $P_1 = P_0 10^{L_1/20}$ 和 $P_2 = P_0 10^{L_2/20}$,

合成声压 P_{1+2},按能量相加原则 $P_{1+2}^2 = P_1^2 + P_2^2$,

即 $P_{1+2}^2 = P_0^2(10^{L_1/10} + 10^{L_2/10})$,

则 $(P_{1+2}/P_0)^2 = 10^{L_1/10} + 10^{L_2/10}$,

$L_{1+2} = 20\lg(P_{1+2}/P_0) = 10\lg(P_{1+2}/P_0)^2$,

$L_{1+2} = 10\lg(10^{L_1/10} + 10^{L_2/10})$(dB)。

例:有两个噪声 $L_1 = 60$ dB,$L_2 = 60$ dB,求其合成的声压级 L_{1+2}。

解:$L_{1+2} = 10\lg(10^{60/10} + 10^{60/10}) = 10\lg(2 \times 10^{60/10})$

$= 10\lg2 + 10\lg10^6 = 3 + 60 = 63$(dB)。

从上式可导出:若 $L_1 = L_2 = L$,则 $L_{1+2} = 3 + L$(dB);

若 $L_1 \neq L_2$,且 $L_1 > L_2$,则 $L_{1+2} = \Delta L + L_1$,ΔL 可查表获得(表 4-5)。

表 4-5　合成声压级的增值表

声压级差 $L_1 - L_2$(dB)	0	1	2	3	4	5	6	7	8	9	10
增值 ΔL	3.0	2.5	2.1	1.8	1.5	1.2	1.0	0.8	0.6	0.5	0.4

如 $L_1 = 100$ dB,$L_2 = 98$ dB,求 L_{1+2}。

先算两个声音的声压级差,$L_1 - L_2 = 2$ dB,查表 4-5 得 2 dB 相对应的增值 $\Delta L = 2.1$ dB;将其加在声压级数大的 L_1 上,则 $L_{1+2} = 100$ dB + 2.1 dB = 102.1 dB ≈ 102 dB。

如果求算两个以上的声压级叠加。其方法是先把它们按从小到大顺序排列,再顺序两两相加。例:求强度为 103 dB、98 dB、100 dB、105 dB 4 个噪声叠加后的声压级。

先按从小到大顺序排列,再顺序相加。

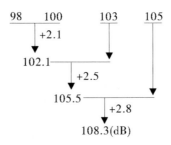

算式中 2.8 的增值为判断值,即取声压级差 0 与 1 dB 之间增值 3.0 dB 和 2.5 dB 之间的值。

也可以两两分别组合,以减少计算中间出现的小数位。

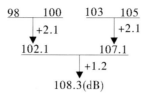

计算结果是相同的。

几个声压级叠加的结果主要由其中最大的一个来决定,其他几个较小的声压级对总声压级贡献不大。由表 4-5 可以看到,随声压级差值的增大,这种贡献越来越小,声压级差 10 dB 的,其噪声增值只有 0.4 dB。这就是说,在一个噪声很大的环境中,加入一些小的噪声源,对整个噪声环境的影响是很小的,甚至可忽略不计。

7. 噪声级的平均值

一般不按算术平均值,而按以下公式计算。

$$L_m = 10\lg(1/n)\sum_{i=1}^{n} 10^{0.1L_i} = 10\lg\sum_{i=1}^{n} 10^{0.1L_i} - 10\lg n$$

即把几个噪声源相加(求声压级的和),再减去 $10\lg n$。如求算 98 dB、100 dB、103 dB、105 dB这 4 个声压级的平均,则先求 4 个的噪声级和为 108.3 dB,再减去 $10\lg 4 (\approx 6\ dB)$ 得 102.3 dB。

8. 噪声随传播距离的衰减

点声源随传播距离增加会引起衰减,其衰减值:

$$\Delta L = 10\lg(1/4\pi r^2)$$

式中,ΔL 为距离增加引起的衰减值(dB);r 是点声源至受声点的距离(m)。

在距离点声源 r_2 处至 r_1 处的衰减值

$$\Delta L = 20\lg(r_2/r_1)(dB)$$

例:一点声源在距离 5 m 处为 80 dB,问多远处才能达到 60 dB 的要求?

解: $\Delta L = 80\ dB - 60\ dB = 20\ dB$,

代入得 $20 = 20\lg(r_2/5\ m)$

$$r_2 = 50\ m$$

即距离点声源 50 m 的地方噪声才能达到 60 dB。

三、噪声的产生和危害

噪声主要有交通运输噪声、工业噪声、公共活动噪声。

反复、长时间、超负荷的噪声刺激可引起人的中枢神经系统损害,表现为条件反射异常、脑血管功能紊乱、脑电位发生变化以及头痛、头晕、耳鸣等神经衰弱症状。噪声危害累及心血管系统表现为心跳加速、心律不齐、血压升高、心排血量减少而使心肌缺血、缺氧,严重者可导致心肌梗死。噪声危害累及内分泌生殖系统可引起性周期紊乱、受精迟缓,并可引起染色体突变而致畸胎的发生。另外长时间生活于噪声环境中可使听力下降,甚至耳聋。

噪声除了对人体健康产生危害外,还对生产活动、科研、国防造成危害。建筑材料长期处在强噪声的环境中会产生"声疲劳",造成材料的机械强度下降。

次声波武器

国外正在研制一种武器，它不用子弹、炮弹，也不用激光，而是以声波作为"子弹"来杀伤敌人，这就是次声武器。频率为 20～20 000 Hz 之间的声波称可听声，超过 20 000 Hz 的为超声，低于 20 Hz 的为次声。次声武器就是把频率低于 16 Hz 的大功率次声，特别是频率低于 7 Hz 的次声波定向辐射作用于人体，对人体产生严重伤害，能使人肌肉痉挛，全身颤抖，呼吸困难，神经错乱。当次声强度达到一定程度时，还能造成脱水休克，失去知觉，血管破裂，内脏损伤，最后导致死亡。由于次声是人耳听不见的，所以人们称次声为"哑巴武器"。现在正在研制的次声武器大致分为两种：一种是神经型次声武器，它的振荡频率同人类大脑的阿尔法(α)节律极为相近，产生共振时，能强烈地刺激人的大脑；另一种是内脏器官型次声武器，振荡频率与人体内脏器官的固有振荡频率相当，使人的五脏六腑发生强烈共振，导致死亡。

四、噪声污染的防治

防治城市噪声污染的主要措施之一是认真执行《中华人民共和国噪声污染防治法》制定的噪声管理标准。原国家环保部等联合发布《声环境质量标准》(GB 3096—2008)，以及《工业企业厂界环境噪声排放标准》(GB 12348—2008)、《社会生活环境噪声排放标准》(GB 22337—2008)和《建筑施工场界环境噪声排放标准》(GB 12523—2011)等。

《声环境质量标准》的主要特点：一是调整了声环境质量标准体系，细化了对声环境质量功能区的要求，完善了铁路附近区域的声环境质量要求；二是将声环境质量标准的适用范围由城市扩大到了乡村地区；三是调整和明确了噪声排放标准的监控要求；四是增设了专用于《中华人民共和国噪声污染防治法》规定声源类型的社会噪声排放标准；五是在工业企业和社会噪声排放标准中都首次对低频噪声规定了限值和监测、评价方法。

低频噪声是指频率在 200 Hz 以下的声音。我国对于低频噪声的声音频率范围定为 20～200 Hz。一般人所能听到的声音就是在 20～20 000 Hz 间，20 Hz 以下的是次声波，20 000 Hz 以上的是超声波。其中对人体影响较为明显的频率主要在 3～50 Hz 的频率范围内。低频噪声发生源主要有电梯、压缩机、抽水机、变压器、洗衣机、冰箱、汽车、爆炸、地震、打雷、风及交通噪声等。

低频噪声与高频噪声不同：高频噪声随着距离越远或遭遇障碍物，能迅速衰减，如高频噪声的点声源，每 10 m 距离就能下降 6 dB；而低频噪声却递减得很慢，声波又较长，能轻易穿越障碍物，长距离奔袭和穿墙透壁直入人耳，对建筑有着很强的穿透力。

低频噪声会对人体健康产生长远的影响。低频噪声对人的听觉系统、神经系统、心血管系统、消化系统以及代谢功能方面具有损害作用，对孕妇和胎儿的健康危害更大。

目前都是用声级计的 A 声级来测量和评价环境噪声。由于 A 计权的频率特性曲线对噪声的低频段和高频段大幅度衰减，而对中频段没有衰减，它像一个反盖的锅底，中间高两头低。因此，用 A 声级对低频噪声测量时，低频噪声的声级都已大幅度被衰减了，仪表显示不出来，必须用线性档或用 C 声级档来测量，才能真实客观地反映出低频噪声的存在；但目前国家环境噪声测量方法中没有全部用线性档或用 C 声级档来测量环境噪声,这是国家环境噪声标准和测量方法存在的不足。因此还要研究制定出针对低频噪声的环境标准和测量方法。

　　一般来说控制噪声的方法主要有三种,包括控制噪声源、保护被传播者和切断传播途径。如安装隔音窗是保护被传播者的一种方式,或可以理解为切断传播途径;而另一种更积极的方式是从噪声源上进行控制,如在电梯轿厢、变电站上采取喷涂水性阻尼涂料的方式进行治理。

　　另一措施就是布置绿化林带。对道路两侧地面进行绿化,包括树木绿化和地面绿化,不仅可以有效改善城市生态环境,而且有利于减低交通噪声。绿化减噪主要是利用植物对声波的反射和吸收作用。植物本身是一种多孔材料,具有一定的声吸收能力,植物的吸收可以减小声波的能量,使噪声减弱。另外,声波通过密集的植物丛时,即会因植物阻挡产生声衰减,一般松树林能使频率为 1 000 Hz 的声音衰减 3 dB/10 m,杉树林带为 2.8 dB/10 m,槐树林带为 3.5 dB/10 m,30 cm 高的草地为 0.7 dB/10 m。绿化林带如一个半透明的屏障,在屏障后面形成"声影区"。一般阔叶林防噪声的作用比针叶林高。为充分发挥绿地减噪效果,绿地种植结构应采用乔灌草复层种植结构,使种植立面的每个层次都有茂密的树冠层。在车流量大的机动车与非机动车分车带上,种植枝叶茂密、抗性强、生长健壮的绿篱,则可以有效减少噪声对环境的影响。在条件许可的路段,可以把绿篱植物和人工声屏障相结合。

　　声影区就是在声源和接收点之间插入一个声屏障,假设屏障无限长,声波只能从屏障上方绕射过去,而在其后形成一个区域,就像光线被物体遮挡形成一个阴影那样。在这个声影区内,人们可以感到噪声明显地减弱了,这就是声屏障的减噪效果。

　　所谓的声屏障就是在声源和接收者之间插入一个设施,使声波传播有一个显著的附加衰减,从而减弱接收者所在的一定区域内的噪声影响。声波在传播过程中,遇到声屏障时就会发生反射、透射和绕射三种现象。通常我们认为屏障能够阻止直达声的传播,并使绕射声有足够的衰减,而透射声的影响可以忽略不计。因此,声屏障的主要功能是阻挡声音的传播,将大部分声能反射回去,仅使部分声能绕射过去,在屏障的后面形成一个声影区,从而使噪声降低。声屏障主要用于铁路和公路沿线,在路和临街建筑之间设立声屏障控制交通噪声对附近城市区域的影响。目前我国一些城市和高速公路已开始修建声屏障来控制交通噪声的污染。另外,在一些噪声敏感区也修建了声屏障,如深圳福田红树林自然保护区邻近的公路就采用声屏障减少噪声对红树林区鸟类的影响。

第七节　微波污染

　　微波与无线电波一样,同属电磁波,但波长短,频率高,能量为 $4 \times 10^{-4} \sim 1.2 \times 10^{-6}$ eV(电子伏特)。高压线、变电站、电台、电视台、雷达站、电磁波发射塔、卫星通信、工业上烤烘、军事上的雷达监测和电子仪器、医疗设备、办公自动化设备、微波炉、收音机、电视机以及手机等工作时,会产生各种不同频率的电磁波。这些电磁波充斥空间,无色、无味、无形,可以穿透包括人体在内的任何物质,起着"电子烟雾"的作用。长期暴露在超过规定的安全辐射剂量下的人体,体内细胞会被大面积杀伤或杀死,导致病变。这种污染,也归属于物理性污染。

一、微波的定义及特点

微波是一种波长很短的电磁波,其频率为 300～300 000 MHz,波长处于 1 mm～1 m 范围,其量子能量较低。

微波是一种高频电磁辐射。它具有频率高、频带宽、信息容量大、波长短、波束定向性和分辨率能力高等特性。频率超过每秒 10 万次的高频电磁波才能对人体造成危害,其中尤以频率在每秒 3 亿次以上的微波对人体危害最大。

二、微波污染的来源

(1)天然污染源:大气与空气污染源(自然界的火花放电、雷电、台风、火山喷发等)、太阳电磁场源(太阳黑子活动、耀斑等)、宇宙电磁场源(新星爆发、宇宙射线等)。这种电磁污染除对人体、财产等产生直接的损害外,还会在大范围内产生严重的电磁干扰,尤其是对短波通信的干扰最为严重。

(2)人为污染源:①放电所致污染源。如电晕放电(高压输电线由于高压、大电流而引起的静电感应、电磁感应)、辉光放电(高压水银灯及其他放电管)、弧光放电(开关、电气铁道、放电管的点火系统、发电机、整流装置等)、火花放电(电气设备、汽车等的整流器、发电机放电管、点火系统等)。②工频交变电磁场源。如大功率输电线、电气铁道的高压大电流。③射频辐射场源。如无线电发射机、雷达、高频加热设备、医用理疗机等。④建筑物反射。如高层楼群及大的金属构件对微波的反射。

三、微波辐射的危害

(一)对人体健康的危害

(1)造成儿童白血病。长期处于高微波辐射的环境中,会使血液、淋巴液和细胞原生质发生改变。

(2)诱发癌症并加速人体的癌细胞增殖。微波辐射污染会影响人体的循环、免疫、生殖和代谢功能,严重的会诱发癌症,并会加速人体癌细胞增殖。

(3)影响人的生殖系统。男性精子质量降低,孕妇发生自然流产和胎儿畸形。

(4)导致儿童智力残缺。

(5)伤害中枢神经系统,引起心血管疾病。表现为心悸、失眠,部分女性经期紊乱,心动过缓,心搏血量减少,窦性心律不齐,白细胞减少,免疫功能下降。

(6)对视觉系统有不良影响。眼睛属于人体对微波辐射的敏感器官,过高的微波辐射会造成视力下降,引起白内障。

高剂量的微波辐射还会影响和破坏人体原有的生物电流和生物磁场,使人体内原有的电磁场发生异常。老人、儿童、孕妇属于对微波辐射的敏感人群。

(二)微波辐射危害人体的机理

微波对人体造成伤害主要是微波照射人体时极易被人体吸收,导致人体内部的分子运动加剧而产生大量的热量,使人体内部各器官的热平衡失调,影响神经中枢和心脏的健康。另一种是非热量原因,即微波辐射对细胞造成的畸变作用。微波对人体的危害取决于微波的波长、强度、接触时间的长短以及人与微波源的距离。一般来说,强度低、接触时间短、距离远对人体没有危害,但强度高、接触时间长可引起中枢神经和自主神经系统的功能障碍。

(三)微波的其他危害

电磁波除威胁人类健康和破坏生态环境外,还会造成医疗、电子仪器设备操作失常、电信号传输失误、自动控制系统失效、无线电接收系统损坏等危害,甚至可能造成错误引燃、引爆等严重事故。

四、对微波辐射的防护

微波的防护主要是减少微波的泄漏和促进微波的吸收。微波源要尽量密闭,调试微波机的小室四周上下应敷设微波吸收材料。微波发射有方向性,工作点应置于微波流最小的正后方,必要时可穿戴微波防护服。

家居内防护微波辐射要做到:

(1)注意室内办公和家用电器的安排,不要集中摆放。特别是一些易产生电磁波的家用电器,如收音机、电视机、电脑、电冰箱等,不要集中摆放在卧室里。

(2)注意使用办公和家用电器时间,各种电器、办公设备尽量避免长时间操作,同时避免多种办公和家用电器同时启用。

(3)保持人体与办公和家用电器的距离,彩电的距离应在4~5 m,日光灯距离应在2~3 m,微波炉开启之后离开至少1 m远。

(4)生活和工作在高压线、变电站、电台、电视台、雷达站、电磁波发射塔附近的人员,经常使用电子仪器、医疗设备、办公自动化设备的人员,生活在现代电气自动化环境中的工作人员,佩带心脏起搏器的患者,生活在上述环境里的孕妇、儿童、老人及病患者等,要特别注意微波辐射污染的环境指数。如果室内环境电磁波污染比较高,必须采取相应的措施,或请有关部门帮助解决。

为了正确认识、科学防护微波辐射,国内外都制定了微波辐射的相关标准。

(1)国外标准

建立微波辐射功率密度和场强的安全标准是防止微波危害的基础性工作。目前,具有代表性的和参照执行的标准是美国国家标准(ANSIC 85.1—1974)和苏联国家标准(TOCT 12.1.006—1976)。

(2)国内标准

近年来国家对控制微波辐射先后制定了一些相应的标准。1988 年 3 月 11 日,国家环境保护局发布了《微波辐射保护规定》,规定了中微波辐射的保护限值范围为 100 kHz~300 GHz。1989 年《作业场所微波辐射卫生标准》被正式批准为国家标准,限值是 0.4 mV/cm^2。《中华人民共和国环境影响评价法》中都规定了电磁辐射污染防治一般原则。《电磁辐射环境保护管理办法》规定了监督管理范围、单位和个人应遵循的一般准则、环境监测的主要任务、污染事件处理、奖励与惩罚制度等,成为我国最早的完整系统地对电磁辐射污染进行阐述的国家法律之一。卫生、环保、电力等部门也出台了一些电磁辐射、射频电磁场方面的法律、法规及标准,如早期卫生部门发布的《作业场所超高频辐射卫生标准》(GB 10437—89)等和环保部门的《电磁环境控制限值》(GB 8702—2014)。

继大气污染、水污染和噪声污染之后,电磁辐射已成为"第四污染源"。国家生态环境部门已决定,建立重点污染源档案和数据库,建立健全有关微波辐射建设项目的审批制度,使电磁污染源远离稠密居民区,把电磁污染管理纳入日常环保工作轨道。

电磁波也如同大气和水资源一样,只有当人们规划、使用不当时才会造成危害。一定量的辐射对人体是有益的,医疗上的烤电、理疗等方法都是利用适量电磁波来达到治病健身的目的,因此对于微波污染要做到正确认识、科学防护。

第八节　光辐射污染

一、光辐射污染的概念

近年来,环境污染日益加剧。无数悲剧的发生,让人们越来越意识到环境对人类生存健康的重要性。人们关注水污染、大气污染、噪声污染等,并采取措施大力整治,但对光辐射造成的污染却重视不够,其后果就是各种眼疾,特别是近视比率迅速攀升。据统计,目前我国近视患者已超 6 亿,青少年近视率居世界第一,高中生和大学生的近视率均已超过七成并逐年上升,小学生的近视率也接近 40％。借用"噪声"的叫法,也有人把那些对视觉、对人体有害的光辐射叫"噪光"。

光辐射属电磁波,具有能量,能把物体分子激活,使光波转化为化学能。光的颜色由光的频率决定,频率越高,光子的能量越大。因此,不同色光具有不同的能量和热量,照到人眼之后,除了刺激眼睛视网膜上的感光细胞产生视觉外,还会刺激脑垂体及大脑中的一些部位,从而产生影响人的感觉及生理状态的激素。

二、光辐射污染的分类

光辐射污染是现代大城市中一种新的环境污染,光辐射的污染一般也属于感觉污染,但超过一定阈值后,对人的视觉系统产生损伤或皮肤产生灼伤等直接伤害,就不属于感觉污染了。光辐射的污染也归类于物理性的污染。国际上一般将它分成 3 类,即白亮污染、人工白昼和彩光污染。

（一）白亮污染

1. 玻璃幕墙

玻璃幕墙的光辐射污染是指高层建筑的幕墙上采用了涂膜玻璃或镀膜玻璃，当直射日光和天空光照射到玻璃表面上时，由于玻璃的镜面反射（即正反射）而产生的反射眩光。这些亮光反射系统比绿地、森林以及毛面砖石装修建筑物大 10 倍以上，大大超过了人眼所能承受的范围。长时间在白色光亮辐射环境下工作和生活的人，视网膜和虹膜都会受到程度不同的损害，还会导致类似神经衰弱的症状。玻璃幕墙光辐射污染产生的条件是：使用了大面积高反射率镀膜玻璃（包括镜面玻璃、磨光花岗岩、大理石贴面、钢化玻璃、不锈钢包装），在特定方向和特定时间下产生，光辐射的程度与玻璃幕墙的方向、位置及高度有密切关系。

镜面建筑物的光辐射污染除了对人的视觉造成直接危害外，还会形成一些间接的危害，如：突然反射的耀眼光芒会成为制造意外交通事故的凶手；建在居民小区附近的玻璃幕墙会对周围的建筑形成反光，从而影响周围的光环境；夏日将阳光反射到居室中，强烈的刺目光线最易破坏室内原有的良好气氛，也使室温平均升高 $4 \sim 6$ ℃，甚至对人的皮肤产生灼伤。

有学者统计，许多鸟类无外伤的死亡是由于撞上玻璃幕墙所致，尤其在春天鸟类繁殖季以及秋天鸟类迁徙时，更是撞击致死的高峰期。对于麻雀、八哥等鸟类，平时并不会飞行速度特别快，因此即使它们撞上了玻璃，常常也只是被撞得头晕眼花，严重一点被撞晕；而对于迁徙中的鸟类，撞上玻璃而死亡的概率大大增加。鸟类大规模死亡发生在夜晚，由于玻璃反射出了周围的天空，并且加上城市中的光线过于明亮，影响了鸟类对于迁徙方向的判断。在一片刺眼的灯光中，玻璃中反射的天空便成为鸟类视线中唯一的"天空"，于是大批迁徙路过此处的候鸟们纷纷撞上玻璃。

时尚、亮丽、通透的玻璃幕墙是高档建筑物特有的表征，但其带来的光辐射污染也成为人们投诉的焦点。厦门市 2012 年曾出台《厦门市建筑外墙装饰管理暂行规定》，其中规定：新建建筑采用玻璃幕墙或金属幕墙，可能会对周围环境产生光辐射污染的，应采用低辐射率镀膜玻璃或非抛光金属板，不得采用镜面玻璃或抛光金属板等材料。这条规定对玻璃幕墙的采用已有所约束。

2. 室内白光

现代的装修常创造四白落地的气氛，一般白粉墙的光反射系数为 $69\% \sim 80\%$，镜面玻璃的光反射系数为 $82\% \sim 88\%$，特别光滑的粉墙和洁白的书簿纸张的光反射系数高达 90%，比草地、森林或毛面装饰物面高 10 倍左右，这个数值大大超过了人体所能承受的生理适应范围，构成了现代新的光辐射污染源。此外，长期在日光灯下阅读，影响视力；长时间看电视或操作电脑也有损健康。

在光辐射污染中，最先受害的是直接接触光源的眼睛，光辐射污染导致视疲劳和视力急剧下降。长时间在白亮污染环境下工作和生活的人，眼睛的角膜和虹膜都会受到不同程度的损害，易导致视力下降，白内障发病率升高等。室内白光还使人产生头昏目眩、失眠心悸、食欲下降、情绪低落等类似神经衰弱的症状。

（二）人工白昼

夜幕降临后，商场、酒店上的广告灯、霓虹灯闪烁夺目。有些强光束甚至直冲云霄，使得夜晚如同白天一样，即所谓人工白昼。夜景灯光在使城市变美的同时也给都市人的生活带来一些不利影响。在这样的"不夜城"里,上空不见了星辰;灯光给人们带来的隐性污染一般很少被人察觉,但危害是存在的。

全球有 2/3 地区的居民看不到星光灿烂的夜空,尤其在西欧和美国,高达 99% 的居民看不到星空。在欧美和日本,光污染的问题早已引起人们的关注,美国还成立了"国际黑暗夜空协会",专门与光辐射污染作斗争。

刺目的灯光让人紧张,人工白昼使人难以入睡,扰乱人体正常的生物钟,导致白天工作效率低下。人工白昼还会伤害鸟类和昆虫,强光可能破坏昆虫在夜间的正常繁殖过程,许多依靠昆虫授粉的植物也将受到不同程度的影响,通过生态链的断裂,进而影响整个生态系统的初级生产力。

近几年我国城市的"夜景观"建设发展十分迅速。让城市亮起来、美起来在总体上是值得肯定的,但从能源和环境等方面考虑,城市亮起来的同时就伴随着光辐射污染,而"只追求亮、越亮越好"的做法更是会带来难以预计的危害。

夜景观建设也必须适度,否则效果会适得其反。夜间灯光的主要功能是照明,其次是美化。照明有一定的光线强度即可,过亮会干扰车辆和行人;同时,不适当的灯光设置对交通的危害更大,事故发生率会随之而增加。美化夜景需要柔和温馨的灯光,如果太过刺眼,让人们感觉不适,就达不到美化的效果。

(三)彩光污染

华灯溢彩,霓虹闪烁。舞厅、夜总会安装的黑光灯、旋转灯、荧光灯以及闪烁的彩色光源构成了彩光污染。这种闪烁的灯光,对人的眼睛是有害的。歌舞厅中的黑光灯可产生波长为 250~320 nm 的紫外线,其强度大大高于阳光中的紫外线。人体如长期受到这种黑光辐射,有可能诱发鼻出血、脱牙甚至皮肤癌。

如果人长时间在时明时暗的光线下活动,会造成感光细胞损伤,瞳孔括约肌频繁地缩小、张大,大脑也随之兴奋、抑制。细胞组织便会因疲劳过度而使人感到眼睛干涩、眼眶胀痛、视物昏花、头昏、头痛、失眠等,严重时可使眼结膜充血,甚至出现恶心呕吐等症状。旋转活动灯及五光十色的霓虹灯彩色光源,产生耀眼刺目的强光波,使人眼花缭乱,不仅对眼睛不利,而且彩光能对人产生心理压力,可干扰大脑中枢神经,使人出现头晕、头痛、站立不稳、注意力不集中、食欲下降、烦躁、失眠等"光害综合征"症状。

歌舞厅中的光辐射污染危害让人触目惊心,有关卫生部门对数十个歌舞厅激光设备所做的调查和测定表明,绝大多数歌舞厅的激光辐射压已超过极限值。这种高密集的热性光束通过眼睛晶状体聚集后再集中于视网膜上,焦点温度可高达 70 ℃ 以上,对眼睛和脑神经十分有害。

除了上述类型外,一般还可分出其他光辐射污染:①过量的紫外线、红外线照射理疗,可使人皮肤出现红斑、血压降低、头晕耳鸣,引发白内障和皮肤癌等疾病;②激光是一类特殊的光辐射污染。

三、光污染的防治

《中华人民共和国环境保护法》明确光辐射是环境污染的具体形态,对光污染防治提出了总体要求。

　　我国的光污染防治工作还处于起步阶段,光污染防治面临诸多问题:(1)光污染类型多样,污染与影响的量效关系仍处于研究阶段,对光污染认定存在技术难点,并且相关工作经验十分薄弱,尚不具备针对光污染专门立法的条件。(2)针对光污染监管和投诉处理,生态环境、住房城乡建设、自然资源、公安、工业和信息化、交通运输等部门尚未有明确的职责划分。部分城市根据地域特点和管理需要,针对建筑物玻璃幕墙、景观照明和户外广告等不同类型的光污染管理实施了不同的责任分工。(3)我国光污染防治标准规范当前大多是从城市景观、道路照明角度提出光源设计、选用和安装规范,涉及光污染防治的内容有限且相对笼统,尚未从生态环境保护角度制定相关标准规范。(4)国内目前光污染监测与研究工作开展较少,光污染监测工作还未纳入生态环境监测日常工作范畴,测量方法和技术有待提高,相关监测数据匮乏,难以对光污染状况进行准确评价。

　　生态环境部已于 2018 年开始将相关事项纳入工作计划,组织开展监管政策前期研究。由技术支撑单位持续在光污染防治法律、法规、政策、标准规范等方面,对国内外的政策和技术规范深入调研,并对国内典型城市光污染现状摸底与测试。现已完成了北京、天津、重庆、深圳、杭州、满洲里、沈阳、广州等典型城市光污染现状的调研及实地监测工作,对城市 LED 广告屏光污染提出了初步的对策建议。目前正在对城市光环境功能分区方法开展调研,逐步形成分级别保护居住区及特殊区域的光污染防治策略,为光污染防治提供管理思路。住房城乡建设部也高度重视光污染防治,对于建筑物照明设施、广告牌等产生的光污染的问题,报批印发了《国务院办公厅转发住房城乡建设部关于加强城市景观照明管理意见的通知》(国办发〔2019〕7号)、《国务院办公厅关于加强城市景观照明节约用电管理的通知》(国办发〔2021〕41 号),《城市照明建设规划标准》(CJJ/T 307—2019),《城市户外广告和招牌设施技术标准》(CJJ/T 149—2021)等文件,指导各地编制城市户外广告设置专项规划,要求各地因地制宜设立暗夜保护区等各类区域,明确相应的景观照明亮度、功率密度值、光污染限值等要求;提高景观照明方案设计水平,减少光污染;不得建设超高能耗、超大规模、过度亮化、造成光污染的“灯光秀”工程项目等。

　　北京、天津、上海、重庆、陕西、广州、深圳、厦门等省市地方法规规章中对玻璃幕墙、城乡照明或户外广告招牌的光污染防治作了具体规定。我国相关行业颁布了一系列技术标准,并逐步纳入国家标准管理执行范畴。与光污染密切相关的标准有《室外照明干扰光限制规范》(GB/T 35626—2017)、《玻璃幕墙光热性能》(GB/T 18091—2015)、《室外运动和区域照明的眩光评价》(GB/Z 26214—2010)、《LED 显示屏干扰光评价要求》(GB/T 36101—2018)、《LED 显示屏干扰光现场测量方法》(GB/T 34973—2017)等 20 余项标准规范,涵盖室外照明干扰光限制、玻璃幕墙反射光限制、眩光限制、LED 显示屏幕干扰光限制、绿色照明评价等方面。例如,天津市 1999 年颁布了《城市夜景照明技术规范》,这是我国第一个有关夜景照明的技术规范。2004 年,天津市在原规范基础上,重新修订并发布《天津市城市景观照明工程技术规范》,对建筑物、小区、广告、商业牌匾、雕塑、水景、花坛等都进行了具体的规定,同时从工程技术角度对配电、设备和施工等方面进行了相应的要求。北京市在夜景建设中曾有一个《城市夜景照明工程评比标准》。此外,我国对幕墙建筑的问题也逐渐给予了高度重视,1996 年起建设部关于幕墙工程技术规范、加强建筑幕墙工程管理的暂行规定等法规相继出台,使控制幕墙工程质量有了法规依据。国家建设部于 2005 年 7 月 1 日起颁布实施《公共建筑节能设计标准》,其中最引人关注的是,公共建筑将不得再建整面玻璃幕墙。除了光污染的原因之外,玻璃幕墙还吸收太多的热量,安装大量玻璃幕墙的写字楼很多还没到夏季就早早打开了空调,造成了能源浪费。各地根据自己的实际情况,也采取了一些相应的可行措施。广州市的幕墙玻璃安装执行的新标准可以作为借鉴,根据新标准的规范要求,广州市内区域要严格遵循以下规定:(1)在城市主干道、立交桥、高架路两侧的建筑物 20 米以下,其余路段 10 米以下不宜设置玻璃幕墙的部位如使用玻璃幕墙,应采用反射比小于 0.16 的低反射玻璃。(2)居住区内应限制设置玻璃幕墙。(3)历史文化名城中划定的历史街区、风景名胜区内应慎用玻璃幕墙。(4)在 T 型路口正对直线路段处不应设置玻璃幕墙,在十字路口或多路交叉路口不宜设置玻璃幕墙。(5)道路两侧玻璃幕墙设计成凹形弧面,南北向玻璃幕墙向后倾斜时应避免反射光进入行人和驾驶员视场内。

今后工作重点在于针对不同类型的光污染开展技术研究,尽快提出合理有效的监测评价方法,推动光污染监测纳入生态环境监测日常工作;鼓励光污染投诉较为集中的城市先行探索,针对光污染防治制定专门的地方性法规,夯实工作基础,积极推动光污染纳入生态环境标准体系。

第九节　城市生态环境问题

城市是人类为着某种政治、经济和军事目的而集聚的结果,是一个复杂的地域综合体。到 20 世纪末,全世界已有 40% 以上的人口住在城市和城镇。

由于城市集中的人群、集中的交通和工业,城市中的"三废"污染已经成为现代大城市环境问题的焦点。

城市人类活动对城郊、区域及全球生态系统的影响已成为各国政府面临的一项重大政治议题。旧城改造、新区开发、工矿发展及重大工程建设中的人口、资源、环境(污染)关系及其可持续发展需求,向科学界尤其是生态学界、环境科学界提出了挑战。

一、城市的产生和发展

世界上城市已有 5 000 多年历史。公元前 2000 年时的古罗马,我国 3 000 多年前的商都,还有被考古界公认的我国最早的城市坐落在山东省日照市五莲县丹土村,距今有 4 000 多年的历史,都是世界上最早的城市之一。

2002 年 7 月安徽省文物考古研究所的专家向记者披露了一个重大考古发现:正在发掘的含山凌家滩原始部落遗址是我国最早的城市遗址。这表明我国早在 5 500 年前就出现了城市,从而使我国城市的历史又向前推进了 1 000 多年。凌家滩遗址位于长江、淮河之间的巢湖流域。据考古专家描绘,现在被大片庄稼覆盖的凌家滩在远古时期是一座繁华、热闹的城市,养殖业、畜牧业、手工业初步形成规模。这一惊人的发现意味着我国城市文明的起源远远早于人们过去所做的估计。专家认为,凌家滩古城展现出的失落久远的灿烂文明,将使中华民族文明史由"上下五千年"延伸到七八千年甚至上万年。

以城区常住人口为统计口径,将城市划分为五类七档。城区常住人口 50 万以下的城市为小城市,其中 20 万以上 50 万以下的城市为Ⅰ型小城市,20 万以下的城市为Ⅱ型小城市;城区常住人口 50 万以上 100 万以下的城市为中等城市;城区常住人口 100 万以上 500 万以下的城市为大城市,其中 300 万以上 500 万以下的城市为Ⅰ型大城市,100 万以上 300 万以下的城市为Ⅱ型大城市;城区常住人口 500 万以上 1 000 万以下的城市为特大城市;城区常住人口 1 000 万以上的城市为超大城市。

截至 2021 年,我国有北京、上海、深圳、重庆、广州、成都、天津、武汉 8 个超大城市。2021 年统计中国的城市总数已达 692 个,包括 4 个直辖市、300 个地级市、392 个县级市。随着社会和经济的发展,我国大城市的数量会不断增加。

城市是人类生产和生活的集中场所,利用和消耗着大量的能源和资源,伴随着产生了大量的"三废"污染物,从而使环境受到严重的污染,使生态受到严重的破坏。当前城市中数量急剧膨胀的汽车引发的水、气、声、渣(固废)的污染和资源的过度消耗、交通的拥堵,已经成为我国城市"雾都"和"堵城"的主要根源。

有关城市的环境问题包括城市的污染问题、城市的交通问题以及城市居住环境问题。而后两者与城市的环境污染问题是互为因果的。关于污染问题,本章的前几节已经有详细的介绍,下面主要是从生态学的角度来探讨解决城市生态环境问题的途径。

二、城市生态系统的结构与功能

城市的气候、植被、土壤、水文、能源,以及废物管理、土地利用规划、交通、住房、基础设施、政策、管理中的生态学问题及方法与农村有很大差别,与自然生态系统更是截然不同。城市环境问题归根结底也只能应用生态学的基本原理来解决,因此必须从城市的社会-经济-自然复合生态系统来辨识城市的生态环境问题。

(一)城市生态系统的结构

城市生态系统是一个社会-经济-自然复合生态系统,可分为 3 个亚系统,各个亚系统又可分为不同层次的子系统,彼此互为环境。

1. 社会生态亚系统

它是以人口为中心,包括常住人口、流动人口等。该系统以满足本市居民的就业、居住、交通、供应、文娱、医疗、教育及生活条件等需求为目标,为经济系统提供劳力和智力,以高密度的人口和高强度的生活消费为特征。

2. 经济生态亚系统

以资源(能源、物资、信息、资金)流动为核心,是城市的命脉和支柱。

3. 自然生态亚系统

(1)物理结构

①自然环境

a. 地貌:城市景观的重要组成部分,对城市结构和空间形态产生着不同影响。如重庆是山城风格,厦门是滨海型风格。

b. 气候:城市人口高度集中,建筑物稠密,自然地表被水泥、柏油、砖石等人工表面所替代(除了海绵城市设施),加之密集的生产和生活活动所散发的热量及污染物(如尘罩),使城市小气候与周围农村有很大差别。最突出的表现是"热岛效应"(或称"城市热岛效应")。

所谓城市热岛效应(urban heat island effect),是指城市中的年平均气温明显高于外围郊区年平均气温的现象。城市热岛效应事实上是城市化进程中的副产品。在近地面温度图上,郊区气温变化很小,而城区则是一个高温区,就像突出海面的岛屿,由于这种"岛屿"代表高温的城市区域,所以又被形象地称为"城市热岛"。城市热岛效应使城市年平均气温比郊区年平均气温高出 1 ℃甚至更多。夏季,城市局部地区的气温有时比郊区高出 6 ℃以上。此外,城市密集高大的建筑物阻碍气流通行,使城市风速减小。由于城市热岛效应,城市与郊区形成了一个昼夜相反的热力环流。形成城市热岛主要有以下几个方面的原因:

一是城区人口增长迅速,导致能源消耗增长较快。能源的使用量剧增,释放到大气中的热量也随之增高。城市的现代生活制造出巨大热量,工业生产的昼夜运转、家庭炉灶的明火烹饪,这些固定的热源每天排放的废气热量就占全天热能的 66.6%,稠密人口释放出的生物热量占 1%左右,种种热源像火炉一样直接烘烤大气。

二是除了海绵城市设施外的人工不透水铺面和大吸热表面积增加。柏油路面能够吸收80%以上的热量,柏油马路上的滚滚车轮这类移动热源每天也释放着 33.1%的热量,尤其是中午,马路表面的温度比百叶箱气温高出 17.4 ℃。随着城区面积不断扩大,道路不断拓宽,高楼大厦拔地而起,自然植物生长的被覆面相对减少,地面的保水能力下降,调节气候的作用相应减弱,使市区热岛效应和干燥化的倾向更加严重。

三是人工排水系统不甚合理。城区内雨水、生活用水绝大部分是由人工排水系统迅速排放至排洪沟,再由排洪沟排放至大海或河流,从根本上阻止了水在市区环境内的渗透、积蓄、保存,对缓解热岛效应产生不利影响。

四是建筑物的无序排列使通风量和风速越来越小。一些沿海或海岛城市,空气对流原本不成问题,但现在的沿岸海景地带密集地建设了许多高大的楼房、建筑物,抢占"黄金"地带,形成一个屏障,阻碍了空气对流。高大的建筑群和凌乱的居民住房影响了通风量,使城里风速越来越小,市区内静风频率进一步升高,储热进一步增大。此外,大型建筑和汽车增加了空气中的热量,建筑物对太阳光能的反射,特别是一些大楼的全玻璃幕墙设计等又极易形成光污染的恶性循环。

五是城市大气污染增加。大量的氮氧化物、二氧化碳、煤灰、粉尘和气溶胶微粒等有害物改变了城市大气的成分,使其对某些辐射波段有着强烈的吸收,增大了城市大气的吸热能力,形成一个"罩子",使地面反射的长波热辐射又以逆辐射的形式返回大地,热量不易扩散,致使城区温度升高。

六是城区绿化率下降。近年来有些地方建筑面积盲目扩大,挤占绿地,使城区绿化程度呈下降趋势。热岛效应严重的区域是"钢筋混凝土森林"最集中的区域,也是绿化率最低的区域。

七是湿地、水域面积锐减。绿色植物和水面本是维持生态平衡的关键性因素,但近年来城区一些地方盲目填湖建楼或铺路,使城市湿地、水域面积锐减严重,调节温度的功能不断削弱,使城区生态环境变得十分脆弱,难以缓解夏季的热岛效应。

此外,由于汽车拥有量的逐年增加和夏季空调的大面积使用,向城区排出大量热量,直接导致局部城区温度升高。

c. 水文:人工地表的不透水性面积加大,增加了地表径流,减少了地下水的补给,降低了水位和流量。

d. 土壤:早先的大批肥沃农田置于人工地表之下,裸露土壤剩下不多,其物理、化学性质发生了重大变化,土壤多为失去表土的心土,团粒结构差、pH 值与微生物区系和自然状态下的环境相比都有较大差异。

e. 大气:空气污染。在本章第一节已有详细讨论。

②人工环境:适应城市的生产设施,如厂房、仓库等;生活设施,如住宅、商店、医院、学校、公园等;基础设施,如热、电、水、气供应设施等;交通设施,如道路、车库、水陆空运输等。

(2)生物结构

生物在城市生态系统中已让位于人,人在生物结构中起主导作用。其他生物方面也与农村生态系统不同,如植物主要是绿地、草坪、树木、花卉,而不是庄稼作物。

(二)城市生态系统结构的特点

(1)人是城市生态系统的主体,是主要消费者。城市最大的特点是人口密度高(单位面积上人口的数量称为人口密度)。

(2)生产者数量稀缺,作用改变。由于地面几乎全部都被道路和房屋覆盖,留作绿地的植物产量远远不能满足本地区内消费者的需要,而且绿色植物不以向城市居民提供食物为主要作用。在自然生态系统中,生产者的生物量和生物个体数目都比消费者的生物量和生物个体数多,用图表示会呈现一个底大(生产者多)、上部渐小(各级生产者逐级减小)的三角形图,消费者可完全依靠生产者生产的有机物生活。而城市生态系统的结构不同于自然生态系统,也不同于农业生态系统,用图表示则呈现一个畸形(倒三角形)的生物群落组成,下部(生产者)小,上部(消费者)大,情形刚好与上面三角形图相反。

(3)分解者“异地”分解废弃物。自然生态系统中生物的残体、粪便等一般就地分解,以实现系统中能量流动和营养物质的循环。但城市环境则不然,适于分解者生存并发挥功能的环境已发生了巨大的变化,各种工业废物、生活垃圾等几乎都得输送到污水处理厂、化粪池或垃圾堆场进行处理,从而耗费大量人力和物力,而且物质循环在这里受到很大的阻碍。

(4)城市生态系统是一个开放系统。它的新陈代谢与自然生态系统完全不同。供维持系统中生命活动的能量,不是全来自太阳,而是必须从外部输入巨量能源。物质循环和能量流动与系统外的区域(或其他生态系统)交换数量巨大,次数频繁。城市生态系统中,人类的活动能力极强,严重地影响着生态系统的物质循环和能量流动。

为了维持城市居民的正常生活和城市工业的正常生产,一方面需要直接从环境中或间接从其他城市和农村中获得物质和能量;另一方面要向环境中排泄废物,这就是城市环境的代谢。

(三)城市生态系统的功能

1. 生产功能

有目的地组织生产和追求最大产量,为社会提供丰富的物质和信息产品是城市生态系统有别于自然生态系统的显著标志之一。

2. 生活功能

高水平地为市民提供方便的生活条件和舒适的居住环境,满足居民的基本需求和发展需求,以及精神生活的需要。

3. 还原功能

城市有限空间内高强度的生产及生活活动从根本上改变了自然生态系统的面貌,破坏了原生态系统的自然平衡,因此要使城市和外部环境协调一致,需要消除和缓冲自身发展给自然造成的不良影响的能力。这种能力包括两个方面:

(1)自然净化功能:受污染的环境经过自然发生的一系列物理、化学、生物和生化过程,在一定的时间范围内能自动恢复到原来状态。包括:①水体自净功能;②大气扩散功能;③土地处理能力。本章的前几节已有详述。

(2)人工调节功能:上述城市的自然净化功能是脆弱而有限的,多数还原功能要靠人工创造和调节。包括:①城市绿地规划;②城市环境保护;③卫生保健及防灾保安等。

三、改善城市环境的途径和生态城市建设

(一)我国城市环境问题的生态学分析

从生态学观点来看,城市环境问题的根源在于生态效率的低下和系统关系的不协调两方面。有如下表现:

(1)内部能流物流的滞留、低效作用:城市中各种物质不像自然生态系统一样,在食物网中得到充分循环使用,而是大多数以废物的形式滞留在某环节或流失在循环圈以外,一方面导致外部自然资源的耗竭,另一方面废弃物进入城市水体、大气和土地后污染了环境。

(2)系统关系失调:主要表现为城市布局不合理,各子系统基本上功能单一,城市发展只追求经济目标,对社会生活和环境目标却注意不够,各部分发展很不平衡。

(3)与外部资源环境承载能力不相匹配(即环境超载):我国当前许多城市由于迫切的经济发展需求,不顾资源环境条件而盲目扩展,导致水资源短缺、能源矿产短缺、交通拥堵、产品积压、环境污染等一系列严重问题。

(二)改善城市环境的途径

(1)控制人口、改变能源结构、改革工艺设备、加强水资源管理和控制“三废”排放等环保技术和措施是改善城市环境的一些有效途径。

(2)城市绿地规划

城市绿地规划主要是城市园林化。有关城市园林的作用将在第六章第三节详细讨论。

各地在城市的绿化规划中都努力按照国家园林城市的标准。该标准有详细的指标,但重点抓好以下硬指标,即:①人均绿地占有量,m^2/人;②绿化覆盖率,%;③绿地结构,乔、灌、草配置,强化绿地系统功能。增加“绿量”,即在有限的土地面积上多层次地种植乔、灌、草、花,以提高叶面积指数。

叶面积指数(LAI):在单位面积上植物全生长期或某一段生长期中的总叶面积(A_L)与土地面积(A_S)之比。

$$LAI = \frac{A_L}{A_S}$$

为改善城市环境质量,国家制定了园林城市系列标准的考核指标,并逐步提高要求,2022年的国家园林城市标准如下:

表 4-6　国家园林城市评选标准

序号	目标	指标	指标释义	指标类型	具体要求		评分细则
					国家生态园林城市	国家园林城市	
1	一、生态宜居	城市绿地率(%)	建成区内各类绿地面积（km²）占建成区面积（km²）的百分比。	导向指标	≥40%；城市各城区最低值不低于28%。	≥40%；城市各城区最低值不低于25%。	7分。城市各城区最低值和城市绿地率均达标得7分。城市各城区最低值达标,城市绿地率较达标值低1个(含)百分点以内得5分。城市各城区最低值达标,城市绿地率较达标值低1～2个(含)百分点得3分。城市各城区最低值达标,城市绿地率较达标值低2～3个(含)百分点得1分。城市各城区最低值不达标或城市绿地率较达标值低3个百分点以上,不得分。
2		城市绿化覆盖率(%)	建成区内所有植被的垂直投影面积（km²）占建成区面积（km²）的百分比。	底线指标	≥43%；乔灌木占比≥70%。	≥41%；乔灌木占比≥60%。	7分。城市绿化覆盖率和乔灌木占比均达标,得7分。城市绿化覆盖率或乔灌木占比两项中任何一项不达标,不得分。
3		人均公园绿地面积（m²/人）	建成区内城区人口人均拥有的公园绿地面积（m²/人）。（城区人口包括户籍人口和暂住人口；毗邻建成区能够满足百姓日常休闲游憩的公园绿地可纳入统计。）	底线指标	≥14.8 m²/人；城市各城区最低值不低于5.5 m²/人。	≥12 m²/人；城市各城区最低值不低于5.0 m²/人。	7分。人均公园绿地面积和城市各城区最低值均达标,得7分。人均公园绿地面积和城市各城区最低值两项中任何一项不达标,不得分。

序号	目标	指标	指标释义	指标类型	具体要求		评分细则
					国家生态园林城市	国家园林城市	
4	一、生态宜居	公园绿化活动场地服务半径覆盖率(%)	公园绿化活动场地服务半径覆盖的居住用地面积(km²)占居住用地总面积(km²)的百分比。(5 000 m²及以上公园绿化活动场地按500米服务半径测算;400~5 000 m²的公园绿化活动场地按300米服务半径测算。)	底线指标	≥90%	≥85%	7分。公园绿化活动场地服务半径覆盖率达标,得7分;不达标,不得分。
5		城市绿道服务半径覆盖率(%)	建成区内绿道两侧1公里服务范围(步行15分钟或骑行5分钟)覆盖的居住用地面积占总居住用地面积的百分比。	导向指标	万人拥有绿道长度≥1.2公里;服务半径覆盖率≥70%。	万人拥有绿道长度≥1.0公里;服务半径覆盖率≥60%。	6分。 万人拥有绿道长度达标得3分。 较达标值低0.1公里(含)以内得2分。 较达标值低0.1~0.2公里(含)得1分。 较达标值低0.2公里以上不得分。 服务半径覆盖率达标得3分。 较达标值低2个百分点(含)以内得2分。 较达标值低2~5个百分点(含)得1分。 较达标值低5个百分点以上不得分。

序号	目标	指标	指标释义	指标类型	具体要求		评分细则
					国家生态园林城市	国家园林城市	
6	一、生态宜居	10万人拥有综合公园个数（个/10万人）	建成区内城区人口每10万人拥有的综合公园个数（个/10万人）。（城区人口包括户籍人口和暂住人口，大于等于50万人口城市，综合公园面积应大于10公顷；小于50万人口城市，综合公园面积应大于5公顷。）	导向指标	≥1.5个	≥1个	5分。10万人拥有综合公园个数达标得5分。较达标值低0.1个（含）以内得4分。较达标值低0.1~0.2个（含）得3分。较达标值低0.2~0.3个（含）得1分。较达标值低0.3个以上不得分。
7		城市生态廊道达标率	建成区内组团之间净宽度不小于100米的生态廊道长度与城市组团间应设置的净宽度不小于100米且连续贯通的生态廊道长度比率。	导向指标	达标	达标	5分。城市生态廊道达标率100%得5分。达标率90%（含）~100%得4分。达标率80%（含）~90%得3分。达标率70%（含）~80%得2分。达标率60%（含）~70%得1分。达标率低于60%不得分。
8		城市生物多样性保护达标率	地级及以上城市至少有一个符合标准规范要求，面积大于20公顷的植物园；近三年乡土适生植物应用面积占新建、改建绿地面积比例大于80%；具备连续三年的城市生物多样性监测数据。	导向指标	达标	达标	6分。植物园达标得2分，不达标不得分（不考核此项指标的城市不扣分）。乡土适生植物应用比例达标得2分。较达标值低2个（含）百分点以内得1分。较达标值低2个百分点以上不得分。城市生物多样性监测达标得2分。连续监测2年得1分。连续监测少于2年不得分。

序号	目标	指标	指标释义	指标类型	具体要求		评分细则
					国家生态园林城市	国家园林城市	
9	二、健康舒适	城市林荫路覆盖率(%)	建成区内城市次干路、支路的林荫路长度(km)占城市次干路、支路总长度(km)的百分比。(林荫路指绿化覆盖率达到90%以上的人行道、自行车道。)	底线指标	≥85%	≥70%	7分。城市林荫路覆盖率达标得7分;不达标,不得分。
10		城市道路绿化达标率(%)	建成区内道路绿化达到《城市道路绿化设计标准》的长度(km)占城市道路总长度(km)的百分比。	导向指标	≥85%	≥80%	5分。城市道路绿化达标率达标得5分。较达标值低1个(含)百分点以内得4分。较达标值低1~2个(含)百分点得3分。较达标值低2~3个(含)百分点得1分。较达标值低3个百分点以上不得分。
11		立体绿化实施率(%)	建成区内实施立体绿化的项目数量(个)占项目总数量(个)的百分比。(考核项目为近三年新建、改建的公共建筑、工业建筑和市政交通设施。)	导向指标	≥15%	≥10%	5分。立体绿化实施率达标得5分。较达标值低1个(含)百分点以内得4分。较达标值低1~2个(含)百分点得3分。较达标值低2~3个(含)百分点得1分。较达标值低3个百分点以上不得分。
12		园林式居住区(单位)达标率(%)	建成区内园林式居住区(单位)的数量(个)占建成区内居住区(单位)总数量(个)的百分比。	导向指标	≥60%	≥50%	6分。园林式居住区(单位)达标得6分。较达标值低0~1个(含)百分点得5分。较达标值低1~2个(含)百分点得4分。较达标值低2~3个(含)百分点得3分。较达标值低3~4个(含)百分点得2分。较达标值低4~5个(含)百分点得1分。较达标值低5个百分点以上不得分。

序号	目标	指标	指标释义	指标类型	具体要求		评分细则
					国家生态园林城市	国家园林城市	
13		建成区蓝绿空间占比（%）	建成区各类绿地和水域总面积（km²）占建成区总面积（km²）的百分比。	导向指标	≥45%	≥43%	5分。建成区蓝绿空间占比达标得5分。较达标值低0~1个（含）百分点得4分。较达标值低1~2个（含）百分点得3分。较达标值低2~3个（含）百分点得1分。较达标值低3个百分点以上不得分。
14	三、安全韧性	防灾避险绿地设施达标率（%）	建成区达到《城市绿地防灾避险设计导则》设施要求的防灾避险绿地数量（个）占纳入城市防灾避险体系全部防灾避险绿地数量（个）的百分比。	导向指标	100%	100%	5分。防灾避险绿地设施达标率达标得5分。达标率95%（含）~100%得4分。达标率90%（含）~95%得3分。达标率85%（含）~90%得1分。达标率低于85%不得分。
15		城市湿地保护实施率（%）	建成区内实施保护的城市湿地面积（km²）占建成区内城市湿地总面积（km²）的百分比。	导向指标	100%	100%	5分。城市湿地保护实施率达标得5分。较达标值低1个（含）百分点以内得4分。较达标值低1~2个（含）百分点得3分。较达标值低2~3个（含）百分点得1分。较达标值低3个百分点以上不得分。

续表

序号	目标	指标	指标释义	指标类型	具体要求		评分细则
					国家生态园林城市	国家园林城市	
16		具有历史价值的公园保护率(%)	建立具有历史价值的公园保护名录,按照名录和保护要求实施保护的具有历史价值的公园数量(个)占纳入名录具有历史价值的公园总数量的百分比。	导向指标	100%	100%	4分。建立具有历史价值的公园保护名录得2分。具有历史价值的公园保护率达标得2分,不达标,不得分。
17		古树名木及后备资源保护率(%)	建成区内受到保护的古树名木及后备资源(棵)占建成区内古树名木及后备资源总量(棵)的百分比。	导向指标	100%	100%	4分。制定并实施古树名木和后备资源保护措施得2分。古树名木和后备资源保护率达标得2分,不达标,不得分。
18	四、风貌特色	园林绿化工持证上岗率(%)	园林绿化工程中持证人员数量(人)占该工程技术工种上岗人员总数量(人)的百分比。	导向指标	100%;三级工以上≥20%	100%	4分。国家园林城市园林绿化工持证上岗率达标得4分。较达标值低1个(含)百分点以内得3分。较达标值低1~2个(含)百分点得2分。较达标值低2~3个(含)百分点得1分。较达标值低3个百分点以上不得分。国家生态园林城市园林绿化工持证上岗率达标得2分。较达标值低2个(含)百分点以内得1分。较达标值低2个百分点以上不得分。其中三级工以上达标得2分。较达标值低2个(含)百分点以内得1分。较达标值低2个百分点以上不得分。

国家生态园林城市标准的要求更高,如城市人均公园绿地、林荫路推广率等都高于国家园林城市标准。

(三)加强城市生态系统的规划与管理

1. 城市生态系统规划

利用现代系统科学和计算机的先进手段及生态学原理去重新规划、调节和改造城市各种复杂的系统关系,在城市现有的社会、经济和自然约束条件下去寻找开拓机会、扩大效益、减少风险的可行性对策。在城市发展的同时保护环境,维护城市生态的良性循环。包括:①系统分析。进行自然条件、自然资源、环境质量状况、社会和经济发展状况的调查、辨识。②系统管理。在调查基础上进行综合分析、运行跟踪及效果评审,提供简便易行的有效决策系统。

2. 规划与管理的目标

①经济目标:高效。即物质、能量、时间的高效利用,使系统经济效益和生态效益最高。要尽量使城市生态系统中物质和能量循环再生或多重利用,如将城市生态系统中的各条"食物链"接成环,在城市废物和资源之间、内部和外部之间搭起桥梁,以提高城市的资源利用效率,减少"三废"。②社会目标:和谐。即构建和谐社会,协调社会发展的各种冲突,达到城市生态系统各组分平衡和协调发展。

2004年,我国正式提出"构建社会主义和谐社会"的概念。所谓和谐社会,就是指构成社会的各个部分、各种要素处于一种相互协调的状态。具体说,就是一种民主法治、公平正义、诚信友爱、充满活力、安定有序、人与自然和谐相处的社会。

3. 城市生态规划的景观评价

城市规划的地理信息复杂,通常书面上很难展示得清清楚楚,因此城市生态空间的规划常常借助实体沙盘模型,将待建的大型项目位置,以及周边环境现状,无论是高楼大厦、休闲公园还是道路交通等,都按同等的比例缩小,在沙盘上以模型的形式直观地展现出来,就像是一个缩小的地域版图盆景。还可再结合大屏幕中的投影内容,把待建大型项目的样子结合沙盘模型一起展现在环评专家和公众面前,可移动或放大缩小待建项目的方位、体量、体色和格局,让大家来评判其空间格局的和谐、景观的协调、对历史风貌建筑和文化与自然名胜等有何影响,及时给予纠正。这样能避免建设后对生态和景观造成不可纠正的影响,尤其是高大楼房和大型构筑物的建设。

(四)生态城市建设

"生态城市"建设主要考虑的是城市的生态建设问题,扩展为生态市(或生态省)建设,即涵盖了农村的生态农业建设。不论其范围多大,其设计的指导思想都是保持原来的自然生态系统的功能,尽量避免对自然环境的破坏,建立山水林田湖草沙的生命共同体,并把工业、农业、能源作为三个子系统有机结合起来,实现废物的闭路循环,做到农村现代化、城市园林化、农业工业化、工厂田园化。它是人类社会文明进化的必然趋势,是可持续发展的必由之路,也是一个人与自然协调和谐的进化过程。

1. 生态城市的概念

生态城市的英文为 ecopolis、ecocity、ecoville 或 ecological city。联合国教科文组织在"人与生物圈计划"的研究过程中,提出了"生态城市"这一概念。20世纪80年代以来,国际社会开展了对"未来城市"的研究,以寻求节能、高效、低污染的可持续发展的人类居住形式,其中关于"生态城市"的研究占有重要地位。2000年4月在巴西库里蒂巴召开的第四届国际生态城市会议推动了城市观念的变化。当代城市观念已由单纯的自然优美环境取向趋于更新的全面生态化,包括自然生态、社会经济生态和历史文化生态的平衡、协调发展。建设生态城市是依托现有城市,根据生态学原理,应用现代科学与技术等手段,逐步创造可持续发展的人居模式。总之,生态城市是一种理想城市的模式,是人类社会发展到一定阶段的产物,也是现代文明城市的象征。

2. 建设生态城市的对策

(1)生态规划为前提

规划是前提,建设是基础,管理是保证。城市的发展特别是城市基础设施的发展有一个从规划设计到建设实施再到运行养护的过程,也就是通常意义上的城市规划、城市建设、城市管理三部曲。要建设好生态城市,就需要按照生态学的原理完善一个切实可行的、科学的、可持续性的生态城市建设规划。这里所说的生态学原理就是要按照现代生态学的观点来规划生态城市建设。主要原则是:①生态系统整体的原理。生态系统是生命系统和环境系统在特定空间的组合,因此生态城市的建设规划首先应该从整体出发,从全局出发。②遵循生态系统耗散结构的原理。城市生态系统是个开放的系统,必须从外部输入巨大的物质和能量。对外开放是生态城市建设的一个重要内容。通过对外开放,可从外界源源不断地获取充足有益的物质和能量。③生态系统能量单向流动和物质循环的原理。生态系统中,能量是单向流动、层层递减、不可反复利用的。因此,在能源的使用方面,有必要重视能源向优质化转移的问题。一方面,要十分重视节约能源,开发各种节能技术,提高能源的利用率;另一方面,要调整能源结构,大力开发再生能源。要大力推行清洁生产,推广清洁能源。生态系统中,物质流动是个循环过程,物质可以反复地被利用。自然资源和废物之间没有不可逾越的鸿沟,它们是根据其是否符合人类需要和利益划分的。运用这个原理,我们可以建立闭路循环工艺,形成"工业链",以实现原料的综合利用;即生态城市的经济活动要组成"自然资源—产品和用品—再生资源"的循环经济流程,使一个生产过程中产生的废物或副产品成为另一个过程的原料,使废物减少到生态系统的自净能力限度范围以内,实现"零排放"。"零排放"是"变废为宝、化害为利"的体现,它要求我们调整循环运转的各个环节和途径,协调这些环节的输入、转化与输出的物质的量,使物流畅通,更多更好地发挥物质的生产潜力。

(2)建立职能机构和协调机制

生态城市建设是在原有城市建设的基础上的新的发展,因此要理顺原有城市的规划、建设、管理几个综合部门的关系,要将城市的规划、建设、管理三个环节统筹起来进行考虑。生态城市建设的目标和政策必须渗透到市政府的计划部门、经济部门、社会发展部门和科技教育等部门之中。

(3)促进公众参与

生态城市建设是系统工程。应在充分尊重客观规律的基础上,积极发挥人的主观能动性。每个人都是环境的一部分,每个人的一言一行都在影响着周围的环境。公众参与是进行生态城市建设的推动力量,包括两个方面内容:一是通过环境宣传、教育和研究,公众接受生态城市的思想,公众意识提高;二是公众热情地参与生态城市建设。要加大加深研究生态城市建设的学科基础,包括生态学、经济学、生态经济学、管理学和哲学等,并把理论和实践相结合。

(4)建立指标体系

生态城市建设需要建立包含经济、社会、环境、文化和管理诸方面内容一体化的综合指标体系,用来明晰生态城市的内涵,评估生态城市建设的状况,为城市建设和管理的科学化、制度化提供依据。建立一个适合市情发展的参照标准体系,所制定的参照标准必须与城市经济、社会发展、生态环境保护水平和特点相适应,考虑城市发展总体的功能定位。

(5)加强立法工作

要建立适应生态城市建设的法律和法规综合体系,使生态城市建设法治化、制度化,做到依法建设、依法监督、依法管理。

3. 海绵城市和"城市双修"

我国是洪水灾害的多发区域,因快速城镇化引发的城市内涝等雨洪灾害成为近年来我国大城市普遍面临的难题之一。目前,相关各级机构正在积极探索和实践符合我国国情的雨洪管理模式,进行"海绵城市"建设是其中一个重要措施。

海绵城市,是城市雨洪管理的崭新概念,是指城市能够像海绵一样,在适应环境变化和应对雨水带来的自然灾害等方面具有良好的弹性,采用渗、滞、蓄、净、用、排等措施,当雨水过量时,不让它白白流走或造成洪涝,而是"蓄存"起来或安全疏导,待需要时再将蓄存的水"释放"并加以利用,充分利用水资源,提升城市生态系统功能和减少城市洪涝灾害的发生。

2015年,国务院办公厅《关于推进海绵城市建设的指导意见》明确提出,通过海绵城市建设,最大限度地减少城市开发建设对生态环境的影响,将70%的降雨就地消纳和利用。到2030年,城市建成区80%以上的面积达到目标要求。指导意见提出了具体措施。主要包括:①科学编制规划。将雨水年径流总量控制率作为城市规划的刚性控制指标,建立区域雨水排放管理制度。②严格实施规划。将海绵城市建设要求作为城市规划许可和项目建设的前置条件,在施工图审查、施工许可、竣工验收等环节严格把关。③完善标准规范。抓紧修订完善与海绵城市建设相关的标准规范。④统筹推进新老城区海绵城市建设。城市新区要全面落实海绵城市建设要求;老城区要结合棚户区和城乡危房改造、老旧小区有机更新等,以解决城市内涝、雨水收集利用、黑臭水体治理为突破口,推进区域整体治理,逐步实现小雨不积水、大雨不内涝、水体不黑臭、热岛有缓解。⑤推进海绵型建筑和相关基础设施建设。⑥推进公园绿地建设和自然生态修复。推广海绵型公园和绿地,消纳自身雨水,并为蓄滞周边区域雨水提供空间。加强对城市坑塘、河湖、湿地等水体的保护与生态修复。

推广海绵城市建设应因地制宜、科学布局,不能一刀切、单一模式。应区分内陆与沿海的地理条件,并充分利用城市排水防涝旧设施和易涝点的改造,实施雨污分流,建设雨水调蓄设施。

过去的30余年,我国城镇化进程快速推进,50%的人口拥入了城市,但是与之相伴的是粗放的发展模式和对生态造成的一定破坏。当前,我国城市正处于粗放蔓延式发展向内涵高效式发展转变的关键期,如何促进城市持续健康发展,实现和谐的人地关系,营造精致的景观风貌是新时代城市发展的重要内涵,在此背景下,近年来我国出现了"城市双修"的理论和实践,其意义是为解决城市发展空间不足、生态环境恶劣、社会文化分裂、景观风貌遗失等问题,引导城市转型发展的一种生态化、精细化、可持续的多层次、多维度城市的更新方法。城市双修包括两个方面:一是生态修复,即用生态理念,重新修复被破坏的自然环境要素,改善城市环境质量;二是城市修补,即用更新织补手法,拆除违法建设,修复城市设施、整治景观风貌,塑造地域特色。

截至2022年底,我国已公布海绵城市两批,共30个,"双修城市"三批,共58个。"城市双修"试点工作任务包括6个方面内容:探索推动"城市双修"的组织模式,践行规划设计的新理念新方法,先行先试"城市双修"的适宜技术,探索"城市双修"的资金筹措和使用方式,研究建立"城市双修"的长效机制,研究建立"城市双修"成效的评价标准。

三亚在"城市双修"试点工作中的经验值得借鉴,即:注重问题梳理,通过调查评估、综合分析,先找出生态问题突出、亟须修复的区域,梳理城市基础设施、公共服务、历史文化保护、城市风貌等方面存在的问题和不足,来确定"城市双修"的范围和重点;同时细化工程举措,通过制订实施方案,建立项目清单,将"城市双修"细化为可量化、可操作和可考核的工程,并确保工作实效,将"城市病"的治理成效、基础设施改善程度、社区功能提升完善、环境景观修复效果以及人民群众的满意度和获得感作为评价"城市双修"成效的基本标准。

我国 2014 年开始海绵城市建设,2015 年开启了"城市双修"活动,由于经验相对欠缺,实际工作中在体制机制、规划设计、模式做法、实施路径及建设管理等方面仍存在一些问题。尽管如此,海绵城市和"城市双修"仍是适应我国经济社会发展和城市转型发展的重要标志,必将大有可为,相关工作的开展必将弥补我国在城市雨洪管理和城市环境建设方面的不足。

［思考与练习］

1. 结合我国的现实情况,列举我国面临的主要环境问题。

2. 简答土壤污染的特点、种类和来源。

3. 土壤污染对环境有何危害? 如何防治?

4. 大气污染物包括哪些类型? 区别灰霾、雾霾的概念。

5. 何谓大气污染? 大气的污染源有哪些?

6. 大气中的主要污染物及其危害是什么?

7. 谈谈大气污染物——细颗粒物($PM_{2.5}$)、硫氧化物、一氧化碳、氮氧化物的主要污染来源,以及你对大气污染的认识。

8. 观察分析你生活的周围是否存在着大气污染,若有,分析其产生原因并提出你的治理方案。

9. 空气质量指数(AQI)是如何计算的? 各空气质量级别对健康有什么影响?

10. 谈谈我国近来频繁出现的沙尘天气、雾霾天气的危害、成因,及其防治的措施。

11. 为了抑制汽车尾气的排放,国际上和我国使用了哪些排放标准?

12. 了解现代居室环境污染的来源、危害及防治措施。结合实际谈谈室内空气质量的重要性。

13. 谈谈我国水污染的现状。

14. 解释 BOD_5、COD、I_{Mn} 的概念。

15. 在测定污水的化学耗氧量时用高锰酸钾作为氧化剂与重铬酸钾作为氧化剂各有何特点? 如何选用?

16. 叙述水体污染的类型和污染指标。

17. 绘制曲线图分析水体遭有机物污染后 BOD_5 和 DO 的变化规律。

18. 简述水体受农业非点源污染的特点、危害及主要防范措施。

19. 主要的重金属污染包括哪几种元素? 简述水体受重金属污染的特点。

20. 废水中的污染物可分为哪几类? 各有什么特征及危害?

21. 简述表征水中有机污染物浓度的几种表示方法及其含义,试说明这几种表示方法各有何优缺点。COD 与 BOD 之间的关系如何？

22. 海洋污染的特点包括哪些？何为海洋垃圾？何为海洋微塑料污染？

23. 简述海洋赤潮的成因及危害。

24. 试讨论海洋赤潮的控制方法及对策。

25. 简述海洋石油污染的主要来源。

26. 简述海洋石油污染的主要危害。

27. 简述海洋污染对资源环境的影响。

28. 简述固体废物的分类(来源)、危害、处理原则。

29. 固体废物的主要来源是什么？它是如何污染水体的？

30. 为什么当前不鼓励民间环保组织收集一般的废旧电池？如何实现对废电池科学、合理、有效管理？

31. 讨论危险废物的危害、目前的处理处置方式和处理处置的对策。

32. 通过网络资源了解《巴塞尔公约》的信息，找出《巴塞尔公约》所指的废物名录，以及危险废物管理信息系统等。

33. 二噁英是什么物质？简述其对人体健康的影响。

34. 简述垃圾集中处理和垃圾分类的好处。当前我国垃圾集中处理和垃圾分类应采取什么途径？

35. 进口固体废物("洋垃圾")可能存在哪些危害？如何对此进行环境管理？

36. 何谓"城市矿产"？"城市矿产"示范基地建设的重要意义及建设标准如何？

37. 何谓噪声、声压、声压级？

38. 噪声有何危害？如何治理？

39. 你身边有哪些噪声困扰？你对控制这些噪声污染有何建议？

40. 如何测定噪声级？为什么要用 A 声级来衡量噪声的强弱？

41. 噪声污染与其他污染有何不同？(噪声污染的特点)

42. 根据噪声污染控制的原理和方法，简述在城市规划建设中应如何控制噪声污染。

43. 微波辐射的危害是什么？为什么机场、医院、加油站等地方不能使用手机？

44. 简述微波污染的来源和危害，了解如何防护。

45. 光污染(或光亮污染)包括哪些？有何危害？如何防护？

46. 结合实际谈谈哪些光会造成污染。

47. 调查您所在城市的光污染情况，尤其是城市建筑的玻璃幕墙。

48. 光污染如何对生态系统造成影响？

49. 什么叫"城市热岛效应"(或"城市热岛")？针对你所在的城市，分析热岛效应形成的原因，并提出减轻这种效应的有效措施。

50. 列表比较城市生态系统与农村生态系统和自然生态系统的差别。

51. 城市生态系统的结构和功能有何特点？

52. 针对你所在的城市的实际情况，提出用生态学的方法改善城市生态环境的途径。

53. 什么叫生态城市？生态城市建设的意义何在？了解国家园林城市系列标准，学习使用这些标准去考核和指导某一城市的园林城市建设工作。了解海绵城市和城市双修的概念。

54. 以你所在的城市为例，具体分析建设生态园林城市还有哪些差距和要努力维护的方面。

55. 分析当前汽车数量的急剧增加如何引发环境的水、气、声、渣(固废)的污染,资源的过度消耗和交通拥堵。您有哪些整治措施?

56. 2019 年 7 月 18 日,某市自动监测系统测得该市各项污染物日均浓度分别为 SO_2 58 $\mu g/m^3$、NO_2 95 $\mu g/m^3$、$PM_{2.5}$ 170 $\mu g/m^3$,问当天该市空气质量指数为多少?(附录有参考答案)

57. 某建筑物的钢筋材料在噪声超过 3 μbar 时,就会产生"声疲劳",试计算其所处的噪声环境不能超过多少分贝(基准声压为 2×10^{-5} Pa)。(附录有参考答案)

58. 计算 84 dB、87 dB、90 dB、95 dB、96 dB、91 dB、85 dB、79 dB 8 个噪声的声压级和及其平均值。(附录有参考答案)

59. 一点声源 5 m 处测得噪声 100 dB,问多远处才能达 60 dB?(附录有参考答案)

60. 一机器房产生的噪声在 2 m 处测得噪声 80 dB,距机器房 40 m 处有一民宅,离民宅80 m 处又有一抽水泵,水泵外 5 m 处的噪声为 82 dB。问民宅的噪声为多少分贝?(附录有参考答案)

[推荐读物与网络资源]

俞志明,陈楠生.国内外赤潮的发展趋势与研究热点.海洋与湖沼,2019,50(3):474-486.

王静,郭睿,杨袁筱月,等.中国海龟受威胁现状和保护建议.野生动物学报,2019,40(4):1070-1082.

刘彬,侯立安,王媛,等.我国海洋塑料垃圾和微塑料排放现状及对策.环境科学研究,2020,33(1):174-182.

李爱峰,李方晓,邱江兵,等.水环境中微塑料的污染现状、生物毒性及控制对策.中国海洋大学学报(自然科学版),2019,49(10):88-100.

国务院办公厅关于推进海绵城市建设的指导意见(国办发〔2015〕75 号

雷维群,徐姗,周勇,等."城市双修"的理论阐释与实践探索.城市发展研究,2018,25(11):156-160.

唐孝炎,张远航,邵敏.大气环境化学.北京:高等教育出版社,2006

王麟生,乐美卿,张太森.环境化学导论(第 2 版).上海:华东师范大学出版社,2006

周律.清洁生产.北京:中国环境科学出版社,2001

黄宗国.海洋生物学辞典.北京:海洋出版社,1994

S.A.巴登.海洋污染和海洋生物资源.吴喻端,王隆发,蔡阿根,等译.北京:海洋出版社,1991

沈国英,等.海洋生态学(第 3 版).北京:科学出版社,2010

B.莫顿,J.莫顿.香港海岸生态学.傅天宝,周秋麟,黄宗国,译校.北京:海洋出版社,1991

中国海洋学会主办.海洋学报(中文版).北京:海洋出版社

杨士弘,等.城市生态环境学(第 2 版).北京:科学出版社,2003

黄光宇,陈勇.生态城市理论与规划设计方法.北京:科学出版社,2002

沈清基.城市生态与城市环境.上海:同济大学出版社,2012

聂梅生,秦佑国,江亿,等.中国生态住宅技术评估手册.北京:中国建筑工业出版社,2001

吴人坚,陈立民.国际大都市的生态环境.上海:华东理工大学出版社,2001

吴人坚,王祥荣,戴流芳.生态城市建设的原理和途径:兼析上海市的现状和发展.上海:复

旦大学出版社,2000

　　郑微云,翁恩琪.环境毒理学概论.厦门:厦门大学出版社,1993

　　刘君卓,等.居住环境和公共场所有害因素及其防治(第 2 版).北京:化学工业出版社,2004

　　生态环境部.2018 中国环境生态状况公报.北京:中国环境出版社,2018

　　生态环境部.2018 年中国海洋生态环境状态公报.北京:中国环境出版社,2018

　　张忠伦,辛志军.室内电磁辐射污染控制与防护技术,中国建材工业出版社,2016

　　宋立杰,安淼,林永江,等.农用地污染土壤修复技术.北京:冶金工业出版社,2019

　　www.craes.cn/zjhky/zzjg/kydw/jdcpw 中国环境科学研究院机动车排污监控中心

　　www.craes.cn/zjhky/zzjg/kydw/fxcsjszx 中国环境科学研究院国家环境分析测试中心

　　www.craes.cn/zjhky/zzjg/kydw/trygtfw 中国环境科学研究院固体废物污染控制技术研究所

　　www.h2o-china.com 中国水网

第五章 自然资源的生态保护

第一节 自然资源的概念与分类

一、概念与分类

人类可以利用的自然生成的物质与能量被定义为自然资源,它是人类生存的物质基础。1972年联合国环境规划署(UNEP)给"自然资源"下的定义为:"所谓自然资源,是指在一定的时间、地点、条件下,能够产生经济价值,以提高人类当前和未来福利的自然环境因素和条件的总称。"从这个定义中可看出自然资源必须是自然过程所产生的天然生成物,而且对人类来说要有利用价值。换句话说,自然资源即自然环境中能够满足人类生活和生产需要的任何组成成分。

自然资源的内涵与外延十分丰富,并且随人类认识的发展而不断变化,至今还没有一个完善的自然资源分类系统。目前,根据更新速率把自然资源分为可更新资源与不可更新资源两大类,这也已得到普遍的认可。

(一)可更新的自然资源

指那些在充分短暂的、与人类相关的时间间隔内可自然更新的自然资源。可进一步区分成两种类型:一种是不受人类活动影响,更不会因人类的利用而枯竭的自然资源,可称为绝对可更新自然资源,包括太阳能、风能、潮汐能等;另一种是当使用不超过其再生能力时可无限更新,而一旦利用过度,又可能会暂时枯竭的自然资源,包括水、大气、生物等。

(二)不可更新的自然资源

指所有的矿产资源和土地资源,它们是经过千百万年的地质年代才形成的物质,短期内无法通过自然循环而得到更新,也不可再生,因而从人类的视角看来其当前的供给是固定的,其最终可利用的数量必然存在某种极限。不可更新的自然资源也可分为两类:一类是可借助再循环而被回收利用的,如金属矿产、土地等;另一类是使用后就消耗掉的,如矿物燃料。

二、可更新资源的科学管理

习近平总书记多次指出,生态环境问题,归根到底是自然资源过度开发、粗放利用、奢侈浪费造成的。推动绿色转型发展,必须抓住自然资源利用的源头,各类资源都要统筹好开发与保护、增量与存量的关系,全面提升利用效率,促进发展方式的绿色转型。自然资源的生态保护就是以资源生态学为基础,通过生物、经济、政治、法律等手段,对自然资源进行生态系统的管理,从而保护和利用好自然资源。

(一)最大持续产量

可更新资源的利用要在时间上进行分配,以便为后代留下平等的机会,当按照这种要求来调节可更新资源的自然潜力时,就要采用"最大持续产量"的概念。最大持续产量(maximum sustained yield)就是当我们最大限度地、持续地利用一种资源时,并不会损害其更新能力的产量(包括能力)。最大持续产量原则就是在最大限度地开发、利用某一种可再生资源的同时,应注意保护其资源系统以维持最高再生能力的原则,简称 MSY 原则。因最大持续产量模式未考虑经济学因素,故最大持续产量未必是经济收益最大的产量。因此,在资源的科学管理上,不应只考虑生物学原理,还应将经济学、环境科学和政治的因素综合在一起,以便使各方面协调起来。

目前滥用自然资源的原因主要是:①人们贪图暂时的、眼前的利益;②基本生活需要不足,导致对资源的滥采;③资源供应量与价格之间的矛盾,驱使人们索取资源;④对某一种资源的最大持续产量往往难以准确估计。

(二)伏季休渔

为了进一步加强对海洋渔业资源的保护,促进我国渔业持续、健康、稳定发展,经国务院批准,从 1995 年起我国实行海洋伏季休渔制度。所谓的伏季休渔即在一定的时间段和海域范围内,禁止某些作业类型(如拖网、帆张网、灯光围网作业等)的渔业生产。在休渔期间,渔船必须船进港、网入库、人上岸、证集中。渔政人员和水上派出所日夜进行海上巡逻,凡违反禁渔规定,即电、炸、毒鱼者,将按《渔业法》最高罚款金额给予处罚。伏季休渔自 1995 年正式实施以来,得到了较为全面有效的执行,休渔范围、时间和作业类型不断扩大。目前,休渔海域覆盖了我国管辖的全部四个海区,涉及沿海 11 个省(自治区、直辖市)以及香港、澳门特别行政区的港澳流动渔船,休渔渔船达数十万艘,休渔渔民数百万人,是迄今为止我国在渔业资源管理方面采取的覆盖面最广、影响面最大、涉及渔船渔民最多、管理任务最重的一项保护管理措施,已成为在国内、国际具有较大影响的渔业管理制度。"今天不吃子孙鱼,明天子孙有鱼吃",伏季休渔制度实施以来,主要经济种类产卵群体和幼生群体得到了有效保护。实施海洋休渔,不仅使我国的海洋捕捞产量保持在较高的生产水平,还显著提高了捕捞生产效率,增加了渔民的实际收入,改善了海洋生态环境。

(三)循环经济

现代对资源利用的 3R 原则,即 reduce(减量化)、reuse(再使用)、recycle(再循环),根据的是生态系统的物质循环原理。在这种原则下,现代国内外经济潮流中出现了循环经济的新理念。随着经济增长、人口增加与资源不足、环境恶化的矛盾越来越突出,人们经过对"大量生产、大量消费、大量废弃"的粗放型经济增长方式进行反思,倡导建立资源节约型社会,一种以资源高效利用和循环利用为核心,以低消耗、低排放、高效率为特征,以有效利用资源和保护环境为基础的全新经济发展模式受到重视,成为国际经济界的新理念。习近平主席指出,新时代推进生态文明建设必须坚持节约优先、保护优先、自然恢复为主的方针,加快形成节约资源和保护环境的空间格局、产业结构、生产方式、生活方式,给自然生态留下休养生息的时间和空间。循环经济是一种"促进人与自然的协调与和谐"的经济发展模式。从物质流动的方向看,传统工业社会的经济是一种单向流动的线性经济,即"资源—生产—消费—废弃物排放",其增长依靠的是高强度地开采和消耗资源,同时高强度地破坏生态环境。循环经济要求运用生态学规律把经济活动组织成一个"资源—生产—消费—再生资源"的反馈式流程,以最大限度利用进入系统的物质和能量,提高经济运行的质量和效益,获得尽可能大的经济效益和社会效益,从而使经济系统与自然生态系统的物质循环过程相互和谐,达到资源能够多次利用和环境得到有效保护。

(四)低碳经济(low carbon economy)

全球气候变化对人类生存和发展的挑战日益严峻,以低能耗、低污染、低排放为基础的低碳经济模式应运而生。习近平主席指示:"我们应该追求热爱自然情怀。'取之有度,用之有节',是生态文明的真谛。我们要倡导简约适度、绿色低碳的生活方式,拒绝奢华和浪费,形成文明健康的生活风尚。要倡导环保意识、生态意识,构建全社会共同参与的环境治理体系,让生态环保思想成为社会生活中的主流文化。要倡导尊重自然、爱护自然的绿色价值观念,让天蓝地绿水清深入人心,形成深刻的人文情怀。"

以新能源技术、绿色产业经济为核心的低碳经济已成为当前人类发展的新模式,是人类社会继农业文明、工业文明之后的又一次重大进步。发展低碳经济正成为全球很多国家实现可持续发展的重要战略选择。

党的二十大报告指出,我国要实施全面节约战略,发展绿色低碳产业,倡导绿色消费,推动形成绿色低碳的生产方式和生活方式。所谓低碳经济,是指在可持续发展理念指导下,通过理念创新、技术创新、制度创新、产业结构转型、新能源开发利用等多种手段,提高能源生产与使用效率,增加非碳或低碳燃料的生产和利用比例,尽可能地减少煤炭石油等高碳能源消耗,同时积极探索碳捕集、封存、转化和利用技术,减少温室气体排放,最终达到经济社会发展与生态环境保护双赢的一种经济发展模式。低碳经济实质是能源高效利用、清洁能源开发、追求绿色GDP的问题,核心是能源技术和减排技术创新、产业结构和制度创新以及人类生存发展观念的根本性转变。低碳经济有两个基本特征:一是包括生产、交换、分配、消费在内的社会在生产全过程的经济活动的低碳化,达到碳排放量最小化乃至零排放,获得最多的生态经济效益;二是倡导能源经济革命,形成低碳能源和无碳能源的国民经济体系,真正实现生态经济社会的清洁发展、绿化发展和可持续发展。

第二节　水资源的保护

一、水资源的概念

"水资源"一词最早出现在美国。1894 年美国地质调查局（USGS）设立了水资源处（WRD），其业务范围主要是地表河川径流和地下水的观测，以及相关资料的整编和分析等，显然这里的水资源是陆面地表水和地下水的总称。1988 年，联合国教科文组织（UNESCO）和世界气象组织（WMO）对水资源的定义进行补充说明："作为资源的水应当是可供利用或可能被利用，具有足够的数量和使用质量，并满足某一地方在一段时间内具体利用的需求。"自从水资源概念产生至今，人类对水资源的概念和内涵的认识在不断地深入和拓展，形成定义繁多的水资源概念。从整体上看，有广义和狭义的水资源之分。

广义的水资源是指地球上水的总体，包括能作为生产资料和生活资料的天然水，以及在社会生产中具有使用价值和经济价值的水。具体包括：地表水、地下水、海水、大气水、矿物水、土壤水等。广义水资源概念对于人类开发利用水资源具有重要作用，为最大限度地利用水资源提供了潜力。

狭义的水资源指的是自然水体中由大气降水补给，具有一定数量和可供人类生产、生活直接利用，且可循环再生的淡水，它在数量上等于地表径流和地下水的总和。狭义水资源概念既包含水资源的流量部分，又包含水资源的存量部分，反映了水资源形成和演化的客观规律，也有利于在水资源评价时正视水资源中难以再生的储存量及其影响，对于水资源利用和管理具有十分重要的意义。

二、全球水的储量及面临的问题

地球上的水以气态、液态和固态三种形式存在于大气、地表和地下，形成了大气水、海水、陆地水（河、湖、沼泽、冰雪、土壤水和地下水），以及生物体内的生物水，其中地表水和地下水是水资源存在的两种主要形式。地球上水的总储量估计为 13.86 亿立方千米，其中海水占 97.41%，淡水占 2.59%。淡水中 77.2% 以冰的形式存在于冰盖、冰川中；地下水、土壤水占 22.4%；湖泊、沼泽占 0.35%；大气水占 0.04%；河流水占 0.11%。

可开发利用的水仅是地下水、土壤水、淡水湖泊水等，这仅占淡水资源的 22.8%，总共约 0.36 亿立方千米，占地球总水量的 0.26%。能参与全球循环得到再生的淡水资源只有 120 万立方千米，占地球总水量的不到百万分之一！

根据地球储水量及分布，人类现可利用的淡水资源只有地球上水的很小一部分，而且有限的水资源也很难再分配，巴西、俄罗斯、加拿大、美国、印度尼西亚、中国、印度、哥伦比亚和刚果 9 个国家已经占了这些水资源的 60%。从未来的发展趋势看，由于社会对水的需求不断增加，而自然界所能提供的可供利用的水资源又有一定限度,所以突出的供需矛盾使水资源问题成为当今全球性环境问题之一。

(一)水量短缺严重,供需矛盾尖锐

随着社会需水量的大幅度增加,水资源供需矛盾日益突出,水资源短缺现象非常严重。据统计,过去 300 年中人类用水量增加了 35 倍,尤其在近几十年里,取水量每年递增 4%～8%,截至 2018 年,全球年用水量已经超过 7 万亿立方米。随着社会经济发展和人口增长,目前用水量更是大大增加。

人口的快速增长进一步加剧了水资源的供需矛盾。按全球范围计算,1950—2000 年,年人均可利用水量从 16 800 m^3 下降到 6 800 m^3。联合国环境规划署公布的资料显示,23 亿人口生活在用水紧缺的地区,年人均可用水量小于 1 700 m^3,其中 17 亿人口生活在年人均可用水量小于 1 000 m^3 的高度缺水地区。

(二)水源污染严重,"水质型缺水"突出

淡水数量的短缺足以引起人们的关注,而水的质量更是"致命的问题"。随着经济、技术和城市化的发展,排放到环境中的污水量日益增多。据统计,目前全世界每年约有 420 多立方千米污水排入江河湖海,污染了 5 500 km^3 的淡水。据联合国环境规划署和联合国大学 1999 年 3 月 18 日共同发表的资料,地球上每 8 s 就有一名儿童死于不洁水源导致的疾病,每年有 530 万人死于腹泻、登革热、疟疾等病,发展中国家 80% 的病例由污染水源造成,50% 的第三世界人口遭受着与水有关的疾病折磨,地球上一半居民没有必要的卫生条件。此外,污染的水源将 1/5 的淡水鱼置于"种族灭绝"的边缘。水源污染造成的"水质型缺水"加剧了水资源短缺的矛盾及居民生活用水的紧张和不安全性。

(三)对地下水资源的依赖程度增大

随着地表水资源的枯竭和水质污染的加剧,地下水逐渐成为人类社会的重要水源。20 世纪 80 年代中期,全球年地下水开采量约为 5 500 亿立方米;到 20 世纪末,全球年地下水开采量已经超过 7 500 亿立方米,其中,中国和印度的增长量最大。目前,全球超过 15 亿人口依靠地下水生活,整个亚洲地区的饮用水约 1/3 依靠地下水提供。世界上没有大型河流的国家其供水大部或全部依赖地下水,因此,全世界范围内对地下水的依赖程度愈来愈大。

(四)水资源稀缺影响国家和地区的地缘政治关系

世界上包括南极洲在内,有 300 多条河流或湖泊被两个或多个国家共有,47% 的国际河流、湖泊区域被两个或两个以上的国家共有。世界各国政治版图和河流流域相互交叉、重叠,为潜在的冲突埋下了伏笔。联合国在对世界范围内的水资源状况进行分析研究后发出警告:"世界缺水将严重制约 21 世纪经济发展,可能导致国家间冲突。"同时指出全球已有 1/4 的人口为得到足够的饮用水、灌溉用水和工业用水而展开争斗。

三、我国水资源的特点

(一)水资源总量不少,但人均水平很低,用水量巨大

我国河川径流量(地表水资源量)为 28 000 亿立方米,居世界第六位,平均年径流深* 284 mm,低于全球平均年径流深 314 mm。人均占有河川径流量仅为世界人均占有量的 1/4。耕地亩均占有河川径流量仅为世界亩均占有量的 3/4。从人均角度看,我国是全球 13 个人均水资源最贫乏的国家之一。然而,我国又是世界上用水量最大的国家,2022 年,全国用水总量接近 6 000 亿立方米。

(二)水资源地区分布很不均匀,水、土资源的配置不相适应

我国水资源南多北少,相差悬殊。南方长江、珠江、浙闽台诸河、西南诸河等四个流域片,平均年径流深均超过 500 mm,其中浙闽台诸河超过 1 000 mm,淮河流域平均年径流深 225 mm;黄河、海深河、辽河、黑龙江四个流域片平均年径流深仅有 100 mm,内陆诸河平均年径流深更小,仅 32 mm。

我国水资源的地区分布与人口、土地资源的配置很不适应。南方四个流域片耕地面积占全国的 35.9%,人口占全国的 54.7%,拥有的水资源量却占到全国的 81%;而北方四流域片水资源总量只占全国的 19%,耕地面积却占全国的 64.1%。因而形成了南方水多地少,北方水少但地多、人多的局面。北方有 11 个省、自治区、直辖市的人均水资源拥有量低于联合国可持续发展委员会研究确定的 1 750 m³ 警戒线。

(三)水资源年际、年内变化大,水旱灾害频繁

我国大部分地区受季风影响,水资源的年际、年内变化大。我国南方地区最大年降水量与最小年降水量的比值达 2~4 倍,北方地区达 3~6 倍;最大年径流量与最小年径流量的比值,南方为 2~4 倍,北方为 3~8 倍。南方汛期水量可占年水量的 60%~70%,北方汛期水量可占年水量的 80% 以上。大部分水资源量集中在汛期以洪水的形式出现,资源利用困难,且易造成洪涝灾害。南方伏秋干旱,北方冬春干旱,降水量少,河道径流枯竭(北方有的河流断流),造成旱灾,如遇持续的干旱年份,地下水位大幅度下降,有的地区不仅农作物失收、工业限产,而且人畜饮水都成问题。我国水资源量的年际差别悬殊和年内变化剧烈是我国农业生产不稳定、水旱灾害频繁的根本原因。

(四)雨热同期是我国水资源的突出优点

我国水资源和热量的年内变化具有同步性,称作雨热同期。每年 3—5 月份后,气温持续上升,雨季也大体上在这个时候来临,水分、热量条件的同期有利于农作物的生长。这也是我国以占世界 6.4% 的土地面积和 7.2% 的耕地,养活了约占世界 1/5 人口的一个重要自然条

---

* 径流深 R 指某时段内某过水断面上的径流总量平铺在断面以上流域面积上所得到的水层深度。它的常用单位为 mm。若时段为 $\Delta t(s)$,平均流量为 $Q(m^3/s)$,流域面积为 $A(km^2)$,则径流深 $R(mm)$ 由下式计算:$R=Q\Delta t/(1\ 000A)$。年平均径流深则为径流深的多年平均值。

件。当然,雨热同期只是就全国宏观而言的,在南方有的地区,7—9 月份农作物生长旺盛,却高温少雨,成为主要的干旱期。

四、我国水资源利用过程中存在的问题

随着我国社会经济的快速发展,水资源的开发利用取得了显著的成绩;但由于对水资源的过度开发利用,也产生了一系列生态与环境问题。

(一)水资源过度开发利用

我国中西部地区主要河流如黄河、淮河和海河流域水资源开发利用程度均已超过 50%。流域上游过度开发利用地表水资源,造成下游生态环境日益恶化,表现为下游断流、干涸,导致沿河流域及三角洲地区生态退化。黄河在 28 年中曾有 22 年发生断流。黄河断流和供水量减少已经给河南、山东两省带来了重大的经济损失和社会影响。尽管近年来我国加强了流域水资源管理,黄河断流现象得到有效控制,但北方地区水资源短缺形势依然严峻。

(二)缺水现象与用水浪费并存

我国农业灌溉的利用系数平均只有 0.554(2018 年度《中国水资源公报》),与发达国家的 0.8 相比还存在不小的差距。我国目前的工业用水重复率只有 45%,而发达国家为 75%~85%,差距明显。同时,全国大部分城市自来水管网跑、冒、滴、漏现象严重,污水回用及雨水利用还没有得到很好的推广。

(三)过度开发地下水引起地面沉降

我国北方地区由于地表水资源短缺,导致地下水开采过度,地面沉降现象比较普遍,还可能出现地面塌陷、地裂缝等。西安市地面从 20 世纪 60 年代开始下沉;钟楼基座出现裂缝,著名的大雁塔曾向西北方向倾斜 1 m,下沉 1.3 m,成为中国的"比萨斜塔";尤其严重的是西安城区已经出现十多条裂缝。沿海地区地下水开采过度还会引起海水入侵现象。海水入侵破坏了地下水资源,造成沿海耕地的盐碱化,使得耕地丧失生产功能,严重影响了工农业生产。

(四)水体污染严重,水污染事件频频发生

随着工业化和城市化的迅速发展,我国主要的江、河、湖、水库等水体已普遍受到不同程度的污染。这部分内容在第四章已有介绍,这里不再进行详细论述。

五、水资源的保护对策

(一)对点源污染和非点源污染的防治措施

为了实现基本控制我国水污染,使水环境质量逐步改善,到 2050 年有较大改善的目标,有两种基本对策:一是提高规划的城市废水处理率;二是加大推行节水减污的清洁生产力度,使工业用水量、废水量和污染负荷进一步降低。

在水的点源污染控制上,现代已经有了较为成熟的技术,并取得显著的效果。处理控制不

同点源污染物方面有大量的技术资料,特别是建设污水处理系统的技术,可查阅相关的环境工程书籍,本书不再进行详细论述。

对于农业非点源,因其产生污染的物质主要是营养盐、水土流失和农药,控制或减少由此引起的非点源污染的措施主要是一些水土保持措施,如:

(1)保土耕作,即增加土壤的植被覆盖度,以减少土壤的水蚀或风蚀。

(2)等高条形耕作,这项措施能有效地减少地面水流,从而减少因坡地引起的水土流失和营养盐流失。

(3)人工湿地与多塘系统。

(4)建立缓冲带,在非点源区与河道之间的植物带或湿地,对污染物有降解的作用,相对于污染物直接进入河道来说,起着缓冲的作用。

(二)我国在保护水资源方面采取的措施

(1)有些城市以"海绵城市"的理念,采取收集雨水的方式以缓解水资源供求矛盾。如北京建立雨洪利用工程,利用雨水缓解水资源供求矛盾;一些大型的场馆(如我国奥运会场馆)也已建设雨水收集系统。这些工程除采用收集屋顶、道路与绿地降雨外,还可采用将雨水收集引入地下渗沟回灌地下水,多余雨水储蓄用于灌溉、市政杂用等利用模式。

(2)用价格杠杆保护水资源。实行阶梯式收费控制水浪费。如果用水超标,同样 1 m³ 的水将征收更多的钱,用水越多,单价越高。近年来大多数城市都提高了生活用水附加的污水处理费。

(3)实施南水北调工程。我国水资源地区分布极不均匀,水土资源组合不平衡。南方以占全国总数 54.7% 的人口、35.9% 的耕地,拥有占全国总量 81% 的水资源;北方水资源总量只占全国总量的 19%,而耕地却占全国的 64.1%,人口数占全国总数的 45.3%。南水北调工程的目的就是要缓解中国北方地区的缺水矛盾,实现水资源合理配置;但这样的工程对整个大环境生态系统的影响需要进行环境影响评估。

南水北调工程

南水北调工程是长江流域水资源综合利用规划的重要组成部分。南水北调共有三条路线:西线从长江上游通天河、雅砻江、大渡河引水到黄河上游,解决西北地区缺水问题;中线从长江中游的汉江丹江口水库引水到华北平原西部,主要解决沿线工业及城市生活用水问题,兼顾灌溉农田;东线从长江下游的扬州引水,利用京杭大运河及与其平行的河道逐级提水北送,供江苏、山东、安徽、河北、天津四省一市的用水。

南水北调工程主要解决我国北方地区,尤其是黄淮海流域的水资源短缺问题。工程最终调水规模 448 亿立方米,其中东线 148 亿立方米,中线 130 亿立方米,西线 170 亿立方米,建设时间约需 40~50 年。目前东线和中线已经完工通水,西线还在论证阶段。调水工程涉及生态和社会等方面的问题,必须认真应对,才能在保障生态安全的前提下,发挥最大效益。

---

(4)提高水的重复利用率和促进污水资源化。采用中水回用、尾水灌溉等技术。例如厦门曾经开展的生活污水上山,利用它来浇灌贫瘠的山地,不仅可以充分利用水资源,而且减少了

污水直接排海造成的海域富营养化。

(5)海水淡化。采用膜技术淡化海水,目前技术上已不成问题,主要在于如何降低成本,进一步提高能效。

世界上还有人提出了拖移冰山来获取淡水资源的设想。此工程在近期内还不能够实现,仍处于计划阶段。据估计,南极的一块浮冰就可以获得 10 亿立方米的淡水,可供 400 万人 1 年的用量。

> **人工湿地**
>
> 人工湿地是由人工建造和控制的与沼泽地类似的地面,将污水、污泥有控制地投配到经人工建造的湿地上,污水与污泥在沿一定方向流动的过程中,主要利用土壤、人工介质、植物、微生物的物理、化学、生物三重协同作用,对污水、污泥进行处理。湿地系统中的微生物是降解水体中污染物的主力军。好氧微生物通过呼吸作用将污水中的大部分有机污染物分解成二氧化碳和水,厌氧微生物在缺氧条件下将有机物分解为二氧化碳和甲烷,硝化细菌将铵盐氧化为硝酸盐,反硝化细菌将硝酸盐还原成氮气。通过这一系列生化作用,污水中的主要有机污染物都能得到降解同化,成为微生物的一部分,其余的变为对环境无害的无机物质回归到自然界中,水可以得到回用。
>
> 人工湿地是一个综合的生态系统,它应用生态系统中物种共生、物质循环再生原理,结构与功能协调原则,在促进废水中污染物质良性循环的前提下,充分发挥水资源的生产潜力,防止环境的再污染,获得污水处理与资源化的最佳效益。

第三节　森林资源的保护

一、森林资源的概念与分类

森林是由乔木或灌木组成的绿色植物群体,与其中的动物、微生物和所处空间的土壤、水分、大气、阳光、温度等组成森林生态系统。森林资源是指森林中一切对人类产生效益(生态效益、经济效益和社会效益)的物质,包括木材资源、林木副产品及其他森林植被资源、森林动物资源、土壤及岩石资源、水资源、气候资源、景观及旅游资源。

习近平总书记曾论述了植物在生态系统中的地位和对文化的贡献:"植物是生态系统的初级生产者,深刻影响着地球的生态环境。人类对植物世界的探索从未停步,对植物的利用和保护促进了人类文明进步。中国是全球植物多样性最丰富的国家之一。中国人民自古崇尚自然、热爱植物,中华文明包含着博大精深的植物文化。""森林关系国家生态安全","森林是陆地生态系统的主体和重要资源,是人类生存发展的重要生态保障"。

森林资源分类是进行森林资源科学管理的前提。根据分类目的的不同,森林资源分类方式包括按照森林起源、森林植被分布地带性、森林树木形态、森林功能、森林的权属以及森林的结构等不同的分类。目前,最具代表性的分类方法是以植被类型进行区分的森林资源分类方法。

(1)按照森林资源的起源分为天然林、天然次生林和人工林。

(2)根据森林植被的分布地带性差异,分为寒温带针叶林、温带针叶与落叶阔叶混交林、暖温带落叶阔叶林、亚热带常绿阔叶林以及热带季雨林、雨林等类型。

(3)按照森林树木的形态,分为针叶林、针阔叶混交林、阔叶林、竹林和竹丛以及灌木林和灌丛。

(4)按照森林培育的目的和森林的功能,分为防护林、用材林、经济林、薪炭林和特种用途林。

(5)按照森林的权属,分为国有林、集体林、合作林和个体承包林等。

二、森林在生态环境中的重要性

森林维持了整个地球的生态系统,它不仅具有经济价值,也具有生态价值,而且其生态价值较经济价值要大得多。森林在生态系统的服务功能表现在:

(1)森林能吸收二氧化碳,减缓温室效应的加剧;同时制造氧气。森林能净化城市空气,吸收二氧化硫等一些有毒气体;森林能对空气中的微粒和粉尘具有阻挡、滞留、过滤和吸收作用;森林分泌的某些气体物质具有杀灭空气中病菌的能力。森林还能形成绿色“声屏障”,降低、消减噪声。

(2)森林能调节大气温度,降低风速,抗拒台风。城市森林还可以形成优美景观,为人们提供舒适清新的休闲空间,如各地建设的森林公园。

(3)森林能满足国家建设和人民生活的需要,为国家建设提供多种林副产品。目前世界上仍约有1/3的人类以木材为做饭的燃料,但除了采伐人工的薪炭林和速生用材林外,我国已经停止砍伐本国的森林来获取木材(包括纤维材料)和燃料。

(4)森林可以涵养水源,保障农牧渔业的发展。人常说农业是基础,水利是命脉,现在人们又进一步认识到林业是屏障。

(5)森林能保育土壤。森林具有庞大的根系,分泌的有机酸可改良土壤;林冠层和枯枝落叶层能够削减降雨的侵蚀以及拦截、分散、滞留和过滤地表径流,从而使土壤结构稳定,保持水土,减少因土壤侵蚀造成的水土流失。

(6)森林是地球上许多生物物种的天然基因库,是保护生物多样性的殿堂。林区是鸟、兽等各种生物的重要栖息地和繁殖区,如果没有森林,90%的陆地生物将消失,珍贵动植物将减少甚至绝迹,这是很大的损失。

总之,森林是地球陆地生物圈的重要组成部分,是整个自然生态系统中的支柱。森林是地球的肺,是人类的摇篮。地球不能没有森林,人类更不能没有森林。绿色森林与地球和人类息息相关。2011年世界环境日的主题就是“森林:大自然需要您的呵护(Forests:Nature at Your Service)”。森林植被的破坏必然会导致整个自然生态系统各组成因子相互失调,物质循环和能量流动发生重大变化,在生态环境上出现这样那样的问题,甚至严重的问题。世界绿色和平组织公布的一项调查结果表明,森林被毁的必然结果是:90%的陆地生物将消失;全世界90%的淡水将白白流入大海,人类将出现严重的用水危机;地球上风速将增加70%,亿万人将毁于风灾、洪灾,农田、道路、房屋、工厂将被洪水浸蚀;亿万人将得不到柴炭和林副产品,从植物中制取药品将成空谈;空气污染、噪声污染、太阳辐射将增加,人类将难以生存。

三、世界森林资源现状

公元前7000年,地球上森林面积约占陆地面积的2/3。直到19世纪末,全球陆地上仍有42%是森林。而据20世纪70年代的资料,世界林地面积约为48.9亿公顷,仅占陆地面积的1/4。由于全球人口的快速增长,人类对耕地、牧场、木材的需求量日益增加,导致对森林的过度采伐和开垦,使森林受到前所未有的破坏,全球森林面临前所未有的危机,特别是那些原始森林。

20世纪90年代,全球的森林采伐面积估计每年达1 400万公顷,但新造林和自然生长的森林增加的面积只有520万公顷,因此每年净损失森林面积达到880万公顷。全世界森林覆盖率平均值为30.67%,各国和地区之间相差很大,在200多个国家和地区中森林覆盖率最大的是苏里南,为95.13%;有15个国家和地区,如阿曼等接近于零。

联合国粮农组织(FAO)的《2015年全球森林资源评价报告》显示:2000—2010年间,每年约有1 300万公顷森林转为其他用途或因自然原因流失;2010—2015年间,森林年损失量为760万公顷,年增长量为430万公顷,每年森林净减少量放缓至330万公顷。

由于非法采伐、管理不善和农业开垦,世界上许多在生态和经济方面都极具价值的森林,像亚马孙河和刚果河流域的热带雨林正在减少。这不但对当地生态环境造成巨大破坏,而且对整个地球生态环境有各种各样的影响,其影响归纳为:

(一)可能引起全球性气候变化

在森林减少过程中,至少有3 000亿吨干物质被烧掉,耗氧4 000亿吨,向大气释放二氧化碳5 500亿吨,其中,10%～20%通过光合作用被植物固定,40%进入海洋,40%左右停留在大气中,大气中二氧化碳浓度的增加会使温室效应加剧。

(二)引起物种变化和绝迹

森林是一个复杂的生态系统,在森林内部有各种各样的生态环境,蕴藏着丰富多彩的动植物种群。如果森林遭受破坏,栖息繁衍于林间的大小动物、微生物及林内各种植物难免同归于尽。在森林遭受破坏的情况下,热带雨林基因库的破坏将给遗传多样性的维护带来极大困难,甚至是人类最大的无法弥补的损失。

(三)引起大量的水土流失

热带地区雨量多且多暴雨,风化层疏松,热带森林一旦被破坏,极易造成大量水土流失。例如亚马孙河流域,毁林地区土壤流失每公顷达34 t;秘鲁由于山区森林遭破坏,泥石流和山洪危害十分严重。

四、我国森林资源现状

我国森林资源现状主要有以下一些特点:

(一)树种繁多,类型多样

我国地域辽阔,自然条件复杂多样,从北到南跨越的五大气候带适生着不同种类的森林植物,形成了中国森林类型多样、森林植物种类繁多的特色,在世界植物宝库中占有重要地位。全国由北向南依次分布有寒温带针叶林、温带针叶与落叶阔叶混交林、暖温带落叶阔叶林、亚热带常绿阔叶林、热带季雨林和热带雨林等多种森林类型。据统计,我国共有木本植物 11 405种,其中乔木 3 200 多种,包括 1 000 多种优良用材及特种经济树种。

(二)人均森林资源少,覆盖率低

我国的森林资源清查是 20 世纪 70 年代开始的,采用国际上公认的森林资源连续清查方法,建立了以 5 年为周期的森林资源连续清查制度。森林覆盖率是通过森林资源清查获得的。清查工作中一个最重要指标是郁闭度。郁闭度是指林冠的投影面积与林地面积之比,是判定森林的重要标准。我国在早先四次(1994 年以前)的森林资源清查中,郁闭度 0.3 以上(不含 0.3)才能界定为森林,这个标准主要是参考了苏联的森林密度标准,要求相当严格,这就使不少林地被排除在森林之外。实际上,联合国粮农组织和世界林业大会都曾规定森林郁闭度标准为 0.2 以上。从第五次全国森林资源清查开始,我国采用了新的郁闭度标准,《森林法实施条例》也将郁闭度标准修订为 0.2 以上(含 0.2)。新标准的实施表明我国森林资源管理开始与国际接轨。在我国很多地区,森林效益主要体现为生态效益。因此有必要将一些郁闭度不高但仍有相当生态效益的稀疏林地划为森林,加以保护和培育。

第九次全国森林资源清查从 2014 年开始,2018 年结束。清查结果显示:全国森林面积2.2 亿公顷,森林覆盖率达 22.96%,森林蓄积量 175.6 亿立方米,实现了 30 年来连续保持森林面积、蓄积量的“双增长”。此外,对公众普遍关注的森林生态服务功能也进行了调查,我国森林年涵养水源量6 289.5亿立方米,年固土量 87.48 亿吨,年保肥量 4.62 亿吨,年吸收大气污染物量 0.4 亿吨,年滞尘量 61.58 亿吨,年释放氧气量 10.29 亿吨,年固碳量 4.34 亿吨。清查结果表明我国已成为全球森林资源增长最多、最快的国家,生态状况得到了明显的改善,森林资源保护和发展进入了良性发展的轨道。

虽然有些学者研究认为树木也不是越多越好,但是目前的主要问题是我国在植树造林方面总体的生态欠债太多,而不是树木已太多。我国森林覆盖率远低于全球 31% 的平均水平,人均森林面积不足世界人均水平的 1/3,人均森林蓄积量只有世界人均水平的 1/6,森林资源总量相对不足、质量不高、分布不均的状况仍然存在,森林生态系统功能脆弱状况尚未得到根本改变,生态产品短缺依然是制约我国可持续发展的突出问题。

(三)森林分布不均

我国东部地区森林覆盖率为 34.27%,中部地区为 27.12%,西部地区为 12.54%,而占国土面积 32.19% 的西北五省区森林覆盖率只有 5.86%。福建省森林面积覆盖率为 66.8%,是我国森林覆盖率最高的省份,江西、台湾、广西和浙江依次位列第 2~5 位。

(四)森林资源结构不合理

森林资源结构不合理表现为林种结构和林龄结构不合理。林种结构中用材林面积过大,防护林和经济林面积偏小,不利于发挥森林的生态效益和经济效益。林龄结构中幼龄占

33.8%,中龄占 35.2%,成熟林占 31.0%,成熟林比例小,近期可供采伐的森林资源不足。

(五)森林地生产力低

表现为林业用地利用率低,残次林多,单位蓄积量少和生长率不高。

五、保护森林资源的措施

目前我国对保护现有森林、绿化植树十分重视,除严禁乱砍滥伐、毁林开荒外,还大力动员全体人民植树造林,一代一代做下去。习近平总书记 2018 年 4 月 2 日参加首都义务植树活动时指出:"开展国土绿化行动,既要注重数量更要注重质量,坚持科学绿化、规划引领、因地制宜,走科学、生态、节俭的绿化发展之路,久久为功、善做善成,不断扩大森林面积,不断提高森林质量,不断提升生态系统质量和稳定性。我们既要着力美化环境,又要让人民群众舒适地生活在其中,同美好环境融为一体。"

我国到 21 世纪中叶基本建成资源丰富、功能完善、效益显著、生态良好的现代林业,主要措施包括以下几个方面:

(一)健全森林法制,加强林业管理

①建立和完善林业机构;②加强林业法制宣传教育;③严格森林采伐计划、采伐量、采伐方式;④严格采伐审批手续;⑤重视森林火灾和病虫害的防治;⑥用征收森林资源税的方法,加强森林保护。

(二)合理利用天然林区

利用森林资源要合理采伐,伐后要及时更新,使木材生长量和采伐量基本平衡,同时要提高木材利用率和综合利用率。

(三)分期分地区提高森林覆盖率

与第八次全国森林资源清查相比,全国新增森林面积 1 266.14 万公顷,基本实现了到 2020 年森林覆盖率达到 23%的目标;预计到 2050 年,全国森林覆盖率达到 28%以上。

(四)搞好城市绿化地带

我国城市绿化面积很小,应大力植树造林,把城市变成理想的人工生态系统。

(五)开展林业科学研究

重点开展经济效益、社会效益、生态效益三者之间关系的研究,力求三者协调发展。

(六)控制环境污染对森林的影响

大气污染物如二氧化硫、氮氧化物、酸雨及酸沉降物等都能明显对森林产生不同伤害,影响森林的生长、发育。水污染和土壤污染随着污染物的迁移、转化也将对森林产生影响。控制环境污染的影响有助于森林资源的保护。

六、加强城市森林建设

(一)城市森林的概念

我国在城市绿化建设中一直沿用中国古典园林的一些做法,引入"城市森林"的提法相对较晚;只是近年来随着城市化进程加快而导致城市生态环境问题日益突出,城市森林建设才逐渐受到人们的重视。城市森林是指城市范围内、城市周边与城市关系密切的,以乔木为主体,达到一定规模与盖度,与各种灌木、草本、动物和微生物以及周围的环境相互作用形成的统一体,包括花草、野生动物、微生物组成的生物群落及其中的建筑设施,包含公园、街头和单位绿地、垂直绿化、行道树、疏林草坪、片林、林带、花圃、苗圃、果园、水域等绿地。城市森林以改善城市生态环境为主,促进人与自然协调,满足社会发展需求,是城市生态系统的重要组成部分。

(二)城市森林生态建设

城市森林以城市为载体,以森林植被为主体,以城市绿化、美化和生态化为目的,以人为本,森林景观与人文景观有机结合,对改善城市生态环境,加快城市生态化进程,促进城市、城市居民及自然环境间的和谐共存,推动城市可持续发展具有重要作用。

作为城市生态系统的一个子系统,城市森林规划应该从城市整体来考虑森林的结构和功能。城市森林生态建设应以生态效益、社会效益为主,同时兼顾经济效益。

在城市森林建设过程中,应尽量减少对原始自然环境的变动;树种的选择以地带性植被为主,以利于形成稳定、有地区特色的城市森林景观;不仅城市森林的外貌、组成和空间结构应该按照近自然的配置模式,城市森林在造林、抚育、森林保护等各个管理环节上也应该采取近自然的管理模式。

城市森林恢复与建设的最终目标应该是改善自然与人、自然与经济、生物与生物、生物与环境之间的多元关系,促进城市森林各子系统之间、城市森林与城市生态系统和谐共存、协调发展,并能最大限度地发挥综合效益及其在城市可持续发展中的作用。具体目标主要体现在三方面:

(1)改善环境,实现城市生态系统良性循环。城市森林建设的核心目的是改善生态状况,特别是维持碳氧平衡、解决大气污染、加强空气对流、调节城市小气候环境、保护水源等。城市森林是城市生态系统中具有自净功能的重要组成部分,通过城市森林建设,可实现城市生态系统良性循环。

(2)提升城市风貌,体现城市森林的文化价值。城市森林文化是城市文化和城市生态文明的重要组成部分,城市森林以其独特的形体美、色彩美、音韵美、结构美,凝结着现实的、历史的各种自然、科学、精神价值,提供给城市优美舒适的生态环境。如厦门市的红树林体现了厦门亚热带特色的海湾风景城市景观。

(3)发挥城市森林的经济功能,促进第三产业发展。城市森林通过提供苗木、花卉等有形产品和制氧、净化空气、杀菌、滞尘等无形的生态服务功能产品,成为城市第三产业的一个重要组成部分。发挥城市森林的经济功能,有利于调动社会力量参与城市森林建设的积极性,克服城市森林建设过程中政府和企业的负担过重、土地流转及资金筹措等困难,促进循环经济的发展。

2005年世界环境日的主题"营造绿色城市,呵护地球家园(Green Cities,Plan for the Planet)"旨在号召世人将建设城市森林与当代的环境保护联系起来。

2005年8月国家林业局发布了《"国家森林城市"评价指标(试行)》,并于2007年3月正式公布了《国家森林城市评价指标》,从组织领导、管理制度和森林建设三个方面规定了"国家森林城市"的评价标准。这使我国的城市森林建设有了明确的目标和准则。近年来,随着我国城市化进程的加速,城市生态环境问题日益突出。为了促进森林城市的建设,国家分别于2019年和2023年对该评价标准进行了修订。其评价的标准也越来越高。

第四节 矿产资源的保护

矿产资源是人类生产资料的基本物质来源之一,是人类衣食住行的方方面面都离不开的生活资料。矿产资源的开发利用是人类社会发展的前提和动力,人类社会生产力的每一次巨大进步,都伴随着矿产资源利用水平的巨大飞跃。因此,矿产资源在人类的文明进程中发挥了无可替代的作用。

一、矿产资源及其特点

矿产资源是地壳(包括海底下)在其长期形成、发展与演变过程中的产物,是自然界矿物质在一定的地质条件下,经一定地质作用而聚集形成,暴露于地表或埋藏于地下的具有利用价值的,呈固态、液态、气态的自然资源。一般将矿产资源视为不可更新和不可再生资源,它可分为能源、金属矿物和非金属矿物。

矿产资源是自然资源的重要组成部分,是人类社会发展的重要物质基础。中国92%以上的一次能源、80%的工业原材料、70%以上的农业生产资料来源于矿产资源。与其他自然资源不同,矿产资源有以下几个特点:①不可再生性和可耗竭性;②区域分布不平衡性;③动态性。

二、世界矿产资源分布

由于地球结构的不均匀性和资源分布的区域差异,世界矿产资源的分布很不平衡,即分布和开采主要在发展中国家,而消费量最多的是发达国家。目前在世界广泛应用的矿产资源有80余种,其中非能源矿产有铁、镍、铜、锌、磷、铝土、黄金、锡、锰、铅等。世界非能源矿产资源分布总特征表现为分布很不平衡,主要集中在少数国家和地区。这与各国各地区的地质构造、成矿条件、经济技术开发能力等密切相关。矿产资源最丰富的国家有美国、中国、俄罗斯、加拿大、澳大利亚、南非等;较丰富的国家有巴西、印度、墨西哥、秘鲁、智利、赞比亚、刚果、摩洛哥等。

三、我国矿产资源的主要特点

我国是世界上矿产资源丰富、矿产种类较全、矿业生产规模较大、矿产品消费数量较多的国家之一。我国已查明的矿产资源约占世界的 12%，居世界第 3 位，但是人均矿产资源占有量仅为世界平均水平的 58%，居世界第 53 位。我国矿产资源既有优势，也有劣势。优劣并存的基本态势主要表现在以下几个方面：

(1)矿产资源总量丰富，人均资源相对不足，地区分布广但不平衡，一些重要矿产的分布具有明显的地区差异。截至 2021 年底，我国已发现 173 种矿产资源，查明资源储量的有 163 种，矿产地有 18 000 多处，其中大中型矿产地 7 000 余处。我国矿产资源总体分布广泛，但由于地质成矿条件不同，矿产资源分布具有明显的地域差异，中西部矿产资源相对丰富。铁集中在东北、华北和西南；铜以长江中下游地区最为重要；磷主要分布在西南和中南地区；钨、锡、锑等优势资源则主要分布在湖南、江西、广西、云南等地区。

(2)矿产品种配套齐全，但资源丰度不一，矿产质量贫富不均。贫矿多，富矿少，大多数品位低，能直接供冶炼、化工利用的较少，加之开采中采富弃贫，使矿产品位下降，富矿越来越少。

(3)超大型矿床少，中小型矿床多。我国现有的 17 万个矿山中，大中型矿山约 2 400 座，仅占矿山总数的 1.4%。

(4)伴生矿多，单一矿少，分选冶炼困难，综合利用水平较低。我国由于地质条件复杂，成矿的叠加作用比较显著，很多矿床都是由多种矿物共生或伴生组成的综合性矿床，尤以内生金属矿床最为突出。例如我国的钒矿储量居世界首位，但是 91% 的钒分散在其他矿床中，以钒为主的矿床仅占 9%。我国的银有 2/3 是铅锌矿的伴生矿，1/3 是铜的伴生矿，独立的银矿极少。

四、矿产资源开发利用存在的主要环境问题

(一)矿产资源利用不合理

我国矿产开发过程中存在大矿小开、大矿乱开等现象，矿产经营粗放、效益低下，资源破坏严重。加之生产技术落后，采矿、选矿回收率低，使得矿产资源浪费严重。采矿回收率是指矿山实际采出的矿石量和探明的工业储量的比率，采矿回收率越高，说明采出的矿石越多，丢失在矿井里的矿石少，矿山资源利用效益越高。我国矿山的回收率很低，不到 50%。由于管理不善，许多优质矿产资源被当作劣质资源使用。据统计，我国每年矿产资源开发过程中的损失达到 780 亿元。

(二)生产布局不合理

目前我国矿产分属许多部门管理(如能源矿产、黑色金属矿产、化工原料非金属矿产、建材等)，这样使综合性的矿山很难得到全面的开发和利用。此外，小矿山的开采给资源造成很大的破坏，个体或小集体随意乱采，导致一些大型矿脉破坏，给国家大规模采矿造成了困难。

(三)给周围环境造成污染和破坏

(1)水污染：采矿、选矿活动使地表水或地下水呈酸性，含重金属和有毒元素。这种污染的矿山水称为矿山污水。矿山污染危及矿区周围河道、土壤，甚至破坏整个水系，影响生活用水、工农业用水。

(2)大气污染：露天矿的开采以及矿井下的穿孔、爆炸，矿石、废石的装卸，运输过程中产生

的粉尘,废石场废石的氧化和由于自燃释放出的大量有害气体,废石风化形成的细粒物质和粉尘等,这些都会造成区域环境的大气污染。

(3)固体废物污染:矿产资源开发利用过程中会产生大量的固体废物,如尾矿、煤矸石、粉煤灰、炉渣、冶炼废渣等。这些固体废物不但占用土地资源,而且其淋滤水中有毒有害元素超标,对环境污染严重。

(4)土地破坏和土壤污染:矿山开采,特别是露天开采使大面积的土地遭受破坏或侵占,因而容易引发水土流失和土壤侵蚀。

(5)地下开采(洞采)造成地面塌陷及裂隙:当矿体采出后,原有的地层内部平衡破坏,岩石破裂、塌陷,地表也随着下沉形成塌陷、裂缝以及不易识别的变形等,直接影响了周围的环境及工农业生产,甚至威胁人们的安全。

(6)海洋矿产资源开发污染:海上油田的开采,以及漏油、喷油、石油运输和精炼过程都会产生海洋油污染,也是目前海洋污染的主要污染源之一。

五、矿产资源的合理利用

随着人口的急剧增加和经济的高速增长,人类对矿产资源的消耗也急剧增加。在矿产资源大规模开发利用中,不仅消耗了许多有限的、不可再生和不可更新的资源,而且大大改变了生态系统的物质循环和能量流动,产生了严重的生态破坏和环境污染。目前矿产资源利用存在着极其严重的不合理和浪费现象。

为了合理利用矿产资源,应注意以下几个方面:

(一)树立珍惜和合理利用矿产资源的观念

我们要从维护国家经济安全、实现国民经济和社会发展第三步战略目标的高度出发,深入贯彻实施《中华人民共和国矿产资源法》,使人们对我国矿产资源的现状有一个清醒的认识,唤起人们的危机感,切实加强矿产资源的保护和合理利用;并建立起矿产资源的法律体系,做到有法可依,有法必依,执法必严,违法必究。

(二)保障矿产资源国家所有权益

虽然《中华人民共和国矿产资源法》明确矿产资源属国家所有,由国务院行使国家对矿产资源的所有权,但由于矿产资源分散在地下,处于自然状态,极易造成谁占归谁、谁占谁得益的局面,致使"国家所有"成为一句空话;而且很多采矿者都只希望更快得益而不关心矿产的资产权益,不关心矿产的持续利用,因而采富弃贫,乱挖滥采,加速了矿产资源的耗竭。我们应切实保障矿产资源国家所有权益,培育规范的矿业权市场,提高矿产资源开发利用技术水平。

(三)开源与节流并重

目的是增加矿产资源的储备和供给。严禁乱采滥挖,搞好资源的合理开发与综合利用,纠正浪费与破坏资源现象。另外依靠科技进步,加强管理,努力降低工业生产过程中矿物原材料的消耗,提高资源的回收利用水平,减少与防止资源的损失和浪费。

资源枯竭型城市

　　资源枯竭型城市是指矿产资源开发进入后期、晚期或末期阶段,其累计采出储量已到达可采储量的 70% 以上的城市。资源枯竭型城市转型问题是世界各国经济和社会发展中都在经历的突出问题。2008 年、2009 年、2011 年,我国分三批确定了 69 个典型资源枯竭型城市(县、区)。其中,煤炭城市 37 座,有色金属城市 14 座,黑色冶金城市 6 座,石油城市 3 座,其他城市 9 座,涉及总人口 1.54 亿人。

　　经过短短几十年的发展,我国资源型城市逐渐受到资源枯竭的威胁。矿产资源作为不可更新资源,资源产量逐年减少,而且在开发建设各资源城市时只考虑资源的开采,忽略了城市发展的条件和因素,从而产生了诸多问题。资源型城市面临着复杂多样的困境,表现在以下几个方面:

　　(1)城市发展的资源环境基础出现危机。随着资源的枯竭、生态环境恶化,耕地退化、盐碱化和沙漠化,水资源需求告急等问题也接踵而至。

　　(2)资源型城市区位条件差,自我发展能力较弱。该类城市基本上都是依资源开采地而建,缺乏一般城市的开发性,经济体系处于封闭状态,城市其他社会服务功能紧紧依附于主导资源产业,缺乏自主运营的空间。

　　(3)资源枯竭型城市产业高度单一。资源型产业既是主导产业,又是支柱产业,城市对资源产业的依赖性很大,造成城市的发展受到限制,城市功能不全,第三产业及可替代产业发展落后。

　　(4)资源型城市在管理体制和利益机制上矛盾突出。资源型企业创造的税收和利润地方留存度很低,容易造成"企业办社会,政府办企业"的本末倒置、功能错位的状况。

　　因此,中国的资源型城市要想扭转资源日趋枯竭的现状,减少资源开采收益下降对城市经济发展的不利影响,就要改变对自然资源的过度依赖,进行适当的经济转型。

第五节　生物资源与生物多样性的保护

一、生物资源与生物多样性的概念

　　生物资源是自然界中的有机组成部分,是自然力的产物,也是生物多样性的物质体现,是人类社会生存与发展的基础。1992 年联合国环境与发展大会通过的《生物多样性公约》中将"生物资源"定义为"对人类具有实际或潜在用途或价值的遗传资源、生物体或其组成部分、生物群体,或生态系统中任何其他生物组成部分"。

　　早在 20 世纪 70 年代，一些自然保护组织就开始使用"生物丰富度"的标语来代表生命形式（物质、变化以及基因资源）的多样性保护。然而直到 1992 年《生物多样性公约》签署后，"生物多样性"这一术语才成为国内外流行的词汇。对于生物多样性，不同的学者所下的定义有所不同。目前公认的定义为："生物多样性是指地球上所有生物（动物、植物、微生物等）、它们所包含的遗传物质以及由这些生物与环境相互作用所构成的复杂的生态系统的多样化程度。"

　　通常生物多样性包括以下四个水平（层次），即：

　　(1)遗传多样性：生物的多样形式最终是由控制形态和发育的遗传物质的多样性所决定的，因而遗传多样性是物种多样性和生态系统多样性的前提和条件。广义的遗传多样性是指地球上生物所携带的各种遗传信息的总和。任何一个物种或生物个体都保存着大量的遗传基因，可被看作是一个基因库。一个物种所包含的基因越丰富，它对环境的适应能力越强。狭义的遗传多样性特指种内基因的变化，包括同种显著不同的群体间或同一群体内的遗传物质的变异。遗传多样性可以表现在多个层次上，如基因、分子、细胞等。

　　(2)物种多样性：指地球上动物、植物、微生物等生命有机体种类的丰富程度，专家估计地球上所有的物种总数为 500 万～5 000 万种或更多，并不断地消失和增加着。到现在为止，已被人类描述和命名的生物种仅有 140 万种左右。

　　(3)生态系统多样性：生态系统是各种生物与其周围环境构成的自然综合体。生态系统的多样性主要是指地球上生态系统组成、功能的多样性以及各种生态过程的多样性，包括生境的多样性、生物群落和生态过程的多样化等多个方面。

　　(4)景观多样性：有的学者把景观多样性也当作生物多样性的一个层次，因为景观是由相互作用的生态系统组合而成的异质性区域，是个体—种群—群落—生态系统再向上延伸的组织层次，它综合了人类活动与土地区域的整体系统。景观多样性是指由不同类型的景观要素或生态系统构成的景观在空间结构、功能机制和时间动态方面的多样化程度。

　　上述生物多样性的四个层次中，遗传多样性是物种多样性和生态系统多样性的基础，是生物多样性的内在形式；物种多样性是构成生态系统多样性的基本单元；生态系统多样性是物种多样性在生态系统水平上的表现。

　　生物多样性是地球上数十亿年来生命进化的结果，是生物圈的核心组成部分，也是人类赖以生存及国民经济、社会可持续发展的重要物质基础。

　　然而，随着地球人口的迅速增长与人类各种开发活动的加剧，生物多样性受到空前未有的严重威胁，物种灭绝的速率比自然状况下要高 1 000 倍以上，许多物种在其生物学特性和价值被认识之前就永远地消失了。因此生物多样性已成为当前国际上生态学与环境科学领域研究的重点之一。

二、生物多样性保护的重要性

　　生物多样性保护的重要性可以从以下几方面加以说明：

1. 生态学观点

　　(1)世界是一个相互依存的整体，由自然界的各种生物和人类社会所组成的生命共同体，任何一方的健康存在和兴旺都依赖于其他方面的健康存在与兴旺。

（2）人是生物圈中的一部分,生物圈各个部分在长期进化、生育过程中达到一种相互协调,任何一方的破坏都会对人类社会产生负面影响。支持生物圈的完整性同样使人类社会得到繁荣,保护生物多样性就是保护人类自己。

（3）生物多样性保护有利于环境变化系统的复杂性,使生物圈有多种替换系统来维持其稳定。复杂系统比简单系统有更强的适应能力和生命力。

动物福利

人类屠杀动物由来已久,但在饲养它们时提供良好的饲养条件,在屠杀时也应尽量不使它们遭受疼痛和痛苦,这是当今文明世界的共识,是社会文明进步的一个标志。大自然屡屡用灾难告诉我们,必须敬畏生命,保护动物,维护生态平衡。地球是一个相互依存的整体,自然界的各种生物和人类都是平等的,任何一方的健康存在和兴旺都依赖于其他方面的健康存在与兴旺。人类不能以自己的利益为尺度决定生物是好是坏,应尊重生物生存的权利。哲学家康德说:"人必须以仁心对待动物,因为对动物残忍的人对人也会变得残忍。"一些社会学研究证明,儿童时期对动物残忍的人,成年后犯罪率升高。因此,动物福利不仅是现代发达国家大众和传媒的话题,也是生理学、医学、畜牧、伦理学和文化等方面的热门学术课题,目前很多国家纷纷立法来保障动物福利。其中一些措施值得我们借鉴,比如宰杀生猪时,猪应享受的福利包括:乳猪至少要吃 13 天母乳才能被宰杀;在宰杀时必须隔离屠宰,不被其他猪看到;杀猪要使用电击法,在猪完全昏迷后才能放血和解剖等。由于没有采取人道的宰杀方式,我国的动物食品出口曾多次遭到过国外的抵制。从食品安全角度来看,血腥的屠宰方式对食用者也有害无利,因为动物在突然的恐怖和痛苦状态下死亡,会促使肾上腺激素大量分泌,进而产生毒素。

人类的幸福永远不能建立在动物的痛苦之上。一些先进国家或城市已立法保障动物福利,对虐待、侮弄、伤害或遗弃动物、未按人道方式宰杀畜禽、未对受伤或患病动物给予必要治疗等行为进行处罚,如处以罚款等,有的国家甚至取消动物园、马戏团。可以预计,在保护生物多样性的理念逐步成为大众自觉的行为后,为动物福利立法将在更广的范围内推广开来。

2. 经济学观点

生物多样性是人类赖以生存与发展的重要物质基础,它提供丰富的生物资源,是社会发展的根本基石,是一项全球性的财产。《中国生物多样性国情研究报告》初步评估,中国生物多样性的经济价值为 39 330 亿元人民币。

3. 现实形势的要求

1997 年世界自然保护联盟(华盛顿)公布关于濒临灭种动物的年度报告:全球 5 205 种动物生命受到严重威胁,约有 12% 的鸟类、23% 的哺乳动物、25% 的针叶林、32% 的两栖类动物和 52% 的苏铁存在着灭绝的危险。

19 世纪以前,一个世纪才有一种脊椎动物灭绝;而 20 世纪初到现在,平均每年就有一种销声匿迹。

三、我国的生物多样性现状

我国国土、海域辽阔,自然条件复杂多样,地质历史古老,孕育极丰富的生物;又有7 000年以上悠久的农业历史,培育繁殖大量经济动植物,并保留大量野生原型及近缘种。中国是世界上生物多样性最为丰富的国家之一,也是北半球生物多样性最丰富的国家。截至2022年,我国已知物种及种下单元数138 293种。其中,动物界63 886种,其中有脊椎动物6 347种,约占世界上脊椎动物种类的13.7%,陆生野生动物多达2 400余种,其中兽类499种,鸟类1 244种,爬行类376种,两栖类279种,鱼类3 862种,均属世界前列。其中大熊猫是脊椎动物的活化石。我国有39 330种高等植物,占世界的10%,仅次于世界上植物最丰富的巴西和哥伦比亚,居世界第3位。其中裸子植物250种,苔藓植物2 200种,蕨类植物2 600种,这3种总和占世界的14%;被子植物28 996种;属于中国特有的高等植物17 300种,其中银杏是最古老的裸子植物。在上述野生动植物中,列入《国家重点保护野生动物名录》的珍稀濒危陆生野生动物406种,珍稀濒危植物246种,其中大熊猫、朱鹮、金丝猴、华南虎、扬子鳄、褐马鸡和水杉、银杉、百山祖冷杉、香果树等数百种珍稀濒危野生动植物为中国所特有。中国是世界上栽培植物的四大起源中心之一,是许多重要农作物和果树资源的原产地,还是世界上园林花卉植物资源最丰富的国家之一,种类超过7 500种,拥有温带几乎全部的木本植物属。中国是全球12个"巨大多样性国家",居世界第8位,北半球第1位。在漫长的人类文明进程中,我国既有对生物培育与利用的丰富经验,也因对森林过度采伐,草场超载过牧,对动植物资源掠夺式开发利用、偷猎、偷采、酷渔滥捕,环境污染,旅游,围垦,采矿的不合理作业,以及外来物种的入侵,使我国成为生物多样性受到严重威胁的国家之一。

由于国家加大了对生物多样性的保护力度,近年来的陆生野生动物资源调查和重点保护野生植物资源调查结果表明,部分野生动植物种群数量稳中有升,栖息环境逐渐改善,其中一半以上为国家重点保护的物种,扬子鳄、朱鹮、海南坡鹿等珍稀濒危野生动物种群成倍增加。一些物种的分布区逐步扩展,一些新物种、新纪录、新繁殖地或越冬地不断被发现;100多年未见踪迹、已被世界自然保护联盟宣布为世界极危物种的崖柏在重庆大巴山区被重新发现,笔筒树、白豆杉、观光木等物种也发现了新分布区。

然而,在一些地方生物多样性仍然继续受到自然和人为活动的破坏,自然生态系统不断退化,生境丧失和破碎化程度加剧,很多物种数量持续减少,遗传资源破坏和流失严重,外来入侵物种对生物多样性影响日趋严重。一些非国家重点保护的野生动植物,特别是具有较高经济价值的野生动植物种群仍未扭转下降趋势,部分物种仍处于极度濒危状态,单一种群物种面临绝迹的危险。朱鹮、黔金丝猴、鳄蜥、海南长臂猿、普氏原羚、河狸、普陀鹅耳枥、百山祖冷杉等单一种群物种不仅种群数量少,而且分布区狭窄,一旦遭受自然灾害或其他威胁,将面临绝迹的危险。

我国39 330种已知高等植物中,需要重点关注和保护的高等植物有11 715种,占评估总数的29.8%,其中受到威胁的植物物种约4 088种。对4 767种已知脊椎动物的评估结果显示,需要重点关注和保护的脊椎动物2 816种,占评估物种总数的59.1%,其中受威胁的1 050种,近危等级的774种,数据缺乏的有992种。在国际上公布的640个世界性濒危物种中,中国有156种,约占1/4。

四、生物多样性丧失的原因

从全球情况看,生物多样性遭受破坏归纳起来有以下共同原因:

(一)自然因素

气候变化导致的自然生态系统不断退化。已观测到的气候变化特别是全球变暖,已经对许多地区的生态系统造成了影响。物种的分布、种群大小、繁殖或迁徙的时间选择以及病虫害的暴发频率都发生了很大的变化。到21世纪末,气候变化及其影响可能成为全球生态系统服务丧失和变化的最主要驱动力。气候变化预计会增加水灾和火灾(如澳大利亚近年发生的森林大火)的发生风险,增加许多地区传播性疾病的发生频率,降低很多干旱和半干旱地区的水资源量和水质,进而增加了物种的灭绝风险。

(二)人为因素

(1)栖息地破坏。由于人类活动的干扰,地球上几乎所有的生态系统都发生了显著的变化,严重地威胁和改变了生物赖以生存的栖息环境,生物因此丧失了食物来源和隐蔽场所。有83%的哺乳类动物、89%的鸟类和91%的植物受威胁的原因在于栖息地的毁损。栖息地破坏主要体现在生境丧失和生境破碎化两个方面。全球11亿公顷热带雨林中一半为动物栖息地,现正以每年约1 000万公顷的速度被摧毁。

(2)过度地开发与利用。在过去的几十年里,全球人口数量快速增加,与此同时,人均资源的需求量也快速增加,这使得许多自然资源被过度利用,生物资源也不例外。有34%的哺乳类、37%的鸟类和8%的植物因人类捕猎或采集而处于受威胁状况。猛犸象、大角鹿、旅鸽等许多动物的灭绝,均与人类的过度捕杀有关。

(3)环境污染。人类过度利用大气、水体、土壤等环境介质的环境容量,引起广泛的环境污染。如前所述,甚至光污染、噪声污染胁迫干扰了生态系统,也会使一些对生境变换、食物链断裂敏感的物种数量减少甚至消失。

(4)外来生物入侵。外来生物入侵对环境及生物多样性是一个极其严重的威胁。有10%的哺乳动物、30%的鸟类和15%的植物遭受外来生物入侵的威胁。

五、生物多样性的保护措施

1991年联合国环境规划署(UNEP)发起制定了"生物多样性计划和实施战略";1992年联合国环境与发展大会通过了《生物多样性公约》(英文简称CBD),1993年正式生效。《生物多样性公约》的三个主要目标是生物多样性保护、可持续利用和惠益共享。《生物多样性公约》中规定,遗传资源拥有国拥有主权,遗传资源进口国必须得到资源拥有国的事先知情同意。2002年4月海牙第六次《生物多样性公约》缔约方大会通过了关于获取遗传资源和惠益公正、公平分享的波恩准则。

我国是《生物多样性公约》的最早缔约方之一。近年来,中国积极履行《生物多样性公约》,具体采取了以下保护行动:

(1)完善法律法规和体制机制;

(2)发布并实施一系列生物多样性保护规划；

(3)加强保护体系建设；

(4)推动生物资源的可持续利用；

(5)大力开展生境保护与恢复；

(6)制定和落实有利于生物多样性保护的鼓励措施；

(7)推动生物安全管理建设体系；

(8)严格控制环境污染；

(9)推动公众参与。

总之,近年来,中国政府加大了生物多样性保护力度,通过完善保护政策、恢复退化生态系统、强化科学技术研究和教育、增加资金投入等措施,生态破坏加剧的趋势有所减缓,部分区域生态系统功能得到恢复,一些重点保护物种种群有所增长。

我国生物多样性保护与持续利用的主要任务和研究内容应包括：

(1)中国生物多样性起源、演化与发展的深入研究；

(2)生物多样性中心内重要类群的多层次(基因、物种、生态系统、景观和区域)的综合研究；

(3)迁地保育机理与结构；

(4)就地保育、自然保护区理论和科学经营管理；

(5)生物多样性的信息分析与动态模型；

(6)生物多样性监测体系的建立(包括土地分类、生态系统健康方面的变化,物种、种群大小及消长趋势,气候变化对生物多样性的影响,外来种入侵的监测、预测、防治)；

(7)生物多样性法规体系的建立。

具体的生物多样性保护措施有：

(1)制定落实有关政策法规保护野生动植物。1981年中国已加入《濒危野生动植物物种国际贸易公约》。1993年5月国务院通知禁止犀牛角和虎骨贸易,取消其药用标准,今后不再用其制药。我国《刑法》第341条第1款规定:非法收购国家重点保护的珍贵、濒危野生动物及其制品,罪轻则处以五年以下有期徒刑或者拘役,并处罚金;情节特别严重的,处以十年以上有期徒刑,并处罚金或者没收财产。

2020年2月24日,第十三届全国人民代表大会常务委员会第十六次会议通过了《关于全面禁止和惩治非法野生动物交易、革除滥食野生动物的陋习、切实保障人民群众生命健康安全的决定》(以下简称《决定》),以维护生物安全和生态安全,有效防范重大公共卫生风险,加强生态文明建设,促进人与自然和谐共生。《决定》主题鲜明,内容丰富,导向精准,举措有力。《决定》确立了全面禁止食用野生动物,严厉打击非法野生动物交易的制度,以严密的规范、严格的标准、严明的责任,筑起公共卫生安全法治防线,是"史上最严"的全面禁止食用野生动物的决定。做好《决定》的贯彻实施工作,要准确理解其基本内涵,把握以下几点：

①《决定》立足于严,体现在"全面"二字上。现行野生动物保护法于1988年制定,已经实施30多年,分别于2016年和2022年进行过较大修订,但其规定的禁食范围较窄。据统计,我国自然分布的野生脊椎动物有6 300多种,还有数量庞大的野生无脊椎动物。目前,列入《国家重点保护野生动物名录》禁止食用的仅有406种。对于国家保护的"有重要生态、科学、社会价值"的"三有"陆生野生动物(根据"三有"野生动物名录,共有1 591种及昆虫120属的所有种)和其他非保护类陆生野生动物。此外,还有大量人工繁育、人工饲养的陆生野生动物,法律上

也没有明确规定禁食。针对以上情况,《决定》清楚地划定了禁食野生动物的红线:首先,强调凡《中华人民共和国野生动物保护法》和其他有关法律规定禁止食用的,必须严格禁止,不能食用;其次,全面禁止食用国家保护的"三有"陆生野生动物以及其他陆生野生动物,包括人工繁育、人工饲养的陆生野生动物。因此,《决定》是对现行野生动物保护法的一次全面、严格补充,消除了法律上的模糊、空白地带。

②《决定》在规定全面禁食野生动物的前提下,从实际出发,区分不同情况作出相应规定,做好与我国畜牧法和渔业法等法律的有效衔接。一是明确规定列入畜禽遗传资源目录的动物属于家畜家禽,适用《中华人民共和国畜牧法》的规定,为可繁育、饲养(包括食用)的具体畜禽品种。国务院畜牧兽医行政主管部门依法制定并公布畜禽遗传资源目录。这个目录是动态调整的,可以根据具体情况定期补充完善。对于人工养殖利用时间长、技术成熟、已为人民群众广泛接受的饲养动物,经科学论证、慎重评估后可以纳入家畜家禽范围。二是明确禁食范围不包括鱼类等水生野生动物。考虑到捕捞鱼类等天然渔业资源是一种重要的农业生产方式,也是国际通行做法,《中华人民共和国渔业法》等已有规范,因此,除《中华人民共和国野生动物保护法》等法律法规禁止食用的珍贵、濒危水生野生动物外,不禁止食用其他水生野生动物。三是允许依法对野生动物进行非食用性利用。按照《中华人民共和国野生动物保护法》《中华人民共和国中医药法》《实验动物管理条例》《城市动物园管理规定》等法律法规和国家有关规定,对因科研、药用、展示等特殊需要,可以对野生动物进行非食用性利用,但应当按照国家有关规定实行严格审批和检疫检验。这既体现了贯彻全面从严禁食野生动物的要求,又从实际出发,没有"一刀切",保证了科学研究和社会价值需求。

③《决定》还明确规定,凡《中华人民共和国野生动物保护法》和其他有关法律明确禁止猎捕、交易、运输的,必须严格禁止;全面禁止以食用为目的的猎捕、交易、运输在野外环境自然生长繁殖的陆生野生动物。在加强从捕、运、买、卖到食全链条管控的同时,《决定》还明确要求加强对非食用性利用野生动物活动的管理,有关主管部门依法实行严格审批和检疫检验,保证对于人工繁育、人工饲养的陆生野生动物,按照非食用性予以合法利用,实现科研、维护生态等目的,防止非食用性利用野生动物进入食用领域,切实杜绝公共卫生安全风险。

实际上,滥捕乱食野生动物对人体健康是十分有害的。目前上餐桌的野生动物一般都没有经过检疫,而由于生活环境被污染以及用毒物捕杀等原因,绝大多数的野生动物体内都有寄生虫、病毒、有害激素、细菌和有毒物质。相当多的野生动物本身就是寄生虫和病原体的宿主,未经检疫而食用,会直接把寄生虫和病原体带入人体,如蝙蝠、果子狸、穿山甲、刺猬等。另外,许多毒素在食物链的环节中,逐级积累,人类食用的往往是毒素蓄积了几级的动物,如用有机氯农药杀虫,青蛙吃虫,蛇吃青蛙,到蛇体中有机氯已积累很多,人再吃蛇就危险了。

全国人大常委会这个决定是针对目前滥食野生动物比较严重的现象作出的。滥食野生动物对国家、对社会造成的危害是很大的。2003年发生的SARS疫情和2019年发生的新冠肺炎疫情,并不是百分之百证实由食用野生动物的行为所造成的,全国人大常委会这一个决定是基于风险预防的原则。

1992年的联合国《里约环境与发展宣言》就提出了一个风险预防原则,就是"原则15",后来的《生物多样性公约》包括《生物安全议定书》都确认了风险预防原则。风险预防原则是和损害预防有区别的。损害预防的损害是有确定性要发生的,而风险预防就是指原因和结果之间并没有得到科学的证明,它(结果)的原因并没有得到百分之百的科学证明,但是这种可能性是极大的,如果说我们不采取或者不及时采取这种预防的对策,那么一旦发生不可逆转的现象的时候再去采取措施可能就晚了。因此,必须基于预防风险的发生采取措施。

(2)用迅速有效和易于理解的形式向各级管理人员和公众进行生物多样性保护的宣传和教育。特别注意在青少年一代中进行自然保护的教育。人人从我做起,从现在做起,构建人类与自然的生命共同体,善待地球上的一草一木,不吃受保护的野生动物。没有食用,就没有交易;没有交易,就没有杀戮。彻底禁止滥食野生动物、革除滥食野生动物陋习,保护生物多样性,体现了中华文明进步的一个必然的要求,也是保护公共卫生的要求。不仅要有法制观,还要有道德观,形成风气,树立荣辱观。

(3)根据我国生物多样性特色与研究基础,应在关键地区对关键类群进行保护生物学、迁地保育与就地保育的机理和结构方面的深入系统研究,奠定我国生物多样性保育与持续利用的基础。特别注意对"三有"动物的保护。

(4)采取关键技术、高新技术

①分子生物学、细胞工程、克隆技术、分子遗传学:迁地保育和就地保育都需要利用各种生物技术。如花药培养、染色体工程技术、组织培养、快速繁殖技术、原生质体培养为再生植体,动物的胚胎移植、分割、体外受精、胚胎保存、嵌合、核移植等高新技术的应用。增强转基因工程、克隆技术在生物繁育中的作用。

今后应更注意遗传多样性的研究,如种群内个体间遗传多样性、基因多样性、种内遗传品系的分化及地理分布,以及种群数量增长或灭绝、致濒危的遗传因素等。在理论方面,应加强对自然种群遗传变异和分子进化等过程的分子遗传学研究。

②遥感、GIS(地球信息系统)、模型、大数据等现代信息科学:建立监测与信息系统,加强生态定位研究基地的建设,系统深入地进行生态系统结构、功能、演替、物种消长等方面的研究,要注意与全球变化的响应相联系。要建立生物多样性全国信息系统。全国统一为一个中心,制定统一的计算机管理标准,实现全国资料数据库的联网,加强沟通与共享;提升信息资源的利用率,减少重复研究的浪费;并加强与国际自然保护组织的联网,争取国际上更多的援助。

建立完整的信息系统需要完善的生物多样性编目,包括生态系统编目、物种编目(或物种登记)、遗传资源编目。目前已做了大量工作,取得了卓著的成果,但从自然界多样的生物与人类认识的生物相比还只是九牛一毛。因此这是一项长期的、艰苦的工作。高校要注意培养具有刻苦献身精神的生物分类学工作者,否则今后将会紧缺这方面人才。生物分类在传统分类学知识的基础上,要加大超微结构、分子遗传学、染色体分类等高新技术的运用。

③应用高新技术和完善的法律体系建立自然保护区:就地保护的最好方法是建立自然保护区和自然保护地,要有"抢建"的意识。自然地带不可再生,消失了就没有了,可再生的就不是天然的,而是人工的。

④对影响生物多样性健康的外来入侵种和引进的外来种要科学甄别,不要将外来种一概而论定为入侵种。我国丰富的植物资源多样性,尤其是农作物、果树和花卉也有相当一部分就是我们的祖先和前人在千百年来的农、林业生产活动中,从外来物种的引种驯化栽培获得的。主要是应因地制宜加强防治、控制、管理措施的科学研究。要应用科技力量,注重风险评估,扬长避短,发挥其有益的一面,为国民经济建设服务。

第六节 自然保护区的建设及其进展

保护生物多样性,最有效的办法就是划定保护区域。建立自然保护区和各种类型的自然保护地已成为世界各国保护自然生态和野生动植物免于灭绝并得以繁衍的主要手段。

一、自然保护区的定义、功能和意义

(一)定义

自然保护:保护人类赖以生存的自然环境和自然资源使其免遭破坏,为人类自身创造舒适的生活、工作和生产条件。

自然保护区:是指对有代表性的自然生态系统、珍稀濒危野生动植物物种的天然集中分布区、有特殊意义的自然遗迹等保护对象所在的陆地、陆地水体或者海域,依法划出一定面积予以特殊保护和管理的区域。

凡具有下列条件之一的,应当建立自然保护区:①典型的自然地理区域、有代表性的自然生态系统区域以及已经遭受破坏但经保护能够恢复的同类自然生态系统区域。有代表性的自然生态系统是指山地、森林、草原、水域、滩涂、湿地、荒漠、岛屿和海洋等,以及水源涵养林和重要的自然风景区。②珍稀、濒危野生动植物物种的天然集中分布区域。③具有特殊保护价值的海域、海岸、岛屿、湿地、内陆水域、森林、草原和荒漠。④具有重大科学文化价值的地质构造、著名溶洞、化石分布区、冰川、火山、温泉等自然遗迹。自然遗迹包括自然历史遗迹和地理景观等,如瀑布、山脊山峰、峡谷、古生物化石(如山东省的马山,面积仅 3 000 m²,有距今 1.2 亿多年的硅化木群和恐龙等古生物化石,因此成了我国面积最小的国家级自然保护区)、地质剖面(如典型的丹霞地貌、岩溶地貌)、洞穴及古树名木群等。

所谓的"依法"就是要经过各级政府或有关部门批准。晋升国家级自然保护区和国家级自然保护区功能区的调整必须经国家级自然保护区评审委员会评审通过。

《中华人民共和国自然保护区条例》第 8 条规定,我国现行的自然保护区管理体制是综合管理和分部门管理相结合。如森林和野生动物类型的自然保护区归林业部门管理,海洋生物类归海洋与渔业部门管理,但综合管理仍然归环境保护部门。

(二)自然保护区的功能和意义

(1)展示生态系统的原貌。建立自然保护区能显示和反映出自然生态系统的真实面目,提供生态系统的"本底"。自然界中,生物与环境、生物与生物之间存在着相互依存、相互制约的复杂生态关系,这是生物进化发展的动力。

(2)作为生物物种及其群体的自然贮备地或贮藏库,也是拯救濒危生物物种的庇护所。

(3)作为科学研究的天然实验室。自然保护区是进行科学研究理想的天然实验室。自然保护区为进行各种生物学、生态学、地质学、古生物学及其他学科的研究提供了有利条件,为研究种群和物种的演变与发展,以及长期定位研究提供了良好的基地。

(4)是环境监测理想的对比站位。

(5)是活的自然博物馆。

(6)是普及自然科学知识和宣传自然保护的重要场所。

(7)提供一定的范围开展生态旅游活动。自然保护区丰富的物种资源、优美的自然景观还可满足人类精神文化生活的需求。有条件的自然保护区可划出特定旅游区域,供人们参观游览。

在自然保护区的实验区和经营区开展生态旅游是一种可持续发展的旅游业,这种旅游不应以牺牲环境为代价,而应与环境相和谐,使后代人享受旅游的自然景观与人文景观(主要是文化遗产)的机会与当代人相平等,并且当代人要为后代人创造更新、更美的人文景观。

我国众多的人口虽然是巨大的旅游资源,但由于生态意识和生态道德素质相对还较低,往往在旅游中自觉不自觉地破坏环境。加之我国环境法制还不健全,旅游业又以多头、多方位、多区域、多种经济形式出现,并主要以营利为目的,对环境的影响将是巨大的。因此,我国生态旅游一定要加强环境立法和管理,尤其在自然保护区的一定范围内,特别是要注重环境容量的研究、立法和管理。

(8)有助于区域环境改善、维持生态系统良性循环。自然保护区对改善本地和周围地区自然环境,维持自然生态系统的正常循环,提高当地群众的生存环境质量,促进当地生态环境逐步向良性循环转化起到了重要作用。

二、自然保护区的分类

(一)国际上自然保护区的分类

自从1872年美国建立了世界上第一个自然保护区——黄石国家公园以来,全世界各国都陆续建立了各种类型的自然保护区。由于保护对象、管理目标和管理级别的不同,各国在保护区的名称上也是五花八门,各有特色。

为了解决保护区类型各不相同的问题,世界自然保护联盟(IUCN)与国家公园和保护区委员会(CNPPA)经过多次的讨论和完善,于1993年形成了一个"保护区管理类型指南"。指南中将保护区类型按照管理类型来划分,最后确定为六类:

1a. 严格的自然保护区:具有突出的或典型的生态系统,为科学研究而管理的区域。

1b. 荒野保护区:广阔的未受干扰或只受轻微干扰的陆地或海洋地域,主要为荒野保护而管理的区域。

(2)国家公园:主要为生态系统保护和游憩而管理的保护区。

(3)自然纪念地:主要为保护特殊的自然特征而管理的保护区。

(4)生境/物种管理区:主要通过管理的介入而保护自然生境和生物物种的保护区。

(5)陆地景观/海洋景观保护区:主要为保护陆/海景观和游憩而管理的保护区。

(6)受管理的资源保护区:主要为自然生态系统的可持续性利用而管理的保护区。

国家公园

　　国家公园(national park)是指国家为了保护一个或多个典型生态系统的完整性,为生态旅游、科学研究和环境教育提供场所而划定的需要特殊保护、管理和利用的自然区域。它既不同于严格的自然保护区,也不同于一般的旅游景区。

　　国家公园以生态环境、自然资源保护和适度旅游开发为基本策略,通过较小范围的适度开发实现大范围的有效保护,既排除与保护目标相抵触的开发利用方式,达到了保护生态系统完整性的目的,又为公众提供了旅游、科研、教育、娱乐的机会和场所,是一种能够合理处理生态环境保护与资源开发利用关系的行之有效的保护和管理模式。尤其是在生态环境保护和自然资源利用矛盾尖锐的亚洲和非洲地区,通过这种保护与发展有机结合的模式,不仅有力地促进了生态环境和生物多样性的保护,同时也极大地带动了地方旅游业和经济社会的发展,做到了资源的可持续利用。1932年,以描绘印第安人生活著称的画家乔治·卡特琳提出了建立"人类和野兽共生的、完全展示自然之美的野性和清新"的"国家公园"的倡议。自从1872年世界上第一个国家公园——美国黄石国家公园建立以来,国家公园在世界各国迅速发展。在200多个国家和地区已建立了近10 000个国家公园。国家公园是自然保护地的主体。

(二)中国的自然保护区分类

　　1993年国家环保局批准了《自然保护区类型与级别划分原则》,并设为中国的国家标准。该分类根据自然保护区的保护对象来划分,将自然保护区分为3个类别9个类型(表5-1):

表 5-1　我国自然保护区划分的 3 个类别 9 个类型

类别	类型
自然生态系统类	森林生态系统类型
	草原与草甸生态系统类型
	荒漠生态系统类型
	内陆湿地和水域生态系统类型
	海洋和海岸生态系统类型
野生生物类	野生动物类型
	野生植物类型
自然遗迹类	地质遗迹类型
	古生物遗迹类型

　　根据《中华人民共和国自然保护区条例》第2章第18条关于分区的规定,自然保护区可以分为核心区、缓冲区和实验区三个功能区。其中核心区是自然保护区保存完好的天然状态的生态系统以及珍稀、濒危动植物的集中分布地,核心区的面积一般不得小于自然保护区总面积的1/3。

近年在开展的自然保护地的建设中,上述三个区调整为两个区,其功能也有进一步细分(详见本节第四部分)。

中国自然保护区的分级和命名方法

1. 自然保护区的分级

我国自然保护区实行等级制度。根据不同级别政府的批准,自然保护区划分为两个等级,即国家级自然保护区和地方级自然保护区。

2. 自然保护区的命名

中国自然保护区的命名方法有两种:

(1)双名制

国家级自然保护区:"省名+地名+国家级自然保护区",如黑龙江扎龙国家级自然保护区、海南东寨港国家级自然保护区等。

地方级自然保护区:"省名+地名+自然保护区",如云南省碧塔海自然保护区、湖南省索溪峪自然保护区等。

(2)三名制

有些特殊物种或自然历史遗迹的自然保护区,不好用地名来表示其名称,因此只能用被保护的对象来命名自然保护区的名称,即"省名+(县名)+保护对象名称+自然保护区",如安徽扬子鳄自然保护区、福建龙海市红树林自然保护区等。

三、自然保护区的建设发展情况

现在,自然保护区占国土面积的比例已成为衡量一个国家(或地区)自然保护事业发展水平、科学文化水平和社会文明进步的重要标志。

我国第一个自然保护区是1956年建立的广东鼎湖山自然保护区。该保护区面积1 140 hm²,靠近北回归线。北回归线经过的大陆除我国之外其他地区几乎都是沙漠,而我国该地理位置受热带季风气候影响,却生长了大量常绿阔叶林,有植物2 400多种。1979—1998年,我国的自然保护区建设步入正轨,形成一定数量的自然保护区。改革开放后,我国的自然生态系统和自然遗产保护事业快速发展,取得了显著成绩,建立了自然保护区、风景名胜区、自然文化遗产、森林公园、地质公园等多种类型保护地,基本覆盖了我国绝大多数重要的自然生态系统和自然遗产资源。

1994年,国务院颁布了《中华人民共和国自然保护区条例》,自然保护开始有了法律依据。现在自然保护区的发展速度较快,进入平稳发展阶段。70%的陆地生态系统种类、80%的野生动物和60%的高等植物,特别是国家重点保护的珍稀、濒危野生动植物的绝大多数都在自然保护区内得到了较好的保护。

我国自然保护区建设突飞猛进,1997年底保护区面积与国土总面积比例已达7.69%,超过了6%的国际水平(1997年)。2000年7月,我国面积最大(3 180万公顷)的自然保护区——三江源自然保护区建立,保护对象是长江、黄河和澜沧江源头湿地和高原珍贵的野生动植物。截至2017年底,全国共建立各种类型、不同级别的自然保护区2 750个,总面积约14 717万公顷,其中陆地面积约 14 270 万公顷,占陆域国土面积的 14.86%;国家级自然保护区总数 474 个,面积超过 9 745 万公顷。迄今,全国有 37 个有关项目列入中国"人与生物圈计划",如吉林长白山、四川卧龙、贵州梵净山等;6 个国家级自然保护区被批准加入国际生物圈保护区网。截至 2023 年 7 月,中国已有 57 项世界文化和自然遗产列入《世界遗产名录》,其中世界文化遗产 39 项,世界自然遗产 14 项,文化和自然混合遗产 4 项。

自然保护区面积占全国自然保护区总面积较大的四个省、区为西藏、新疆、青海、甘肃。这四个省、区的自然保护区面积占全国自然保护区总面积的 68.64%(四个省、区土地面积约占全国面积的 41%)。

目前我国自然保护区占陆地国土面积比例已超过发达国家 12% 的平均水平,居世界前列,基本形成了布局合理、类型齐全、结构平衡、覆盖全国的自然保护区网络。

西部开发,生态先行。我国在生物多样性较为丰富、生态环境相对脆弱的西部地区,已抢救性建立起一批各种类型的自然保护区,使西部地区自然保护区的数量占到全国的 3/4。

我国保护区建设遵循的十六字方针是:"全面规划,积极保护,科学管理,永续利用。"1995 年制定的《海洋自然保护区管理办法》提出了"贯彻养护为主,适度开发,持续发展"的方针。

除了国家级、省市区级自然保护区外,还可由村、乡建立一些自然保护小区,多层次、多体制地进行管理。建立有效的自然保护监督管理体制和与社会主义市场经济基本适应的自然保护法规政策体系。自然保护区要在"保护第一"的前提下,合理、充分利用自然资源,积极开展多种经营,要多方筹措资金,才有可持续发展的后劲。

国际上与自然保护有关的组织和公约

(1)世界自然保护联盟(International Union for Conservation of Nature and Natural Resources,IUCN)。其中下设机构国家公园和保护区委员会(Commission of National Parks and Protected Areas,CNPPA),主管自然保护区的工作。IUCN 于 1948 年 10 月 5 日由联合国教科文组织和法国政府在法国的枫丹白露联合举行的会议上成立,总部设在瑞士的格朗。IUCN 是国际自然保护组织的带头者。

宗旨:通过各种途径,保证陆地和海洋的动植物资源免遭损害,维护生态平衡;研究监测自然和自然资源,根据监测所取得的情报资料对自然及其资源采取保护措施;鼓励政府机构和民间组织关心自然及其资源的保护工作;帮助自然保护计划项目实施以及世界野生动植物基金组织的工作项目的开展。

(2)世界自然基金会(World Wild Fund for Nature,WWF)。前身是世界野生生物基金会。WWF 是全球性保护自然和野生生物的国际组织,成立于 1961 年。基金会拥有庞大的国际保护网络,对推动世界自然保护工作起了巨大的作用。

(3)人与生物圈计划(Man and the Biosphere Programme,MAB)。人类现在面临的主要问题是人类和生物圈的生态平衡问题。1968 年联合国教科文组织正式提出设立"人与生物圈计划"。计划提出了 14 个方面的关于自然资源合理利用和保护的研究课题。

> (4)《保护世界文化和自然遗产公约》(简称《世界遗产公约》)。为国际三大
> 栖息地公约之一(另两个分别是《拉姆萨尔湿地公约》和《生物多样性公约》)。联
> 合国教科文组织于 1972 年 11 月 16 日通过了此公约。许多文化或自然遗产具
> 有突出的重要性,因而须作为全人类世界遗产的一部分加以保护。整个国际社会
> 有责任通过提供集体性援助来参与保护具有突出的普遍价值的文化和自然遗产。
>
> (5)《关于特别是作为水禽栖息地的国际重要湿地公约》(简称《湿地公约》,
> 又称《拉姆萨尔公约》,1971 年 2 月 2 日订于拉姆萨尔,1975 年 12 月 21 日生
> 效),是一个保护和合理利用湿地资源的政府间国际条约。

四、自然保护地建设

"自然保护地"在我国是近年来提出的新概念。习总书记在党的十九大报告关于"加快生态文明体制改革,建设美丽中国"中指出:构建国土空间开发保护制度,完善主体功能区配套政策,建立以国家公园为主体的自然保护地体系。

自然保护地是由各级政府依法划定或确认,对重要的自然生态系统、自然遗迹、自然景观及其所承载的自然资源、生态功能和文化价值实施长期保护的陆域或海域。按照自然生态系统原真性、整体性、系统性及其内在规律,依据管理目标与效能并借鉴国际经验,将自然保护地按生态价值和保护强度高低依次分为 3 类,其构成体系是以国家公园为主体,以自然保护区为基础,以各类自然公园为补充。

"自然保护地"这个术语是开放的,任何符合条件的区域都可以纳入这个术语下,也不会限制未来在自然保护地新的类型上的发展,比如公益保护地、社区保护地、国家公园等;而"自然保护区"的概念已经被特化为一类得到特殊保护的自然区域,是一个封闭的系统,无法将其他类型纳入其中。自然保护区虽然是最重要的一类,但是针对捍卫国家生态安全底线的立法目标,将立法对象仅仅限制在一个类别上是不够的,理想的法律应该是一个开放的系统。每一种类型的保护地都可以为保护国家生态安全底线这个整体目标服务。因此,要实现捍卫国家生态安全底线的目标,需要开放、综合的自然保护地法立法。我国空气污染、水污染、食品污染、严重区域生态退化等问题已经严重威胁到中国人民的生存,仅仅依靠自然保护区体系的立法也无法解决。解决捍卫我国的生态安全底线问题才是立法的目标。

由于自然保护地不是全部特化为必须特殊保护的自然区域(自然保护区),它在守护自然生态、保育自然资源、保护生物多样性与地质地貌景观多样性、维护自然生态系统健康稳定的前提下,还注意充分发挥自然资源的作用,提高其生态系统服务功能;在保护的前提下,服务社会,为人民提供优质生态产品,为全社会提供科研、教育、体验、游憩等公共服务;维持人与自然和谐共生并永续发展。

为此,在自然保护地建设调整工作中,把自然保护区的"三区"调整为"两区",其原则是:原核心区和原缓冲区,转为核心保护区,取消缓冲区的提法;原实验区转为一般控制区。原实验区内无人活动,且具有重要保护价值的区域,转为核心保护区,如重点保护野生动植物分布关键区域、生态廊道的重要节点、重要自然遗迹等。原核心区和缓冲区有以下情况的,可以调整为一般控制区:一是设立之前就存在的合法的水利水电等设施;二是历史文化名村,少数民族

特色村寨,以及重要的人文景观合法建筑,包括历史文化价值比较高的遗址、遗迹、寺庙、名人故居、纪念馆等有纪念意义的场所。

此外,还将对自然保护区核心区的管理进一步细化,自然保护区的核心区内除满足国家特殊战略需要的有关活动外,原则上禁止人为活动。但与以前所不同的是,将允许开展以下活动:

(1)管护巡护、保护执法等管理活动,经批准的科学研究、资源调查以及必要的科研监测保护和防灾减灾救灾、应急抢险救援等。

(2)因病虫害、外来物种入侵、维持主要保护对象生存环境等特殊情况,经批准,可以开展重要生态修复工程、物种重引入、增殖放流、病害动植物清理等人工干预。

(3)根据保护对象不同实行差别化管控措施,包括:①保护对象栖息地、觅食地与人类农业生产生活息息相关的自然保护区,经科学评估,在不影响主要保护对象生存、繁衍的前提下,允许当地居民从事正常的生产、生活等活动。保留一定数量的耕地,允许开展耕种、灌溉活动,但应禁止使用有害农药。②保护对象为水生生物、候鸟的自然保护区,应科学划定航行区域,航行船舶实行合理的限速、限航、低噪声、禁鸣、禁排管理,禁止过驳作业、合理选择航道养护方式,确保保护对象安全。③保护对象为迁徙、洄游、繁育野生动物的自然保护区,在野生动物非栖息季节,可以适度开展不影响自然保护区生态功能的有限人为活动。④保护对象位于地下的自然遗迹类自然保护区,可以适度开展不影响地下遗迹保护的人为活动。

(4)暂时不能撤迁的原住居民,可以有过渡期。过渡期内在不扩大现有建设用地和耕地规模的情况下,允许修缮生产生活以及供水设施,保留生活必需的少量种植、放牧、捕捞、养殖等活动。

(5)已有合法线性基础设施和供水等涉及民生的基础设施的运行和维护,以及经批准采取隧道或桥梁等方式(地面或水面无修筑设施)穿越或跨越的线性基础设施,必要的航道基础设施建设、河势控制、河道整治等活动。

(6)已依法设立的铀矿矿业权勘查开采;已依法设立的油气探矿权勘查活动;已依法设立的矿泉水、地热采矿权不扩大生产规模、不新增生产设施,到期后有序退出;其他矿业权停止勘查开采活动。

(7)根据我国相关法律法规和与邻国签署的国界管理制度协定(条约)开展的边界通视道清理以及界务工程的修建、维护和拆除工作;根据中央统一部署在未定界地区开展旨在加强管控和反蚕食斗争的各种活动。

这样的细化管控更符合国情民意,更有利于保护区对自然资源的保护管理和合理利用,使自然资源发挥更大的生态、社会和经济效益。

我国经过70多年的努力,已建立数量众多、类型丰富、功能多样的包括国家公园、自然保护区、自然公园的各级各类自然保护地,在保护生物多样性、保存自然遗产、改善生态环境质量和维护国家生态安全方面发挥了重要作用。目前我国已建立了超过10类的自然保护地。截至2018年,各类自然保护地总数1.18万处,其中国家级3 766处。各类陆域自然保护地总面积约占陆地国土面积的18%以上,已超过世界平均水平。其中,占重要地位的自然保护区占所有自然保护地总面积的80%以上;风景名胜区和森林公园约占3.8%;其他类型的自然保护地面积所占比例则相对较小。

我国由政府部门统一管理的“国家公园”从2008年才刚刚起步。2008年10月8日,环境保护部和国家旅游总局批准建设中国第一个国家公园试点单位——黑龙江汤旺河国家公园。2013年,十八届三中全会首次提出建立国家公园体制;2015年5月,发改委同中央编办、财政部等 13 个部门联合印发了《建立国家公园体制试点方案》,提出在 9 个省份开展"国家公园体制试点"。试点的主要目的是在中国引入国家公园的理念和管理模式,同时也是为了完善中国的自然保护地体系,规范全国国家公园的建设,有利于将来对现有的自然保护地体系进行系统整合,提高保护的有效性,切实实现保护与发展双赢。2017 年 9 月 26 日,中共中央办公厅、国务院办公厅印发《建立国家公园体制总体方案》。2019 年 6 月,国家出台了《关于建立以国家公园为主体的自然保护地体系的指导意见》。国家公园是我国自然保护地的最重要类型之一,属于全国主体功能区规划中的禁止开发区域,纳入全国生态保护红线区域管控范围,实行最严格的保护。国家公园体制试点将打破"各自为政、条块分割、九龙治水"的局面,最终实现自然生态系统保护的原真性与完整性。

目前我国开展了三江源、祁连山、大熊猫、东北虎豹等国家公园体制改革试点。建立国家公园体制,是我国生态文明体制改革的重要任务之一,对于加强自然生态系统保护修复、促进人与自然和谐共生具有重要意义。未来随着国家公园试点的不断深入,各地将提升生态服务功能,提高生态产品供给能力。国家公园未来要充分发挥其公益性,与每一个国人分享国家公园的生态效益、教育资源和文化内涵,并为全球生态治理提供中国智慧和中国方案。到 2025 年,国家将健全国家公园体制,完成自然保护地整合归并优化,完善自然保护地体系的法律法规、管理和监督制度,提升自然生态空间承载力,初步建成以国家公园为主体的自然保护地体系;到 2035 年,显著提高自然保护地管理效能和生态产品供给能力,自然保护地规模和管理达到世界先进水平,全面建成中国特色自然保护地体系,自然保护地占陆域国土面积 18% 以上。

中国自然保护事业从零开始发展到现在这么大规模,在世界各国中是没有先例的,举世瞩目的成就有目共睹。

第七节　土地资源的保护

一、土地资源的概念与特性

土地是包括地质、地貌、水文、土壤、动植物等全部要素在内的一个自然综合体,也包括过去和现在人类活动对地理环境的作用。在"土地"的整个垂直剖面之中,岩石圈、大气圈与生物圈相互接触的边界——土壤层,是各种自然过程最活跃的场所,也是土地类型划分及其生产潜力评价的主要对象。作为资源的土地称为土地资源,即在一定经济技术条件下可为人类利用的土地。

土地资源的特性可分为自然属性和社会经济属性两大类。土地资源的自然属性是由构成土地的各种要素如岩石、海拔、坡度、土壤质地、土层厚度、水文和植被等长期相互作用而赋予土地的特性,这种特性是衡量土地质量等级的重要依据。土地资源的社会经济属性是通过人类社会经济活动赋予土地的属性,如土地所有权、土地使用权、土地利用现状、土地利用方式等。它们不直接决定土地质量,但在很大程度上决定土地利用方式、生产成本和利用价值。

二、世界和我国土地资源现状

全球土地总面积是 149 亿公顷,人均土地面积约为 2 hm²,这表明了土地资源对每一个人的生存和发展都是极其有限的。世界上不同区域人均占有面积差异巨大,其中,大洋洲人均土地面积最高,达到 33 hm²;亚洲最少,只有 1 hm²。在全球土地类型结构中,森林占 31%,草地占 24%,而耕地仅占 11%。不同地区由于气候、地形、地貌的差异,土地结构的特点和格局有所不同,土地结构以森林为主的区域有北美洲、南美洲,以草地为主的有亚洲、非洲、大洋洲,欧洲则以森林、耕地并重。

土地是财富之母、民生之本,是直接保障人类生存的自然资源。我国以不到世界 10% 的耕地养活了占世界 17.5% 的人口,土地资源在国民经济中占有重要地位。传统的"地大物博"观念中,存在着对我国土地资源国情认识的误区。我国国土总面积为 960 多万平方千米,居世界第三位,但面对 14 亿人口这样巨大的分母,我们的人均土地面积仅相当于世界平均水平的 1/3。土地资源总量多,人均占有量少,尤其是耕地少,耕地后备资源少(即"一多三少")是我国土地的基本国情。人多地少,耕地资源严重紧缺,形势紧迫。珍惜土地和合理利用每一寸土地应成为全民的自觉行动。

尽管我国自然资源总量丰富,但人均相对不足。质量、结构和布局等许多方面都有不尽如人意之处,在开发利用上还存在不少问题。目前我们对土地的利用还存在着种种不合理现象,存在用途不合理和利用效率不高等问题,滥占乱占土地严重,耕地流失严重。这种粗放的利用模式潜力殆尽,并且已经让我们付出了太多的沉重代价。近年来,一些地方乱占耕地、浪费土地的问题没有从根本上解决,耕地面积锐减,土地资产流失,影响了粮食生产和国民经济稳定发展。土地是不可再生的资源,对土地的浪费破坏将对人类生存造成长远影响,关系着子孙后代的利益。

我国土地管理工作的重点是进一步整顿和规范土地市场秩序活动,同时也对土地市场建设提出了更多更高的要求,不仅要促进经济持续快速发展,也要促进社会可持续发展,实现资源合理利用和环境保护。

截至 2022 年末,全国的耕地面积为 12 760 万公顷(19.14 亿亩),与 2010 年相比,全国耕地净减少 763.2 万公顷(1.15 亿亩)。2000 年底,全国人均耕地面积为 0.100 6 hm²,只占世界人均耕地的 45%,到 2016 年降为 0.097 hm²。

一方面耕地面积在大量减少,土地退化、损毁严重,土地后备资源不足;另一方面,土地利用粗放、利用率和产出率低,浪费土地的情况十分严重。

为了保护耕地,政府落实最严格的耕地保护制度,进行征地制度改革,认真组织开展基本农田保护检查工作;严把新增建设用地审查报批关;认真开展耕地占补平衡检查和清欠耕地补偿费工作;征地管理实行必须执行规划计划、必须充分征求农民意见、必须补偿安置费足额到位才能动工用地、必须公开征地程序和费用标准及使用情况的"四个必须"。

另外,基本农田实行"五不准",即不准非农建设占用基本农田(法律规定的除外);不准以退耕还林为名违反土地利用总体规划减少基本农田面积;不准占用基本农田进行植树造林,发展林果业;不准在基本农田内挖塘养鱼和进行禽畜养殖,以及其他严重破坏耕作层的生产经营活动;不准占用基本农田进行绿色通道和绿化隔离带建设。农村建设用地则实行"七不报批",如:对土地市场秩序治理整顿工作验收不合格的不报批;未按规定执行建设用地备案制度的不报批;城市规模已经达到,或突破土地利用总体规划确定的建设用地规模,年度建设用地指标已用完的不报批;已批准的城市建设用地仍有闲置的不报批;未按国家有关规定进行建设用地预审的不报批;建设项目不符合国家产业政策的不报批。

1991年5月24日,国务院第83次常务会议决定,把每年6月25日,即《中华人民共和国土地管理法》颁布纪念日定为全国"土地日"。1991年6月25日是第一个全国"土地日"。这标志着我国成为世界上第一个为保护土地而设立专门纪念日的国家。每年的"土地日",全国土地行政管理部门都要根据当时土地利用情况提出宣传主题,并举行大规模的宣传活动。第29个全国"土地日"(2019年)宣传的主题确定为"严格保护耕地,节约集约用地"。

三、土地荒漠化和沙尘暴问题

(一)土地荒漠化的危害

地球陆地表面极薄的一层物质,也就是土壤层,对于人类和陆生动植物生存极为关键。没有这一层土质,地球上就不可能生长任何树木、谷物,就不可能有森林或动物,也就不可能存在人类。荒漠化就是指这一层土质的恶化,有机物质减少乃至消失,从而造成表面沙化或板结而成为不毛之地,包括沙漠和戈壁。

《联合国防治荒漠化公约》将荒漠化定义为:包括气候变异和人类活动在内的种种因素造成的干旱、半干旱和亚湿润干旱地区的土地退化。

土地退化是指由于使用土地或由于各种人为和自然的原因,致使干旱、半干旱和亚湿润干旱地区雨浇地、水浇地或使草原、牧场、森林和林地的生物或经济生产力和复杂性下降或丧失,其中包括:①风蚀和水蚀致使土壤物质流失;②土壤的物理、化学和生物特性或经济特性退化;③自然长期退化丧失。根据地表形态特征和物质构成,荒漠化分为风蚀荒漠化、水蚀荒漠化、盐渍化、冻融及石漠化。

联合国亚洲及太平洋经济社会委员会根据亚太区域特点,提出荒漠化还应该包括"湿润及半湿润地区,由于人为活动所造成的环境向着类似荒漠化景观变化的过程"。我国位于亚太地区,结合我国实际,所谓土地荒漠化是指由于人类不合理的经济活动或气候变异破坏了脆弱的生态系统,造成干旱、半干旱以至半湿润、湿润地区的土地质量下降,生态环境恶化甚至土地生产力完全丧失的土地退化过程。它不仅包括已经荒漠化的土地,而且包括正在荒漠化的土地。

我国是世界上荒漠化面积最大、受危害最严重的国家之一。根据第六次全国荒漠化和沙化调查结果,截至2019年,全国荒漠化土地总面积为257.37万平方千米,占国土面积的26.81%,占干旱、半干旱和亚湿润干旱区总面积的78.45%(高于全球69%的平均水平),荒漠化土地的面积已经超过现有耕地面积的总和。荒漠化及其引发的土地沙化被称为"地球溃疡症",危害表现在许多方面。荒漠化对一些大中城市、工矿企业及国防设施构成严重威胁,破坏了交通、水利等生产基础设施,加剧了贫困。几年来,我国的荒漠化治理工作虽然取得了举世瞩目的成绩,并在局部地区控制了荒漠化的扩展,但还未能从根本上扭转荒漠化土地扩大的趋势。

全世界土地荒漠化状况

目前,全世界100多个国家和地区的荒漠化土地有4 560万平方千米,相当于俄罗斯、加拿大、中国和美国国土的总和,而且荒漠化土地正以每年3.5%的速度递增。全世界用于农业的57亿公顷可耕旱地中,约70%的土质已退化,约占全球陆地面积的30%。其中非洲荒漠化现象最严重,总面积14.325亿公顷的干旱地区中有73%已不同程度地退化。亚洲受荒漠化影响的土地面积最广,已近14亿公顷。全世界受荒漠化直接影响的人口现已超过2.5亿人,另有12亿多人口面临荒漠化的威胁。每年因荒漠化遭受的经济损失达420亿美元。

(二)土地荒漠化的原因

除了气候变化的自然原因之外,造成土地荒漠化的原因有:人口过度增长、经济发展中的不合理开发。

不合理的土地开发利用,如过度放牧、过度开垦、过度樵采、乱采滥伐(挖甘草、采发菜、刻根雕)、陡坡垦耕,造成植被破坏、水土流失。

荒漠化造成的严重后果及扩展的趋势,引起了国际社会极大的关注。在1992年联合国环境与发展大会上,防治荒漠化被列为国际社会优先采取行动的领域,大会成立了《联合国防治荒漠化公约》谈判委员会。1994年6月包括中国在内的100多个国家在公约上签字。联合国第四十九届大会又通过决议,宣布从1995年起,每年6月17日为"世界防治荒漠化和干旱日",旨在提高世界各国人民对防治荒漠化重要性的认识,唤起人们防治荒漠化的责任感和紧迫感。

(三)沙尘暴问题

沙尘暴是由土壤沙化引起的。土地沙化是指因气候变化和人类不合理活动所导致的天然沙漠扩张和沙质土壤上植被破坏、沙土裸露的过程。

所谓的沙尘天气是指强风从地面卷起大量尘沙,使空气浑浊,水平能见度明显下降的一种天气现象。沙尘天气分为浮尘、扬沙、沙尘暴三类。

(1)浮尘:均匀悬浮在大气中的沙或土壤粒子(多来源于外地,或是当地扬沙、沙尘暴天气结束后残留于空中)使水平能见度小到只有10 km。

(2)扬沙:风将地面尘沙吹起,使空气相当浑浊,水平能见度为1~10 km。

(3)沙尘暴:强风将地面尘沙吹起,使空气很浑浊,水平能见度小于1 km。当水平能见度小于500 m时,定义为强沙尘暴;当水平能见度小于50 m时,定义为特强沙尘暴。

我国北方地区的扬尘、浮尘、沙尘暴,沙源并不是来自沙漠,因为沙漠沙的颗粒大,不可能被气流带上四五百米的高空,更不可能刮到成百上千千米以外。城市沙尘天气的沙源主要是北方地区被人类不适当的生产活动严重破坏的草原区。实际上,土地荒漠化也是全球性的环境问题,是地球上所有居民面临的十大全球性生态环境问题之一。

(四)治理对策

荒漠化扩展,沙尘暴肆虐,最根本的原因是生态系统出了问题。防是治本之道,主要指防止人类活动的负面环境效应,因此必须整合全社会的力量,合理利用地方资源,建立适宜的产业结构;治是应急之路,主要指通过一定的工程技术措施,对已经荒漠化的土地进行生态重建和恢复。只有防治结合,才能标本兼治。

1. 组织广大群众防沙治沙,要有规划、有步骤、求规模、求效益

我国政府把保护环境确定为基本国策,实施经济、社会、资源、环境和人口相协调的可持续发展战略。

我国已将防治荒漠化纳入国民经济和社会发展计划,先后制定了《中国 21 世纪议程林业行动计划》《中国执行联合国防治荒漠化公约行动方案》等重要文件,组织跨区域、跨流域、跨行业的大规模生态工程建设,加速治理荒漠化土地,坚持经济建设和环境建设同步规划、同步实施、同步发展。

建立各级政府领导协调机构,强化防治荒漠化的组织保障。我国政府成立了由国务院 18 个部门组成的中国防治荒漠化协调小组和《联合国防治荒漠化公约》中国执行委员会,加强对全国防治荒漠化工作的组织、协调和指导。

2. 政策的配合和导向

防治土地荒漠化是国家一项重大战略决策,是跨世纪的宏伟工程。我国政府不断加强防治荒漠化法治建设,建立有效的法律保障体系。水土流失评价是环境影响评价的一项重要内容。进一步放宽政策,坚持谁治理谁受益的原则,拍卖沙荒地的使用权;加强用地审批制度。20 世纪 70 年代以来,我国先后颁布实施了一系列涉及环境保护的法律,如《中华人民共和国森林法》《中华人民共和国草原法》《中华人民共和国水土保持法》等。1994 年中国签署《联合国防治荒漠化公约》后,就着手完善防治荒漠化法律体系。1998 年全国人大常委会通过了修改后的《中华人民共和国土地管理法》,将防治荒漠化纳入该法。经过多年的努力,《中华人民共和国防沙治沙法》于 2001 年 8 月 31 日正式颁布实施。

2000 年 6 月 14 日,国务院发布《关于禁止采集和销售发菜 制止滥挖甘草和麻黄草有关问题的通知》。当时的国家环境保护总局、监察部和农业部联合对宁夏和广东两省区进行了林草保护重点检查。据营养成分分析,发菜的营养价值并不高,也没有药用价值,只是由于发菜与"发财"谐音,迎合了人们图吉利的心理,才刺激了消费;但采摘发菜的破坏性却极大。由于发菜与其他草类混生,并缠在其他草茎上,采摘发菜一般要将周围的草丛一并铲除。据测算,采 100 g 发菜要破坏 6 670 m² 的草场,而且人群涌入草场后,吃、住、烧、占等造成的破坏更大。因此,遵照国务院禁止采集和销售发菜的精神,一些城市及时发布规定,禁止发菜在市场上流通、销售,一些继续经营发菜的单位和个人受到处罚。

3. 先进和高新技术的应用

当前防治荒漠化和沙尘暴需要重视五大问题:作为一项复杂的系统工程,防治荒漠化和沙尘暴要加强多学科合作研究;要加强理论研究和实际工作的结合;要综合运用多学科知识,实施防治结合的战略;要因地制宜做好规划;要加大制度创新与治理投入力度。探索一批不同条件下沙区综合治理开发的模式,如引水拉沙造田、沙地衬膜水稻、生物固定流沙、沙地飞播造林种草、封沙育林育草、超快速高吸水性树脂(SSAP)等。

4. 柽柳等适生植被的建设

要选择耐旱耐贫瘠的树种作为防治荒漠化的植被。国家提出"南红北柳"的口号,其中"柳"就是柽柳,它是最能适应干旱沙漠、盐碱地生活的树种之一,可以生长在荒漠、河滩或沿海盐碱地等环境中。其根系很长,可达数十米,可以吸到深层的地下水。柽柳还不怕沙埋,被流沙埋住后,枝条能顽强地从沙包中探出头来继续生长,能在含盐碱 0.5%～1% 的盐碱地上生长,因此,柽柳是北方地区防风固沙、改造盐碱地的优良树种之一。2020 年来,在我国南方的珠海也发现本地原生的柽柳品种,其开发应用,将使柽柳发挥更大的生态效益。

5. 广泛开展宣传,提高防治荒漠化公众意识,动员全社会广泛参与

自 1995 年 6 月 17 日第一个"世界防治荒漠化和干旱纪念日"以来,每年 6 月 17 日中国都在组织大规模的防治荒漠化意识教育和宣传纪念活动,极大地提高了全社会防治荒漠化意识。每年的植树节、环境日、水日、防治荒漠化日、土地日都有大批的志愿者,植树造林、防沙治沙、改善环境。法律规定,凡男性 11～60 岁、女性 11～55 岁的中国公民,每年每人采用各种方式义务植树 3～5 棵,人人要为绿化祖国、防治荒漠化做贡献。

(五)水土流失的严峻形势

中国也是世界上水土流失最严重的国家之一。根据 2022 年水土流失动态监测成果,全国水土流失面积 265.34 万平方千米。其中,水力侵蚀面积 109.06 万平方千米,风力侵蚀面积 156.28 万平方千米。几乎所有的省、自治区、直辖市都存在不同程度的水土流失,不仅发生在山区、丘陵区、风沙区,而且平原地区和沿海地区也存在,特别是河网沟渠边坡流失和海岸侵蚀比较普遍。水土流失造成生态环境恶化,严重地制约着社会经济发展,也是中国的头号环境问题。

治理水土流失,对生态环境的优化,特别是对农村经济建设,意义重大。我国的水土保持设施,每年可减少泥沙流失 15 亿吨,增加蓄水 250 亿立方米,增产粮食 170 亿千克,使 1 000 多万人脱贫。

改革开放以来,我国政府加大了水土保持生态环境建设的力度,实行了预防为主、全面规划、综合防治、因地制宜、加强管理、注重效益的方针,取得了巨大的成就。特别是 1991 年 6 月 29 日《中华人民共和国水土保持法》颁布实施后,我国的水土保持生态环境建设步入预防为主、依法防治的法治化轨道。当前要做的工作:一是要根据新形势、新要求,编制好水土保持生态系统建设规划,并纳入国民经济和社会发展计划,组织和发动广大群众坚持不懈地治理水土流失。二是要坚持以大流域为骨干、以小流域为单元的综合治理,实行山林湖草田路统一规划,因地制宜,工程措施、植物措施与保土耕作措施优化配置,形成综合防治体系;坚持水土资源保护与开发相结合,水土流失治理与群众脱贫致富、发展地方经济相结合。三是要认真落实"退耕还林(草),封山绿化,以粮代赈,个体承包"的政策措施,加大综合治理力度。四是要认真贯彻实施《水土保持法》,切实控制人为水土流失,严格禁止陡坡开垦、乱砍滥伐、滥挖乱倒,坚决制止人为造成新的水土流失,防止造成新的水土流失和生态破坏。

第八节　湿地保护

湿地是位于陆地生态系统和水生生态系统之间的过渡性地带,在土壤浸泡在水中的特定环境下,生长着很多湿地的特征植物。湿地广泛分布于世界各地,拥有众多野生动植物资源,是重要的生态系统。很多珍稀水禽的繁殖和迁徙离不开湿地,因此湿地被称为"鸟类的乐园"。湿地具有强大的生态净化作用,因而又有"地球之肾"的美名。在人口快速增长和经济快速发展的双重压力下,20 世纪中后期大量湿地被改造成农田,加上过度的资源开发和污染,湿地面积大幅度缩小,湿地生态系统受到空前严重的威胁。

一、湿地的定义及分类标准

1. 湿地的定义

根据国际上《湿地公约》(《拉姆萨尔公约》)的定义,湿地是指天然或人工,长久或暂时性沼泽地、湿原、泥炭地或水域地带,带有或静止或流动,或为淡水、半咸水或咸水水体者,包括低潮时水深不超过 6 m 的海域。它可以包括邻接湿地的河湖沿岸、沿海区域的滨海,以及湿地范围的岛屿。所有季节性或常年积水地段,包括淡水沼泽、泥炭地、沼泽森林、湿草甸、湖泊、河流及洪泛平原、河口三角洲、滩涂、珊瑚礁、红树林、海草床、盐沼、盐湖、水库、池塘、水稻田以及低潮时水深浅于 6 m 的海岸带等,均属湿地范畴。

2. 湿地分类界定

根据中国的实际情况以及《湿地公约》分类系统,《湿地分类》(GB/T 24708—2009)将全国湿地划分为 2 大类 16 小类 42 种类型,各种类型及划分标准如下:

2.1 自然湿地

由自然地形和水体形成的湿地。

2.1.1 近海与海岸湿地

在滨海区域由自然的滨海地貌形成的浅海、海岸、河口以及海岸性湖泊湿地统称为近海与海岸湿地,包括低潮时水深不超过 6 m 的永久性浅海水域。

2.1.1.1 浅海水域

湿地底部基质为无机部分组成,植被盖度＜30％的海域,包括海湾、海峡。

2.1.1.2 潮下水生层

海洋潮下,湿地底部基质为有机部分组成,植被盖度≥30％的区域,包括海草层、热带海洋草地。

2.1.1.3 珊瑚礁

基质由珊瑚聚集生长而成的浅海区域。

2.1.1.4 岩石海岸

底部基质 75％以上是石头和砾石,包括岩石性沿海岛屿、海岩峭壁。

2.1.1.5 沙石海滩

由砂质或沙石组成的,植被盖度＜30％疏松海滩。

2.1.1.6 淤泥质海滩

由淤泥质组成的植被盖度＜30％的泥/沙海滩。

2.1.1.7 潮间盐水沼泽

潮间地带形成的植被盖度≥30％的潮间区域,包括盐碱沼泽、盐水草地和海滩盐泽、高位盐水沼泽。

2.1.1.8 红树林

以红树植物为主组成的潮间沼泽。

2.1.1.9 河口水域

从近口段的潮区界(潮差为零)至口外河海滨段的淡水舌锋缘之间的永久性水域。

2.1.1.10 河口三角洲/沙洲/沙岛

河口系统四周冲积的泥/沙滩、沙洲、沙岛(包括水下部分),植被盖度＜30％。

2.1.1.11 海岸性咸水湖

地处海滨区域,有一个或多个狭窄水道与海相通的湖泊,也称为泻湖,包括海岸性微咸水、咸水或盐水湖。

2.1.1.12 海岸性淡水湖

起源于泻湖,但已经与海隔离后演化而成的淡水湖泊。

2.1.2 河流湿地

河流是陆地表面宣泄水流的通道,是江、河、川、溪的总称。河流湿地是围绕自然河流水体而形成的河床、河滩、洪泛区、冲积而成的三角洲、沙洲等自然体的统称。

2.1.2.1 永久性河流

常年有河水径流的漂流,仅包括河床部分。

2.1.2.2 季节性或间歇性河流

一年中只有季节性(雨季)或间歇性有水径流的河流。

2.1.2.3 洪泛湿地

在丰水季节由洪水泛滥的河滩、河谷,季节性泛滥的草地,以及保持了常年或季节性被水浸润的内陆三角洲的统称。

2.1.2.4 喀斯特溶洞湿地

喀斯特地貌下形成的溶洞集水区或地下河/溪。

2.1.3 湖泊湿地

由地面上大小形状不一、充满水体的自然洼地组成的湿地,包括自然湖、池、荡、漾、泡、海、错、淀、洼和潭等各种水体名称。

2.1.3.1 永久性淡水湖

面积大于 8 公顷,由淡水组成的具有常年积水的湖泊。

2.1.3.2 永久性咸水湖

由微咸水/咸水/盐水组成的具有常年积水的湖泊。

2.1.3.3 永久性内陆盐湖

由含盐量很高的卤水(矿化度 > 50g/L)组成的永久性湖泊。

2.1.3.4 季节性淡水湖

由淡水组成的季节性或间歇性湖泊。

2.1.3.5 季节性咸水湖

由微咸水/咸水/盐水组成的季节性或间歇性湖泊。

2.1.4 沼泽湿地

具有以下 3 个基本特征的自然综合体:

(a)受淡水、咸水或盐水的影响,地表经常过湿或有薄层积水;

(b)生长沼生和部分湿生、水生或盐生植物;

(c)有泥炭积累或尽管无泥炭积累,但在土壤层中具有明显潜育层。

2.1.4.1 苔藓沼泽

发育在有机土壤的、具有泥炭层的以苔藓植物为优势群落的沼泽。

2.1.4.2 草本沼泽

由水生和沼生的草本植物组成优势群落的淡水沼泽,包括无泥炭草本沼泽和泥炭草本沼泽。

2.1.4.3 灌丛沼泽

以灌丛植物为优势群落的淡水沼泽,包括无泥炭灌丛沼泽和泥炭灌丛沼泽。

2.1.4.4 森林沼泽

以乔木植物为优势群落的淡水沼泽,包括包括无泥炭森林沼泽和泥炭森林沼泽。

2.1.4.5 内陆盐沼

受盐水影响,生长盐生植被的沼泽。

2.1.4.6 季节性咸水沼泽

受微咸水或咸水影响,只在部分季节维持浸湿或潮湿状况的沼泽。

2.1.4.7 沼泽化草甸

为典型草甸向沼泽植被的过渡类型,是在地势低洼、排水不畅、土壤过分潮湿、通透性不良等环境条件下发育起来的,包括分布在平原地区的沼泽化草甸以及高山和高原地区具有高寒性质的沼泽化草甸。

2.1.4.8 地热湿地

由地热矿泉水补给为主的沼泽。

2.1.4.9 淡水泉/绿洲湿地

由露头地下泉水补给为主的沼泽。

2.2 人工湿地

人类为了利用某种湿地功能或用途而建造的湿地,或对自然湿地进行改造而形成的湿地,也包括某些开发活动导致积水而形成的湿地。

2.2.1 水库

以蓄水和发电为主要功能而建造的,面积大于8公顷的人工湿地。

2.2.2 运河、输水河

为输水和水运为主要功能而建造的人工河流湿地。

2.2.3 淡水养殖场

以淡水养殖为主要目的修建的人工湿地。

2.2.4 海水养殖场

以海水养殖为主要目的修建的人工湿地。

2.2.5 农用池塘

为农业灌溉、农村生活为主要目的修建的蓄水池塘。

2.2.6 灌溉用沟、渠

以灌溉为主要目的修建的沟、渠。

2.2.7 稻田、冬水田

能种植水稻或者是冬季蓄水或浸湿状的农田。

2.2.8 季节性洪泛农业用地

在丰水季节依靠泛滥能能保持浸湿状态进行耕作的农地,集中管理或放牧的湿草场或牧场。

2.2.9 盐田

为获取盐业资源而修建的晒盐场所或盐池。

2.2.10 采矿挖掘区和塌陷积水区

由于开采矿产资源而形成的矿坑、挖掘场所蓄水或塌陷积水后形成的湿地,包括砂/砖/土坑;采矿地。

2.2.11 废水处理厂

为污水处理而建立的而建设污水处理场所,包括污水处理厂和以水净化功能为主的湿地。

2.2.12 城市人工景观水面和娱乐水面

在城镇、公园,为环境美化、景观需要、居民休闲和娱乐而建造的各类人工湖、池、河等人工湿地。

二、湿地的作用

湿地是重要的自然资源,其如同森林、耕地、海洋一样具有多种功能。湿地与人类的生存、繁衍、发展息息相关,是世界上最具生产力的生态系统和最富生物多样性的生态景观之一。它不仅为人类的生产、生活提供多种资源,而且具有巨大的环境功能和效益,在抵御洪水、调节径流、蓄洪防旱、控制污染、净化水质、调节气候、控制土壤侵蚀、促淤造陆、美化环境等方面,有其他系统不可替代的作用,被誉为"地球之肾",受到全世界的广泛关注。在世界自然保护联盟(IUCN)、联合国环境规划署(UNEP)和世界自然基金会(WWF)的世界自然保护大纲中,湿地、森林与海洋一起并称为全球三大生态系统。据当前掌握的资料,全球湿地面积约为5.7亿公顷,占地球陆地面积的6.4%,其中湖泊为2%,酸沼为30%,碱沼为26%,森林沼泽为20%,洪泛平原为15%。红树林覆盖了约2 400万公顷的沿海地区,估计全球还保存了6 000万公顷的珊瑚礁。

三、我国湿地及其保护情况

我国幅员辽阔,东临太平洋,横跨温带、亚热带和部分热带地区,地理环境复杂,气候多样,湿地分布广,是世界湿地植物种类和植被类型丰富的国家之一。2004年公布的第一次全国湿地资源调查结果表明,世界各类型的湿地在中国均有分布,中国的湿地面积居亚洲第1位,世界第4位。

我国从2009年开始组织第二次全国湿地资源调查,历时5年,到2013年结束。2014年公布的第二次全国湿地资源调查结果显示:全国湿地总面积5 360.26万公顷,湿地面积占国土面积的比率(即湿地率)为5.58%;有577个各级湿地自然保护区、468个湿地公园。受保护湿地面积2 324.32万公顷。两次调查期间,受保护湿地面积增加了525.94万公顷,湿地保护率由30.49%提高到43.51%。我国湿地有湿地植物4 220种;脊椎动物2 312种,其中湿地鸟类231种。湿地是"物种基因库"。

第三次新一轮湿地专项调查与2018年第三次全国国土调查相衔接,将森林沼泽等湿地类型在土地利用分类中显化,将水田、红树林地等14个土地利用归并为湿地类,在原国家林业局标定的原湿地斑块范围内,以2017年7月—2018年8月优于1 m分辨率的正射影像为基础,通过3S和"互联网+"等手段,准确查清湿地资源土地利用现状,全面掌握现有湿地资源的保护利用情况,开展湿地资源调查监测与分析。湿地调查结果也反映出我国湿地保护还面临着湿地功能有所减退、受威胁压力持续增大、保护的长效机制尚未建立、科技支撑较为薄弱等问题。

广阔的湿地提供了多种和巨大的经济效益、生态效益和社会效益,是国民经济可持续发展的重要资源。湿地净化水质功能十分显著。每公顷湿地每年可去除氮 1 000 kg 以上和磷 130 kg 以上。我国湿地为降解污染发挥了巨大的生态功能。我国湿地储存的泥炭对应对气候变化发挥着重要作用。如:若尔盖湿地面积 80 万公顷,储存的泥炭高达 19 亿吨。保护好中国的湿地具有特殊的重要的意义。然而,随着人口的急剧增加,为解决农业用地的扩张和发展经济,对湿地的不合理开发利用导致中国天然湿地日益减少,功能和效益下降;捕捞、狩猎、砍伐、采挖等过量获取湿地生物资源,造成了湿地生物多样性逐渐丧失;湿地水资源过度开采利用导致湿地水质碱化,湖泊萎缩;长期承泄工农业废水、生活污水,导致湿地水污染,严重危及湿地生物的生存环境。森林资源的过度砍伐,植被破坏,导致水土流失加剧,江河湖泊泥沙淤积等等,使中国湿地资源已经遭受了严重破坏,其生态功能也严重受损。

保护湿地就是保护我们人类自己。保护湿地是全人类的共同责任。世界各国为加强湿地保护,自 1971 年 2 月 2 日《湿地公约》诞生,截至 2022 年 1 月已有 172 个国家和地区加入了这个公约,有 2 334 处湿地被列入国际重要湿地名录,总面积 2.49 亿公顷。保护和合理利用湿地愈来愈引起世界各国的高度重视,成为国际社会普遍关注的热点。中国政府于 1992 年 1 月 3 日正式加入《湿地公约》,将湖南洞庭湖、江西鄱阳湖、青海鸟岛、海南东寨港和香港米埔等自然保护区列入国际重要湿地名录,并将中国湿地保护与合理利用列入《中国 21 世纪议程》和《中国生物多样性保护行动计划》优先发展领域,在一定程度上推动了我国的湿地保护和管理工作。截止 2023 年 2 月,我国共有国际重要湿地 82 个,总面积达 764.7 万公顷。由国家林业局(现林草局)牵头,外交部等国务院 17 个部门共同参加的中国湿地保护行动计划于 2000 年 11 月 8 日公布实施。这是中国今后一个时期内实施湿地保护、管理和可持续利用的行动指南,更是中国政府认真履行《湿地公约》势在必行的重大举措。这一计划的启动,将使湿地保护的部门行动朝着统一的方向发展。为了加强湿地保护,维护湿地生态功能及生物多样性,保障生态安全,促进生态文明建设,实现人与自然和谐共生,2022 年 6 月起,我国开始施行《中华人民共和国湿地保护法》。

中国湿地保护的总目标是全面保护中国湿地及生物多样性,保护和发挥湿地生态的各种效益,保护湿地资源的可持续利用。

根据第三次全国国土调查及 2020 年度国土变更调查结果,全国湿地面积约 5 634.93 万公顷(8.45 亿亩)。

> **世界湿地日**
>
> 为了提高人们保护湿地的意识,1996 年 3 月《湿地公约》常务委员会第十九次会议决定,从 1997 年起,将每年的 2 月 2 日定为"世界湿地日"。每年开展纪念活动,每年有一个主题。从 1997 年以来历年世界湿地日的主题如下:1997——湿地是生命之源(Wetlands:A Source of Life);1998——湿地之水,水之湿地(Water for Wetlands,Wetlands for Water);1999——人与湿地,息息相关(People and Wetlands:The Vital Link);2000——珍惜我们共同的国际重

要湿地(Celebrating Our Wetlands of International Importance);2001——湿地世界:有待探索的世界(Wetlands World—A World to Discover);2002——湿地:水、生命和文化(Wetlands：Water,Life,and Culture);2003——没有湿地,就没有水(No Wetlands，No Water);2004——从高山到海洋,湿地在为人类服务(From the Mountains to the Sea,Wetlands at Work for Us);2005——湿地生物多样性和文化多样性(Culture and Biological Diversities of Wetlands);2006——湿地与减贫(Wetland as a Tool in Poverty Alleviation);2007——湿地与鱼类(Wetlands and Fisheries);2008——健康的湿地,健康的人类(Healthy Wetland, Healthy People);2009——从上游到下游,湿地连着你和我(Upstream-Downstream：Wetlands Connect Us All);2010——湿地、生物多样性与气候变化(Wetland,Biodiversity and Climate Change),我国配合联合国将2010年定为"国际生物多样性年";2011——森林与水和湿地息息相关(Forest and Water and Wetland is Closely Linked);2012——湿地与旅游(Wetlands and Tourism),我国的宣传口号是"湿地旅游,一种美妙的体验";2013——湿地与水资源管理(Wetlands and Water Resource Management),我国的宣传口号是"湿地守护水资源,共同成长的伙伴";2014——湿地与农业(Wetlands and Agriculture);2015——湿地:我们的未来(Wetlands for Future),我国的宣传口号是"加入我们";2016——湿地与未来,可持续的生计(Wetlands for Future, Sustainable Livelihoods);2017——湿地与减少灾害风险(Wetlands and Disaster Risk Reduction);2018——湿地,城镇可持续发展的未来(Wetlands：the Future of Sustainable Urban Development);2019——湿地:应对气候变化的关键(Wetlands：The Key to Coping with Climate Change),我国的宣传口号是"汇聚湿地保护行动者的力量";2020——湿地与生物多样性:湿地滋润生命(Wetlands and Biodiversity),我国的宣传口号是"健康的湿地有助于应对极端天气,让我们为保护和合理利用湿地作出承诺";2021——湿地与水(Water and Wetlands),我国的宣传口号是"湿地与水——同生命,共相依";2022——珍爱湿地,人与自然和谐共生(Wetlands Action for People and Nature),我国的宣传口号是"湿地——珍惜、管理、恢复";2023——湿地恢复(Wetlands Restoration),我国的宣传口号是"是时候让湿地恢复了"。这些主题体现了湿地的重要性,体现了人与自然和谐统一的思想。

四、红树林

红树林、盐沼、海草、珊瑚礁是湿地海岸四大生态系统。红树林是热带、亚热带潮间带特有的木本植物群落。红树林生态系统是世界上高生产力的生态系统之一。红树林作为独特的海陆边缘生态系统,是鸟类、鱼、虾、蟹、贝类等栖息繁衍的良好场所,同时具有防风消浪、促淤护岸、净化海水、固碳储碳、调节大气和美化海岸带景观等方面极为重要的作用,在保护滨海湿地生态系统、生物多样性及维持海岸生态平衡等方面具有不可替代的特殊作用。红树林对近海渔业有积极的促进作用,是海区生物能源的重要供应者。红树林作为沿海防护林的第一道屏障,是公认的防风消浪"天然海岸卫士"。2004 年底发生在印度洋的海啸给世人敲响了警钟。此间专家提出,我们必须吸取教训,提高防灾意识,除加强沿海地区的防波堤建设外,应尽快恢复沿海的红树林。世界自然基金会负责人西蒙·克里普斯发表谈话说:"红树林和珊瑚礁可以起到减缓海啸和洪水冲击力的效果。它们不能完全阻止洪水,但我们看到有红树林的地方受灾程度大幅减小。"他举例说,泰国重灾区普吉岛的万豪酒店建在海龟孵卵区域,设计时严格遵照环保标准,附近的红树林保存良好,因此"那里遭受的破坏显然比其他地方小"。

对红树林保护,习近平总书记一直十分关注。2017 年,总书记在广西考察了北海金海湾红树林生态保护区,叮嘱"一定要尊重科学、落实责任,把红树林保护好"。2022 年,总书记以视频方式出席《湿地公约》第十四届缔约方大会开幕式,宣布在深圳建立"国际红树林中心"。2023 年 4 月 10 日上午,习近平总书记来到位于湛江红树林国家级自然保护区东部的麻章区湖光镇金牛岛红树林片区,实地察看红树林长势和周边生态环境。习近平总书记说"红树林保护,我在厦门工作的时候就亲自抓。党的十八大后,我有过几次指示。这是国宝啊,一定要保护好。"厦门大学的红树林研究,1986 年后在厦门市人民政府部门的支持下,得到较大发展,取得了从海南岛等低纬度地区引种优良红树林种到福建的一系列成果。

国家提出"南红北柳"的策略,其中"南红"就是倡导在我国南方推广发展红树林的事业。近年来,我国红树林保护修复取得积极进展,初步扭转了红树林面积急剧减少的趋势,但红树林总面积偏小、生境退化、生物多样性降低、外来生物入侵等问题还比较突出,区域整体保护协调不够,保护和监管能力还比较薄弱。2020 年自然资源部、国家林草局制定和发布了《红树林保护修复专项行动计划(2020—2025 年)》。该行动计划的指导思想是以习近平新时代中国特色社会主义思想为指导,按照习近平总书记保护好红树林的重要指示精神,严格保护现有红树林,科学开展红树林生态修复,扩大红树林面积,提高生物多样性,整体改善红树林生态系统质量,全面增强生态产品供给能力。该行动计划提出四个基本原则,即:生态优先,整体保护;尊重自然,科学修复;因地制宜,有序推进;分级负责,多方参与。对浙江省、福建省、广东省、广西壮族自治区、海南省现有红树林实施全面保护。推进红树林自然保护地建设,逐步完成自然保护地内的养殖塘等开发性、生产性建设活动的清退,恢复红树林自然保护地生态功能。实施红树林生态修复,在适宜恢复区域营造红树林,在退化区域实施抚育和提质改造,扩大红树林面积,提升红树林生态系统质量和功能。到 2025 年,营造和修复红树林面积18 800 hm²,其中,营造红树林9 050 hm²,修复现有红树林9 750 hm²。

第九节　生态恢复

一、生态恢复的定义

生态恢复包括人类的需求观、生态学方法的应用、恢复目标和评估成功的标准,以及生态恢复的各种限制(如恢复的价值取向、社会评价等)等基本成分。考虑到目标生态系统的可选择性,从大时空尺度上恢复的生态系统可自我维持,恢复后的生态系统与周边生境具协调性,生态恢复就不可能一步到位。如果说恢复是指完全恢复到干扰前的状态,主要是再建立一个完全由本地种组成的生态系统,在大多数情况下,它依赖于自然演替过程和移去干扰;积极的恢复要求人类成功地引入生物并建立生态系统功能。其目标是促进保护,但这在短期内是不可能实现的。

国际恢复生态学会对"生态恢复"先后提出三个定义:生态恢复是修复被人类损害的原生态系统的多样性及动态的过程;生态恢复是维持生态系统健康及更新的过程;生态恢复是帮助生态整合性恢复并对其进行管理的过程,其中生态整合性包括生物多样性、生态过程和结构、区域及历史情况、可持续的社会实践等广泛的范围。第三个定义目前得到较为广泛的采用。

"生态恢复"的许多定义都离不开回到历史状态的恢复目标。生态学理论认识到干扰破坏造成了生态系统发展中的不连续性、不可逆性和不平衡性,在自然条件下生态系统不可能或者很难回到原先的状态,所以在制定生态恢复的目标中考虑的因素是多种多样的,因而也有了不同的定义。

"生态恢复"是相对于"生态破坏"而言的,生态破坏可以理解为生态系统结构、功能和关系的破坏,生态恢复就是恢复生态系统的合理结构、高效的功能和协调的关系。生态恢复可以概括为:

(1)从生态和社会需求出发,恢复所期望达到的生态、社会、经济效益上的和谐;

(2)能够达到上述效益的生态系统的结构和功能;

(3)通过对系统物理、化学、生物甚至社会文化要素的控制,带动生态系统恢复,达到系统在相当长的一段时间内能保持自我维持状态。

在这样的理解下,生态恢复并不意味着在所有场合下,恢复的生态系统都是原先的生态系统,这既没有必要,也不可能,生态恢复最本质的是恢复系统的必要功能并使系统能够自我维持下去。因此,生态恢复也包括利用现代科学技术手段,使生态系统具备类似于原有的某些替代功能的生态修复,就像人的肢体残缺后,不可能再生血肉肢体,但可以通过安装假肢,在一定程度上来替代原先肢体的功能。

在 2023 年 7 月召开的第九次全国生态环境保护大会上,习近平指出要正确处理自然恢复和人工修复的关系;要坚持山水林田湖草沙一体化保护和系统治理,构建从山顶到海洋的保护治理大格局,综合运用自然恢复和人工修复两种手段,因地因时制宜、分区分类施策,努力找到生态保护修复的最佳解决方案。

二、生态恢复的重要性

人口增长导致对自然资源需求不断增长的经济活动不可能停止,有必要开发全方位的资源管理来满足全社会的需求。然而,资源是有限的,要使所有生态系统提供商品和服务,必须加强对受人为因素破坏的生态系统进行评价和恢复其功能。

生态恢复是对生物圈持续利用的关键。生态系统通过它的结构、功能、多样性及其内部动力为人们提供商品和服务。商品通常是有形的,然而生态服务来源于生态系统的过程。它的效益是非市场性的、不够具体的、难以度量的,然而却是非常重要的。生态恢复的目标必须在这些商品和服务间达到一种平衡,也就是我们经常所说的生态、经济和社会三个效益的统一,以确保人类的福利。生态恢复是可持续发展的重要内容,已成为当今国际发展的热点。

第十节　维护国家生态安全和生态保护红线的划定

一、国家生态安全的概念

维护国家安全,是任何一个主权国家政府最基本、最核心的功能。传统意义上的"国家安全"这一概念仅仅由军事安全、政治安全和经济安全三大要素构成。新中国成立以来,我国经济建设和社会发展取得了令人瞩目的成就,但生态环境问题对国民经济和社会发展所带来的损失和影响也是巨大的,人与自然之间产生了前所未有的矛盾冲突,生态环境加速恶化,淡水资源短缺、森林破坏、水土流失、沙漠化、沙尘暴、生物多样性丧失等问题严重威胁着我国经济社会的健康发展和国家生态安全。因此,必须强化全民的资源环境危机意识,将保障国家生态安全作为同上述国家安全三大要素一样重要的一项战略目标,把对生态环境的保护上升到民族兴衰和国家存亡的高度,用"国家生态安全"激起全民族的生态忧患意识,真正扭转当前生态环境恶化的势头,实现生态环境的良性循环。

2000年,《全国生态环境保护纲要》首次明确提出了"维护国家生态环境安全"的目标。这里首先要明确生态安全的含义,尽管目前还没有一个公认的定义,各国对其内涵的理解也不尽相同,但可以确定生态安全是国家安全和社会稳定的一个重要组成部分。国外对生态安全的研究早期主要集中在转基因生物、外来生物入侵、放射性物质的生态风险与生态安全、化学物质的使用对农业生态系统健康及生态安全影响等方面的微观研究;而宏观方面的研究更多的是关注生态系统健康评价和生态系统管理,并开展了不少景观生态规划的研究。生态安全是在生态系统健康的概念上发展起来的。生态系统健康更多的是关注生态系统自身的综合特征,它是生态系统发展的一种状态;生态安全则是从人类自身的需求出发,是人类对生态系统能否持续地提供服务的一种判断。我国的生态安全重点强调两个方面:一是必须维护生态系统的完整性、稳定性和功能性,确保国家或区域具备保障人类生存发展和经济社会可持续发展的自然基础,这是维护生态安全的基本目标,是一个根本性、基础性的问题;二是必须处理好涉及生态环境的重大问题,包括妥善处理好国内发展面临的资源环境瓶颈、生态承载力不足的问题,以及突发环境事件问题,这是维护生态安全的重要着力点,是最具有现实性和紧迫性的问题。同时,也要积极参与全球环境治理,展现我国负责任大国形象,争取合理的发展空间。

所谓国家生态安全,是指一个国家的生存和发展所需的生态环境处于不受或少受因生态失衡而导致破坏或威胁的状态,它从根本上关系到国家安全和国民的长远利益。越来越多的事实表明,生态破坏将使人们丧失大量适于生存的空间,并由此产生大量生态灾民而冲击周边社会的稳定。保障国家生态安全,是生态保护的首要任务。

二、国家生态安全提出的背景及重要意义

习近平总书记指出,"生态兴则文明兴,生态衰则文明衰","保护生态环境就是保护生产

力,改善生态环境就是发展生产力","像保护眼睛一样保护自然和生态环境"。党的十八大把
生态文明建设纳入中国特色社会主义"五位一体"总体布局,十八届三中全会明确要求加快生
态文明制度建设,十八届五中全会进一步强调要牢固树立创新、协调、绿色、开放、共享的新发
展理念,坚定走生产发展、生活富裕、生态良好的文明发展道路。党的二十大报告将"人与自然
和谐共生"上升到"中国式现代化"的五个特征之一,再次明确了新时代中国生态文明建设的战
略任务。

我国人口众多,随着工业化、城镇化的快速推进,资源约束趋紧,环境污染严重,生态系统
退化,生态问题不仅仅是群众和社会舆论关心的焦点问题,更直接关系到经济社会的长远发
展,事关国家兴衰和民族存亡,必须上升到国家安全战略的层面来研究和应对。将生态安
全问题纳入总体国家安全的政策框架,正是以习近平同志为核心的党中央准确把握国家安
全形势变化的新特点、新趋势,为更好地适应国家安全面临的新问题、新任务作出的重大战
略决策。

生态安全在国家安全体系中居于十分重要的基础地位。第一,生态安全提供了人类生存
发展的基本条件。自然生态系统是人类社会的母体,提供了水、空气、土壤和食物等人类生存
的必要条件,维护生态安全就是维护人类生命支撑系统的安全。第二,生态安全是经济发展的
基本保障。人类历史上因生态退化、环境恶化和自然资源减少导致经济衰退、文明消亡的现象
屡见不鲜,要实现经济可持续发展,必须守护好生态环境底线,转变以无节制消耗资源、破坏环
境为代价的发展方式。第三,生态安全是社会稳定的坚固基石。随着我国经济社会快速发展,
生态环境问题已成为最重要的公众话题之一,因相关问题导致社会关系紧张的情况屡有发生。
高度重视和妥善处理人民群众身边的生态环境问题,已成为当前保障社会安定的重要工作之
一。第四,生态安全是资源安全的重要组成部分。自然生态系统既是人类的生存空间,又直
接或间接提供了各类基本生产资料。对国家来说,要获得充分的发展资源,就必须保障国
内的生态安全,甚至周边区域和全球的生态安全。第五,生态安全还是全球治理的重要内
容。随着全球生态环境问题的日趋严峻,气候变化、环境污染防治、生物多样性保护等跨国
界和全球性生态环境问题日益成为政治、经济、科技、外交角力的焦点。积极参与区域和全
球环境治理,影响和设置相关议程,有助于维护我国发展权益和国家利益,树立我国负责任
大国形象。

三、国家生态安全的内容

保障国家生态安全,关键在于确保各种重要自然要素的生态功能,特别是维护生态平衡的
功能得到正常发挥。为此,《全国生态环境保护纲要》在生态保护任务中突出了对各类重要生
态功能区的抢救性保护,以及在自然资源开发中对各类生态要素和生态系统的生态功能的
保护。

现阶段国家生态安全的内容主要包括四个方面:①国土资源安全,包括国土资源的数量、
质量和结构始终处于一种既能满足当代人又能满足后代人发展需要的有效供给状态;②水资
源安全,指水资源的可持续利用,或者是水资源的供给和需求的动态平衡;③大气资源安全,指
大气质量维持在生态系统可接受的水平或不对生态系统造成威胁和伤害的水平;④生物物种
安全,指生物及其与环境形成的生态系统处于一种良性循环的状态,保证物种多样性、遗传多
样性和生态系统多样性得到很好的维护。

四、我国生态安全面临的挑战

当前我国生态安全主要面临的挑战包括：一是自然生态空间过度挤压，总体缺林少绿，草原超载过牧现象较为严重，湿地开垦、淤积、污染、缺水等问题比较突出，近海生态恶化趋势还没有得到全面遏制。二是土地沙化、退化及水土流失不容忽视，因农田过度利用导致土层变薄、酸化、次生盐渍化加重和有机质流失的情况分布较广。三是水资源短缺，海河、黄河和辽河流域地表水资源开发利用率均在 70% 以上，一些地方河流开发利用已接近甚至超出水环境承载能力，部分区域水生态系统受损严重。四是生物多样性面临挑战，我国约 20% 的脊椎动物（不含海洋鱼类）和 10% 的高等植物面临威胁，外来物种入侵事件频繁发生，对自然生态系统平衡、本土物种基因构成威胁。五是城乡人居环境严峻，一些城市空气质量超标，部分区域灰霾污染频发，部分河流和湖泊的污染物入河（湖）量超过其纳污能力，部分地区城乡饮用水水源存在安全隐患，土壤污染超标率也比较高。

五、国家生态安全体系建设及措施

我国幅员辽阔，对于大范围发生的生态灾害问题，都需要从大的尺度迅速建立宏观生态调控体系，着眼于大局，立足于整体，实行全国一盘棋，进行大的生态协作，才能从根本上搞好生态建设，维护国家生态安全。因此应全面启动国家生态安全工程——国家生态安全体系建设。国家生态安全体系是指从宏观生态系统出发，以生态安全为目的，以克服和防止生态失衡为重点而建立的具有层次结构的生态网络系统。它是从国家整体利益的高度，以大范围生态平衡为出发点建立的一个生态网络体系。

国家生态安全体系建设的基本结构是生态安全网络，网络的覆盖是全流域性或全国性的。整个网络的覆盖呈网状展开。网络又是有等级的，不同地区生态安全网络不同。一级生态安全网络大致沿全国性山川体系和大型生态单元及地貌单元建构。二级生态安全网络是在每一个一级生态安全网络内展开的，在考虑区域山川林网体系建设的基础上，加强网络链上的生态走廊或生态屏障带建设和网络链接点的生态安全点建设，每一个链接点都是一个生态安全意义上的生态控制点，以便在网络内部发生生态恶化时，能够实行迅速的生态蔓延和生态替补。人类活动频繁区和生态脆弱区应加强三级甚至四级生态安全网络建设，以实行更稳固的网络覆盖，保证各级生态站点之间的生态链接和生态畅通。

为了加强国家生态安全体系建设，必须采取以下措施：

（1）对重点地区的重点生态问题要实行更加严格的监控、防范措施。在生态功能保护区建设上，要采取主动、开放的保护措施，对区内的资源允许在严格保护下进行合理、适度的开发利用；在资源开发的生态保护上，对水资源、土地资源、草原资源等不同的资源要提出控制要求。

（2）实施一些新的制度和措施，如建立和完善各级政府、部门、单位法人生态环境保护责任制；要将维护生态安全作为政府义不容辞的责任，像对待军事安全、政治安全和经济安全一样来对待生态安全问题；要把生态安全作为干部考核的一项硬指标；要建立生态环境保护审计制度，确保国家生态环境保护和建设投入与生态效益的产出相匹配；要在全社会开展生态安全教育和宣传，使每一个公民都意识到保护生态环境是公民的基本义务，树立全民生态安全意识，树立生态道德观念。要像保护眼睛一样保护生态环境，像对待生命一样对待生态环境。对破坏生态环境的行为,不能手软,不能"下不为例";抓紧制定重点资源开发生态环境保护和生态功能保护区管理条例;抓紧编制生态环境功能区划等。

（3）在制定国家和地区产业政策时,必须充分考虑国家生态安全的因素。在国家经济结构的战略性调整中,要限制对生态安全构成威胁的产业,加快有利生态安全产业的发展。要大力发展资源节约型产业,限制资源耗费型产业;大力发展循环经济和低碳经济,限制有污染产业的发展。

（4）建立预警系统。预警原则要求即使没有科学的证据证明某些人为活动与其产生的效应之间存在一定的联系,只要假设这些活动有可能对生命资源产生某些危险或危害的效应,就应采取适当的技术或适宜的措施减缓或直至消除这些影响。预警原则是维护生态系统健康和生态安全的重要原则。为了确保国家的生态安全,必须对国家生态安全进行全方位的、动态的监测,建立国家生态安全的预警系统,及时掌握国家生态安全的现状和变化趋势,为国家最高部门提供相关的决策依据。除了建立国家生态安全的宏观预警系统以外,对不同地区还要根据其生态环境状况的不同,有重点地建立和完善专项的生态安全预警和防护体系,比如气象预报体系、防汛体系、疫情预报与防治体系、动植物检疫体系、环境监测体系等。

（5）建立国家生态安全的评价指标体系,根据科学性、客观性、实用性、可比性、可操作性等设计原则和国家生态安全的内容,结合考虑经济发展水平、人口压力、科技能力和资源生态环境保护以及整治建设能力等方面的重要指标,制定国家生态安全的衡量标准,对各种生态环境因素给予不同的权重,综合成"国家生态安全总指数",对国家生态安全状况进行总体评价,并定期发布我国的国家生态安全总指数,以使全国人民更加直观、形象地了解我国的生态状况,提高国民对生态环境的关注度。

（6）完善生态环境建设的有关法律法规及执法检查体系。要尽快制定一部综合性的国家生态安全法,从国家生态安全的要求出发,将生态环境、资源、社会经济发展紧密结合起来,在总体上对生态环境保护的方针政策、体制与制度提出统一规范的要求;要进一步健全和完善各种单项资源与环境保护法;要制定生态建设的有关法规,将各级政府、公民在生态建设中的责任和义务以法律或法规的形式固定下来;要加强对生态犯罪的处罚,对于各种破坏生态环境的行为,必须给予刑事处罚。

六、生态保护红线的划定

面对资源约束趋紧、环境污染严重、生态系统退化的严峻形势,国家把生态文明建设放在突出地位,融入经济、政治、文化、社会建设各方面和全过程,体现了尊重自然、顺应自然、保护自然的理念,并第一次提出要划定生态保护红线（以下简称"生态红线"）,这条红线将在生态文明建设中发挥举足轻重的作用,意义重大。"生态红线"是继"18亿亩耕地红线"后另一条被提到国家层面的"生命线"。2017年2月7日中共中央办公厅、国务院办公厅颁发的《关于划定并严守生态保护红线的若干意见》指出,2017年年底前,京津冀区域、长江经济带沿线各省（直辖市）划定生态保护红线;2018年年底前,其他省（自治区、直辖市）划定生态保护红线;2020年年底前,全面完成全国生态保护红线划定,勘界定标,基本建立生态保护红线制度,国土生态空间得到优化和有效保护,生态功能保持稳定,国家生态安全格局更加完善。2023年7月11日,自然资源部宣布:中国首次全面完成生态保护红线划定。

生态红线是指在生态空间范围内具有特殊重要生态功能、必须强制性严格保护的区域,是保障和维护国家生态安全的底线和生命线,通常包括具有重要水源涵养、生物多样性维护、水土保持、防风固沙、海岸生态稳定等功能的生态功能重要区域,以及水土流失、土地沙化、石漠化、盐渍化等生态环境敏感脆弱区域。

生态红线的主要内容有三方面:

第一,生态红线是重要生态功能区的保护红线。指的是水源涵养、生物多样性维护、保持水土、防风固沙、调蓄洪水等生态功能重要区域。这是一条经济社会的生态保护安全线,是国家生态安全的底线,能够从根本上解决经济发展过程中资源开发与生态保护之间的矛盾。

第二,生态红线是生态脆弱区或敏感区保护红线。即重大生态屏障红线,可以为城市、城市群提供生态屏障。建立这条红线,可以减轻外界对城市生态的影响。

第三,生态红线是生物多样性保育区红线。这是我国生物多样性保护的红线,是为保护的物种提供最小生存面积,如果再开发就会危及种群安全。

“生态红线”是我国特有的概念,是结合我国生态保护实践,根据需要提出的创新性举措。生态红线的划定能够使国土空间开发、利用和保护边界更为清晰,明确哪里该保护,哪里能开发,对于落实一系列生态文明制度建设具有重要作用。同时,生态红线又是保证生态安全的底线,是严防死守的“高压线”。划定生态红线是基础,严守生态红线才是关键。在生态红线面前,任何破坏生态环境的行为都必须停止。生态红线一旦被突破,生态平衡必然遭到破坏,甚至会带来灾难性后果,以后即使投入大量的人力、财力、物力,也往往难以恢复原状。因此,生态红线不能触碰,否则就会受到大自然的惩罚,影响人类社会的永续发展。

七、生态补偿机制

生态文明建设是关系中华民族永续发展的千年大计。2019 年 10 月 31 日中国共产党第十九届中央委员会第四次全体会议通过《中共中央关于坚持和完善中国特色社会主义制度推进国家治理体系和治理能力现代化若干重大问题的决定》,提出“坚持和完善生态文明制度体系,促进人与自然和谐共生”,要求“严明生态环境保护责任制度”,落实生态补偿和生态环境损害赔偿制度,实行生态环境损害责任终身追究制。生态补偿(eco-compensation)机制是以保护和可持续利用生态系统服务为目的,根据生态系统服务价值、生态保护成本、发展机会成本,综合运用行政和市场手段,调整生态环境保护和建设相关各方利益关系的一种制度安排。

长期以来,资源无限、环境无价的观念根深蒂固地存在于人们的思维中,也渗透在社会和经济活动的体制和政策中。随着生态环境破坏的加剧和对生态系统服务功能的进一步研究,人们更为深入地认识到生态环境的价值,并意识到生态环境成为反映生态系统市场价值、建立生态补偿机制的重要基础。生态环境的价值主要体现在生态系统的服务功能上。生态系统服务功能是指人类从生态系统获得的效益。生态系统除了为人类提供直接的产品以外,所提供的其他各种效益,包括供给功能、调节功能、文化功能以及支持功能等可能更为巨大。本质上讲,生态补偿就是对受损生态系统服务功能的经济补偿。

对生态补偿的理解有广义和狭义之分。广义的生态补偿既包括对生态系统和自然资源保护所获得效益的奖励或破坏生态系统和自然资源所造成损失的赔偿,也包括对造成环境污染者的收费。狭义的生态补偿则主要是指前者。

生态补偿应包括以下几方面主要内容:一是对生态系统本身保护(恢复)或破坏的成本进行补偿;二是通过经济手段将经济效益的外部性内部化;三是对个人或区域保护生态系统和环

境的投入或放弃发展机会的损失的经济补偿;四是对具有重大生态价值的区域或对象进行保护性投入。

建立生态补偿机制是贯彻落实科学发展观的重要举措,有利于推动环境保护工作实现从以行政手段为主向综合运用法律、经济、技术和行政手段的转变,有利于推进资源的可持续利用,加快环境友好型社会建设,实现不同地区、不同利益群体的和谐发展。党中央历来重视生态补偿机制建设。党的十六届五中全会首次提出要按照"谁开发谁保护、谁受益谁补偿"的原则,加快建立生态补偿机制。党的十七大将生态补偿机制上升为制度要求,强调建立健全资源有偿使用制度和生态环境补偿机制。党的十八大将生态补偿制度作为建设生态文明的重要保障,提出要建立反映市场供求和资源稀缺程度、体现生态价值和代际补偿的资源有偿使用制度和生态补偿制度。党的十八届三中、四中和五中全会进一步深化对生态补偿机制的要求。党的十九大提出要建立市场化、多元化生态补偿机制。习近平总书记多次对健全生态补偿机制提出明确要求。党的十九届四中全会进一步要求"落实生态补偿制度"。十三届全国政协第31次双周协商座谈会专门围绕"建立生态补偿机制中存在的问题和建议"协商议政。党的二十大提出要建立生态产品价值实现机制,完善生态保护补偿制度。可以说,生态补偿制度已经被提高到一个前所未有的高度,完善和健全生态补偿制度体系迎来了千载难逢的历史机遇。

国务院有关部门扎实推进生态补偿政策落地。在有关部委的积极推动下,《关于健全生态保护补偿机制的意见》《关于加快建立流域上下游横向生态保护补偿机制的指导意见》《建立市场化、多元化生态保护补偿机制行动计划》《关于建立健全长江经济带生态补偿与保护长效机制的指导意见》《生态综合补偿试点方案》等重要政策文件密集出台。各地严格落实国家生态补偿政策,根据本省实际积极探索创新生态补偿实践模式,具有中国特色的生态补偿制度格局日益清晰。

当前生态补偿政策实践呈现"三多"特征:

一是多个领域生态补偿齐头并进。森林、草原、湿地、海洋、耕地、流域、矿山环境治理与生态修复等七大领域和限制开发区域、禁止开发区域两大重点区域生态补偿正在扎实推进。生态补偿资金投入连年递增。据统计,2019年我国生态补偿财政资金投入已近2 000亿元,森林生态效益补偿实现国家级生态公益林全覆盖,草原生态保护补助奖励政策覆盖内蒙古、西藏、新疆等13个主要草原牧区省(自治区),享受国家重点生态功能区转移支付县域数量已达819个。

二是多个跨省流域开展横向生态补偿深入试点。在全国首个跨省新安江流域水环境补偿试点取得丰富经验的基础上,九洲江、汀江—韩江、东江、引滦入津、赤水河、密云水库上游潮白河以及长江经济带等多个跨省流域上下游横向生态补偿试点深入推进,流域水环境质量得到持续改善。例如九洲江流域重点整治畜禽养殖污染,出境断面水质总体好转;引滦入津流域集中解决潘大水库网箱养殖历史难题。

三是多种类型补偿方式不断发展。国家和地方都在积极探索市场化多元化生态补偿机制,弥补政府财政补偿资金的不足。如南水北调中线水源区积极开展具有生态补偿性质的对口协作,浙江金华与磐安率先实践异地开发的补偿模式,新安江流域引入社会资本参与生态补偿项目,茅台集团自2014年起计划连续10年累计出资5亿元参与赤水河流域水环境补偿,三峡集团正在长江大保护中发挥主体平台作用并探索市场化补偿路径。

此外,北京、天津、上海、重庆、湖北和广东等省市较早开展碳排放权交易试点,覆盖了电力、钢铁、水泥等多个行业近3 000家重点排放企业;全国有28个省(市、区)开展了排污权交易试点,通过市场手段减排污染物。

尽管生态补偿机制建设已经取得了可喜的进展,但我们也要清醒地认识到,生态环境保护、生态补偿机制建设与经济发展协同推进并非朝夕之功,生态补偿涉及面广,利益关系复杂,机制的建立健全还受多方面因素影响,稳定长效的生态补偿制度体系尚未形成。

当前生态补偿制度体系建设尚存在"四缺":一是生态补偿法律基础欠缺,地方普遍反映生态补偿的上位法不明确,急需国家层面出台生态补偿专门法律法规,生态补偿立法进程已经明显滞后于生态补偿实践;二是生态补偿技术体系欠缺,目前尚缺乏相对统一完善的生态补偿标准核算方法体系,各地在"补多少"上面存在较大争议,地方反映补偿政策精准化不够;三是生态补偿的长效机制欠缺,单靠行政手段较难持续,自愿交易是未来建立生态补偿长效机制的重要补充;四是生态补偿效益评估机制欠缺,难以量化生态补偿政策发挥了多大作用,不利于健全完善制度体系。

八、生态足迹

生态足迹(ecological footprint)又叫生态占用、生态痕迹、生态脚印等,是基于土地面积的、最具代表性的可持续发展的量化指标。由加拿大学者 William Rees 于 1992 年提出并由 Wackernagel 于 1996 年完善。其定义是:在一定技术条件下,任何已知人口(某个人、一个城市或一个国家)的生态足迹是生产这些人口所消费的所有资源和吸纳这些人口所产生的所有废物所需要的生物生产面积(包括陆地和水域)。将一个地区或国家的资源、能源消费同自己所拥有的生态承载力进行比较,能判断一个国家或地区发展是否处于生态承载力范围内,是否具有安全性。

与生态足迹相关的概念包括生产性土地面积、生态承载力(ecological capacity)和生态赤字。其中,生态生产性土地面积指生态足迹分析法为各类自然资本提供的统一度量的基础。生态生产也称生物生产,是指生态系统中的生物从外界环境中吸收生命过程所必需的物质和能量并转化为新的物质,从而实现物质和能量积累;生态生产性土地是指具有生态生产能力的土地和水域,通常可分为可耕地、草地、森林、建筑用地、水域和化石能源用地 6 大类。生态承载力,或称生态容量,是指在不损坏有关生态系统的生产力和功能完整性的前提下可持续利用的最大资源量和废物产生率。一个地区所能提供给人类的生态生产性土地面积总和定义为该地区的生态承载力,以表征该地区的生态容量。

九、水生生物增殖放流

水生生物增殖放流,简称增殖放流,是指采用放流、底播、移植等人工方式向海洋、江河、湖泊、水库等公共水域投放亲体、苗种等活体水生生物的活动,是水域和海域生物资源生态补偿的一种方式。我国从 20 世纪七八十年代就开始有增殖放流。近年,农业及渔业部门都非常重视增殖放流这项工作,每年都组织开展大规模的增殖放流活动。2021 年,全国共举办各类水生生物增殖放流活动 2 700 余次,放流各类水生生物苗种达 440.53 亿尾。

增殖放流的作用主要体现在三个方面:其一,可以补充和恢复生物资源的群体。增殖放流不仅可以通过人工补充生物资源,改善生物的种群结构,维护生物的多样性;同时可以增加濒危物种的数量,起到了对这些濒危物种的保护作用。其二,可以改善水质和水域的生态环境。

如一些鱼类、贝类可以滤食水中的藻类和浮游生物，净化和改善水质。其三，促进渔民增收。放流水生生物经济物种可以增加渔民捕捞的产量，比如对虾、青蟹、梭子蟹、海蜇。此外，增殖放流具有很好的社会效益，通过开展增殖放流活动，扩大了社会影响，提高了大家的资源环境保护意识。

增殖放流要遵循农业部（现农业农村部）颁布的《水生生物增殖放流管理规定》(2009)。特别提示，从环境生态保护的角度，用于增殖放流的人工繁殖的水生生物物种，应当来自有资质的生产单位。其中，属于经济物种的，应当来自持有《水产苗种生产许可证》的苗种生产单位；属于珍稀、濒危物种的，应当来自持有《水生野生动物驯养繁殖许可证》的苗种生产单位。用于增殖放流的亲体、苗种等水生生物应当是本地种，即本地原先已有生长，但因种种原因目前造成该种资源枯竭或日渐枯竭，需要通过种群数量的增加来恢复、壮大的。苗种应当是本地种的原种或者子一代，确需放流其他苗种的，应当通过省级以上渔业行政主管部门组织的专家论证。禁止使用外来种、杂交种、转基因种以及其他不符合生态要求的水生生物物种进行增殖放流。用于增殖放流的水生生物应当依法经检验检疫合格，确保健康无病害、无禁用药物残留。

［概念与知识点］

《生物多样性公约》的三个主要目标，动态非生物资源，最大持续产量，伏季休渔，循环经济，低碳经济，低碳生活，自然保护区的定义、功能和意义，生态旅游，(中国)自然保护区的类别及功能分区、发展现状，我国现行的自然保护区管理体制，自然保护地的概念，湿地保护，森林覆盖率，城市森林，动物福利，自然资源的分类，生物多样性，生态恢复，土地荒漠化，生态安全，国家生态安全，国家生态安全的内容，生态安全红线，生态补偿和生态补偿机制，水生生物增殖放流。

［思考与练习］

1. 简述自然资源的定义及其分类。
2. 如何对可更新资源进行科学管理？
3. 简述生物多样性的概念、内容。为什么要保护生物多样性？
4. 了解国际上有关保护生物多样性的公约、议定书。
5. 建立自然保护区的意义和作用是什么？
6. 当前优化整合建立自然保护地的内涵、意义和调整方案如何？
7. 为什么说使用自然保护地建设的概念更有利于对自然资源的保护和合理利用？
8. 什么叫湿地？它有什么功能？为什么要保护湿地？
9. 什么是土地、土地资源、土壤、耕地？
10. 我国的土地资源存在什么问题？有何对策？
11. 当前中国土地退化主要表现在哪些方面？简述其形成的机理。
12. 我国对土地荒漠化的定义、荒漠化的原因和对策。
13. 什么叫水土流失？有何危害？
14. 何谓沙尘天气？如何分类？
15. 森林生态系统有何功能？

16. 比较当前世界和我国的森林资源的利用和保护情况。你认为中国林业的持续发展应采取什么对策？

17. 如何确定森林的覆盖率？森林面积减少对生态环境和人类社会产生哪些危害？应如何遏制森林面积减少的趋势？

18. 什么叫红树林？红树林的生态环境功能有哪些？国家对保护红树林有哪些具体措施？

19. 什么叫"三有动物"？思考和讨论一下：哪些动物可以食用？哪些动物如果食用了就违法？

20. 为什么说地球上的水是一种既丰富又紧缺的资源？

21. 简述世界水资源状况，说明水资源保护的重大意义。

22. 我国的水资源有什么特点？比较我国南北方水资源的差异及保护对策。

23. 试分析水资源引发的危机与节约用水的实际意义和污水资源化的意义。

24. 为了解决水资源的不足，各国正在采取和试验哪些方法？

25. 试述当前世界和我国矿产资源的特点及保护措施。

26. 简要概述生态恢复的定义以及所包含的内容。

27. 生态恢复有何重要性？生态恢复与生态修复的区别如何？

28. 建设国家生态安全体系必须采取哪些措施？请结合本地情况加以阐述。

29. 什么叫"生态红线"？其包含哪些区域？包含哪些主要内容？划定生态红线的意义是什么？

30. 什么叫生态补偿机制？生态补偿的重点区域有哪些？

31. 在海域、河流或湿地实行增殖放流有何作用？应注意什么问题？

［推荐读物与网络资源］

《中国生物多样性国情研究报告》编写组.中国生物多样性国情研究报告.北京：中国环境科学出版社，1998

张建龙.湿地公约履约指南.国家林业局《湿地公约》履约办公室编译.北京：中国林业出版社，2001

中华人民共和国自然资源部.中国国土资源年鉴.北京：中国国土资源年鉴编辑部，2018

中华人民共和国生态环境部.2022 中国生态环境状况公报.北京：中国生态资源部，2022

段昌群，盛连喜.资源生态学.北京：高等教育出版社，2017

马中.环境与自然资源经济学概论(第 3 版).北京：高等教育出版社，2019

张洪江.水土保持与荒漠化防治实践教程.北京：科学出版社，2013

王智，钱者东，张慧，等.国家级自然保护区生态环境变化调查与评估：2000～2010 年.北京：科学出版社，2017

朱四喜，王凤友，杨秀琴，等.人工湿地生态系统功能研究.北京：科学出版社，2018

保罗·凯迪.湿地生态学：原理与保护(第 2 版).兰志春，黎磊，沈瑞昌，译.北京：高等教育出版社，2018

刘俊国，安德鲁·克莱尔.生态修复学导论.北京：科学出版社，2017

刘冬梅，高大文.生态修复理论与技术.哈尔滨：哈尔滨工业大学出版社，2017

高吉喜,薛达元,马克平,等.中国生物多样性国情研究.北京:中国环境出版集团,2018

理查德·皮尔森.濒临灭绝:气候变化与生物多样性.刘炎林,梁旭昶,译.重庆:重庆大学出版社,2019

大森信,Boyce Thorne-Miller.海洋生物多样性.季琰,孙忠民,李春生,译.青岛:中国海洋大学出版社,2019

吴贤静.美丽中国图景中的生态红线法律问题研究.北京:人民出版社,2019

www.forestry.gov.cn 国家林业和草原局、国家公园管理局

www.wetlands.org 湿地国际·中国

www.wwfchina.org 世界自然基金会中国网站

www.acnatsci.org(美国)自然科学院

www.iucn.org 世界自然保护联盟(IUCN)

www.gefweb.org 全球环境基金(GEF)

www.cbd.int 生物多样性公约(CBD)秘书处

www.unccd.ch 联合国秘书处防止沙漠化公约

www.cites.org 濒危野生动植物国际贸易公约(CITES)

www.unesco.org 联合国教科文组织

第六章　生物安全与外来生物入侵

第一节　生物安全

生物因素带来的安全危害一直是人类面临的巨大挑战,自农耕社会以来,瘟疫与灾荒就是一直伴随人类社会发展的梦魇。进入 21 世纪,环境变化、科学技术的发展与经济全球化的加速,不断刺激各类生物因子的自身扩张与传播所需条件的满足与实现,逐步推动生物安全潜在危机的突显与激化,使危害来源更广泛,形式更多样,引发的生物安全问题日益严重。

一、生物安全的概念

当今时代,科学技术日新月异,不断扩展生物安全概念的内涵与外延,对生物安全概念的描述也纷繁多样,但概括起来可归纳为以下两类。

狭义生物安全,是指防范现代生物技术由研究、开发到生产应用所产生的负面影响,即对生物多样性、生态环境及人体健康可能构成的危险或潜在风险。特别是对转基因生物及其产品的研究、试验、生产、加工、经营、应用和进出境等各个环节中,可能给生物多样性、生态环境及人体健康构成危险或潜在风险的安全性进行评价、防范和管理。

广义生物安全,它不只针对现代生物技术的开发和应用,涵盖了狭义生物安全的概念,并且包括了所有生物及其产品的安全性问题。大致分为三个方面:一是指人类的健康安全,二是指人类赖以生存的农业生物安全,三是指与人类生存有关的环境生物安全。因此广义生物安全涉及多个学科和领域:预防医学、卫生、环境保护、野生动植物保护、生态、农药、林业、化工等,而管理工作分属各个不同的行政管理部门。根据国际公约的概念,目前多数人还是把生物安全定义在狭义的概念里。但一些发达国家,在实际管理中已经应用了生物安全的广义内涵,并且将检疫作为其保障国家生物安全的重要组成部分。

一般来说,广义生物安全所受到的外来威胁主要来自以下几个方面:

(1)实验室生物危害。主要指进行微生物试验、动物实验或生物操作技术时缺少严格的物理控制和生物控制等防护手段对生物安全带来的危害。

(2)生物医学的生物危害。主要是人和动植物的各种致病有害生物。除了疯牛病、口蹄疫,古今中外由于有害生物危害人类健康和农业生物的安全,给人类带来的灾难是十分沉痛的。如 2003 年上半年的 SARS 病毒危害,2012 年 9 月肆虐中东地区的 MERS 病毒,以及

2019—2022 年在全世界流行的新型冠状病毒等,还有生化武器、生物恐怖等也威胁着生物安全。

(3)现代生物技术大规模应用带来的生物危害。随着现代科学技术的发展,特别是现代生物技术的发展,经生物技术或基因工程改造后的产品已经进入到我们的日常生活,如吃的转基因食品,穿的转基因棉花,用的各种各样的酶制剂、增稠剂、表面活性剂等,都无不渗透着现代生物技术的作用。现代生物技术具有巨大的应用前景,但也存在未知的风险,主要是因为生物体及其遗传物质 DNA 经过现代生物技术改造后,对人类和生态系统是否安全,仍然存在众多争议。

(4)外来生物入侵的生物危害。虽然历史上有不少外来生物曾经为人类造福过,但是也有许多外来生物导致了农作物和牲畜的死亡以及生物多样性的下降甚至丧失,严重危害环境生物安全。这种现象被称为生物入侵、生态入侵,也有人称之为"生物污染"。

生物安全的科学涵义就是要对生物技术活动本身及其产品(主要是遗传操作的基因工程技术活动及其产品)可能对人类和环境的不利影响及其不确定性和风险性进行科学评估,评价危害程度、研究控制方案、设计防范措施、制定管理法规,使之降低到可接受的程度,以保障人类的健康和环境的安全。因此,生物安全的核心是安全评估和风险控制。本节所说的生物安全是指为了防范由于现代生物技术的开发和应用可能对生物多样性、生态环境和人体健康产生的有害影响,以及所采取的安全预防和风险控制措施。

生物安全问题是随着现代生物技术特别是重组 DNA 技术或基因工程的发展而逐渐成为全球社会关注的话题。没有一种技术是绝对安全的,任何一种新技术出现以后,人们都会要求对它的安全性进行彻底的研究和检验。生物技术的操作处理对象都是微生物、活细胞之类的有机体,或是它们的重组体、变异体。现代生物技术的出现使得人类对有机体的操作能力大大加强,基因可以在动物、植物和微生物之间相互转移,甚至可以将人工设计合成的基因转入生物体内进行表达,创造出许多前所未有的新性状、新产品甚至新物种,这就有可能产生人类目前的科技水平所不能预见的后果。现代生物技术在造福人类的同时,也可能对生物多样性、生态环境和人体健康产生潜在的不利影响,危害人类健康、破坏生态平衡、污染自然环境。特别是重组 DNA 技术或基因工程的安全性受到社会各方面的普遍重视。

现代生物技术简介

现代生物技术是指以现代生命科学为基础,把生物体系与工程技术有机结合在一起,按照预先的设计,定向地在不同水平上改造生物遗传性状或加工生物原料,产生对人类有用的新产品的综合性科学技术。

现代生物技术是以 20 世纪 70 年代 DNA 重组技术的建立为标志的。1973 年,美国加利福尼亚大学旧金山分校的 Herber Boyer 和斯坦福大学的 Stanley Cohen 共同完成了一项著名的实验——他们在试管中将大肠杆菌里的两种不同质粒(抗四环素和抗链霉素)重组到一起,然后将此质粒引进到大肠杆菌中去,结果发现它在那里复制并表现出双亲质粒的遗传信息。这是人类历史上第一次有目的的基因重组的尝试,并获得了成功。

现代生物技术按其研究对象不同,可以分为基因工程、细胞工程、蛋白质工程、抗体工程、组织工程等。20 世纪 80 年代以后,现代生物技术的发展日新月异,一跃成为 21 世纪新技术的发展方向,并成为具有广阔前景的新兴学科与产业。

二、我国生物安全的状况

我国自 20 世纪 70 年代起就开始了对现代生物技术的研究,目前,我国的现代生物技术有了较快发展,转基因抗虫、抗病毒和品质改良的农作物、林木已有几十种;对转基因棉花、大豆、马铃薯、烟草、玉米等进行了田间试验,其中抗虫棉、抗病毒番茄等 4 个农作物品种已开始商品化生产。我国转基因农作物田间试验和商品化生产的面积仅次于美国、阿根廷和加拿大,居世界第 4 位。一些国外的生物技术研究和开发公司都以独资或合资形式在我国开展转基因研究和试验,我国的转基因研究也逐步开展。所有这些都将对我国的生物多样性、生态环境和人体健康构成一定的潜在风险和威胁。我国生物安全管理面临的形势比较严峻,主要有如下问题:

一是生物安全意识薄弱。有些人只看到转基因产品开发带来的可观的经济利益,而忽视了转基因生物可能带来的风险与危害。

二是法规体系不健全、管理机制不尽合理。我国尚没有一部国家级的综合性生物安全法规,生物安全的法规体系、风险评估和管理技术体系尚不完善,生物安全管理机构之间缺乏有效的协调与沟通等。

三是基础研究还较薄弱。近年来,我国在现代生物技术的研究和开发方面虽然取得了很大成果,但是生物安全的基础研究并没有得到足够的重视,特别是在环境风险的起因和性质、风险评估和风险管理的技术准则、转基因食品的安全性等基本问题上,亟须进行探索和研究。为了避免重蹈欧美等国因为生物安全问题而阻碍现代生物技术发展的覆辙,我国亟须把生物安全问题列入重点科研和投资项目计划。

四是跟踪监测和监督报告制度还没有健全。我国生物技术研究、开发项目缺乏对环境和生物多样性的影响研究、跟踪监测,也没有建立有效及时的监督和报告制度。

实际上,1993 年 12 月 24 日,中华人民共和国国家科学技术委员会第 17 号令,就宣告我国第一部生物技术管理法规——《基因工程安全管理办法》正式颁布实施。它在制定的过程中借鉴了世界上生物技术发达国家的经验,对各主要组织和国家颁布的有关法规进行了系统的研究,紧紧抓住了"安全研究、安全生产、安全使用"的生物安全三原则,从一开始就顺应国际发展的潮流和趋势,为形成生物技术国际性协调管理创造了有利条件。2020 年 10 月 17 日,十三届全国人大常委会第二十二次会议表决通过了《生物安全法》,并于 2021 年 4 月 15 日起正式实施。《生物安全法》明确了生物安全的重要地位和原则,规定生物安全是国家安全的重要组成部分;维护生物安全应当贯彻总体国家安全观,统筹发展和安全,坚持以人为本、风险预防、分类管理、协同配合的原则,加强国家生物安全风险防控和治理体系建设,提高国家生物安全治理能力,切实筑牢国家生物安全屏障。

为预先防范和控制转基因生物可能产生的各种风险,保护全球的生物多样性和人类健康,联合国环境规划署和《生物多样性公约》秘书处从 1994 年开始组织制定"生物安全议定书",共组织了 10 轮工作组会议和政府间谈判。我国政府十分重视"议定书"的谈判。国家环保总局牵头编制的《中国国家生物安全框架》提出了我国生物安全管理体制、法规建设和能力建设方案。《〈生物多样性公约〉卡塔赫纳生物安全议定书》于 2000 年在加拿大蒙特利尔达成协议。

三、加强我国生物安全的措施

（1）制定国家现代生物技术产业发展和生物安全政策。科学技术的发展是不可逆转的，但与现代生物技术应用相关的安全问题是可以通过科学研究及生物安全管理得到解决的。因此综合科技、贸易等多方面的优势，果断提出适合国情的国家现代生物技术产业发展和生物安全政策，有助于我国现代生物技术的发展，在国际竞争中占据主动地位。

（2）进一步加强生物安全技术研究。生物安全性评价和管理是一项科学性和政策性都很强的国家行为，要设立生物安全研究专项，系统支持生物安全评价、检测、监测和控制措施的研究，以适应加入 WTO 后国内外生物安全监控和现代生物技术产业发展的需要。

（3）进一步完善和协调生物安全监控体系。国家行政主管部门要尽快健全和完善转基因生物，特别是转基因植物的安全监控体系，通过依法行政加强对已批准项目的跟踪、监控。但健全、完善法规体系和管理制度应首先得到解决。

（4）加强对现代生物技术和生物安全知识的科学普及和交流工作，增强公众的生物安全意识。生物安全是近年来才出现的新问题，应该对研究人员、普通公众、政府部门的管理者和决策者等进行生物安全的教育与培训，将科学的生物安全知识完整地告诉公众，树立公众的生物安全风险意识和遵守生物安全法规意识。加强生物安全的国际合作与交流也是提高我国生物安全管理能力的重要措施。

生物安全实验室（biosafety laboratory），也称生物安全防护实验室（biosafety containment for laboratories），是通过防护屏障和管理措施，能够避免或控制被操作的有害生物因子危害，达到生物安全要求的生物实验室和动物实验室。生物实验室是进行与生物相关实验的场所。随着对质量控制的要求越来越严格，应用的领域也越来越宽广。一般学校里都会有生物实验室，医院的验血实验室也是生物安全实验室。生物安全实验室应由主实验室、其他实验室和辅助用房组成。依据实验室所处理对象的生物危险程度，把生物安全实验室分为四级，其中一级对生物安全隔离的要求最低，四级最高。

为应对 2019 年在全球发现的新型冠状病毒以及抗疫过程发现的一些问题，加强规范管理和服务，高效有序推进全国应急科技攻关，科技部于 2020 年 2 月及时出台了《关于加强新冠病毒高等级病毒微生物实验室生物安全管理的指导意见》，要求生物实验室发挥平台作用，服务科技攻关需求。同时，各主管部门也强调要加强对生物实验室，特别是对病毒的管理，确保生物安全。

第二节　转基因及转基因食品的安全性问题

生物安全是《〈生物多样性公约〉卡塔赫纳生物安全议定书》最重要的议题之一。该议定书适用范围包括由现代生物技术产生的、拟作田间和商品生产的转基因活生物体的越境转移。生物安全的焦点问题之一是向环境中释放遗传工程体（GMOs）和有关人类基因操作的管理。

当今，世界上出现了越来越多的转基因产品。转基因产品是指转基因生物以及利用转基因生物为原料加工生产的产品。目前,转基因产品主要有转基因生物、转基因食品、转基因药物和转基因器官等,其中转基因生物是通过现代生物重组 DNA 技术导入外源基因的生物。

一、转基因技术与杂交技术的区别

转基因技术是针对完全不相关的两种或多种生物,通过基因植入的方式产生新的作物品种。例如把某些细菌的杀虫基因植入大豆、棉花、玉米等植物内部,就可能产生天然抗虫的农作物品种。这些被转基因的生物,天然状况下根本不可能产生杂交后代,如在天然状况下细菌和农作物根本不可能杂交产生后代。

杂交技术是自然界广泛存在的一种农作物育种方法,世界上现存的一切农作物(转基因除外)都是人类用杂交方式选育出来的。杂交水稻也是使用这种方法,区别仅仅在于,杂交水稻使用的母本是水稻天然雄性不育系。近年来,由袁隆平院士领衔的青岛海水稻研发,通过基因测序技术,先筛选出有天然抗盐、抗碱、抗病基因的品种,然后通过常规育种、杂交与分子标记辅育种技术培育耐盐的水稻新品种。杂交分为近源杂交和远源杂交。近源杂交一般是种内杂交,如同黑人和白人结婚生下混血儿一样,杂交的后代是有繁殖能力的;远缘杂交是种间杂交,但是也必须是遗传密码近似的种类才行,比如驴和马杂交生出骡子,因为父本母本遗传密码差距较大,产生的后代是没有繁殖能力的。

正因为转基因方式不是自然规律的特性,所以从它一出现起,就在全世界引起广泛的争议。世界各国对此也采取了各自不同的立场。支持的人认为转基因农作物改善了作物品质,提高了产量,减少了农药使用,是农业生产的巨大进步;反对的人则认为,转基因农作物是否会对人类和环境安全产生危害,目前尚缺乏严格的论证,存在较大风险。

二、转基因食品的安全性问题

(一)转基因食品的概念

利用分子生物学手段,将某些生物的基因转移到其他生物物种上,使其出现原物种没有的性状或产物,这种生物称作转基因生物。转基因食品(genetically modified food)是指以转基因生物为原料加工生产的食品,即利用转基因技术获得的含有外源基因的动植物和微生物及其衍生物生产的产品。通过转基因食品可以缩短优良物种的产生和培育时间(传统的杂交培育成功要经过 8~10 年)。

(二)转基因食品的类型

可分为增产型、控熟型、高营养型、保健型、新品种型和加工型。

(三)转基因食品的安全性问题

我国和世界其他国家一样,转基因食品发展迅速。我们在感受新技术所带来的优越性的同时,也同时关注转基因食品的安全性问题。转基因作物作为一个新物种释放到自然环境,也可能会带来潜在的危害,那就是新物种对原有物种的干扰、破坏,甚至导致其死亡。有人担心,转基因食品可能有害于人类,对生态环境造成新的污染——遗传基因污染。基因食品的安全性在一些发达国家成了社会问题,特别是疯牛病、二噁英污染事件发生后,公众更是心有余悸。到目前为止,我国尚未见转基因食品给食用者带来损害的直接报道,但从国内外对转基因生物的研究来看,转基因食品具有的潜在危险主要是转基因动植物可能对人类安全和生物多样性的潜在影响。目前广泛研究和讨论的包括以下几方面:可能损坏人类的免疫系统(标记基因);可能产生过敏综合征;可能对人类有毒性;对环境和生态系统有害,如抗虫转基因玉米在提高害虫死亡率的同时也影响着益虫的成熟期;产品对人类有重要作用的成分缺失了,如耐除草剂的转基因大豆中防癌的成分减少了;对人类和人体存在未知的危害。对此,我们应给予足够的重视。

关于转基因食品的安全性,欧美国家存在较大的分歧。欧洲一些国家认为,只要不能否定其危害性就应该限制;而美国一些部门则主张,只要在科学上无法证明它有危害性就不应该限制。近几年来,美国和欧盟、欧盟内部爆发了多起由转基因食品引起的贸易纠纷。

目前全世界共有 13 个国家(美国、阿根廷、加拿大、中国、南非、澳大利亚、罗马尼亚、墨西哥、保加利亚、西班牙、德国、法国和乌拉圭)允许播种转基因作物和进入田间试验。但转移基因的技术发展也很快,基因的转移已具备很强的专一性,可以准确地将某个基因片断衔接到预定的点上。因此,随着科学的发展,转基因食品的安全性将更有保障。

综合国际上关注的问题,转基因食品对人体健康可能的影响主要有以下四个方面:

(1)食品营养品质改变:外源基因可能对食品的营养价值产生无法预期的改变,其中有些营养增加而另一些营养却可能降低。如果人类(进化过程中)已长期适应的某些营养缺失或营养结构改变,将影响人类生物学发展的稳定进程。此外,食用植物和动物中营养成分的改变对营养基因的相互作用、营养的生物利用率、营养的潜能以及营养代谢等方面都有一定的影响。

(2)抗生素抗性:转基因食品抗生素的抗性改变。

(3)潜在毒性:遗传修饰在打开一种目的基因的同时,也可能会无意中提高天然植物的毒素,如马铃薯的茄碱、木薯和利马豆的氰化物以及豆科的蛋白酶抑制剂等。

(4)转基因食品中潜在的过敏源:转基因技术可以将供体的过敏形状转移到受体植物中去。常见的过敏性食物有鱼类、花生、大豆、奶、蛋、甲壳动物、小麦和核果类。

(四)转基因食品的安全性评价

国际上对转基因食品的安全性评价主要应用 1993 年经济合作与发展组织(OECD)提出的"实质等同性原则"(substantial equivalence),即生物技术产生的食品及食品成分是否与目前市场上销售的食品具有实质等同性。根据产品的不同情况大致可以分为以下三类:①新产品与传统产品具有实质等同性,对这类产品可不必作进一步的安全性评价;②新产品与传统产品除某一个插入的特定性状外,具有实质等同性,这类产品的安全性评价应集中针对插入基因的表达产物;③新产品与传统产品之间没有实质等同性,这类产品要求作详细的安全性评价。根据此原则,如果转基因植物生产的产品与传统食品具有实质等同性,则可以认为是安全的;反之则应进行严格的安全性评价。

实质等同性分析是对新食品与传统市售食品作相对的安全性比较,是一种动态过程。这种分析是灵活的,并随时间和方法的改进而变化。重组 DNA 技术产生的 GMOs,其实质等同性分析可在食品(作为食物整体考虑其营养性,或食品成分的水平)上进行,这种分析应尽可能以物种作为单位来比较,以便于灵活地应用于同一物种产生的各类食物。生物技术新产品与传统市售产品的实质等同性比较主要包括表型性状、分子特性、关键营养成分、抗营养因子、有无毒性物质及有无过敏性源等,分析时应考虑作为参照物即该物种及其传统产品的自然变异范围。在进行实质等同性评价时主要考虑以下几个方面:毒物动力学、遗传毒性、潜在致敏性、基因传递与稳定性、微生物定植、微生物致病性、啮齿类 90 d 喂养试验以及验证对人类的安全性。

关于评价生物技术产品是否有过敏性问题,需要参照食物过敏原的一些共同特征,考虑包括①基因来源:特别是供体生物是否含已知的过敏源;②分子量:大多数已知过敏源的相对分子量为 10 000~40 000;③序列同源性:许多过敏源序列已知,应比较免疫作用明显的序列相似性;④热和加工稳定性:熟食品和加工过的食品问题较小;⑤pH 值和胃液作用:大多数过敏源抗酸和蛋白水解酶的消化;⑥食物部分:在植物非食用部分中表达的新蛋白不是食物过敏源。如果基因来自已知的食物过敏源,则 GMOs 首先应该用敏感个人的血清作体外试验,以确定过敏源是否通过基因工程转入了受体,若为阴性则再用皮肤试验验证。具有过敏源的食物由监控机构考虑是否批准,但市场销售时必须加明显标签。

三、正确看待转基因食品的安全性

(一)必须用长远眼光来审视

许多人类学家认为,人类进化史中,食肉直接导致了智力的改善,从而为进化成为现代人铺平了道路。民以食为天,在人类进化史中,饮食结构对人类的生存和发展无疑起了至关重要的作用。人类漫长的进化过程是伴随非转基因食品而发展的。转基因食品只出现在人类现代生物技术发展的当今。转基因食品的出现,对历经漫长年代、已适应非转基因食品的人类的影响可以说是"突如其来"的。究竟这些转基因食品含有什么有害物质,或者缺失人类正常生活必需的哪些物质,就现代的科学水平并不能一一分析出来,就如十多年前无法分析检测出一些痕量元素一样。如果我们以当今的科学水平来检测、分析转基因食品,仅能得出局限于"当今水平"的结论。人类在毫无防备的情况下大量食用转基因食品,如果真有危害,那并非三五年、数十年可以表现出危害的,它可能要潜移默化数代人才显现出危害的后果,甚至使人类的进化过程进入转基因食品食物引导的新的、不可逆转的生物进化年代。换言之,受限于当今的科学水平,科学家不能完全预知对生物进行转基因改造会在未来漫长的年代导致何种突变,对环境和人类造成何种累积性的伤害。

基于这种认识,某些转基因食品可能不仅是影响一、两代人的健康,而是影响整个人类的生存和素质,不仅涉及农业安全和环境安全,而且涉及生物安全和种族安全。如果因为人类的轻率造成无可挽回的渐进式的生态灾难,那就是对全体人类的不负责任。转基因工程作为一种新兴技术,我们开展研究、试验,以充分认识其内在规律,趋利避害,使其为人类服务是必要的。但是真理跨过一步就是谬误,正如核技术,处置得当,它可以造福人类,一旦失控,它也可以毁灭人类。

(二)正确的做法

不管怎样,由于转基因打破千万年来形成的物种纵向遗传,强行实行基因跨物种横向转移,这里面既可能蕴含新的机遇,也很可能潜藏着巨大的安全风险、生态风险、社会风险乃至道德风险。转基因技术是一个新生事物,它可以造福人类也可以危害人类,它的出现究竟是人类的福音还是祸患,至今仍然是没有定论的事情。因此,世界上任何国家,都不能采用行政手段强行推广转基因产品,也不能毫无根据地阻止任何转基因产品的试验。正确的做法是:①政府应立法加强对转基因的实验、应用,严格加强转基因农产品生产、试验的监督和管理,反对盲目引进、扩散转基因技术;②特别慎重地批准转基因植物的商业化;③对主粮作物,除了试验研究外,暂不推广转基因技术;④对市场上销售的转基因食品明确标注,尤其在食品制造的商标上给予注明,让消费者有知情权和选择权。

第三节　外来生物入侵

一、外来生物入侵的概念

(一)外来生物入侵种和外来生物入侵的概念

对于特定的生态系统来说,任何非本地的物种都叫做外来物种。外来入侵物种是指从一个国家(或地区)进入另一个国家(或地区),或从一个自然生态系统进入另一个自然生态系统,在自然、半自然生态系统或生境中建立种群,并影响、威胁及破坏到本地生态系统的生物多样性的外来物种。外来物种引进是指外来物种通过人类活动转移到其过去或现在的自然分布范围及潜在扩散范围以外地区的过程。首先要分清"外来物种"和"外来入侵物种"两个普通的概念。外来入侵物种(invasive alien species)是指在当地的自然或半自然生态系统中形成了自我再生能力、可能或已经对生态环境、生产或生活造成明显损害或不利影响的外来物种。生态入侵(ecological invasion)是指将外源生物引入本地区,种群迅速蔓延失控,造成其他土著种类濒临灭绝,并伴生其他严重危害的现象。并非所有的外来物种都是入侵物种。

由于人类有意识或无意识地把某些外来生物带入适宜其生存和繁衍的新的地区,其种群数量不断增加,分布区也逐步而稳定地扩大,并对当地生态系统的健康或人体健康造成不良影响,这种现象叫外来生物入侵(又称生态入侵)。

在自然界,由于地理、地貌和气候等因素的影响,每一个物种都被限制在一定的区域内生存发展,这些物种即本地物种。为了丰富生存环境、提高生活质量,各国人民需要不断引进一些外来物种。但引入外来生物是把双刃剑,正确的引种会增加引种地区的生物多样性,也会极大丰富当地人民的物质生活。以中国为例,早在公元前126年,张骞出使西域返回后,苜蓿、葡萄、蚕豆、胡萝卜、豌豆、石榴、核桃等物种便开始沿着丝绸之路被引入到中原地区,而像玉米、花生、马铃薯、杧果等也是历经几百年被陆续引入中国的重要物种。相反,不适当的引种则会使得缺乏自然天敌的外来物种迅速繁殖,并抢夺其他生物的生存空间,进而导致本地生态系统的失衡及本地物种的减少和灭绝,严重危及一国的生态安全。由此可见,外来生物入侵的最根本原因是人类活动把这些物种带到了它们不应该出现的地方。

俗话说,请神容易送神难,对于已经鸠占鹊巢的外来入侵物种,目前各国都没有特别好的办法。天敌疗法、化学疗法都可能对当地生态产生副作用,同时效果容易反弹。比如,天敌疗法就是引进当前入侵生物的天敌,使用天敌进行数量的控制,但该种方法的主要问题来自引进的生物可能成为新的入侵生物,对当地的生态环境进一步地破坏。生态替代法也是行之有效的。如科学工作者在珠海市淇澳岛上和福建漳浦县的实验,将外来速生的红树植物无瓣海桑在人工控制下种植到入侵的互花米草中,由无瓣海桑形成的茂密植被对互花米草进行"遮阴",使被覆盖的互花米草得不到正常光合作用所需要的阳光而逐渐死亡,实现了生态替代的过程。

目前,专家更推崇的是将有害外来入侵物种加以合理利用。当这些物种被转化为一种资源,那么就不用担心其数之巨了。但成本造价高,研发时间久。

近年来,世界许多国家与国际组织都加强了对外来物种入侵问题的关注。国际自然资源保护联盟、国际海事组织等已制定了关于如何引进外来物种,以及如何预防、消除、控制外来物种入侵等方面的指导性文件,美国、澳大利亚、新西兰等国家也先后建立了防治外来物种入侵的各种技术准则,并进行了相应的立法。美国通过了很多控制外来生物入侵的法案,1999年还成立了入侵生物研究委员会。外来种的广泛传播已成为严重的环境问题。入侵物种"鸠占鹊巢""反客为主",甚至使原先的生态系统"面目皆非"。越来越多的学者认为,外来种入侵是全球变化的一个特征。对外来种的研究成了生态学的热点,是全球变化和生物多样性研究的重要内容之一。

(二)我国外来生物入侵的现状

2003年原国家环保总局与中国科学院联合发布了我国第一批外来入侵物种名单,包括紫茎泽兰、薇甘菊、空心莲子草、豚草、毒麦、互花米草、飞机草、凤尾莲、假高粱、蔗扁蛾、湿地松粉蚧、强大小蠹、美国白蛾、非洲大蜗、福寿螺和牛蛙,这16种外来入侵物种被列入中国第一批外来入侵物种名单。该名单的发布不仅在社会上产生了积极的影响,同时也对相关部门和地方及科研单位开展外来入侵物种防治工作起到了重要的指导作用。为进一步加强生物物种资源和自然生态系统保护,努力开展外来入侵物种的防治工作,2010年环境保护部和中国科学院联合发布了《中国第二批外来入侵物种名单》,包括10种外来入侵植物:马缨丹、三裂叶豚草、大藻、加拿大一枝黄花、蒺藜草、银胶菊、黄顶菊、土荆芥、刺苋、落葵薯;7种外来入侵动物:桉树枝瘿姬小蜂、稻水象甲、红火蚁、克氏原螯虾、苹果蠹蛾、三叶草斑潜蝇、松材线虫。2017年环境保护部与中国科学院经认真调查、分析和研究,提出《中国外来入侵物种名单(第三批)》,包括10种外来入侵植物:反枝苋、钻形紫菀、三叶鬼针草、小蓬草、苏门白酒草、一年蓬、假臭草、刺苍耳、圆叶牵牛、长刺蒺藜草;8种外来入侵动物:巴西龟、豹纹脂身鲇、红腹锯鲑脂鲤、尼罗罗非鱼、红棕象甲、悬铃木方翅网蝽、扶桑绵粉蚧、刺桐姬小蜂。

二、外来生物入侵的机理和入侵的途径

(一)外来生物入侵的机理

目前对于外来生物入侵发生的原因众说纷纭,大致可以归纳为以下几个假说:

1. 生态位空缺假说

该假说认为,在一个稳定的生态系统中,每一个岗位都已经有了一个物种,类似于俗话说的"一个萝卜一个坑",这样外来的物种就没有适合它的位置,因此入侵也就不会发生。一旦某个地方少了一个"萝卜",而恰好外来的萝卜也适合这个坑,那么入侵也就发生了。

2. 生物因子失控假说

该假说认为,外来物种在新区域得以生存和繁殖,不是因为入侵物种本身具有的特性所致,而是由于它们偶然到达了不具备天敌或其他生物限制的新环境,因而快速扩散造成灾害。

3. 干扰假说

该假说认为,人为或者被人类驯化和迁移的动植物可以对环境造成突然的、剧烈的干扰,进而促进入侵的发生。火灾、水灾、农业活动、家畜的饮食、湿地的排水,或河流、湖泊中盐分和营养水平的改变均可能引起这种后果。

(二)外来生物入侵的途径

1. 人为有意引入

世界各国出于经济发展的需要,往往会有意识地引进优良的动植物品种。如 20 世纪初新西兰从中国引进猕猴桃,美国从中国引进大豆等。但由于缺乏全面综合的风险评估制度,世界各国在引进优良品种的同时,也引进了大量的有害生物。外来杂草如水花生、紫茎泽兰、豚草是作为牧草、饲料、蔬菜、观赏植物、药用植物、绿化植物等有意引进的。这些外来有害生物入侵是因人类尚未意识到其风险,只看到其可利用一面的好处而"有意识"引进的。这些外来入侵物种由于被人为改变了生存环境和食物链,在缺乏天敌制约的情况下,泛滥成灾。

2. 人为无意引入

也有一些是随人类活动而"无意识"传入的。这种引进方式虽然是人为引进,但在主观上并没有引进的意图,而是随人及其产品、动植物,通过飞机、轮船、火车、汽车等交通工具,作为偷渡者或"搭便车"被引入到新的环境。尤其是近年来,随着全球经济一体化的进程不断加速,国际贸易愈来愈频繁,国际旅游业快速升温,许多外来物种随着飞机、远洋轮船等途径跨洲传播。例如,亚洲虎蚊乘着轮船等交通工具,把基孔肯雅病毒从东南亚地区传播到世界各地。传入我国的主要外来害虫有 32 种,如美国白蛾、松突圆蚧等;主要外来病原菌有 23 种,如甘薯黑斑病病原菌、棉花枯萎病病原菌等。近来有研究表明,人类抛弃到海洋中的塑料垃圾成为海洋中某些外来入侵物种的"交通工具",随着塑料垃圾漂浮到世界各地。

3. 自然入侵

这种入侵不是人为原因引起的,而是通过风媒、水体流动或由昆虫、鸟类的传带,使得植物的种子或动物幼虫、卵或微生物发生自然迁移而造成生物危害所引起的外来物种入侵。

三、外来生物入侵的影响

(一)对生态的影响

为什么外来生物在原产地不造成危害,进入新的地区后却可能造成不良影响?图 6-1 表明,某种生物在甲生态系统中由于受到生境、天敌、物种之间竞争和人为干扰等条件的限制,实际上与外界环境已构成协调的生态系统,因此该物种在甲生态系统表现得很"温和";当人们有意识地把这个种引入(或无意地带入)到乙生态系统这一新的环境中,引入或带入的仅仅是该物种,没有(也不可能)将它在原产地的生境、天敌、竞争和干扰等限制因素也一同引进或同时带入,因此该物种就可能在乙生态系统更适宜的环境中"为所欲为",暴发性发展,反客为主,对乙生态系统造成不良影响。这就是说,在自然界长期的进化过程中,生物与生物之间相互制约、相互协调,将各自的种群限制在一定的栖境和数量,形成了稳定的生态平衡系统。当一种生物传入一新的栖境后,如果脱离了人为控制逸为野生,在适宜的气候、土壤、水分及传播条件下,极易大肆扩散蔓延,形成大面积单优群落,破坏本地动植物相,危及本地濒危动植物的生存,造成生物多样性的丧失。

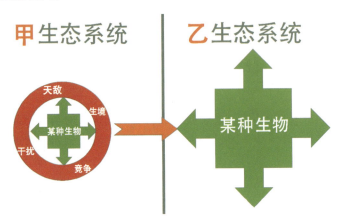

图 6-1 外来生物入侵(生态入侵)过程示意图

外来入侵种带来的生态学影响如下:

(1)竞争、占据本地物种生态位,"反客为主",使本地物种失去生存空间。

(2)与本地物种竞争食物或直接杀死本地物种,影响本地物种生存。

(3)分泌释放化学物质,抑制其他物种生长。某些外来生物如豚草可释放酚酸类、聚乙炔、倍半萜内酯及甾醇等化感物质,对禾本科、菊科等一年生草本植物有明显的抑制、排斥作用。薇甘菊也可分泌化感物质影响其他植物生长。

(4)通过形成大面积单优群落,降低物种多样性,使依赖于本地物种多样性生存的其他物种没有适宜的栖息环境。水葫芦在河道、湖泊、池塘中的覆盖率往往可达 100%,由于降低了水中的溶解氧,致使水生动物死亡。豚草优势度为 0.85~1.0,群落多样性为 0~0.62。由于薇甘菊排挤本地植物,广东内伶仃岛上的猕猴缺少适宜的食料,目前只能借助于人工饲喂。飞机草在西双版纳自然保护区的蔓延已使穿叶蓼等本地植物处于灭绝的边缘,依赖于穿叶蓼生存的植食性昆虫同样处于灭绝的边缘。厦门鼓浪屿的猫爪藤攀爬绿化树木,在树冠上形成大片单优群落,影响树木的光合作用,导致树木死亡。

(5)破坏景观的自然性和完整性。明朝末期引入的美洲产仙人掌属 4 个种分别在华南沿海地区和西南干热河谷地段形成优势群落。在那里原有的天然植被景观已很难见到。有的入侵种,特别是藤本植物,如猫爪藤、五爪金龙,可以完全破坏发育良好、层次丰富的森林景观。

(6)影响遗传多样性。随着生境片段化,残存的次生植被常被入侵种分割、包围和渗透,使本土生物种群进一步破碎化,造成一些植被的近亲繁殖和遗传变异。值得注意的是,与人类对环境的破坏不同,外来入侵物种对环境的破坏及对生态系统的威胁是长期的、持久的。当人类停止对某一环境的污染后,该环境会很快开始逐渐恢复;而当一种外来物种停止传入一个生态系统后,已传入的该物种个体并不会自动消失,而大多会利用其逃脱了原有的天敌控制的优势在新的环境中大肆繁殖和扩散,对其控制或清除往往十分困难。由于外来物种的排斥、竞争导致灭绝的本地特有物种是不可恢复的,因而外来物种对生物多样性的威胁应引起足够的重视。

(二)对社会和文化的影响

外来入侵物种通过改变侵入地的自然生态系统、降低物种多样性从而对当地社会、文化甚至人们的健康产生严重危害。我国是一个多民族国家,各民族特别是傣族、苗族、布依族等民族聚居地区周围都有其特殊的动植物资源和各具特色的生态系统,对当地特殊的民族文化和生活方式的形成具有重要作用。但由于飞机草、紫茎泽兰等外来入侵植物不断竞争、取代本地植物资源,生物入侵正在无声地削弱民族文化的根基。

(三)对人类健康的影响

外来种对人类健康可构成直接威胁。豚草花粉是人类变态反应症的主要致病原之一,所引起的"枯草热"对全世界很多国家的人类健康带来了极大的危害。一些外来动物如福寿螺等是人畜共患的寄生虫病的中间宿主;麝鼠可传播野兔热,极易给周围居民带来健康问题;疯牛病、口蹄疫、艾滋病的病毒更是对人类生存的巨大挑战。

(四)对经济的影响

外来入侵种可带来直接和间接的经济危害。保守估计,外来种每年给我国的经济带来数千亿元的经济损失。

1. 外来入侵动植物成为直接危害农林业经济发展的重大有害生物

外来入侵动植物对农田、园艺、草坪、森林、畜牧、水产等可带来直接经济危害。水花生对水稻、小麦、玉米、红苕和莴苣 5 种作物全生育期引致的产量损失分别达 45%、36%、19%、63%和47%。广东、云南、福建、上海等省市每年都要人工打捞水葫芦,而水葫芦带来的农业灌溉、粮食运输、水产养殖、旅游等方面的经济损失更大。美洲斑潜蝇最早于 1993 年在海南发现,到 1998 年已在全国 21 个省市区发生,面积达 130 万公顷以上。它寄生在 22 个科的 110种植物上,尤其是蔬菜瓜果类受害严重,目前在我国每年防治斑潜蝇的成本高达 4 亿元。被称为"松树癌症"的松材线虫病在短短十年间,疫区已扩至江、浙等六省,发生面积约 6.6 万公顷,对黄山、张家界等风景名胜区构成了巨大威胁。

在国际贸易活动中,外来种常常引起国与国之间的贸易摩擦,成为贸易制裁的重要借口或手段。近年来我国出口美国的木制包装品因光肩星天牛问题给我国的对外贸易带来了数以千万元计的经济损失。

2. 外来有害生物通过影响生态系统而给旅游业带来损失

如在云南昆明市,20 世纪 70—80 年代建成了大观河水上旅游线路,游人可以从昆明市内开始乘船游滇池和西山。但自 20 世纪 90 年代初,大观河和滇池中的水葫芦疯长成灾,覆盖了整个大观河以及部分滇池水面,致使这条旅游线路被迫取消,原来在大观河两侧的配套旅游设施只好报废或改作他用。

3. 外来生物通过改变生态系统所带来的一系列水土、气候等不良影响从而产生间接经济损失

与直接经济损失相比,计算间接损失往往十分困难,但并不意味着间接损失不大。

外来生物通过改变生态系统所带来的一系列水土、气候等不良影响从而产生的间接经济损失是巨大的。比如,大量的水葫芦植株死亡后与泥沙混合沉积水底,抬高河床,使很多河道、池塘、湖泊逐渐出现了沼泽化,有的因此而被废弃使用,由此对周围气候和自然景观产生不利变化,并加剧了旱灾、水灾的危害程度;而且水葫芦植株大量吸附重金属等有毒物质,死亡后沉入水底,构成对水质的二次污染,又加剧了污染程度。尽管这些损失难以准确计算,但却不容忽视。

4. 外来入侵种自身的经济价值

某些外来入侵种,特别是一些植物种类往往也具有一定的经济价值。水葫芦植株自身存在着许多可利用的地方:由于花穗硕大美丽,可用于观赏;植株根部能吸附重金属离子,可用于净化水质;植株体内含有一定的养分,可用作畜禽饲料;另外,水葫芦还可造纸、生产沼气、制肥,有人还试图研究它在食品、美容、制造一次性餐具等方面的价值。也有人研究利用互花米草造纸、做饲料等。还有人将打捞起来的水葫芦,经过处理,加入混合食料,作为饲养蚯蚓的饲料,由蚯蚓将水葫芦转化成有用的花肥等产品,实现了变废为宝,化害为利。

我国已经签署的《生物多样性公约》第8条规定:必须预防和控制外来入侵物种对生物多样性的影响。缔约方大会制定了"关于威胁生物多样性的外来物种的预防、引进和减轻影响的指导原则",要求各国将外来物种问题放在优先地位,把外来入侵物种纳入国家生物多样性政策、战略和行动计划。鼓励各缔约方加强能力建设,就外来入侵物种对生物多样性所构成的威胁进行风险评估和分析;制定经济奖惩措施以及其他政策和手段,以促进减少外来入侵物种威胁的活动。我国对外来入侵物种的预防与管理应注重于国家能力、研究能力、监测与管理能力三大体系的建设上,根据我国国情和目前的紧急现状制定出优先行动计划。识别、鉴别入侵种群的起源地与入侵途径的方法,特定外来物种的入侵生物学及生态学基础研究,特定生态系统中或地理区域入侵种群现状及影响的关键评估研究,特定外来入侵生物对生态环境影响的风险评估体系及经济损失的模式研究,发展控制外来有害生物的环保型技术与方法研究,控制外来生物入侵后的生态系统恢复与栖息生境复原技术与方法是目前紧要研究的课题。

四、外来生物入侵的防范

联合国《生物多样性公约》缔约方大会第六次会议2002年4月7—19日在荷兰海牙举行,会议通过了世界森林工作计划和抵御外来物种入侵的指导原则。在过去的几个世纪中,入侵的外来物种对生态系统和人类经济等都造成了数不清的危害。目前经济全球化正在加速这种危害,因为各地旅游业和贸易范围的扩大,为那些有害的或多余的外来物种带来"搭便车"和"找新家"的机会。因此,人们必须对其严加防范。

2003年1月13日国家环境保护总局印发《关于加强外来入侵物种防治工作的通知》,指出防治外来入侵物种必须坚持"预防为主,防治结合"的方针。各级环保部门应高度重视,主动牵头,按照预防为主的原则,联合有关部门加强对物种引进的监管工作。文件还强调,要逐步建立起引进外来物种的环境影响评价制度。对所引进的物种不仅要考虑其经济价值,而且还要考虑其可能会对生物多样性和生态环境产生的影响,进行科学的风险评估,并进行必要的相关试验。文件认为各地要加强有关部门的联合,在做好外来入侵物种情况调查的基础上,要制定外来入侵物种防治计划,有目的、有组织地开展防治工作;要定期对辖区内外来物种引进和应用情况进行检查;在"加强科学研究,提高科学管理水平"方面,要加强对外来入侵物种防治的基础和应用的科学研究,特别要重视外来入侵物种入侵和危害机制、引进外来物种环境影响评价方法、外来物种控制技术,如生态系统、生境恢复技术、生物防治、低污染化学防治、生态替代、早期预警、遥感监测等综合防治方法的研究,为外来入侵物种的防治和管理提供技术支持,使防治工作更加科学有效。引进外来物种具有风险,但也不能"因噎废食",外来物种与外来入侵物种是两个不同的概念。纵观千百年来,人类农、林业的生产活动都离不开对外来物种的引进。我们在经济生产和社会活动中,就在不停地引进外来种,开展各种引种驯化栽培活动。木麻黄(*Casuarina equisetifolia*,原产于大洋洲、太平洋岛及东南亚地区)和湿地松(*Pinus elliottii*,原产于亚非拉及大洋)等外来植物早年引进到我国湿地,发挥了重要的国土保护和沿海防护作用。焦念志等人在海洋"负排放"的滨海湿地生态服务功能与增汇方案中指出:互花米草通常被认为是外来入侵生物而被强力消杀,不仅消耗人力物力财力,而且药物残留造成一定的环境后效。对我国海岸带互花米草分布状况的调查分析表明,在裸露的河口冲积扇环境中,互花米草是难得的开荒者,不仅可改造荒滩,而且可大量吸收氮磷等营养盐,减轻河口富营养化,快速生长大量固碳。由于其根系发达,植株茂密,纤维含量高,可有效形成碳汇。随着冲积扇的外推互花米草在潮上带则逐渐让位于芦苇等其他禾本植物。因此,他们认为,互花米草的生态功能值得进一步研究,可望通过趋利避害、发挥其应有的生态作用。因此应对互花米草等外来物种进行系统的研究,全面认识其在生态系统中的作用与功能,综合评估其生态风险和碳汇效应,建立不同类型的滨海湿地固碳增汇的生态管理对策。

对于国家正式引种到我国的速生红树植物"进口品种",也应一分为二看待。我国海岸辽阔,跨越纬度大,生态条件不尽相同,因此要因地因时制宜、分区分类施策,适地适树,扬长避短,在加强生态安全管控的前提下,发挥其在生境条件"困难地"的先锋植物和快速生长的固碳储碳作用。引种过程是人类引进、改造、管理、驯化的过程,也是与自然斗争的过程。事物都有两面性,要充分发挥有利一面,引种实际上也要伴随避免和克服、改造不利一面,扬长避短的过程,并非引进一个种就一定十分适合,一劳永逸。要根据中华人民共和国国家环境保护标准(HJ 624—2011)中《外来物种环境风险评估技术导则》,评价外来物种是否有入侵性或者其利弊,通过加强管控、跟踪监控以扬长避短,在保证生态安全的前提下,积极稳妥地开展外来物种引进工作。

五、船舶压载水带来的危害

(一)压载水(ballast water,或称压舱水)的概念

为了保持船舶空载时航行的平衡和稳定,以增强抗风浪能力,在起航时要将一定量出发地港口的海水抽进舱底,在到达口岸装货之前,必须把在原先港口注入的压舱海水抽排掉。这部分海水称为船舶压载水或压舱水。

(二)压载水带来的危害

每年全球船舶携带的压载水大约有 120 亿吨,平均每立方米压载水有浮游动植物 1.1 亿个,每天全球在压载水中携带的生物就有 4 500 种,已被确认约有 500 种生物物种是由船舶压载水传播造成生物入侵的。

船舶压载水带来的危害主要有:①与土著海洋生物争夺生活空间,破坏生态环境;②与土

著物种杂交,造成遗传污染;③带入病原生物;④导致赤潮等海洋生态灾害加剧。

1903 年,东南亚海域分布的中华盒形藻被引进到北海并疯狂繁殖,使科学家首次认识到压舱水在生物入侵中的作用问题,但直到 20 世纪 70 年代,科学家才开始细致地研究这一问题。1991 年美洲暴发的霍乱,使 100 多万人受到感染,约 1 万人死亡,据研究表明这次暴发的霍乱很可能是由于外来船只将受到污染的压舱水倾倒在秘鲁海港而引起的。1990 年美国栉水母被压舱水带到黑海,导致了当地鱼类几近灭绝和当地水产养殖业的萧条。1985 年欧洲里海的斑马贝通过压舱水入侵到北美五大湖后直接造成的损失总计可达 50 亿美元。

(三)我国现状

我国拥有 18 000 km 长的海岸线,并有一百多个国际性贸易港口,大部分较大的港口都是海港,其中一些是于河流入海口处修建。每年大约有 100 个国家与地区的 36 000 艘船只进出我国海域。仅以厦门港为例,厦门港与 160 多个国家和地区建立了经贸关系,开辟有 15 条欧美等远洋航线、27 条东南亚等近洋航线,与世界 300 多个港口建立了业务联系。

这些船只周转于全球 8 622 个港口,许多船只都是达万吨级以上的大型集装箱。据厦门出入检验检疫机构统计,2004 年前 11 个月从厦门港入境的船舶压舱水总量为 $3.43 \times 10^6 \text{ m}^3$,进入国际航线的船舶申请在厦门海域排放压舱水量为 $1.16 \times 10^5 \text{ m}^3$,约占同时间段进入厦门港的压舱水总量的 1.5%。可见压载水造成生物入侵的危险有多大。

(四)应对压载水可能造成生物入侵危险的措施

(1)加大宣传,尽早向省内相关单位和企业宣传介绍有关压载水的国际公约,制定船舶压载水管理计划,以便为公约的实施做好相应的准备工作。

(2)在外籍船舶的管理和近海水域的实时监控上加大力度,对照国际公约的标准,与大连示范点接轨,尽快制定和完善相关法规,依法治理压载水的污染,并把压载水的监管和治理问题提到日程上来。

(3)对沿海海域的生态环境尽快进行全面监测研究,了解船舶压载水中带来的外来水生物和病原体对沿海生态系统的具体影响,以便及早采取相应对策;定时、定点监控水域的水质变化和生物群落变化,来自疫区的压载水、洗舱水须经过检验检疫部门的处理。

(4)尽快制定船舶压载水携带有害水生物和病原体的突发性应急预案,重点做好防治工作。

(5)加强对船舶压载水处理方面的科学研究,找出耗能少、费用低的有效处理方法。

目前采用的处理方法有:

(1)一般清除法:①深海更换;②清洁压载法;③岸上处理。

(2)物理-化学清除法:①紫外线辐射;②加热处理;③超声波法;④高级氧化。

(3)生物清除法。

[思考与练习]

1. 何谓生物安全? 目前我国生物安全存在哪些主要问题?

2. 为加强生物安全,当前我们必须采取什么措施?

3. 试用图解(如图 6-1)的方法解释生态入侵的过程。

4. 正确对待现代生物技术发展和生物安全监管、生物安全实验室建设的原则是什么?

5. 何为转基因技术? 何为转基因食品?

6. 你对转基因食品的安全性如何认识? 如何应对转基因食品可能的危害?

7. 什么是外来生物入侵(生态入侵)? 外来生物入侵有何危害? 如何防范外来入侵生物的危害?

8. 如何区别外来生物与外来入侵生物的概念? 为什么对外来物种也不能一概而论?

9. 为什么把外来生物入侵与全球变化问题联系起来?

10. 什么是压载水(或压舱水)? 请从生物入侵的概念,举例说明压载水如何成为海洋生物入侵的重要载体,以及防治的对策。

11. 为什么要抵制外来物种的入侵? 如何开展积极的引种工作?

12. 掌握我国历次发布的《重点管理外来入侵物种名录》。学习辨认在您当地有生长的这些外来入侵物种。

［推荐读物与网络资源］

焦念志,纪化,石拓,等.实施海洋负排放践行碳中和战略.中国科学:地球科学,2021,51:632-643

布乃顺,杨骁,黎光辉,等.互花米草入侵对长江口湿地土壤碳动态的影响.中国环境科学,2018(38):2671-2679

左平,刘长安,赵书河,等.米草属植物在中国海岸带的分布现状.海洋学报,2009,31:101-111

Yuan J, Ding W, Liu D, et al. Exotic *Spartina alterniflora* invasion alters ecosystem-atmosphere exchange of CH_4 and N_2O and carbon sequestration in a coastal salt marsh in China. Global Change Biology,2015,21: 1567-1580

周选维.生物技术概论.北京:高等教育出版社,2019

王家德,成卓韦.现代环境生物工程.北京:化学工业出版社,2014

欧维维,田佩雯.转基因风险争议探析.武汉:长江出版社,2017

中国科学院武汉文献情报中心,生物安全战略情报研究中心.生物安全发展报告:科技保障安全.北京:科学出版社,2015

谭万忠,彭于发.生物安全学导论.北京:科学出版社,2015

黄冠胜.中国外来生物入侵检验防范.北京:中国质检出版社,2014

彭少麟,向言词.植物外来种入侵及其对生态系统的影响.生态学报,1999,19(4):560-568

中华人民共和国国家环境保护标准(HJ-624).外来物种环境风险评估技术导则.2011

林鹏.植物群落学.上海:上海科学技术出版社,1986

鄢建.中国外来入侵物种图鉴.北京:中国农业科学技术出版社,2018

李宏,许惠.外来物种入侵科学导论.北京:科学出版社,2016

Glenn W. Suter II.生态风险评价.北京:高等教育出版社,2011

www.issg.org IUCN 外来入侵种专家组

www.biotech.org.cn　中国生物技术信息网

www.absa.org　美国生物安全协会

www.biosafety.gov.cn　中国国家生物安全信息交换所

www.a-pba.org　亚太生物安全协会

第七章　能源与环境

在 2023 年 7 月 17—18 日召开的全国生态环境保护大会上,对于能源和环境,习近平主席强调要积极稳妥推进碳达峰碳中和,坚持全国统筹、节约优先、双轮驱动、内外畅通、防范风险的原则,落实好碳达峰碳中和"1+N"政策体系,构建清洁低碳安全高效的能源体系,加快构建新型电力系统,提升国家油气安全保障能力。

能源,亦称能量资源或能源资源,是指可产生能量(如热量、电能、光能和机械能)或可做功的物质的统称,也指能够直接取得或者通过加工、转换而取得有用能的各种资源。能源是现代工业社会必要的基础条件,能源的开发和有效利用程度以及人均能源消费量是衡量现代化国家生产技术和生活水平的重要标志。但也必须意识到,人类大量消耗能源,一方面引起了化石能源供应不足的问题,另一方面也付出了巨大的环境代价。在当今世界,能源的发展、能源和环境已经成为全世界共同关心的问题。当前我国正处于"中国式现代化"建设的关键时期,必须坚持可持续发展的理念,必须深入推进能源革命,着力推动能源高质量发展,建设清洁低碳、安全高效和节约能源的现代能源体系,推动生态文明建设迈上新台阶。

第一节　能源的消耗与供应问题

一、能源的分类

能源种类繁多,而且经过人类不断地研究与开发,更多新型能源已经开始为人类所利用。根据不同的划分形式,能源一般可分以下几类:

$$
能源
\begin{cases}
一次能源
\begin{cases}
常规能源
\begin{cases}
可再生能源:水力\\
不可再生能源:煤、石油、天然气、核裂变燃料
\end{cases}\\
新能源:太阳能、生物能、风能、潮汐能、地热能、核聚变能
\end{cases}\\
二次能源:火电、焦炭、煤气、氢能、沼气、石油制品、蒸汽、水电
\end{cases}
$$

二、现代能源消耗的特点

(1)各种不同的能源由于发挥的能量价值不同,为了便于计算,都以标准煤为单位来参照换

算。1 t 标准煤的燃烧值相当于 29.306×10^6 kJ 的热量,即其换算当量 $E_{标煤} = 29.306 \times 10^6$ kJ/t 标煤。

按人口平均,我国能耗量很低,1977 年统计只有 0.6 t 标煤/人(1981 年 0.63 t 标煤/人,1996 年 1.14 t 标煤/人)。英国 12.6 t 标煤/人,联邦德国 6.3 t 标煤/人,日本 4.7 t 标煤/人,相当于我国的 4~11 倍。发达国家人口少,能源消耗量却很大,如美国只占世界 5% 的人口,能源消耗却占世界的 25%。

(2)自 20 世纪 50 年代以来,随着工农业的迅速发展和交通工具数量的增加,世界能源消耗速度急剧增加。近一百年世界能源消耗增长了 20 倍。

(3)能源的结构随着生产力的不断发展而发生明显变化。19 世纪 70 年代的产业革命以来,化石燃料的消费急剧增大。初期主要以煤炭为主,进入 20 世纪以后,特别是第二次世界大战以来,石油以及天然气的开采与消费开始大幅度地增加,并以每年 2 亿吨的速度持续增长。虽然经历了 20 世纪 70 年代的两次石油危机,石油价格高涨,但石油的消费量却丝毫不见有减少的趋势。对此,世界能源结构不得不进行相应变化,核能、水力、地热等其他形式的能源逐渐被开发和利用。特别是在第二次世界大战中开始被军事所利用的原子核武器副产品的核能发电得到和平利用之后,其规模不断得到发展。很多国家现已进入了原子能时代。

能源的国际观:国际上往往以能源人均占有量、能源构成、能源使用效率和对环境的影响这四个标准,来衡量一个国家现代化的程度。

三、能源的供应

要注意区分储量与资源的概念。储量指的是在目前技术和经济条件下能够生产取得的原料,它可以分为已确证存在的或合理地预料可以存在的两种。资源则包括全部储量,还包括尚未发现和已发现,但在目前技术、经济条件下还不能取得的自然原料。两者主要指的是地下的化石能源,包括煤、石油、天然气、核矿物燃料。

2000 年探明石油可采量约 1 280 亿吨标煤,按现在的产量增长消耗下去,2015—2035 年便要消耗掉约 80%。目前石油总储量为 4 310 亿吨标煤。随着勘探技术和开采技术的不断提高,探明的储量虽不断增加,但地球上不可再生能源总有耗尽的一天。

计算能源使用年数可以采用这样的公式:

$$T = (1/r)\ln(rR/P + 1)$$

式中,T——现有能源储量可以维持的年数;

R——储量;

P——现在的消耗量;

r——年平均耗用增长率。

第二节　我国能源现状、未来需求及开发前景

一、我国的能源现状

我国能源丰富,但人均占有量水平低,结构不尽合理,地域分布很不平衡。

煤:2022 年我国原煤产量 45.6 亿吨,居世界第一位。

石油:我国原油产量由 1949 年的 12 万吨上升到 2002 年的 1.67 亿吨,居世界第五位;由 2005 年的 1.806 亿吨上升到 2014 年的 2.1 亿吨,到 2022 年原油产量又下降到 2.05 亿吨。我国原油的主要产地在大庆、胜利、大港、辽河、塔里木、准噶尔、吐鲁番、柴达木。

天然气:我国的天然气产量由 1949 年的 0.1 亿立方米上升到 2002 年的 316 亿立方米,居世界第 16 位,2013 年达 1 170 亿立方米,2022 年达 2 201.1 亿立方米。天然气的主要产地在重庆、陕西、甘肃、新疆。我国早已成为世界石油天然气消费大国,2020 年天然气在一次能源消费中所占比例增长到 10% 以上。

我国的水力资源(发电量)是世界第一。

但我国人口众多,人均能源资源量不足,还达不到世界的人均水平(约 1.9 t/人)。

能源的地域分布不平衡,煤炭有 60% 以上在华北,水力 70% 以上在西南。工业和人口集中的南方八省一市能源缺乏(煤仅占全国 2%,水力仅占 10%)。

我国未来能源领域将面临一系列挑战,面对的情况要比发达国家在同一历史时期经历的情况复杂得多。

1. 目前我国人均能源可采储量远低于世界平均水平

2022 年人均石油可采储量只有 2.7 t,人均天然气可采储量 4 692 m³,人均煤炭可采储量 147.9 t,分别为世界平均值的 11.1%、4.3% 和 55.4%。

2. 能源消费结构持续向清洁化改善

煤炭占我国能源消费总量比重始终保持第一,但总体呈现下降趋势,由 1953 年的 94.4% 下降到 2022 年最低的 55.5%;石油占比在波动中提高,由 1953 年最低的 3.8% 提高到 2022 年的 17.7%;天然气、一次电力及其他能源等清洁能源占比总体持续提高,天然气由 1957 年最低的 0.1% 提高到 2022 年最高的 8.5%,非化石能源由 1953 年的 1.8% 提高到 2022 年最高的 17.5%。

3. 能效水平得到显著提升,单位 GDP 能耗不断下降

随着我国能源科技创新能力不断提升,能源技术装备突飞猛进发展,自动化、智能化、数字化推动能源系统不断优化,2018 年单位 GDP 能耗比 1953 年降低 43.1%,年均下降 0.9%。

二、我国对能源需求的预测

对能源的需求可以用人均能源消费法预测。0.4 t标煤/人，为人类维持生存的最低能耗水平；1.2～1.4 t标煤/人，为满足基本生活需要的能耗水平；1.6 t标煤/人，为现代化社会人类的最低要求能耗水平。

按此需求水平计算，如2022年我国人口以14亿人计算，按现代化社会人类的最低要求能耗水平算，需求为1.6 t标煤/人×14亿人＝22.4亿吨标煤。

三、绿色能源的开发与我国的能源政策

(一)绿色能源的开发

开辟核能等新的能源是解决当前能源短缺的一条出路。核能是一种比较安全、可靠、清洁的能源。现代世界上核能得到广泛应用，2018年全球核能发电量超过25 000亿千瓦·时，占全球总发电量的10.5%，其中，法国核能发电量占其总发电量的75%，美国占20%，俄罗斯占18%。中国近年来不断扩大核电产能，2022年核能发电量达到4 177.86亿千瓦·时，占全国发电总量的4.98%。

尽管核能还算安全、可靠、清洁，但毕竟是不可再生能源。现代世界上把思路转到大力开发可再生能源。生物质能与风能、太阳能等都属于可再生能源。

1. 生物质能源

生物质是指通过光合作用而形成的各种有机体，包括所有的动植物和微生物。而所谓生物质能(biomass energy)，就是太阳能以化学能形式贮存在生物质中的能量形式，即以生物质为载体的能量。它直接或间接地来源于绿色植物的光合作用，可转化为常规的固态、液态和气态燃料，取之不尽、用之不竭，是一种可再生能源，同时也是唯一一种可再生的碳源。

生物质能的原始能量来源于太阳，因此从广义上讲，生物质能是太阳能的一种表现形式。很多国家都在积极研究和开发利用生物质能。生物质能蕴藏在植物、动物和微生物等可以生长的有机物中，它是由太阳能转化而来的。有机物中除矿物燃料以外的所有来源于动植物的能源物质均属于生物质能，通常包括木材、薪柴、农林作物、农作物残渣、水生植物、油料植物、城市和工业有机废弃物、动物粪便和生活垃圾等。地球上的生物质能资源较为丰富，而且是一种无害的能源。生物质能源用途广泛，比如人们以玉米为原料加工成汽车燃料乙醇等。生物能源蕴藏量极大，仅地球上植物每年的生物能源生产量，就相当于目前人类消耗矿物能的20倍。地球每年经光合作用产生的物质有1 730亿吨，其中蕴含的能量相当于全世界能源消耗总量的10～20倍，利用率不到3%。

21世纪以来生物质能源的开发在国外发展迅速。例如生物质能源近几年在法国的能源结构中增长迅猛。法国有关专家认为，由于生物质能源的快速发展，用生物质能源替代煤、石油等传统能源，可为法国每年节省1 100万吨的石油进口，价值相当于25亿～30亿欧元。

不过，目前使用生物能源的成本比石油高两倍，因此政府应该对推广生物能源提供财政支持，实施加速发展生物能源的各项措施。

"绿色石油"是一种新的生物质能源。所谓"绿色石油"，其实是一种用绿色植物制取的诸

如酒精、甲烷或油状的能源物质。1981年,巴西就用甘蔗、木薯制成酒精,解决了全国20%的内燃机燃料;南非科学家用葵花籽油替代柴油,效果毫不逊色;此外,在菲律宾有一种树,其油汁则可直接代替汽油燃烧。科学家还发现,椰子油也是一种优良的"绿色石油"。一些野草(如牛角瓜、蒲公英、野棉花等等)也可以作为"绿色石油"的原料。植物油料转化为普通燃油还有一系列技术问题尚待解决,但如果人们都能将这些植物质资源转化为"绿色石油",则人们再也无须为石油枯竭担忧了。

2. 太阳能

阳光是人类共同的财富,取之不尽,用之不竭,因此太阳能发电有着无限广阔的前景。尤其在缺少能源的国家或地区,必须更注重太阳能的开发。例如:能源匮乏的日本对太阳能发电极为重视,日本生产的太阳能电池占世界的一半。在日本,最大的太阳能发电系统的电池板面积加起来像足球场一样大,共6 500 m²,总发电能力超过1 000 kW,发电量可供300户家庭使用,每年减少排放二氧化碳约1 100 t。

现在影响太阳能普及的难题是太阳能发电成本偏高。例如在日本,功率为1 kW的住宅太阳能电池板,成本和安装费合在一起达60万~70万日元,功率为3~4 kW的设备要250万日元左右,寿命一般为20年,折合1 kW·h电的成本为50日元左右,而现在日本普通家庭用电仅为23日元。为此,日本政府采取双管齐下的政策,一方面对住宅使用太阳能电池板提供补助,另一方面加大科研开发力度,提高太阳能电池板的性能,使其发电能力增强、面积减小或厚度变薄,以节约成本,同时开发太阳能发电新材料。

太阳能除了用来发电外,还能从其他的转换方式间接地为人类提供可以利用的能源。例如许多科学家试图采用二氧化钛作催化剂,利用太阳能将水中的氢提取出来。如果实验成功,可以在未来的50亿年中提供给人类价格低廉而又无污染的能源。

3. 风能

风能是由地球表面大量空气流动产生的动能。风能是太阳能的一种转化形式,由于太阳辐射造成地球表面各部分受热不均匀,引起大气层中压力分布不平衡,在水平气压梯度的作用下,空气沿水平方向运动形成风。风能是一种典型的可再生能源,储量大、分布广,但它的能量密度较低(只有水能的1/800),并且不稳定。

人类利用风能的历史可以追溯到公元前,但是数千年来,风能技术的发展缓慢,也没有引起人们足够的重视。直到1973年世界石油危机以来,在常规能源告急和全球生态环境恶化的双重压力下,风能作为新能源的一部分才重新得到长足的发展。现在世界最大的新型风力发电机组已在美国夏威夷岛建成运行,其风力叶片直径达97.5 m,重144 t,年发电量达1 000万千瓦·时。风能利用在我国也得到快速发展,在2010年,我国已超越美国,成为世界上规模最大的风能生产国。新疆达坂城的风力发电厂装机容量达3 300 kW,是全国目前最大的风力发电厂。

4. 水力能

水力能是指水体的动能、势能和压力能等能量资源。广义的水能资源包括河流水能、潮汐水能、波浪能、海流能等能量资源;狭义的水力能资源指河流的水力能。在水流落差大、流量大的地区,水力能资源丰富。随着地球上矿物燃料的日益减少,水力能逐渐成为一种非常重要且前景广阔的替代能源。

我国水力能资源丰富,理论蕴藏量为6.8亿千瓦,其中可开发的约有3.8亿千瓦,但分布不均,主要分布在西南、中南、西北地区。目前我国已开发的水力能资源约为 15% 左右,大部分的水力能资源尚未得到开发利用,因此,我国开发水力能资源的潜力很大。

5. 地热能

地热能也是廉价而又无污染的能源。全国已勘探了 100 多个地热田,2004 年全国开采热水 13 756 kg/s,其中可利用的热量 10 779 GW·h/a(百万千瓦时/年),折合标准煤 132 万吨。地热资源利用量以每年 10% 的速度增长。为促进地热资源的可持续利用,我国还开展了"温泉之乡"命名的活动。

6. 新型光源的开发

最近国际上还在积极开发一种新的光源,即发展氮化镓(GaN)固态白光照明技术。氮化镓固态光源是一个 GaN-白光 LED 发光器件,具有节能、全固体、冷光源、寿命长、体积小、光效高、响应速度快、耐候性好等优点。在国民经济的众多领域具有广泛的应用前景,是 21 世纪最有价值的新光源,将取代白炽灯和日光灯成为照明市场的主导,使照明技术面临一场新的革命。由于照明消耗占整个电力消耗的 20%,全球每年使用这种新光源所节省的电能达 1 000 亿美元,因此大力发展白光 LED 技术将是保护环境和节省能源的一个有效途径。氮化镓固态白光技术的成功将从照明这一大领域节省大量的电能。预计到 2025 年,白光 LED 将占照明工具市场的 55% 以上份额。仅以我国台湾省为例,若全岛 25% 的白炽灯和全部日光灯被白光 LED 取代,每年可节省 110 亿千瓦·时电力,相当于一座核电站的供电能力。

可燃冰

可燃冰(又称天然气水合物)是一种白色固体物质,外形像冰雪,有极强的燃烧力,可作为优质能源。在海洋中,约有 90% 的区域都具备天然气水合物生成的温度和压力条件。这个体积的气体储载量,即 $1\ m^3$ 的固体水合物包容有 180 m^3 的甲烷气体。目前公认全球的可燃冰总能量是所有煤、石油、天然气总和的 $2\sim3$ 倍。可燃冰是近 20 年来才被人们发现的,由于其能量高、分布广、埋藏浅、规模大等特点,正崭露头角,有可能成为 21 世纪的重要能源。世界上绝大部分的可燃冰分布在海洋里,海洋里可燃冰的资源量约为 1.1 万亿吨,是陆地资源量的 100 倍。世界各国海洋权益的竞争,其实是海洋资源的竞争。西方各国已十分看好海底天然气水合物的研究与开发,不仅把它当作 21 世纪具有商业开发前景的海洋能源,而且在战略上将其视为争夺海洋权益的重要因素。2000 年开始,可燃冰的研究与勘探进入高峰期,世界上有 30 多个国家和地区参与其中。2007 年 5 月 1 日,中国在南海北部的首次采样成功,证实了中国南海北部蕴藏了丰富的可燃冰资源,标志着中国可燃冰调查研究水平已步入世界先进行列。2017 年 5 月,中国在南海北部神狐海域进行的可燃冰试采获得成功。2017 年 11 月 3 日,国务院正式批准将可燃冰列为新矿种,成为我国第 173 个矿种。

(二)我国的能源政策

我国在能源问题上的政策是:节约能源,合理使用,提高能效;能源开发与节约并重,把节约放在优先地位。

2012年10月24日,国务院新闻办公室发布《中国的能源政策》白皮书,书中指出中国未来能源发展以下的八项方针:

1. 节约优先

实施能源消费总量和强度双控制,努力构建节能型生产消费体系,促进经济发展方式和生活消费模式转变,加快构建节能型国家和节能型社会。

2. 立足国内

立足国内资源优势和发展基础,着力增强能源供给保障能力,完善能源储备应急体系,合理控制对外依存度,提高能源安全保障水平。

3. 多元发展

着力提高清洁低碳化石能源和非化石能源比重,大力推进煤炭清洁高效利用,积极实施能源科学替代,加快优化能源生产和消费结构。

4. 保护环境

统筹能源资源开发利用与生态环境保护,在保护中开发,在开发中保护,积极培育符合生态文明要求的能源发展模式。

5. 科技创新

加强基础科学研究和前沿技术研究,增强能源科技创新能力。

6. 深化改革

充分发挥市场机制的作用,统筹兼顾,标本兼治,加快推进重点领域和关键环节改革,构建有利于促进能源可持续发展的体制机制。

7. 国际合作

大力拓展能源国际合作范围、渠道和方式,提升能源"走出去"和"引进来"水平,推动建立国际能源新秩序,努力实现合作共赢。

8. 改善民生

统筹城乡和区域能源发展,加强能源基础设施和基本公共服务能力建设,尽快消除能源贫困,努力提高人民群众用能水平。

《中国的能源政策》指出,今后一段时期,中国仍将处于工业化、城镇化加快发展的阶段,发展经济、改善民生的任务十分艰巨,能源需求还会增加。作为一个拥有14亿多人口的发展中大国,中国必须立足国内增加能源供给,稳步提高供给能力,满足经济平稳较快发展和人民生活改善对能源的需求。

习近平总书记在二十大报告中提出,要推动我国能源清洁低碳高效利用,推进工业、建筑、交通等领域清洁低碳转型。深入推进能源革命,加强煤炭清洁高效利用,加大油气资源勘探开发和增储上产力度,加快规划建设新型能源体系,统筹水电开发和生态保护,积极安全有序发展核电,加强能源产供储销体系建设,确保能源安全。

第三节　能源利用与环境的关系

一、化石燃料使用对环境的影响

化石燃料主要指煤、石油、天然气这三种,是世界上目前为止利用最普遍的能源,与人们的生活息息相关,但是化石燃料在勘探、开采、加工、利用等整个过程都会对环境造成影响。这里以煤为例,来谈谈化石燃料开采使用对环境的影响:

(一)开采至加工过程的影响

1. 开采过程

开采主要有露天开采和矿井开采两种类型:

(1)开采工人的事故与职业性伤亡(尤其矿井采矿)。

(2)地面或地面生态系统的破坏:植被的破坏(尤其是露天开采)、土头堆积、泥石流。如煤炭的开采需要占用大量的土地,会引起土地生态系统的破坏。我国煤炭露天开采要剥离大量地表覆盖层,破坏地表和植被,改变地貌形态,影响生态平衡,加剧矿区的风化侵蚀和水土流失。露天开采 100 万吨煤约要破坏土地 800 hm^2,据统计,我国露天煤矿挖损土地总面积已达 1.2 万公顷。

矿井开采会破坏矿井上部岩体应力平衡,可能引起地面下沉、断裂和塌陷。据调查,我国井工煤矿每开采万吨煤平均要塌陷 0.2 hm^2 土地,累计塌陷面积已达 40 多万公顷。不仅如此,地面的下沉和塌陷还会影响和破坏地面上的建筑、道路、土地、河流以及地下水环境,造成严重的经济损失。

煤矿开采过程会产生大量的酸性矿坑污水,含有大量的煤粉、砂石等悬浮物以及少量的COD、硫化物等,对环境造成很大的危害。

煤矿矿井的排风、瓦斯排放以及煤矸石山的自燃都会排放出大量的烟尘和 SO_2、CO 等有害气体,污染大气环境。

2. 运输、加工过程

(1)运输:运输需要能源的消耗,也增加了噪声污染问题;运输时的扬尘和为了减轻扬尘的洒水增加了大气与水体污染;

(2)加工:煤等化石燃料在加工过程产生大量黑色的灰尘、NO_x、SO_x,气化液化过程排出 NH_3、废渣、烃类等副产物。

(二)利用过程对环境的污染

1. 煤等化石燃料直接作为燃料利用时可能产生以下几个方面不同程度的污染

(1)产生 CO_2,使大气温室效应加剧;

(2)产生 SO_2,引发酸雨;

(3)产生 NO_x，除引发酸雨外还参与光化学烟雾的形成，以及造成臭氧层破坏；

(4)产生有毒气体 CO，污染大气，直接对人体产生毒害；

(5)产生烃类等温室气体，烃类也参与光化学烟雾的形成；

(6)产生炉渣等固体废物；

(7)增加大气悬浮固体微粒（TSP 和 PM_{10}、$PM_{2.5}$）和水中悬浮物（SS）；

(8)热污染：热机的冷却水排入冷却系统外的水域，造成自然水体的热污染。

2. 煤等化石燃料作为化工原料或非直接作燃料利用时也可能产生以下污染问题

(1)煤等化石燃料本身含多种有害成分，如硫化物、氰化物、As 等重金属；

(2)通过煤等化石燃料可以制造出多种有机、无机化合物，如塑料、农药、化肥，这些物质本身就可直接或间接地对环境造成不同程度和类型的污染。如由煤等化石燃料参与生产出的氟氯烃化合物（CFCs）就是造成臭氧层破坏的物质；

(3)冶金、煤气生产、炼焦过程产生的酚类增加了对水体的污染；

(4)煤等化石燃料的焦油中含有多种致癌芳香烃物质。

二、其他能源使用对环境的影响

现代开发的多种能源如上述的核能，尽管比较安全，也仍然存在放射性污染、核废料处理等核安全问题。

日本福岛核泄漏

2011 年 3 月 11 日在日本宫城县东方外海发生 9.0 级地震，紧接引起海啸。使福岛第一核电厂造成一系列设备损毁、电网及紧急发电机故障、堆芯熔毁、辐射释放等灾害事件，为 1986 年切尔诺贝利核电厂事故以来最严重的核事故。福岛核事故更导致在全世界都测量到微量辐射性物质，包括碘-131、铯-137（半衰期为 30 年）在内。大量放射性同位素因此核事故释入太平洋。尽管 2011 年 12 月 16 日，日本宣布福岛核泄漏已得到有效控制，但是妥善清理周边区域的辐射污染可能还需要几十年不息不懈地努力工作。而且，2013 年 7 月 22 日，在事故发生之后两年又几个月，核电站内的放射性污水正泄漏流入太平洋。紧接着 8 月 20 日，核电站又发生一起事件，多达 300 t 的高辐射浓度污水从污水储存槽外泄。

2023 年 8 月，日本政府不顾世界各国人民的反对，开始将福岛第一核电站上百万吨核污水经过滤和稀释后排放入大海。核污水排入海洋会影响到全球鱼类迁徙、远洋渔业、人类健康、生态安全等方方面面，因此这一问题绝不仅仅是日本国内的问题，而是涉及全球海洋生态和环境安全的国际问题。

水力发电可以说是最为环保的了，也仍然存在诸多对环境和人类社会的负面影响，主要表现在以下四个方面：

(1)自然方面：水力发电修筑的巨大水库使地面受力均衡受到影响，可能造成地面沉降、地表活动异常，甚至诱发地震。引起流域水文的改变，如下游的水位降低或来自上游的泥沙减少等。

(2)生物方面:对陆生生物而言,水库建成后可能会造成大量的野生动植物被淹没、死亡、甚至灭绝。对水生生物而言,上游生态环境的改变使鱼类受到影响,导致灭绝或种群数量减少。

(3)物理化学性质方面:水力发电会改变河流水质,经过发电机械后出水中的有机物、有毒物质会增多,影响下游的水质。

(4)社会经济方面:修建水库需要提高水位或蓄水而围堰筑坝,往往造成大片土地、村庄被淹没,受淹地区移民安置会对社会结构、地区经济发展产生影响,如果规划不周,安排不当,还会引起一系列社会问题。另外,自然景观和文物古迹的淹没与破坏,更是文化和经济上的一大损失。

除了以上几种能源外,其他能源的开发和利用过程也会给环境带来一定的影响,如:风力发电站的建设会影响野生动植物的栖息;太阳能板的制造要产生许多污染环境的废物;氢能制备需要消耗大量的能源等。

第四节　节能减排与环境保护

一、节能减排的基础知识

节能减排有广义和狭义之分。广义而言,节能减排是指节约物质资源和能量资源,减少废物和环境有害物排放;狭义而言,节能减排是指节约能源、降低能源消耗、减少污染物排放。

《中华人民共和国节约能源法》中指出,节能减排是指加强用能管理,采取技术可行、经济上合理以及社会可承受的措施,从能源生产到消费的各个环节,降低能耗,减少损失和污染物排放,制止浪费,有效、合理地利用能源。节能减排对我国国民经济和环境保护都有重大意义。节能减排是新时代构建社会主义和谐社会的重大举措;是建设资源节约型、环境友好型社会的必然选择;是推进经济结构调整,转变增长方式的必由之路;是维护中华民族长远利益的必然要求。

新中国成立70多年来,我国经济快速增长,各项建设取得巨大成就,但也付出了巨大的资源与环境破坏的代价,这两者之间的矛盾日趋尖锐,群众对环境污染问题反应强烈。这种状况与不合理的经济结构和增长方式直接相关。不加快调整经济结构、转变增长方式,资源支撑不住,环境容纳不下,社会承受不起,经济发展难以为继。只有坚持节约发展、清洁发展、安全发展,才能实现经济又好又快发展。同时,温室气体排放激增引起全球气候变暖加剧,备受国际社会广泛关注。进一步加强节能减排工作,也是应对全球气候变化的迫切需要。

二、节能减排的具体方法与措施

做好节能减排,政府层面包括以下几个方面的工作:

(1)加快产业结构调整:要大力发展第三产业,以专业化分工和提高社会效率为重点,积极发展生产性服务业;以满足人们需求和方便群众生活为中心,提升发展生活性服务业;要大力发展高技术产业,坚持走新型工业化道路,促进传统产业升级,提高高新技术产业在工业中的比重。要积极实施"腾笼换鸟"战略,加快淘汰落后生产能力、工艺、技术和设备;对不按期淘汰的企业,要依法责令其停产或予以关闭。

(2)大力发展循环经济:要按照循环经济理念,加快园区生态化改造,推进生态农业园区建设,构建跨产业生态链,推进行业间废物循环。要推进企业清洁生产,从源头减少废物的产生,实现由末端治理向污染预防和生产全过程控制转变,促进企业能源消费、工业固体废物、包装废弃物的减量化与资源化利用,控制和减少污染物排放,提高资源利用效率。发展循环经济的着眼点在于,产业链上游产生的废物成为下游产品的原、燃材料,做到分级利用,减少资源浪费,降低废物的排放,提高产业的整体附加经济价值。

(3)技术创新:要组织培育科技创新型企业,提高区域自主创新能力。加强与科研院校合作,构建技术研发服务平台,着力抓好技术标准示范企业建设。要围绕资源高效循环利用,积极开展替代技术、减量技术、再利用技术、资源化技术、系统化技术等关键技术研究,突破制约循环经济发展的技术瓶颈。

(4)加强组织领导,健全考核机制:要成立发展循环经济建设节约型社会工作机构,研究制定发展循环经济建设节约型社会的各项政策措施。要设立发展循环经济建设节约型社会专项资金,重点扶持循环经济发展项目、节能降耗活动、减量减排技术创新补助等。要把万元生产总值、化学需氧量和二氧化硫排放总量纳入国民经济和社会发展年度计划;要建立健全能源节约和环境保护的保障机制,将降耗减排指标纳入政府目标责任和干部考核体系。

(5)加强宣传,提高全民节约意识:组织好每年一度的全国节能宣传周、全国城市节水宣传周及世界环境日、地球日、水宣传日活动。把节约资源和保护环境理念渗透在各级各类的学校教育教学中,从小培养儿童的节约意识。组织开展全国节能宣传周活动和节能科普宣传活动,开展全国性的青年学生节能减排活动竞赛,实施节能宣传教育基地试点,组织《节约能源法》和《循环经济法》宣传和培训工作,开展节能表彰和奖励活动。

个人层面如何做好节能减排:倡导绿色消费的低碳生活

一些简单易行的改变,就可以减少能源的消耗。例如,离家较近的上班族可以骑自行车上下班而不是开机动车;短途旅行选择火车而不搭乘飞机;如果一个小时之内不使用电脑,顺手关上主机和显示器;每天洗澡时用盆浴代替淋浴,每人全年可以减少约0.1 t二氧化碳的排放……还可以根据不同的环境、地点,进行适当的调整。

(1)少买不必要的衣服:服装在生产,加工和运输过程中,要消耗大量的能源,同时产生废气、废水等污染物。在保证生活需要的前提下,每人每年少买一件不必要的衣服可节能约 2.5 kg 标准煤,相应减排二氧化碳 6.4 kg。如果全国每年有2 500万人做到这一点,就可以节能约 6.25 万吨标准煤,减排二氧化碳 16 万吨。

(2)采用节能的方式洗衣:随着人们物质生活水平的提高,洗衣机已经走进千家万户。虽然洗衣机给生活带来很大的帮助,但只有两三件衣物就用机洗,会造成水和电的浪费。如果每月用手洗代替一次机洗,每台洗衣机每年可节能约 1.4 kg 标准煤,相应减排二氧化碳 3.6 kg。如果全国 1.9 亿台洗衣机都因此每月少用一次,那么每年可节能约 26 万吨标准煤,减排二氧化碳 68.4 万吨。

(3)减少粮食浪费:现在浪费粮食的现象仍比较严重。少浪费 0.5 kg 粮食(以稻米为例)可节能约 0.18 kg 标准煤,相应减排二氧化碳 0.47 kg。如果全国平均每人每年减少粮食浪费 0.5 kg,每年可节能约 24.1 万吨标准煤,减排二氧化碳 61.2 万吨。

(4)减少畜产品消费:每人每年少消费 0.5 kg 猪肉,可节能约 0.28 kg 标准煤,相应减排二氧化碳 0.7 kg。如果全国平均每人每年减少猪肉消费 0.5 kg,全国每年可节能约 35.3 万吨标准煤,减排二氧化碳 91.1 万吨(而这还不包括其他畜产品)。联合国于 2006 年发表的报告中指出,畜牧养殖业的温室气体排放量比全球所有交通工具,包括飞机、火车、汽车、摩托车的总排放量还多。

(5)合理使用空调:炎热的夏季,空调能带给人清凉的感觉。不过,空调是耗电量较大的电器,设定的温度越低,消耗能源越多。适当调高空调温度,并不影响舒适度,还可以节能减排。如果每台空调在国家提倡的 26 ℃基础上调高 1 ℃,每年可节电 22 kW·h,相应减排二氧化碳 21 kg。如果对全国 1.5 亿台空调都采取这一措施,那么每年可节电约 33 亿千瓦·时,减排二氧化碳 317 万吨。

(6)采用节能的家庭照明方式:以高品质节能灯代替白炽灯,不仅减少耗电,还能提高照明效果。以 11 W 节能灯代替 60 W 白炽灯,每天照明 4 h 计算,1 支节能灯 1 年可节电约 71.5 kW·h,相应减排二氧化碳 68.6 kg。按照全国每年更换 1 亿支白炽灯的保守估计,可节电 71.5 亿千瓦·时,减排二氧化碳 686 万吨。

[概念与知识点]

能源的分类、我国能源现状、我国能源问题的政策、能源的国际观、区分储量与资源的概念、能源利用与环境的关系。

[思考与练习]

1. 简述能源的不同分类法。
2. 试分析当前世界能源的消耗与供应情况及其特点。
3. 简述我国能源利用状况。

4. 简述人类使用传统能源的前景及出路。

5. 能源问题的实质是什么？如何解决能源问题？

6. 了解你们当地新能源的开发使用情况。

7. 化石燃料、原料在开采加工、使用过程中如何对环境造成污染？以煤或石油为例说明。

8. 谈谈除化石燃料以外，其他能源的使用如何对环境造成污染。

9. 谈谈发展 LED 白光照明光源的意义。对当地发展 LED 固态照明光电子产业提出建议。

10. 能源利用对大气环境有哪些影响？请根据我国现阶段能源结构的状况分析我国大气污染的特点和控制对策。

11. 什么是节能减排？日常生活中你如何实现节能减排？

12. 一年投射到地球的太阳能为 $5.14×10^{21}$ kJ。试计算一天投射到地球的太阳能相当于多少吨标准煤？（$E_{标煤}=29.306×10^6$ kJ/t，附录有参考答案）

13. 如石油的总储量还有 4 310 亿吨标准煤，设现在年消耗量为 20 t 石油，年消耗增长率为 14%，如果不考虑新发现的储量，问地球的石油还可再用多少年？（1 t 石油相当于 1.43 t 标准煤，附录有参考答案）

［推荐读物与网络资源］

Ghazi A，Karim.燃料、能源与环境.马安，等译.北京：中国石油出版社，2019

钟史明.能源与环境：节能减排理论与研究.南京：东南大学出版社，2017

韦保仁.能源与环境.北京：中国建材工业出版社，2015

王革华.能源与可持续发展（第 2 版）.北京：化学工业出版社，2014

李润东，可欣.能源与环境概论.北京：化学工业出版社，2013

周北海.环境学导论.北京：化学工业出版社，2017

www.ocpe.com.cn 中国能源网

www.newenergy.org.cn 中国新能源网

www.nea.gov.cn 中国能源局

www.in-en.com 国际能源网

www.greenjn.cn 绿色节能网

www.chinajnsb.cn 中国节能减排产业网

第八章　人口、粮食与食品

第一节　人口增长的趋势和人口政策

近代,在全世界,尤其是不发达国家和地区,人口的急剧增长与滞后的经济发展不相协调,人口增长似无声的爆炸,造成对生态环境的巨大影响。人口、污染、贫穷这"三 P"(population、pollution、poverty)是紧密联系在一起的,国际社会一直十分关注。1987 年 7 月 11 日南斯拉夫萨格勒布市的马特伊·加斯帕尔是世界第 50 亿位公民。联合国把 7 月 11 日定为"世界人口日",每年开展纪念活动,提高人们对地球上人口合理增长的意识。1999 年 10 月 12 日南斯拉夫萨拉热窝的大学医疗中心,诞生了世界上第 60 亿位公民。2011 年 10 月 31 日菲律宾首都马尼拉的一个女婴的诞生,成为世界的第 70 亿位公民。2022 年 11 月 15 日,联合国宣布世界人口达到 80 亿。每隔大约 12 年世界人口增加 10 亿人。从人类出现到破 10 亿人,其间花费了上百万年,但在之后两百多年里,全球人口从 10 亿人迅速增长到 70 亿人。经历了 1965—1970 年的人口增长高峰后,全球人口增长率开始呈现逐年下降趋势,每增加 10 亿人需要的时间越来越长。即便如此,2023 年 5 月 3 日发布的修订版《世界人口展望》报告,世界人口将在 2050 年前超过 90 亿人,并到 21 世纪末突破 100 亿人大关。

一、世界和我国人口增长的情况

(一)世界人口

世界人口数量近几百年来猛增。发展中国家人口增长率为发达国家两倍以上,人口占全球人口的 70%。21 世纪前世界人口增长的特点:①世界人口翻番时间越来越短;②每 10 年人口净增长数迅速增加;③人口增长率逐渐趋缓。21 世纪前世界人口增长的状况如表 8-1、表 8-2所示。

表 8-1　世界人口增长的特征

时期(年份)	相隔时间/a	总人口/亿人	备注(T_d 为人口倍增的时间，r 为每年的人口增长率)
1000 年	—	2.8	
1650 年	650	5.0	$T_d = 700$ a，约相当于 $r = 0.1\%$
1800 年	150	10.0	$T_d = 150$ a，约相当于 $r = 0.47\%$
1920 年	120	20.0	$T_d = 120$ a，约相当于 $r = 0.58\%$
1965 年	45	40.0	$T_d = 45$ a，约相当于 $r = 1.6\%$
1980 年代中期	15	43.6	$T_d = 35$ a，约相当于 $r = 1.8\%$

表 8-2　20 世纪每 10 年的人口净增长数

时期(年份)	人口净增长数/亿人
1900—1909 年	1.20
1910—1919 年	1.30
1920—1929 年	2.08
1930—1939 年	2.25
1940—1949 年	2.22
1950—1959 年	4.88
1960—1969 年	6.04
1970—1979 年	8.48
1980—1989 年	8.67
1990—1999 年	8.59

　　1800 年地球人口达到 10 亿人，1930 年达到 20 亿人，1960 年达到 30 亿人，1974 年达到 40 亿人，1987 年达到 50 亿人，1992 年 1 月已超过 54 亿人。此后 10 年内，每年以 8 800 万人至 1 亿人的速度增长，1997 年中世界人口达 58.4 亿人，1998 年 1 月达 59 亿多人，1999 年达到 60 亿人，2000 年人口已超过 60 亿人。全球人口急剧增长的主要原因是存活到生育年龄的人口数量不断增加、人类寿命逐渐延长、城市化不断发展以及移徙不断加速。

　　根据联合国经济和社会事务部发布的《世界人口展望 2022》，中国以 14.26 亿人口位居第一，成为全球人口最多的国家，印度以 14.12 亿人口位居第二，第三至第十名分别是美国、印度尼西亚、巴基斯坦、尼日利亚、巴西、孟加拉国、俄罗斯、墨西哥。2023 年，印度预计将超过中国成为全球人口最多的国家。2022—2050 年，全球人口一半以上的增长预计将集中在刚果（金）、埃及、埃塞俄比亚、印度、尼日利亚、巴基斯坦、菲律宾和坦桑尼亚八个国家。未来的人口增长很大程度上取决于未来生育率的变化。据《世界人口展望 2022》预测，全球生育率将从 2021 年每名妇女生育 2.3 个子女下降到 2050 年的 2.1 个。

> **全世界"第几十亿个人"是怎么算出来的**
>
> "第几十亿个人"是由联合国象征性指定。统计数据显示,平均每秒钟世界上都会诞生 4 个新生命,每个小时里有上万个新生命诞生。既然每时每刻都有新生命不断在诞生,联合国根据什么来确定"第几十亿个"地球人的身份呢?实际上,联合国人口司根据各国递交的人口统计数据,结合人口增长率,计算出世界人口将在某年某月底之前的某一天达到"第几十亿个人"。随后,联合国将选择最可能接近在那一天零时出生的宝宝为世界上的"第几十亿个人"。换句话说,"第几十亿个人"只是一个象征性的指定。在 1987 年和 1999 年,联合国就是以这种方式分别指定了世界上第 50 亿个人和第 60 亿个人。

(二)我国人口

我国是当前世界上人口最多的国家,对世界人口有举足轻重的影响。从历史趋势看,我国人口与世界人口增长的情况基本一致。

从表 8-3 可以看到,自公元 2 年西汉末到 1110 年北宋末,人口不但没有增加,反而减少了 1 287 万人,这是因为三国、南北朝以及五代十国的连年战争,特别是三国时期,人口急剧减少,降到 1 616 万人;元朝和明朝人口增加也不多;从明末开始,人口增长才开始增快。

表 8-3　我国从公元初至新中国成立人口统计表

年份	朝代及纪年	人口数/万人
2 年	西汉末平帝元始二年	5 960
156 年	汉桓地帝永乐二年	5 648
280 年	晋朝武帝太康元年	1 616
740 年	唐朝开元二十八年	4 814
1110 年	北宋末年大观四年	4 673
1290 年	元朝至元二十七年	5 883
1393 年	明朝洪武二十六年	6 054
1578 年	明朝万历六年	6 069
1764 年	清朝乾隆二十九年	20 559
1795 年	清朝乾隆六十年	29 696
1819 年	清朝嘉庆二十四年	30 126
1849 年	清朝道光二十九年	41 298
1928 年	民国十七年	47 478
1949 年	中华人民共和国	54 167

1949—1986 年的 37 年间,平均每年增长 1 421 多万人,每天增加 38 932 人,每小时1 622 人,每分钟 27 人,几乎是 2 秒钟诞生 1 人!但这种趋势是不断波动的,随着近几年社会、经济、文化的进步,人口增长速度不断发生着变化,经历着不同的发展阶段。

国务院参事、中国人口与发展研究中心原主任马力说新中国成立后,我国人口发展相继经历了生存型、增长型和发展型三个阶段,既有连续性又有变革性。

生存型阶段主要为 1949—1978 年。这个阶段,我国产生了两次人口出生高峰,1950—1958 年由于生活和医疗水平大幅提高,出现第一次出生高峰,出生人口达 1.87 亿;1962—1973 年由于三年严重困难后补偿性生育和自我生育行为,出现第二次出生高峰,出生人口超过 2 亿。

增长型阶段主要为 1979—2000 年。在这一阶段,由于农村生育政策的调整和生育梯度周期性的影响,出现 1985—1992 年第三次人口出生高峰期,出生人口超过 1 亿。但人口发展目标逐渐增加,除控制人口数量外,开始关注人口素质、结构、分布等问题,探索人口发展的规律和人口计生工作的转变。

发展型阶段主要是自 2001 年以来。国际社会以"合作共赢"为主流,国内进入工业化中期向工业化后期发展阶段,此时主要从"发展"角度考虑人口问题,推动人口自身及与经济、社会、资源、环境协调发展,统筹解决人口问题成为核心任务。这一阶段,人口发展将由低增长逐步过渡到零增长,低生育水平成为这段时期人口发展的常态,因此人口政策就应作相应调整。

我国人口数量变动状况

1949 年年末,中国大陆人口为 5.416 7 亿,占世界人口比例下降到 22%。1990 年末,中国人口已达 11.433 3 亿人,但占世界人口比例一直保持在 22% 左右。

1962 年国家就作出认真提倡计划生育的指示。1990 年代,随着计划生育工作的不断加强,中国的生育率下降到更替水平以下。由于人口结构的原因,中国人口总量仍在继续增长,但占世界比例逐年降低,老龄化程度日益加深。

2018 年末中国大陆总人口:13 亿 9 538 万人。中国香港 2018 年总人口:743 万。中国澳门 2018 年总人口:66 万 7 400 人。中国台湾省 2018 年总人口:约为 2 358 万人。

2020 年 1 月 17 日,国家统计局发布数据显示,2019 年末,中国大陆总人口(包括 31 个省、自治区、直辖市和中国人民解放军现役军人,不包括香港、澳门特别行政区和台湾省以及海外华侨人数)140 005 万人,比 2018 年末增加 467 万人。

2023 年 1 月 18 日,国家统计局发布数据显示,2022 年末中国大陆总人口(包括 31 个省、自治区、直辖市和现役军人的人口,不包括居住在 31 个省、自治区、直辖市的港澳台居民和外籍人员)141 175 万人,比上年末减少了 85 万人。

表 8-4　中国大陆人口及占比

年份	中国大陆人口/亿人	世界人口/亿人	中国大陆人口占世界比例/%
1950 年	5.44	25.25	21.5
1960 年	6.44	30.18	21.4
1970 年	8.09	36.82	22.0
1980 年	9.78	44.40	22.0
1990 年	11.55	53.10	21.7
2000 年	12.70	61.27	20.7
2010 年	13.41	69.30	19.4

中国大陆总人口(不计港澳台)

- 1 367 313 812(2005 年 7 月估计)
- 13.21 亿(2007 年年末)
- 1 339 724 852(2010 年第六次全国人口普查)
- 13 亿 7 462 万人(2015 年末)
- 13 亿 8 271 万人(2016 年末)
- 13 亿 9 008 万人(2017 年末)
- 13 亿 9 538 万人(2018 年末)

平均身高

据国家卫健委发布的《中国居民营养与慢性病状况报告(2020 年)》,全国 18 岁及以上成年男性和女性的平均身高分别为 169.7 cm 和 158 cm,平均体重分别为 69.6 kg 和 59 kg,与 2015 年相比,居民身高、体重均有所增长,尤其是 6~17 岁儿童青少年身高、体重增幅更为显著。6 岁以下儿童生长迟缓率降至 7% 以下,低体重率降至 5% 以下,均已实现 2020 年国家规划目标。人群微量营养素缺乏症显著下降。居民健康意识逐步增强。近年来,居民吸烟率、二手烟暴露率、经常饮酒率均有所下降。家庭减盐取得成效,人均每日烹调用盐 9.3 g,与 2015 年相比下降了 1.2 g。居民对自己健康的关注程度也在不断提高,定期测量体重、血压、血糖、血脂等健康指标的人群比例显著增加。据报告,城乡各年龄组居民超重肥胖率继续上升,18 岁及以上居民超重率和肥胖率分别为 34.3% 和 16.4%;6~17 岁儿童青少年超重率和肥胖率分别为 11.1% 和 7.9%,6 岁以下儿童超重率和肥胖率分别为 6.8% 和 3.6%。

第七次人口普查各省区市"年龄构成"(2020 年)

15 岁以下:17.95%(25 338 万人)

15~59 岁:63.35%(89 438 万人)

60 岁以上:18.7%(26 402 万人)

性别构成　男性人口为 72 334 万人,占 51.24%;女性人口为 68 844 万人,占 48.76%。总人口性别比(以女性为 100,男性对女性的比例)为 105.07,与 2010 年基本持平,略有降低。出生人口性别比为 111.3,较 2010 年下降 6.8。

健康素质

中国政府加大公共卫生事业建设力度，不断提高人口健康素质。2020 年中国人口平均预期寿命达到 78.2 岁，比 2010 年提高了 3.4 岁。孕产妇死亡率从 20 世纪 50 年代初期的 1 500 人/10 万人下降到 2022 年的 15.7 人/10 万人，婴儿死亡率从新中国成立前的 20% 下降到 2022 年的 4.9‰，5 岁以下儿童死亡率从新中国成立初期的 25%～30% 下降到 2022 年的 6.8‰。传染病、寄生虫病和地方病的发病率和死亡率均大幅度减少。艾滋病防治工作取得明显进展，但防治艾滋病形势依然十分严峻。当前，非典型肺炎、禽流感、新型冠状病毒肺炎等新发传染病得到有效的监测和控制。

受教育情况

我国政府加快发展教育事业，人口科学文化素质显著提高。第七次全国人口普查结果显示，与 2010 年人口普查相比，每 10 万人中具有大学文化程度的由 8 930 人上升为 15 467 人，具有高中文化程度的由 14 032 人上升为 15 088 人；具有初中文化程度的由 38 788 人下降为 34 507 人；具有小学文化程度的由 26 779 人下降为 24 767 人。文盲率（15 岁及以上不识字的人口占总人口的比重）为 2.67%，比 2010 年人口普查的 4.08% 下降 1.41 个百分点。15 岁及以上人口的平均受教育年限由 9.08 年提高至 9.91 年。但中国人口科学文化素质的总体水平还不高，主要表现在：一是人口粗文盲率仍高于发达国家 2% 以下的水平；二是大学粗入学率低于发达国家；三是平均受教育年限不仅低于发达国家的人均受教育水平，而且低于世界平均水平（11 年）。

民族构成

汉族是中国的主体民族，占全部人口的 91.11%。其他还有 55 个民族，占 8.89%。与 2010 年相比，2022 年汉族人口增长 4.93%，各少数民族人口增长 10.26%，少数民族人口比重上升 0.40 个百分点。少数民族增长快于汉族，从 1953 年占全国人口 5.2%，到 1990 的 8.04%，2000 年的 8.41%，2005 年 9.44%。

语言种类

中国语言汉语有十种主要的方言。中国人口使用最多的语言是作为准官方语言的普通话。普通话以北方方言为基础广泛推行，使用于全国各地。现在大约有 2/3 的汉族以官话方言作为其母语，使用其他九种之一的主要方言的人口主要分布在南部、东南部以及北方的山西地区。非汉语的语言被一些少数民族广泛使用，如蒙古语、藏语、壮语、维吾尔语和其他突厥语系语言（新疆）及朝鲜语（中国东北）。

（三）根据生态学原理预测人口增长和倍增期的模型

人口（population）在生态学中就是"种群"（population），它的发生、消长遵循的是生态学的规律。应用生态学的模型，可以简单地预测人口增长情况及其倍增的规律，有助于我们对人口增长进行生态调控。

(1)算术级数法预测人口增长

$$N_t = N_0 + Bt$$

式中,N_t——预测 t 年的人口数;

t——时间(年);

N_0——为起算时的人口数;

B——逐年人口增加数。

例: 我国人口 1964 年为 700 000 000 人,每年以此为基准平均增长 2%,即每年净增人口 14 000 000 人,则 1983 年人口数为

$$700\,000\,000 + 14\,000\,000 \times 19 = 966\,000\,000(人)。$$

用这个方法计算预测人口方法简单,计算方便。但由于影响人口增减变化的因素很多,不可能在一个比较长的时期内,每年的人口都按同一个绝对量增加,所以此法预测短期的人口还是可行的,但预测较长时期的人口增长是有一定困难的。

(2)几何级数法预测人口增长

$$N_t = N_0(1+r)^t$$

式中,r——每年的人口自然增长率,$r = b - d$;

b——出生率(%,每年);

d——死亡率(%,每年)。

如　　　　　　　　$b = 3.6\%$,$d = 2.0\%$,则 $r = 3.6\% - 2.0\% = 1.6\%$。

例题同上,则 $N_t = N_0(1+r)^t = 700\,000\,000 \times (1+1.6\%)^{19} = 1\,018\,821\,300(人)$。

用该法统计仍然难以准确反映一个连续不断的增长过程。

(3)指数增长方式预测人口增长

实际上,人口的增长变化是一个连续不断的过程。在一年中,出生、死亡和迁移随时都在发生。如果将时间间隔无限缩小,用微分方程表示为:

$$\frac{\mathrm{d}N_t}{\mathrm{d}t} = rN,$$

该式积分得

$$N_t = N_0 \mathrm{e}^{rt}。$$

式中,N_t——第 t 年的人口数;

N_0——$t = 0$ 时的人口数;

e——自然对数的底,近似值为 2.718 3。

这就是在本书第二章生态学基本原理中介绍的种群指数增长的公式,人口的增长率为 r,人口总数 N_t 随时间的变化规律服从种群指数增长的公式。

例: 1973 年世界人口 38.6×10^8,其年增长率为 2%,问 2000 年时,世界人口为多少?

解: $N_t = N_0 \mathrm{e}^{rt} = 38.6 \times 10^8 \times \mathrm{e}^{0.02 \times 27} = 38.6 \times 10^8 \times 1.716 = 66.2 \times 10^8(人)$。

(4)人口倍增期(即人口翻番时间)

从下面的推算可以看出人口增长率与人口净增长的关系。

计算的公式的推算:

根据种群增长的公式

$$N_t = N_0 \mathrm{e}^{rt} \qquad (8\text{-}1)$$

人口倍增,即

$$N_t = 2N_0 \tag{8-2}$$

代入公式(8-1)，则有

$$2N_0 = N_0 e^{rt} \tag{8-3}$$

约掉等式两边的 N_0，得

$$2 = e^{rt} \tag{8-4}$$

公式(8-4)两边取自然对数，得

$$\ln 2 = rt \tag{8-5}$$

进一步变换成

$$t = \frac{\ln 2}{r} \tag{8-6}$$

这里的 t 为人口增加 1 倍所需的时间，从公式(8-6)可看到 t 与 r 成反比的关系，说明人口增长率 r 越高，人口翻一番所需时间 t 就越短。

例：$r = 0.01$，则 $t = \dfrac{\ln 2}{r} = \dfrac{0.7}{0.01} = 70$（年）；

$r = 0.018$，则 $t = 40$ 年；

$r = 0.02$，则 $t = 35$ 年；

$r = 0.025$，则 $t = 28$ 年。

当前世界人口平均增长率 1.8%，从上面的计算可以看到，全球的人口每 40 年可翻一番。

(四)人口与环境关系的主方程

地球及其人口还远没有达到稳定状态，很可能还处在不可持续发展的状态。实现人口长期稳定有三种可能途径：①控制人口增长速度，直到实现一个长期的人口、技术、文化的动态平衡状态(即承载容量，carrying capacity)；②逐步减少人口数量，以便在一个较低的技术活动水平上实现平衡；③人口、社会和技术中的一个或多个因素不受控制地变化，甚至崩溃，最终在一个不希望的低水平上恢复稳定。

我们不能延续目前的、特别是发达国家的资源消耗方式。通过人口压力主方程的讨论，可以从形成环境压力最主要原因的分析入手，来探索人类社会有效控制环境压力的途径。地球系统承受的压力，主要取决于地球上的人口数量以及人类期望的生活水平。主方程采用以下参数来描述环境压力：

$$环境影响 = 人口数量 \times 人均\ GDP \times (环境影响/单位\ GDP) \tag{8-7}$$

其中，GDP 表示一个国家的国内生产总值(有时也用国民生产总值 GNP 表示)，是对其产业和经济活动的衡量。主方程通常又被称为 IPAT 方程，其中 I 表示环境影响，P 表示人口数量，A 表示富裕程度(即人均国内生产总值)，T 表示技术水平(即创造单位 GDP 的环境影响)。下面分别讨论该主方程中的 3 个变量及其随时间变化的趋势。

全球人口正在快速增长，对于一个特定的地区(城市、国家或洲)，人口变化率表示如下：

$$R = (R_b - R_d) + (R_i - R_e) \tag{8-8}$$

式中，下标 b、d、i、e 分别代表出生、死亡、迁入和迁出。在生育高峰、战争、鼓励移民、瘟疫等不同时期，公式(8-8)会受到不同因素的影响。当然，就整个地球而言，$R_i = R_e = 0$。对于特定的人口变化率，可以预测未来某个时刻的人口数量：

$$P = P_0 e^{Rt}$$

式中,P_0——目前的人口数量;

    t——要预测的年数;

    R——人口变化率。

如果 R 保持恒定,则这个公式预测,在未来足够长的时间以后,人口数量会变为无穷大。显然这种情景不可能发生。在将来的某个时刻,R 会等于零甚至变成负数,人口增长相应得到调整。

在实践中,人口学家根据人口年龄结构、文化演变和其他因素来预测 R 的变化趋势。当然,世界各国情况有所不同,地球人口最大值到来的时间和最终数量也有很大的不确定性。然而,即便最保守的人口预测也认为未来全球人口将大大超过目前的水平。

主方程的第 2 项变量,即人均国内生产总值,受当地和全球经济状况、历史和技术发展阶段、政府、气候等因素的影响,不同的国家和地区相差很大。总的来讲,其发展趋势是积极的。虽然 GDP 与生活质量并不完全等同,但我们希望 GDP 将保持增长,尤其是在发展中国家。

主方程的第 3 项变量,即单位 GDP 的环境影响,反映了清洁技术的可获得性以及清洁技术的实际应用水平。

虽然主方程应该被看作是一个概念框架而非严格的数学公式,我们仍可以运用它来帮助制定技术和社会目标。假设我们的目标是把人类环境影响控制在目前的水平,下面逐个考察主方程三项变量可能的变化趋势。如上所述,在未来 50 年中,第 1 项变量(人口)可能增大 1.5 倍,第 2 项(人均 GDP)可能会在这段时间内提高 3~5 倍。可见,如果要把人类环境影响维持在目前的水平上,就必须把第 3 项变量减少 50%~90%。因此,一些学者倡导将单位经济产出的环境影响减小到目前的 1/4,甚至是 1/10。

对于主方程三项变量的变化趋势,公众对第 2 项变量的增长,即生活水平的逐步改善,最为支持。第 1 项变量——人口的增长,主要是社会问题而不是技术问题。虽然各个国家和各种文化对人口问题的对策不尽相同,但是人口增长的趋势明显很强劲。第 3 项变量——单位产出的环境影响,基本上是一个技术问题,尽管技术变化的速度和程度受到社会和经济因素的严重制约。主方程中的第 3 项变量是世界向可持续发展转变(特别是在短期内)的最大希望,因而改变第 3 项变量就成为产业生态学的中心任务。

(五)人口普查

人口是立国之本,人口结构安全是国家最高层次的安全。通过人口普查搞清人口基本数据是重中之重;但是,人口普查是个非常浩大的工程,不可能每年都开展。近几次人口普查基本是每十年一次。1953 年,第 1 次人口普查;1964 年,第 2 次全国人口普查;1982 年,第 3 次全国人口普查;1990 年,第 4 次全国人口普查;2000 年,第 5 次全国人口普查;2010 年,第 6 次全国人口普查;2020 年第 7 次全国人口普查。

根据《中华人民共和国统计法》和《全国人口普查条例》等法律法规,国务院决定于 2020 年开展第 7 次全国人口普查。第 7 次全国人口普查是在中国特色社会主义进入新时代开展的重大国情国力调查。这次普查以习近平新时代中国特色社会主义思想为指导,认真落实党中央、国务院关于统计改革发展决策部署,坚持实事求是、改革创新、科学设计、精心组织,周密部署、依法实施,全面查清我国人口数量、结构、分布、城乡住房等方面情况。

普查的目的是为完善人口发展战略和政策体系,促进人口长期均衡发展,科学制定国民经济和社会发展规划,推动经济高质量发展,开启全面建设社会主义现代化国家新征程,向第二个百年奋斗目标进军,提供科学准确的统计信息支持。普查对象是普查标准时点在中华人民共和国境内的自然人以及在中华人民共和国境外但未定居的中国公民,不包括在中华人民共和国境内短期停留的境外人员。普查主要调查人口和住户的基本情况,内容包括:姓名、公民身份证号码、性别、年龄、民族、受教育程度、行业、职业、迁移流动、婚姻生育、死亡、住房情况等。普查标准时点是 2020 年 11 月 1 日 0 时。

二、人口老龄化问题

联合国规定 65 岁人口比例为 7%,或 60 岁人口占 10% 为老龄社会。

> 根据联合国提供的统计数字,2002 年全世界 60 岁以上的老人为 6.29 亿人,占世界人口总数的 10%。到 2050 年,老人人数将猛增到 19.64 亿人,占世界总人口的 21%,平均每年增长 9 000 万人。据联合国的统计材料,人口老龄化问题最严重的 3 个国家是西班牙、意大利和日本。到 2050 年,西班牙老人占全国人口的比例将由目前的 22% 增长到 44%,意大利将增长到 42%,而日本将达到 60%。此外,俄罗斯、瑞典、瑞士、德国和比利时等国也将是人口老龄化严重的国家。

1982 年人口普查,我国有 33.60% 的人口在 15 岁以下,人口的年龄构成是较年轻的;但近年来我国人口的年龄构成已从早期的较年轻,转变为现在的老龄化问题突出,人口老龄化问题已成为不可忽视的重要问题。至 1997 年,我国已有 1/4 的省市进入了老龄社会。北京比全国早 13 年进入老龄社会,上海、天津、江苏、浙江、辽宁、山东、广东等经济发达的省市已成为老龄型省市。

中国老年人口规模世界第一,人口老龄化经历三个阶段:

第一,2000—2020 年快速老龄化阶段。我国第一次生育高峰出生的 1.87 亿人口已于 2010 年以年均 2.24% 的速度进入老年,2020 年 60 岁及以上人口已达 2.55 亿人,占 17.7%。比重从 10% 升至 20%,发达国家需用约 60 年时间,而中国只需 27 年。

在第二阶段,2021—2050 年为加速老龄化阶段。"十四五"计划期间,我国将迎来第二次生育高峰出生的 2 亿多人口以年均 800 万～1 000 万、3.6% 爆发式增长速度进入老年,到 2030 年 60 岁及以上人口将达 3.7 亿人;随着三次生育高峰人群陆续步入老年,2050 年左右 60 岁及以上老年人口将达峰值 5.3 亿人,占 38.1%。

未来的第三阶段,2051—2100 年重度老龄化平台阶段。随着 2050 年左右老年人口达峰值后进入高峰平台期,且 80 岁及以上高龄老人占老年人口的 30%,至 21 世纪末,60 岁及以上老年人口将达 4.3 亿人。

人口老龄化是我国现在、将来和未来的基本国情和不可逆转的客观趋势,将伴随我国整个 21 世纪。人口老龄化给国家带来相当严重的经济压力,是重大的社会问题,已经引起政府和社会的重视和关心,也必然影响我国对现阶段人口政策的制定。

三、我国的人口政策

人口问题是中国实现社会主义现代化建设目标面临的基础性、全局性、长期性、战略性问题。中国在人口与发展方面取得了举世瞩目的成就。中国认真贯彻落实 1994 年开罗国际人口与发展大会提出的"以人的全面发展为中心"的发展目标和原则,完善相应的法律和政策体系,改进人口与发展方案,提高人民群众的生殖健康和生活水平,促进了经济社会与人的全面进步。

当前,中国在人口与发展方面仍然面临巨大挑战。人口素质较低,老龄化加速、出生性别比持续升高等人口结构性问题日益突出,生殖健康、生育技术服务水平尚不能满足群众日益增长的服务需求,贫困人口和流动人口尚未得到优质的生殖健康服务;人口与经济、社会、资源、环境的矛盾依然尖锐,城乡和地区差距扩大的趋势难以在短期内扭转,就业和社会保障压力增大,消除贫困的任务依然艰巨。进入新时代,我国人口发展不平衡不充分问题上升为人口发展的主要矛盾。人口政策是影响我国经济社会发展的最基础的政策,是意识形态领域的重大政策,属基本国策。因此,人口政策的制定必须考虑到国家的经济、社会、资源、环境、生态,包括劳动力、年龄结构平衡。人口政策的调整既不能"一成不变",也不是"一刀切",需在全方位评估论证的基础上不断推进。因此,要进一步促进人口政策和相关经济社会政策配套衔接,加强人口发展战略研究,积极应对人口老龄化,从多学科、多层次、多维度研究完善人口政策体系,探索人口发展道路,实现人口长期均衡发展。

我国国情复杂,城乡区域发展极不平衡,生育水平差距较大,生育政策的重点有所不同。2001 年颁布的《人口和计划生育法》,既有一孩,也有一孩半、两孩,还有三孩以上不同地区、不同人群、不同的生育政策。计划生育的基本国策,对我国经济社会发展产生了深远影响。经过 30 年努力,取得举世公认的成就,与改革开放共同创造了人口有效控制和经济快速发展的两大奇迹,推动了我国发展的跨越。

改革开放前 30 年,人口发展经历"高出生率、低死亡率、高增长率"阶段,总和生育率达 5.8,人口增加 4.3 亿;改革开放后 30 年,实施计划生育政策,推动人口发展进入"低出生率、低死亡率、低增长率"阶段,总和生育率降至更替水平以下,在人口基数大幅提高的情况下,人口仅增加 3.7 亿。前 30 年的"高出生率",为我国改革开放提供了丰沛劳动力且持续供给的人口优势;后 30 年的"低出生率",为我国改革开放提供了少儿抚养比大幅降低且财富积累大幅提高的人口优势,两个人口优势于 1980 年相互叠加,为改革开放迎来了比其他国家更为突出、对经济增长贡献高的人口红利。

目前,中国已进入由工业化后期向后工业化社会转变时期,进入全要素融合发展的新阶段,人口的主要矛盾也由以数量为主转为以结构为主,人口与经济社会关系在深度、广度上都发生了重大转变。面对新时期人口出生率逐渐降低,预期寿命不断延长,呈现劳动力供给下降,老年人口负担增加,人口红利逐步消退,经济社会发展面临"发展动力"和"抚养负担"两大难题。因此应调整和制定新时期的人口政策。

2013 年,我国开始启动实施单独两孩政策。2016 年 1 月开始,实行全面两孩政策。至此,独生子女政策正式宣告终结。2018 年国务院机构改革不再保留国家卫生和计划生育委员会,组建国家卫生健康委员会。2021 年 7 月,国务院宣布实施一对夫妻可以生育三个子女政策,并取消社会抚养费等制约措施、清理和废止相关处罚规定。国家生育计划已转向完全开放由家庭自主决定生育的行为,政府行政干预已转向更好地为家庭的优生优育服务。进入新世纪以来,我国的人口形势发生重大变化,人口发展的内在动力和外部条件发生显著变化。处理好人口规模和结构的关系、努力实现适度生育水平,大力提高劳动者素质和技能,把全面三孩政策和配套措施落到实处,是新时代人口政策关注的三大问题。

人口政策主要包括生育政策制定和有效应对庞大的人口老龄化问题。国际上人口老龄化的先发国家,他们率先立足改变经济社会基本体系和策略,制定鼓励生育、输入年轻移民、改革养老金、灵活退休、老年人就业等制度,同时大力发展老年照料和护理等事业和产业。中国是人口老龄化的后发国家,面对人口老龄化尤其是庞大的老年人口,既不应恐惧更不可被动应对。习总书记指出:"我国已经进入老龄社会,让老年人老有所养、生活幸福、健康长寿是我们的共同愿望。"我们要遵照二十大报告指出的:"实施积极应对人口老龄化国家战略,发展养老事业和养老产业,优化孤寡老人服务,推动实现全体老年人享有基本养老服务。"

遵照习总书记的指示,我们要在全社会大力提倡尊敬老人、关爱老人、赡养老人,大力发展老龄事业,让所有老年人都能有一个幸福美满的晚年。党中央高度重视养老服务工作,要把政策落实到位,惠及更多老年人。具体措施上,我们也可借鉴发达国家经验,高度重视,全方位部署,保证老有所养,老有所安,老有所医,老有所依,老有所为,老有所学,老有所乐,增大对老龄事业的投入。

我国的人口政策在不断完善生育、养老及相关配套政策基础上,推动挑战和机遇相互转化,一定可以实现国家持续发展。

第二节　粮食安全问题

一、粮食的供应情况

(一)世界的粮食问题

第二次世界大战以后,世界粮食生产发展很快。1950—1984 年,世界粮食总产量从 6.3 亿吨增至 18 亿吨,增长超过 180%。此期间,世界人口从 25.1 亿人增至 47.7 亿人,增长约 90%。由于粮食增长速度快于人口增长,所以世界人均粮食呈增长趋势。然而由于发展中国家人口增长过快,许多国家缺粮问题日益严重。例如 1961—1979 年间,发展中国家粮食增长约 60%,而人口增长超过 50%,因此,按人口平均计算,每人的粮食供应量提高不大。1970 年发展中国家饥饿和营养不良人口约为 4 亿人,1980 年已增至 5 亿人。全世界只有半数国家粮食能够自给,其余国家粮食均短缺,不少国家约有一半粮食要依靠进口。

1996 年 11 月世界粮食首脑会议通过的《世界粮食安全罗马宣言》和《世界粮食首脑会议行动计划》,指出全球有 8 亿人没有足够的粮食供给,并确立了到 2015 年将世界饥饿人口减少一半的目标。2001 年,世界粮食首脑会议再次举行,称过去的 5 年里每年平均只减少饥饿人口 600 万人,还不到规定目标的 28%。2023 年 7 月 12 日,联合国粮农组织发布《2023 年世界粮食安全和营养状况报告》(2023 The State of Food Security and Nutrition in the World)。报告显示,2022 年全世界有 6.91 亿～7.83 亿人面临饥饿,中位数高达 7.35 亿人。也就是说,较新冠疫情暴发前的 2019 年全球增加了 1.22 亿人的饥饿人口。2021—2022 年尽管全球饥饿人口的增加态势已经得到遏制,但全世界还有很多地区在粮食危机中越陷越深。2022 年,亚洲和拉丁美洲在减少饥饿方面取得进展,但西亚、加勒比和非洲各次区域的饥饿水平仍在攀升。非洲大陆依旧首当其冲,每五个人中就有一人食不果腹,饥饿人口比例是全球平均的两倍多。在许多饥饿人口不断增加的国家,收入不平等现象正在加剧,使贫困、脆弱或边缘化群体更难以应对经济增长放缓和衰退;发达国家则人口增长较慢,人均粮食供应量提高较多。因此,世界粮食问题除了粮食总量有限之外,还包括粮食生产、分配不均问题,发达国家和发展中国家经济差距问题等。

(二)我国的粮食问题

粮食问题始终是半殖民地、半封建的旧中国的一大难题。旧中国的农业发展水平极为低下,有 80% 的人口长期处于饥饿半饥饿状态,遇有自然灾害,更是饿殍遍地。1949 年新中国成立时,全国每公顷粮食产量只有 1 035 kg,人均粮食占有量仅为 210 kg。

中华人民共和国成立后,政府废除了封建土地所有制,大力发展粮食生产。据联合国粮农组织统计,在 20 世纪 80 年代世界增产的谷物中,中国占 31% 的份额。中国发展粮食生产取得巨大成就,但是我国每年人均粮食占有量不到 400 kg,低于世界平均水平。新中国成立以来,我国粮食总产量增长 2 倍多,但因人口增长过快,每年增产的粮食绝大部分被新增的人口所消耗,使平均每人增加的粮食不多。例:1952 年我国粮食产量 1.6 亿吨,人均达到 285 kg;1981 年产粮 3.25 亿吨,人均 325 kg。这期间粮食总产增长 1 倍多,而由于人口的增长,人均粮食只增长 0.14 倍。1996 年粮食产量 4.8 亿吨以上,人均依旧 400 kg 左右,人均粮食长期在 400 kg 左右。我国人均粮食产量并不高,粮食与其他农产品还远远不能满足人民生活和工业生产日益增长的需要。我国的耕地只有约 1 亿公顷,占世界耕地面积的 7%,人均耕地不到世界人均耕地的一半,却要养活占世界 1/5 以上的人口。1998 年统计:我国粮食人均占有量达到了 400 kg 以上。粮食储备量占消费量的比重达到 30% 以上,大大高于国际公认的 17%～18% 的粮食安全警戒线。

新中国成立后我国粮食生产总量趋势是不断提高的。粮食总产量快速地从新中国成立初期的 1 亿吨增加到 1978 年的 3 亿吨,1996 年达 5 亿吨,随后的三年维持在这一水平。到 2000 年后,粮食产量跌到 4.6 亿吨,以后基本在这个水平范围内波动。全国粮食总产量 2000 年为 4.621 亿吨;2001 年为 4.526 亿吨,比 2000 年减产 2.1%;2002 年为 4.571 亿吨,比 2001 年增产 0.044 8 亿吨,增产 1.0%;2003 年为 4.307 亿吨,比 2002 年减产约 5.8%。2015 年起,全国粮食总产量连续 8 年稳定在 6.5 亿吨以上。2022 年粮食总产量达 6.865 亿吨,比上年增加 368 万吨,增产 0.5%。

2019 年 10 月 14 日国务院新闻办公室发布《中国的粮食安全》白皮书。白皮书指出,2018 年中国人均粮食占有量达到 470 kg 左右,比 1996 年的 414 kg 增长了 14%,比 1949 年新中国成立时的 209 kg 增长了 126%,高于世界平均水平。粮食单产显著提高,2010 年平均每公顷粮食产量突破 5 000 kg。2018 年达到 5 621 kg,比 1996 年的 4 483 kg 增加了 1 138 kg,增长 25% 以上。粮食总产量稳步上升,2010 年突破 5.5 亿吨,2012 年超过 6 亿吨,2015 年达到 6.6 亿吨,连续 4 年稳定在 6.5 亿吨以上水平。2018 年产量近 6.6 亿吨,比 1996 年的 5 亿吨增产

30％以上，比1978年的3亿吨增产116％，是1949年1.1亿吨的近6倍。谷物自给率超过95％，为保障国家粮食安全、促进经济社会发展和国家长治久安奠定了坚实的物质基础。

二、粮食安全和提高粮食产量带来的环境问题

(一)粮食安全的概念

"民以食为天"，粮食是关系国计民生的最大问题。联合国粮农组织在1983年提出"粮食安全"概念，即"粮食安全的最终目标应该是确保所有人在任何时候既能买得到又能买得起他们所需要的基本食品"。全面的理解就是所有人在任何时候都能在物质上和经济上获得足够、安全和富有营养的食物以满足其健康而积极生活的膳食需要。这涉及四个条件：①充足的粮食供应或可获得量；②不因季节或年份而产生波动或不足的稳定供应；③具有可获得的并负担得起的粮食；④优质安全的食物。

也有人认为粮食安全还应包括确保粮食供求基本平衡。从这个意义上说，粮食短缺，供不应求，价格暴涨，社会不稳，是粮食不安全的表现；而粮食供过于求，市价低落，粮农亏本，耕地撂荒，同样也是粮食不安全的表现，二者都是应当避免的。

与发达国家比较，由于中国农业产业化、工业化进程缓慢，以及市场农业、集约化经营水平及中国农产品的质量、品种结构与世界水平的差距，在21世纪中国政府的重要任务之一即是要保证14亿人口的粮食供给问题，"手中有粮，心里不慌，脚踏实地，喜气洋洋"。在2000年10月召开的中国共产党十五届五中全会上，"确保国家粮食安全"史无前例地写进了全会公报。

(二)解决粮食问题及其对环境的影响

1. 开垦荒地，围垦滩涂，扩大种植面积

为了得到生活所必需的粮食，人们不断烧垦森林，开辟耕地和牧场。世界上大约有2亿公顷森林被开垦为耕地，大约3亿人以上的人口以此为生，由森林支撑的大生态环境受到严重威胁。

开垦的问题是植被破坏、水土流失，造成沙尘天气的主要根源之一；围垦影响了海域生态系统的良性循环，造成水旱灾害，反过来对粮食和其他大农业生产不利，如影响近海生产力和水产养殖业。

近几年国家提出退耕还林、退耕还草、退耕还滩的政策，维护和恢复了森林、草地和海域滩涂的生态系统，但也是造成近几年耕地面积减少的一个原因。为保证粮食生产安全，国家全面落实永久基本农田特殊保护制度，划定永久基本农田10 300多万公顷。

《2022年中国自然资源统计公报》显示，全国有耕地12 760.1万公顷(191 401万亩)，较上年末净增加约8.7万公顷(130万亩)。2022年全国粮食播种面积11 833万公顷(177 498万亩)，比2021年增加70.1万公顷(1 052万亩)，增长0.6％。

2. 化肥使用与污染

化肥的使用是提高农业产量的重要手段之一。据统计，发达国家中化肥对农作物产量的贡献率达到30％～50％，我国大约为30％。我国是化肥使用大国，目前化肥使用量占世界的

35%,相当于美国和印度化肥使用量的总和。同时,我国的化肥利用率较低,2019年我国三大粮食作物化肥利用率为39.2%,而同一时期美国粮食作物氮肥利用率约为50%,欧洲主要国家粮食作物化肥利用率约为65%左右。

化肥污染:土壤结构破坏,肥力下降,加剧土壤酸化、盐渍化程度;水体污染,有毒物质在食物链中迁移、积累,最终影响人类;污染大气,农田中的氮肥通过蒸发形式或直接进入大气,严重影响空气质量。化肥生产过程消耗大量无机能(如煤)又增加对环境的污染。

3. 农药污染

为了保证粮食生产,防治病虫害的发生,农药的使用已十分广泛。目前世界上生产和使用的农药有几千种,世界农药的施用量每年以10%左右的速度递增。农药的广泛使用,一方面可以给农业生产带来一定收益,世界范围内农药所避免和挽回的农业病、虫、草害损失占粮食产量的1/3;另一方面也对环境和生态系统产生危害。据统计,农田中施用的农药量仅有30%左右附着在农作物上,其余70%左右扩散到土壤和大气中。我国农药使用量居世界第一,每年达50万~60万吨,其中80%~90%的农药残留最终将进入土壤环境,造成约有87万~107万公顷的农田土壤受到农药污染。土壤中的农药可以随地表径流进入水体,造成水体污染。农药可以通过喷雾及土壤和水中挥发进入大气,通过大气环流运动而扩散到全球。即使在南极、北极、喜马拉雅山、格陵兰岛等从未使用过农药的地区,在当地的环境介质和生物中都已检测到农药,尤其是有机氯农药。

农药对生态系统也有多方面的影响。首先,导致害虫产生抗药性。据统计,世界上产生抗药性的害虫从1991年的15种增加到800多种,中国也至少有50多种害虫产生抗药性。抗药性出现意味着农药使用的次数和数量增加,而杀虫效果却日趋微弱,进一步加剧环境污染的同时还影响农业生产的产量和质量。其次,农药使用可杀死害虫天敌,减少生物多样性,打破生态系统的平衡。最后,农药可以通过食物链进行生物富集和传递,影响以昆虫为生的鸟、鱼、蛙等生物,也可以影响人类健康。

造成农药污染的原因主要来自以下两方面:一是过度依赖农药,忽略了利用生态原理来提高农作物产量的根本方法;二是生态保护意识的薄弱,忽略了农田生态环境的稳定性,滥用农药造成了对农田生态环境的破坏。

4. 农业灌溉对土壤的影响

农业灌溉加速了水冲蚀,致使土壤板结、盐碱化。灌溉水通过对农田土壤的冲蚀、淋溶,将夹带泥土颗粒、矿物质、碱分和盐分、细菌、病毒、农药和化肥,还有灌区周围的生活污水等,经排水渠排入河流或湖泊而污染地表水,增加水的矿化度、浑浊度,影响水的气味、pH值、温度、氮磷等营养物质的含量。灌溉水经土壤渗入后也会使地下水受污染。

由于灌溉水在很大程度上依赖地下水,而地下水的补给又很缓慢,深层地下水通常被认为是一种不可再生的资源。过量开采地下水,使地下水位下降,形成大面积漏斗区,造成地面沉降、塌陷,大量机井报废,沿海地区海水入侵。

今后应当注意提高水资源利用效率,开发种类齐全、系列配套、性能可靠的节水灌溉技术和产品,大力普及管灌、喷灌、微灌等节水灌溉技术,加大水肥一体化等农艺节水推广力度。

5. 农业生态环境的"白色污染"

为了提高粮食产量,从20世纪70年代起,世界上出现了地膜覆盖栽培技术,促进了粮食增产,然而却又引发了称之为农业生态环境的"白色污染"。目前所用的塑料薄膜,大多是以聚乙烯或聚氯乙烯为原料的高分子化合物,在自然中极难降解。在土壤中的残膜碎片,可存在

400 年之久。2017 年我国地膜使用量 143.7 万吨,覆盖面积达到 2.8 亿亩,均为世界第一。国家统计局数据显示,预计到 2024 年,我国地膜使用量超过 200 万吨,覆盖面积将达 3.3 亿亩。但由于重使用、轻回收,部分地区地膜残留污染问题日益严重,已成为制约农业绿色发展的突出环境问题。残膜可以降低土壤的透气性,阻碍土壤水肥的转运;改变土壤的物理性状,影响农作物根系的生长发育,导致减产。据测定,残膜污染严重的土壤会使小麦产量下降 2%～3%,玉米产量下降 10% 左右,棉花产量则下降 10%～23%。除了对农业的影响之外,土壤中裹含着大量的白色污染,对环境、水土还会有潜在的危害。

发展农业和粮食的正确道路应是:①建设生态农业和现代农业,利用生态学原理提高粮食产量,包括可持续农业和新兴的景观现代农业的建设;②节约粮食。

浪费粮食现象还相当普遍

根据 2018 年发布的《中国城市餐饮食物浪费报告》,对四个城市(北京、上海、成都和拉萨)餐饮业调查的统计结果显示,人均食物浪费量约为每餐每人 93 g,浪费率为 12%。人均食物浪费量因城市、餐馆类型、就餐目的等因素的不同而存在显著差异。中小学校园食物浪费问题值得关注。调研结果显示:某大型城市中小学生的食物浪费量明显高于城市餐饮业的平均水平。各种供餐方式中,盒饭食物浪费最严重,浪费量高达每餐每人 216 g,约占食物供应量的1/3。学生对校园餐饮的满意度较低,良好饮食习惯和节约教育的不足是造成食物浪费的主要原因。

世界粮食日

联合国粮农组织(Food and Agricultural Organization of the United Nations,FAO)成立于 1945 年 10 月 16 日,1946 年 12 月成为联合国专门机构。到 1997 年,已有成员 174 个国家和地区。其宗旨是:"改进粮农产品的生产和分配效率""改善农村人口状况""帮助发展世界经济和人民免于饥饿"。大会为最高权力机构,每两年开一次会。该组织的出版物为《农业经济与统计月报》。1979 年 11 月,第 20 届联合国粮农组织大会决议确定,1981 年 10 月 16 日为首届世界粮食日,此后每年的这一天都作为"世界粮食日"。其宗旨在于唤起全世界对发展粮食和农业生产的高度重视。

第三节 食品安全

一、食品安全概述

国以民为本,民以食为天,食以安为先。食品安全关系到人民群众身体健康和生命安全,关系着中华民族的未来。党的十九大报告明确提出实施食品安全战略,让人民吃得放心。这是党中央着眼党和国家事业全局,对食品安全工作作出的重大部署,是决胜全面建成小康社会、全面建设社会主义现代化国家的重大任务。

(一)食品安全的定义

食品安全(food safety)是指食品质量状况对食用者健康、安全的保障程度,即用于消费者最终消费的食品,不得出现食品原料问题或生产、加工、运输、储存过程中的问题对消费者的健康、安全造成或者可能造成任何不利的影响。《中华人民共和国食品安全法》第十章附则第九十九条规定:食品安全,指食品无毒、无害,符合应当有的营养要求,对人体健康不造成任何急性、亚急性或者慢性危害。

食品安全是一个综合性的概念体系,包含食品数量安全、质量安全和营养安全三个层次的含义:第一层的数量安全强调的是一国的食品供给数量能够满足人口的基本需求;第二层的质量安全指的是食品的制作和食用不会使消费者的健康受到损害;第三层的营养安全指的是人类从食物中所摄取的糖类、蛋白质、脂肪、维生素、矿物质、纤维素等能够满足营养和健康的需求。目前,大多数情况下食品安全主要指的是食品的质量安全。

(二)现代食品安全的内容

食品安全面临的主要问题:

(1)食品的污染(如微生物污染、化学污染、物理污染等),对人类的健康、安全带来的威胁;

(2)食品工业新技术(如食品添加剂、食品生产配剂、介质和辐射食品、转基因食品等)所带来的问题;

(3)食品标识滥用问题。

主要表现形式:

(1)食源性疾病不断上升;

(2)恶性污染事件日益突出,甚至造成人的生命财产的损失;

(3)某些新技术带来的新危害得不到有效的控制;

(4)世界范围内由于食品安全问题而引起的贸易纠纷不断发生。

(三)主要污染物

1. 重金属

我国有些地方由于重金属镉的排放引起农田污染,使大米中含镉量高达 $1.32 \sim 5.43$ mg/kg,大大超过卫生标准规定的 0.2 mg/kg,给人体健康带来极大威胁。

2. 有机污染物

有机污染物以化学农药为代表。全国农药使用量大约为 20 万吨,真正利用率仅为 $10\% \sim 20\%$,其余排放进入环境。许多农民由于缺少环境保护知识,施用农药的技术不过关,农药事故屡有发生。

另一种有机污染物是人工合成色素,是以煤焦油为原料制成的,常被人们称为煤焦油色素或者苯胺色素。煤焦油和苯胺不仅可引起神经性的中毒,而且具有明显的致癌性。另外合成色素在加工、生产过程中,往往还会引入重金属如铅、砷和汞等。经常食用颜色鲜艳的食品,色素在体内蓄积过多,会消耗体内的解毒物质和干扰正常的代谢功能,甚至导致腹泻、腹胀和营养不良等症状。此外,食用人工合成色素还会严重影响人的神经传导功能,使儿童发生多动症,注意力无法集中。

二噁英也是一类强烈的致癌物质。1997 年世界卫生组织国际癌症研究机构将其从致癌物名单的二级致癌物地位提升到一级致癌物(对人体肯定致癌物)。二噁英不仅具有致癌性,还具有生殖毒性,可能造成男性雌性化。二噁英是工业化过程的副产物。有关二噁英问题的详细介绍请看第四章的第五节。

3. 非金属无机物质

非金属无机物质污染中硝酸盐与人体关系最为密切。蔬菜在生产过程中由于施肥不当而引起硝酸盐在菜体中的积累。人体摄入硝酸盐总量的 80% 以上来自蔬菜。硝酸盐本身毒性不大,但是它在人体肠胃中可转化为亚硝酸盐,后者具有很强的致病、致癌性,可造成人体尤其是婴幼儿的血液失去携氧功能,出现中毒症状,还可与胃肠中的胺类物质合成极强的致癌物质亚硝胺,并导致胃癌和食道癌。蔬菜体内的硝酸盐含量因其类型不同而异。蔬菜类型可分为叶菜类、根菜类、花菜类、瓜果类。一般说来叶菜类比瓜果类的硝酸盐含量高。此外,市场上销售的蔬菜如果储藏时间太长,尤其是那些已经变黄或出现病斑和开始腐烂变质的蔬菜,其菜体内硝酸盐已多半转化为亚硝酸盐,食后极易引起中毒。

二、我国食品安全现状

我国自 20 世纪 90 年代初相继颁布了《中华人民共和国食品卫生法》等有关保障食品卫生质量的法律、法规。有关部门发布了一系列相关的规定和管理办法,比如《粮食卫生管理办法》《食品添加剂生产管理办法》等。各地政府为贯彻执行相关法规也发布了一些实施办法。在实际食品生产和市场流通中,这些法规、条例和办法的实施在一定程度上起到了对食品质量的规范和保障作用。随着人民群众对食品安全问题的高度关注,对食品的安全性和有效性也提出了更高要求。2009 年《中华人民共和国食品安全法》和《中华人民共和国食品安全法实施条例》相继公布,为各级政府加强食品安全监督管理能力建设,为食品安全监督管理工作提供了法律依据和实施办法。2013 年 3 月国务院组建国家食品药品监督管理总局(China Food and Drug Administration,CFDA)。

党的十八大以来,以习近平同志为核心的党中央坚持以人民为中心的发展思想,从党和国家事业发展全局、实现中华民族伟大复兴中国梦的战略高度,把食品安全工作放在"五位一体"总体布局和"四个全面"战略布局中统筹谋划部署,在体制机制、法律法规、产业规划、监督管理等方面采取了一系列重大举措。各地区各部门认真贯彻党中央、国务院决策部署,食品产业快速发展,安全标准体系逐步健全,检验检测能力不断提高,全过程监管体系基本建立,重大食品安全风险得到控制,人民群众饮食安全得到保障,食品安全形势不断好转。

然而,我国食品安全工作仍仍面临不少困难和挑战,形势依然复杂严峻。微生物和重金属污染、农药兽药残留超标、添加剂使用不规范、制假售假等问题时有发生,环境污染对食品安全的影响逐渐显现;违法成本低,维权成本高,法制不够健全,一些生产经营者唯利是图、主体责任意识不强;新业态、新资源潜在风险增多,国际贸易带来的食品安全问题加深;食品安全标准与最严谨标准要求尚有一定差距,风险监测评估预警等基础工作薄弱,基层监管力量和技术手段跟不上;一些地方对食品安全重视不够,责任落实不到位,安全与发展的矛盾仍然突出。这些问题影响到人民群众的获得感、幸福感、安全感,成为全面建成小康社会、全面建设社会主义现代化国家的明显短板。

人民日益增长的美好生活需要对加强食品安全工作提出了新的更高要求;推进国家治理体系和治理能力现代化,推动高质量发展,实施健康中国战略和乡村振兴战略,为解决食品安全问题提供了前所未有的历史机遇。必须深化改革创新,用最严谨的标准、最严格的监管、最严厉的处罚、最严肃的问责,进一步加强食品安全工作,确保人民群众"舌尖上的安全"。习近平总书记指出,食品安全关系中华民族的未来,能不能在食品安全上给老百姓一个满意的交代,是对我们执政能力的考验。

虽然我国的食品卫生安全工作已取得了进步,但是与发达国家相比,我国的食品安全水平仍然处在较低的水平。我国的食品生产和供给中还存在着食品制成品的合格率不高,食物中毒及食源性疾患没有得到控制,一些中小食品生产经营企业工艺和设备落后、技术水平较低,检验手段不齐,法律意识不够,执行食品安全相关法规、条例、标准的自觉性和力度不够,食品安全监督执法队伍力量与所担负的工作量相比还很不足,执法水平还需提高等情况。这些问题在某些方面还相当严重,导致我国目前食品不安全,人民身体健康受危害,国家的国际声誉遭破坏。

当前,我国发生的食品安全问题可以归纳为以下几个方面:

(一)化肥、农药等有害物质残留

许多谷物使用杀虫剂处理以防止昆虫的危害,使用杀菌剂处理以防止真菌的生长,使用除莠剂或生长抑制剂有选择地消灭一些杂草,这些都能造成污染。农药大部分是复杂的有机化合物,对动物和人常常是有毒的。虽然通常是在收割前有足够长的时间,以便雨水将农药冲去,但它常常很稳定,在土壤天然水中可达数年之久。

(二)抗生素、激素和其他有害物质残留

我国饲养业饲料中添加抗生素、激素比较普遍,常有残留于禽、畜、水产品中。近年来,又发生多起因食用"瘦肉精"喂养的猪肉而中毒的事件。

瘦肉精又名克伦特罗、盐酸克伦特罗等,目前又发展有多种同分异构体,不容易检测出来。瘦肉精具有神经兴奋作用,可以刺激动物生长并增加肌肉比例。用它喂养牲畜,在牲畜体内会有残留。人食用了含瘦肉精的牲畜肉,对人体有严重危害。临床表现:①急性中毒,有心悸,面颈、四肢肌肉颤抖,头晕、乏力,心动过速,室性早搏;②原有交感神经功能亢进的患者,如有高血压、冠心病、甲状腺功能亢进者上述症状更易发生;③与糖皮质激素合用可引起低血钾,从而导致心律失常;④反复使用会产生耐受性,对支气管扩张作用减弱及持续时间缩短。预防方法:①控制源头,加强法规的宣传,禁止在饲料中掺入瘦肉精;②加强对上市猪肉的检验;③购买猪肉的消费者,如果发现猪肉肉色较深、肉质鲜艳,后臀肌肉饱满突出,脂肪非常薄,这种猪肉则可能使用过"瘦肉精"。

(三)超量使用食品添加剂

超量使用国家认定的可供食品加工用的添加剂品种和用量,以及在产品中超过残留限量,即可能对人体造成危害。如曾发现在面粉中超限量5倍的增白剂"过氧化苯甲酰",在腌菜中超标准20多倍的苯甲酸,在饮料中成倍超标使用的化学合成甜味剂等等。

（四）滥用非食品加工用化学添加物

在食品加工制造过程中，非法使用和添加超出食品法规允许使用范围的化学物质（其中绝大部分对人体有害）。例如：熏蒸馒头、包子增白使用二氧化硫；使大米、饼干增亮用矿物油；用甲醛浸泡海产品使之增韧、增亮，延长保存期；改善米粉、腐竹口感使用"吊白块"（一种化工原料，化学名称为甲醛次硫酸氢钠。"吊白块"在食品加工过程中分解产生的甲醛，使细胞原浆中毒，能使蛋白质凝固，一次性摄入 10 g 即可致人死亡），调色使用的"苏丹红"等等。

2008 年中国奶制品污染事件是中国的一起食品安全事件。事件起因是很多食用三鹿集团生产的奶粉的婴儿被发现患有肾结石，随后在其奶粉中发现添加化工原料三聚氰胺。根据公布数字，截至 2008 年 9 月 21 日，因使用婴幼儿奶粉而接受门诊治疗咨询且已康复的婴幼儿累计 39 965 人，正在住院的有 12 892 人，此前已治愈出院 1 579 人，死亡 4 人。事件引起各国的高度关注和对乳制品安全的担忧。中国国家质检总局公布对国内的乳制品厂家生产的婴幼儿奶粉的三聚氰胺检验报告后，事件迅速恶化，包括伊利、蒙牛、光明、圣元及雅士利在内的多个厂家的奶粉都检出三聚氰胺。该事件亦重创中国制造商品信誉，多个国家禁止了中国乳制品进口。

2011 年台湾出现在食品添加物中加入有害健康的塑化剂事件。多家知名运动饮料及果汁、酵素饮品已遭污染。此次污染事件规模之大为历年罕见，在台湾引起轩然大波，被称为台湾版的"三聚氰胺事件"。

（五）劣质食品原料

食品加工用原料质量差、劣，给食品安全造成极大隐患。如：用已霉变（含黄曲霉毒素）的大米加工米制品；使用病死畜、禽加工熟肉制品；早餐摊点使用"地沟油"加工油炸食品等。

近来有关餐饮业"地沟油"的问题，在社会上引起强烈的反响。"地沟油"也称"潲水油"，是指从餐饮业的下水管道中，通过隔油器或手工收集，然后借助简单工艺由手工提炼出来的油品，以及酸败不能再食用的油品总称。由于"地沟油"从原料收集到手工提炼的过程中，经过与水、金属、微生物等发生作用，酸败程度高，产生的游离脂肪酸多，导致酸性也很高，由此产生的致畸、致癌、突变的毒性物质对人体十分有害。"地沟油"不能食用，但可作化工产品的原料之用，许多化工厂用它来生产机械润滑油、油漆等工业产品。因此，提炼"地沟油"就成了某些人的职业行当，许多地下非法的"地沟油"加工厂也就有了生存空间。

（六）假冒伪劣食品

近年来假冒伪劣食品在一些地区，特别是广大农村地区肆意横行，如：用化学合成物掺兑的酱油、食醋；粗制滥造的饮料、冷食品；水果表面用染料涂色；用工业酒精制造假酒、甲醇掺杂进白酒等。

（七）病原微生物控制不当

食品的原料和加工程度决定了它具备一定的微生物生长的条件，加工制造过程和包装储运过程中稍有不慎就会发生食品中微生物的大量繁殖生长。食源性疾病是食品安全风险最高的区域。据统计，全球每年有近 15 亿人感染食源性疾病，其中 70% 由食品中致病微生物污染引起。我国发生的集体食堂和饮食服务业中的食物中毒，大多由微生物引起。在我国，易造成食物中毒的病原微生物主要有:细菌,如致病性大肠杆菌、金黄色葡萄球菌、沙门氏菌等;病毒;寄生虫,如鱼源性吸虫、棘球绦虫属或猪带绦虫、蛔虫、隐孢子虫等。

(八)食品腐败变质

食品基本都以动植物生物组织作为主要成分。这些物质在一定条件下会发生一系列的化学和生物变化,产生各种对人体有害的物质。食用这些腐败变质的食品必然导致对人体的危害。比如,变质的鲜奶、酸奶、鲜肉,超过保质期的糕点、果汁饮料等。

(九)包装材料中化学物质的转移

在塑料的制造中,往往要加入有机过氧化物或金属盐,作为引发聚合反应的催化剂。塑料的加工过程中,为了改变塑料的性能,往往要加入一些添加剂——塑料助剂,如增加柔软性的增塑剂、防止氧化的抗氧化剂、增加热稳定性的稳定剂等;当塑料用作食物包装材料时,这些塑料助剂就可能进入食物中,成为污染食品的一个来源。

(十)转基因食品的安全性问题

此部分内容涉及生物安全问题,已在第六章生物安全与外来生物入侵的第二节里介绍。

三、食品安全战略的实施

党的十九大提出,要"实施食品安全战略,让人民吃得放心"。针对当前食品安全面临的风险挑战,各地各部门正从制度建设等多个方面持续发力。2018年3月,根据第十三届全国人民代表大会第一次会议批准的国务院机构改革方案,将国家食品药品监督管理总局的职责整合,组建中华人民共和国国家市场监督管理总局。《中华人民共和国食品安全法》于2018年12月29日修正。2019年12月1日起施行《中华人民共和国食品安全法实施条例》。2019年5月9日中共中央、国务院在《关于深化改革加强食品安全工作的意见》里提出了实施食品安全战略的总体目标,即:到2020年,基于风险分析和供应链管理的食品安全监管体系初步建立。农产品和食品抽检量达到4批次/千人,主要农产品质量安全监测总体合格率稳定在97%以上,食品抽检合格率稳定在98%以上,区域性、系统性重大食品安全风险基本得到控制,公众对食品安全的安全感、满意度进一步提高,食品安全整体水平与全面建成小康社会目标基本相适应。到2035年,基本实现食品安全领域国家治理体系和治理能力现代化。食品安全标准水平进入世界前列,产地环境污染得到有效治理,生产经营者责任意识、诚信意识和食品质量安全管理水平明显提高,经济利益驱动型食品安全违法犯罪明显减少。食品安全风险管控能力达到国际先进水平,从农田到餐桌全过程监管体系运行有效,食品安全状况实现根本好转,人民群众吃得健康、吃得放心。

习近平总书记提出食品安全工作"四个最严"的具体要求是:

(一)建立最严谨的标准

1. 加快制修订标准

立足国情、对接国际,加快制修订农药残留、兽药残留、重金属、食品污染物、致病性微生物等食品安全通用标准,到2020年农药兽药残留限量指标达到1万项,基本与国际食品法典标准接轨。加快制订产业发展和监管急需的食品安全基础标准、产品标准、配套检验方法标准。完善食品添加剂、食品相关产品等标准制定。及时修订完善食品标签等标准。

2. 创新标准工作机制

借鉴和转化国际食品安全标准，简化优化食品安全国家标准制修订流程，加快制修订进度。完善食品中有害物质的临时限量值制定机制。建立企业标准公开承诺制度，完善配套管理制度，鼓励企业制定实施严于国家标准或地方标准的企业标准。支持各方参与食品安全国家标准制修订，积极参与国际食品法典标准制定，积极参与国际新兴危害因素的评估分析与管理决策。

3. 强化标准实施

加大食品安全标准解释、宣传贯彻和培训力度，督促食品生产经营者准确理解和应用食品安全标准，维护食品安全标准的强制性。对食品安全标准的使用进行跟踪评价，充分发挥食品安全标准保障食品安全、促进产业发展的基础作用。

(二)实施最严格的监管

1. 严把产地环境安全关

实施耕地土壤环境治理保护重大工程。强化土壤污染管控和修复，开展重点地区涉重金属行业污染土壤风险排查和整治。强化大气污染治理，加大重点行业挥发性有机物治理力度。加强流域水污染防治工作。

2. 严把农业投入品生产使用关

严格执行农药兽药、饲料添加剂等农业投入品生产和使用规定，严禁使用国家明令禁止的农业投入品，严格落实定点经营和实名购买制度。将高毒农药禁用范围逐步扩大到所有食用农产品。落实农业生产经营记录制度、农业投入品使用记录制度，指导农户严格执行农药安全间隔期、兽药休药期有关规定，防范农药兽药残留超标。

3. 严把粮食收储质量安全关

做好粮食收购企业资格审核管理，督促企业严格落实出入厂(库)和库存质量检验制度，积极探索建立质量追溯制度，加强烘干、存储和检验监测能力建设，为农户提供粮食烘干存储服务，防止发霉变质受损。健全超标粮食收购处置长效机制，推进无害化处理和资源合理化利用，严禁不符合食品安全标准的粮食流入口粮市场和食品生产企业。

4. 严把食品加工质量安全关

实行生产企业食品安全风险分级管理，在日常监督检查全覆盖基础上，对一般风险企业实施按比例"双随机"抽查，对高风险企业实施重点检查，对问题线索企业实施飞行检查，督促企业生产过程持续合规。加强保健食品等特殊食品监管。将体系检查从婴幼儿配方乳粉逐步扩大到高风险大宗消费食品，着力解决生产过程不合规、非法添加、超范围超限量使用食品添加剂等问题。

5. 严把流通销售质量安全关

建立覆盖基地贮藏、物流配送、市场批发、销售终端全链条的冷链配送系统，严格执行全过程温控标准和规范，落实食品运输在途监管责任，鼓励使用温控标签，防止食物脱冷变质。督促企业严格执行进货查验记录制度和保质期标识等规定，严查临期、过期食品翻新销售。严格执行畜禽屠宰检验检疫制度。加强食品集中交易市场监管，强化农产品产地准出和市场准入衔接。

6. 严把餐饮服务质量安全关

全面落实餐饮服务食品安全操作规范,严格执行进货查验、加工操作、清洗消毒、人员管理等规定。集体用餐单位要建立稳定的食材供应渠道和追溯记录,保证购进原料符合食品安全标准。严格落实网络订餐平台责任,保证线上线下餐饮同标同质,保证一次性餐具制品质量安全,所有提供网上订餐服务的餐饮单位必须有实体店经营资格。

(三)实行最严厉的处罚

1. 完善法律法规

研究修订食品安全法及其配套法规制度,修订完善刑法中危害食品安全犯罪和刑罚规定,加快修订农产品质量安全法,研究制定粮食安全保障法,推动农产品追溯入法。加快完善办理危害食品安全刑事案件的司法解释,推动危害食品安全的制假售假行为"直接入刑"。推动建立食品安全司法鉴定制度,明确证据衔接规则、涉案食品检验认定与处置协作配合机制、检验认定时限和费用等有关规定。加快完善食品安全民事纠纷案件司法解释,依法严肃追究故意违法者的民事赔偿责任。

2. 严厉打击违法犯罪

落实"处罚到人"要求,综合运用各种法律手段,对违法企业及其法定代表人、实际控制人、主要负责人等直接负责的主管人员和其他直接责任人员进行严厉处罚,大幅提高违法成本,实行食品行业从业禁止、终身禁业,对再犯从严从重进行处罚。严厉打击刑事犯罪,对情节严重、影响恶劣的危害食品安全刑事案件依法从重判罚。加强行政执法与刑事司法衔接,行政执法机关发现涉嫌犯罪、依法需要追究刑事责任的,依据行刑衔接有关规定及时移送公安机关,同时抄送检察机关;发现涉嫌职务犯罪线索的,及时移送监察机关。积极完善食品安全民事和行政公益诉讼,做好与民事和行政诉讼的衔接与配合,探索建立食品安全民事公益诉讼惩罚性赔偿制度。

3. 加强基层综合执法

深化综合执法改革,加强基层综合执法队伍和能力建设,确保有足够资源履行食品安全监管职责。县级市场监管部门及其在乡镇(街道)的派出机构,要以食品安全为首要职责,执法力量向一线岗位倾斜,完善工作流程,提高执法效率。农业综合执法要把保障农产品质量安全作为重点任务。加强执法力量和装备配备,确保执法监管工作落实到位。公安、农业农村、市场监管等部门要落实重大案件联合督办制度,按照国家有关规定,对贡献突出的单位和个人进行表彰奖励。

4. 强化信用联合惩戒

推进食品工业企业诚信体系建设。建立全国统一的食品生产经营企业信用档案,纳入全国信用信息共享平台和国家企业信用信息公示系统。实行食品生产经营企业信用分级分类管理。进一步完善食品安全严重失信者名单认定机制,加大对失信人员联合惩戒力度。

(四)坚持最严肃的问责

1. 明确监管事权

各省、自治区、直辖市政府要结合实际,依法依规制定食品安全监管事权清单,压实各职能部门在食品安全工作中的行业管理责任。

2. 加强评议考核

完善对地方党委和政府食品安全工作评议考核制度。对考核达不到要求的,约谈地方党政主要负责。

四、治理"餐桌污染"的攻坚行动

2019年5月,《中共中央、国务院关于深化改革加强食品安全工作的意见》公开发布,这是第一个以中共中央、国务院名义出台的食品安全工作纲领性文件,具有里程碑式重要意义。围绕人民群众普遍关心的突出问题,开展食品安全放心工程建设攻坚行动,国家提出用5年左右时间,以点带面治理"餐桌污染",力争取得明显成效。十项具体措施如下:

(一)实施风险评估和标准制定专项行动

系统开展食物消费量调查、总膳食研究、毒理学研究等基础性工作,完善风险评估基础数据库。加强食源性疾病、食品中有害物质、环境污染物、食品相关产品等风险监测,系统开展食品中主要危害因素的风险评估,建立更加适用于我国居民的健康指导值。按照最严谨要求和现阶段实际,制定实施计划,加快推进内外销食品标准互补和协调,促进国民健康公平。

(二)实施农药兽药使用减量和产地环境净化行动

开展高毒高风险农药淘汰工作,5年内分期分批淘汰现存的10种高毒农药。实施化肥农药减量增效行动、水产养殖用药减量行动、兽药抗菌药治理行动,遏制农药兽药残留超标问题。加强耕地土壤环境类别划分和重金属污染区耕地风险管控与修复,重度污染区域要加快退出食用农产品种植。

(三)实施国产婴幼儿配方乳粉提升行动

在婴幼儿配方乳粉生产企业全面实施良好生产规范、危害分析和关键控制点体系,自查报告率要达到100%。完善企业批批全检的检验制度,健全安全生产规范体系检查常态化机制。禁止使用进口大包装婴幼儿配方乳粉到境内分装,规范标识标注。支持婴幼儿配方乳粉企业兼并重组,建设自有自控奶源基地,严格奶牛养殖饲料、兽药管理。促进奶源基地实行专业化、规模化、智能化生产,提高原料奶质量。发挥骨干企业引领作用,加大产品研发力度,培育优质品牌。力争3年内显著提升国产婴幼儿配方乳粉的品质、竞争力和美誉度。

(四)实施校园食品安全守护行动

严格落实学校食品安全校长(园长)负责制,保证校园食品安全,防范发生群体性食源性疾病事件。全面推行"明厨亮灶",实行大宗食品公开招标、集中定点采购,建立学校相关负责人陪餐制度,鼓励家长参与监督。对学校食堂、学生集体用餐配送单位、校园周边餐饮门店及食品销售单位实行全覆盖监督检查。落实好农村义务教育学生营养改善计划,保证学生营养餐质量。

(五)实施农村假冒伪劣食品治理行动

以农村地区、城乡接合部为主战场,全面清理食品生产经营主体资格,严厉打击制售"三无"食品、假冒食品、劣质食品、过期食品等违法违规行为,坚决取缔"黑工厂""黑窝点"和"黑作坊",实现风险隐患排查整治常态化。用 2~3 年时间,建立规范的农村食品流通供应体系,净化农村消费市场,提高农村食品安全保障水平。

(六)实施餐饮质量安全提升行动

推广"明厨亮灶"、餐饮安全风险分级管理,支持餐饮服务企业发展连锁经营和中央厨房,提升餐饮行业标准化水平,规范快餐、团餐等大众餐饮服务。鼓励餐饮外卖对配送食品进行封签,使用环保可降解的容器包装。大力推进餐厨废弃物资源化利用和无害化处理,防范"地沟油"流入餐桌。开展餐饮门店"厕所革命",改善就餐环境卫生。

(七)实施保健食品行业专项清理整治行动

全面开展严厉打击保健食品欺诈和虚假宣传、虚假广告等违法犯罪行为。广泛开展以老年人识骗、防骗为主要内容的宣传教育活动。加大联合执法力度,大力整治保健食品市场经营秩序,严厉查处各种非法销售保健食品行为,打击传销。完善保健食品标准和标签标识管理。做好消费者维权服务工作。

(八)实施"优质粮食工程"行动

完善粮食质量安全检验监测体系,健全为农户提供专业化社会化粮食产后烘干储存销售服务体系。开展"中国好粮油"行动,提高绿色优质安全粮油产品供给水平。

(九)实施进口食品"国门守护"行动

将进口食品的境外生产经营企业、国内进口企业等纳入海关信用管理体系,实施差别化监管,开展科学有效的进口食品监督抽检和风险监控,完善企业信用管理、风险预警、产品追溯和快速反应机制,落实跨境电商零售进口监管政策,严防输入型食品安全风险。建立多双边国际合作信息通报机制、跨境检查执法协作机制,共同防控食品安全风险。严厉打击食品走私行为。

(十)实施"双安双创"示范引领行动

发挥地方党委和政府积极性,持续开展食品安全示范城市创建和农产品质量安全县创建活动,总结推广经验,落实属地管理责任和生产经营者主体责任。

> **国际食品安全控制体系:ISO 22000:2005 标准的食品安全管理体系**
>
> 进入 21 世纪,世界范围内消费者都要求安全和健康的食品,食品加工企业因此不得不贯彻食品安全管理体系,以确保生产和销售安全食品。为了帮助这些食品加工企业满足国际市场的需求,同时,也为了证实这些企业已经建立和实施了食品安全管理体系,从而有能力提供安全食品,开发一个可用于审核的标准成了一种强烈需求。另外,由于贸易的国际化和全球化,开发一个国际标准也成为各国食品行业的强烈需求。顾客的期望、社会的责任,使食品生产、操作和供应的组织逐渐认识到,应当有标准来指导操作、保障、评价食品安全管理,这种对标准的呼唤,促使 ISO 22000:2005 食品安全管理体系要求标准的产生。ISO 22000:2005 标准既是描述食品安全管理体系要求的使用指导标准,又是可供食品生产、操作和供应的组织认证和注册的依据。

危害分析与关键控制点(HACCP)系统操作指南

　　HACCP 体系是 Hazard Analysis Critical Control Point 的英文缩写,表示危害分析的临界控制点。HACCP 体系是国际上共同认可和接受的食品安全保证体系,主要是对食品中微生物、化学和物理危害进行安全控制。HACCP 是在食品的生产过程中保证食品安全的系统操作指南,是被国际权威机构认可的、以预防为主的有效食品安全的系统操作指南。HACCP 是一个全面而又科学的食品控制体系,包括 7 个基本要素:危害分析、关键控制点识别、各关键控制点临界极限的确定、建立各关键控制点的监测方法和处理监测结果的程序、建立各关键控制点偏离临界极限时的校正方案、建立 HACCP 系统的有效记录档案制度、建立确认 HACCP 系统是否正常运转的程序。HACCP 是一种预防性策略,其核心是制定一套方案来预测和防止在食品生产过程中出现影响食品安全的危害,防患于未然,降低产品损耗。

第四节　绿色食品、有机(天然)食品

一、绿色食品

　　当前,由于化肥农药在农业中的广泛应用,不但造成环境污染,而且农作物大量吸收有毒物质,食品的品质也明显下降,给人类健康带来严重危害。人们因此呼唤健康农业,"绿色食品"也应运而生。

(一)绿色食品的概念

　　严格地讲,绿色食品是指遵循可持续发展原则,按照特定生产方式生产,经专门机构认定,许可使用绿色食品标志商标的无污染、安全、优质、营养类食品。它具有一般食品所不具备的特征:"安全和营养"的双重保证,"环境和经济"的双重效益。它是在生产加工过程中通过严密监测、控制、防范或减少化学物质(农药残留、兽药残留、重金属、硝酸盐、亚硝酸盐等)污染、生物性(真菌、细菌、病毒、寄生虫等)污染以及环境污染而生产出来的。绿色食品在突出其出自良好生态环境的前提下融入了环境保护与资源可持续利用的意识,融入了对产品实施全过程质量控制的意识和依法对产品实行标志管理的知识产权保护意识。因此,绿色食品的内涵明显区别于普通食品。

　　绿色象征着生命、健康和活力,也象征着环境保护和农业。生产绿色食品是人类注重保护生态环境的产物,是社会进步和经济发展的产物,也是人们生活水平提高和消费观念改变的产物。

(二)绿色食品必须具备的条件

根据我国农业部规定,获得绿色食品标志的产品,必须符合下列条件:

(1)产品或产品原料产地必须符合绿色食品生产环境和质量标准;

(2)农作物种植、畜禽饲养、水产养殖及食品加工必须符合绿色食品生产操作规程;

(3)产品必须符合绿色食品产品标准;

(4)产品的包装、贮运必须符合绿色食品包装贮运标准。

(三)绿色食品的特征

1. 强调产品出自良好的生态环境

坚持对原料产地及其周围的生态环境因子进行严格检测和评价,以保证生产地没有遭受污染。

2. 产品无污染、安全、优质、营养

无污染、安全是指在绿色食品的生产、加工过程中,通过严密监测、控制,防范农药残留、放射性物质、重金属、有害细菌等有关食品生产各个环节的污染,而不仅仅局限于将食品的污染水平控制在危害人体健康的安全限度内。优质、营养是指产品具有优良的内在品质,产品的营养价值和卫生安全指标高于普通食品。

3. 绿色食品的生产开发实施"从土地到餐桌"的全程质量控制

通过产前环节的原料环境监测和产中环节具体生产、加工操作规程的落实,以及产后环节产品质量、卫生指标、包装、运输、储藏、销售等的控制,确保绿色食品标志是一个质量证明商标,通过对符合绿色食品标准的产品给予绿色食品标志的使用权,实现了质量认证和商标管理的结合。

(四)绿色食品的标准

绿色食品的相关标准有:绿色食品分级标准、绿色食品的产地环境质量标准、绿色食品生产过程标准、绿色食品产品标准、绿色食品包装标签标准。

(1)绿色食品的分级标准中把绿色食品分为 A 级与 AA 级。A 级允许限量施用人工合成化学品,如化肥和农药。目前市场上少量出售的绿色食品就属于 A 级。AA 级绿色食品完全与国际接轨,各项指标标准达到或严于国际同类食品。AA 级绿色食品完全不允许使用人工合成化学品,包括生长中的化肥与农药,也包括加工过程中不得使用保鲜剂、防腐剂、添加剂等。这种食品级别类似于西欧、美国、日本等地已成为时尚的有机食品级别,售价一般比同类普通食品高 50%,有的甚至高出 150%。

(2)绿色食品的产地环境质量标准中规定了产品或产品原料产地的生态因子,包括大气、水、土符合绿色食品的环境质量标准。

(3)绿色食品的生产过程标准是绿色食品生产过程中的关键环节,绿色食品的生产过程标准是绿色食品标准体系的核心。它包括生产资料使用准则和操作规程,其中生产资料使用准则是对绿色食品生产过程中的农药、肥料、兽药、水产养殖用药、食品添加剂的使用准则。生产操作规程是绿色食品生产资料使用准则在一个品种产品生产上的细化和落实。

(4)绿色食品产品标准主要体现出绿色食品的安全、优质、营养食品的内涵,包括原料、感官、理化、微生物等要求内容。

(5)绿色食品包装标签标准对于绿色食品的包装材料、容器、辅助物必须符合要求,同时标签的相关内容要符合国家有关标准。绿色食品是遵循可持续发展原则,按照特定生产方式组织生产,经专门机构认定,许可使用绿色食品商标和无污染的安全、优质、营养类食品。

凡绿色食品产品的包装上都同时印有绿色食品商标标志、"经中国绿色食品发展中心许可使用绿色食品标志"字样的文字和批准号。如 LB-40-9801011231,LB 代表"绿标",40 代表"产品类别",98 代表"年份",01 代表"中国",01 代表"北京市",123 代表"当年批准的第 123 个产品",1 代表"A 级绿色食品",2 代表"AA 级绿色食品",只有这两级。有些不法厂商的包装上标示"AAA"级,甚至"AAAA"级食品,这显然是假冒伪劣食品。

生产绿色食品,关键在于农药和肥料。毫无疑问,普通化肥、农药与绿色食品是不相容的,食用化肥农药残留超标的蔬菜瓜果,无异于慢性自杀。现代人类呼唤健康农业,呼唤天然无污染的绿色食品,自然要在农业生产中排斥化肥和杀虫剂之类,代之以生物农药和生物肥料。在这方面,科学家们正在努力研制生物杀虫剂,利用某些昆虫、细菌使害虫得病而死,对人的健康无害。科学家们还把希望寄托在基因技术上,例如使农作物自己释放出杀虫剂。

二、有机(天然)食品

(一)有机(天然)食品的概念

为了解决现代农业及其相关工业生产造成的环境污染和食品品质劣化等一系列弊端,国外诸多学者和农业实践工作者早在 20 世纪三四十年代就提出要保护土壤的健康,发展有机农业,为人类生产没有污染的环保食品即有机食品。

(二)有机食品的认证

1994 年 10 月我国在南京成立了唯一一家从事有机食品(天然)食品(包括纯天然食品)研究、开发和颁证的机构,接着在云南、安徽、河北、山东、山西、内蒙古、青海、辽宁、黑龙江、湖南等各省相继建立了多个分中心。该机构还建立了国际有机作物改良协会的中国分会,可以开展国际性的有机农产品颁证工作。

为了推动农村环境保护事业的发展,减少和防止农药、化肥等农用化学品对环境的污染,提高我国有机农业的生产水平,促进有机(天然)食品的开发,保证有机(天然)食品生产和加工的质量,向社会提供纯天然、无污染、高品位的食品,满足我国和国际市场的需求,2003 年国家环境保护局(简称 NEPA)委托国家环境保护局有机食品发展中心(简称 OFDC),根据国际有机农业运动联合会(Inernational Federation of Organic Agriculture Movements,简称IFOAM)有机农业生产和粮食加工的基本标准,参照国际有机作物改良协会(Organic Crops Improvement Association,简称 OCIA)、美国加利福尼亚州有机农民协会(California Certified Organic Farmers,简称 CCOF)以及其他国家(德国、日本等)有机农业和食品生产、加工标准,结合我国食品行业标准和具体情况制定了《有机(天然)食品生产和加工技术规范》。它是我国有机(天然)食品生产和加工的主要参照标准,也是 OFDC 颁发有机(天然)食品证书的重要依据。所谓有机农业是指一种完全不用人工合成的农药、肥料、生长调节剂和家畜禽饲料添加剂的农业生产体系。有机(天然)食品则是指根据有机农业和有机食品生产、加工标准而生产出来的经过有机(天然)食品颁证组织颁发证书供人们食用的一切食品,它包括蔬菜、水果、饮料、牛奶、其他农产品、调料、油料、蜂产品以及药物、酒类等。

有机(天然)食品的品质和技术要求高于国内通常意义上的绿色食品,而且具有国际权威性,是中国环保食品走上国际市场的通行证。有机(天然)食品必须符合三个方面的要求:一是除符合国家有关食品生产、加工和卫生标准外,还必须符合国家环保局上述《有机(天然)食品生产和加工技术规范》的要求,是一类符合国际有机食品生产和加工基本标准的有机(天然)食品;二是该商品的原料不受任何污染,其生产过程中不使用任何合成农药、化肥、除草剂、合成生长素和饲料添加剂等,选择品种时应注意保持品种遗传基质的多样性,不使用由基因工程获得的品种;三是该商品在加工过程中不使用合成的防腐剂、合成的食品添加剂和人工色素等,商品的储藏、运输过程中未受到有害化学物质的污染。

(三)新形势下我国发展绿色食品(包括有机食品)的重大意义

加入世界贸易组织(WTO)后,虽然部分进口关税降低了,但另一种无形的壁垒却增高了,其中最令人担忧的就是“绿色壁垒”。在世界贸易中,发达国家构筑了“绿色壁垒”,他们通过立法、制定繁杂的环保公约、法律、法规和标准、标志等形式对商品进行准入限制;当前日趋严重的农产品贸易保护主义,与环境保护相关的“绿色”标志已成为一种新的非关税贸易壁垒。当今农产品国际贸易领域:一是高附加值、高科技含量的农产品及其加工产品出口比重日益增长,农业的持续发展将更加依靠科学技术进步;二是出口农产品必须具备更高的质量和安全性,特别是美、日等国对绿色食品的检测标准更是十分苛刻。世界各国采取的保护本国消费者健康以及动植物卫生的措施可能成为潜在的贸易壁垒并构成一种歧视。因此,那种单纯追求数量上的增长,而不顾产品质量的老路已经走不通了。中国是世界上最大的发展中国家,在“绿色壁垒”面前,已经付出了很大的代价。加入WTO后,“绿色壁垒”更加贴近我们的经济生活。因此,如何应对“绿色壁垒”对我国农产品在国际贸易市场上造成的冲击,已经是十分严肃的问题。

中国加入WTO后农产品出口受到很大冲击。由于我国现行的食品标准与CAC(食品安全法典)以及日本和欧盟国家的标准存在很大差距,因此常常受到绿色贸易壁垒的影响。如日本规定进口大米必须检测91项安全、卫生指标,从此我国大米对日本的出口越来越难。

发达国家为达到限制进口外国产品的目的,制定了严格的卫生检疫标准,尤其对食品中的农药残留量、放射性残留和重金属含量的要求都十分严格。而对于产品技术较低、缺乏处理手段、资金高度匮乏的发展中国家,执行严格的发达国家的农产品卫生检疫标准,就更加受制于贸易壁垒了。

面对WTO挑战的新形势,加快发展我国绿色食品、有机食品意义重大,也是我国农业现代化建设和可持续发展的必然选择。因为绿色食品开发所依靠的生态农业建设既吸取了传统农业技术的精华,又采纳了现代高新农业技术,注重环境保护、产品质量和环境建设,生产过程与产品自身均具有较高的科技含量,其产业和产品在国际竞争上有十分明显的优势。只有发展绿色食品,才能增强我国食品在国际上的竞争力,改善我国出口企业的国际形象;只有发展绿色食品,才能适应环保时代世界贸易的发展要求;只有发展绿色食品,才能突破发达国家的“绿色壁垒”,使我国的绿色食品在国际有机食品贸易中占有更大的份额。

20世纪90年代以来随着经济和社会的发展以及城乡居民生活水平的提高,人们对生态环境质量和食品质量及安全性要求越来越高,人们崇尚自然、追求食品安全和健康的意识越来越强,这些均为绿色食品的发展提供了广阔的国内市场空间。A级绿色食品的要求比有机食品(或 AA 级绿色食品)的要求要低,但其价位也相应较低,因而能为目前国内大众所接受。因此,在当前广大群众生活水平逐步提高,但还不太高的阶段,A 级绿色食品以可接受的价位与"入世"后大量进口的有机食品相比,其竞争还是具有明显的优势的。在现阶段,它拥有比有机食品(或 AA 级绿色食品)更广阔的国内市场。因此,绿色食品的发展要积极调整优化农业结构。采取 A 级和 AA 级并重发展的策略,应广开渠道,扩大内需,用 A 级绿色食品和一般的"无公害环保食品"满足我国广大人民群众的需求;用 AA 级绿色食品的开发提高我国农产品在国际市场上的竞争力。

目前我国对绿色食品还存在宣传力度不够、销售渠道不畅、供应网点太少的问题。特别要提高百姓的绿色食品消费观念,要让广大群众充分认识绿色食品产品的卫生、营养和安全标准大多要比普通食品高,树立使用绿色食品与健康长寿的相关性,树立"花钱可以买健康"的观念。如普通茶叶中要求重金属 Pb 和 Cu 含量分别低于 2 mg/kg 和 60 mg/kg,而绿色食品茶叶标准则要求分别低于 1 mg/kg 和 15 mg/kg。"六六六"、DDT 农药残留量标准普通茶叶均为 0.2 mg/kg,而绿色食品茶叶必须在 0.05 mg/kg 以下。如冲泡普通茶叶越多,对人体健康的威胁越大。了解这个事实后,人们的绿色消费观念就会大大加强。

绿色食品的生产单纯关心食品是远远不够的,还必须考虑生产方式对资源、环境和人的影响。因此,绿色食品的发展需要各方面的努力。我国绿色食品的发展应该向农业、食品、轻工、环保、卫生、外贸、金融等相关行业和部门延伸,并且形成自身产业发展的一个完整体系,包括质量标准体系、认证管理体系、质量监控体系、组织管理体系、产品开发体系、市场流通体系、技术服务体系、人才培训体系。

(四)确定与国际接轨的法规

加入 WTO 后,我国绿色食品认证机构也将会出现有国际认证资格的、地域性认证资格的相应认证机构,这将给中国的绿色食品产业带来新的活力和生机。在 21 世纪,企业是否拥有 ISO 14000 证书和 ISO 22000:2005 标准的食品安全管理体系将是进入国际市场的先决条件。实施全球通行的这些国际标准,就可为企业突破"绿色壁垒"提供有效的"通行证",任何人就没有任何借口阻挠我们产品的出口,这样就可提高出口产品在国际市场上的竞争力。

第五节　生态农业与农村生态环境

我国是一个农业大国。农村从人口到土地都占全国的绝大部分。在中国广袤的土地上,有着各种各样的生态系统,而最广大的是农村生态系统;农村生态环境的好坏直接关系到中国大地的生态环境,关系到与民众息息相关的粮食生产与粮食安全。乡村兴则国家兴,乡村衰则国家衰。党的十九大报告提出实施乡村振兴战略,"加快推进农业农村现代化"。农业的现代化,事关我国全面建成小康社会和建设社会主义现代化强国的大局。习近平总书记指出,没有农业现代化,没有农村繁荣富强,没有农民安居乐业,国家现代化是不完整、不全面、不牢固的。他还强调,解决好"三农"问题,根本在于深化改革,走中国特色现代化农业道路。习近平总书记指出,要加快推进现代农业建设,在一些地区率先实现农业现代化,突出抓好加快建设现代农业产业体系、现代农业生产体系、现代农业经营体系 3 个重点,加快推进农业结构调整,加强农业基础设施和技术装备建设,加快培育新型农业经营主体。在新的形势下,努力走出一条生产技术先进、经营规模适度、市场竞争力强、生态环境可持续的中国特色新型道路。

农业现代化内容非常丰富,其包括了生态农业的技术内涵。生态农业就是运用现代科学技术和管理手段,集约化经营,获得较高的经济效益、生态效益和社会效益的现代化农业发展模式。面对我国农业资源约束趋紧、农村农业生态环境污染等突出问题,发展高效生态农业的思想,促进生态友好型农业发展和"绿水青山就是金山银山"的发展理念至关重要。党的十八大以来,随着社会主义生态文明、美丽中国和美丽乡村建设的推进,生态农业的发展迎来了战略机遇期。

早在 1985 年 6 月,国务院环境保护委员会就发表了《关于发展生态农业,加强农业生态环境保护工作的意见》。要保护好农业生态环境,其出路就是运用农业生态学的观点、方法建设好生态农业,保护好农村生态环境。

一、生态农业的背景、意义

人类在同自然的长期斗争中积累和总结了一套悠久的农业生产实践经验,这一套传统的农业措施在相当长的时间里维持了农业生态系统的基本稳定和平衡。这种传统的农业措施的特点是大量施用有机肥,通过提高土壤肥力来促进作物生长;通过增加人畜劳力来提高农业生物对自然资源的转化效率和各营养级的生态效率。这是以有机能投入为主体的闭合循环的农业,是传统农业的体现,叫"有机农业"。

但随着人类社会的发展,对物质需要的增加,以有机能投入为主体,发挥自然资源生产潜力而形成的农业产品越来越不适应或不能满足人类社会日益增长的需要。从 19 世纪 40 年代起,经历了几次大的工业革命,许多发达的国家为了解决农业这种供不应求的局面,开始使用化石燃料。特别是美国、日本、加拿大、澳大利亚等一些发达国家的农民,为了从农业生态系统摄取更多的优质的产品,向该系统投入了大量无机能(化肥、化学农药、燃料动力机械等),以弥补从系统取走的有机物,并提高农业生物对自然资源的转化率,这就是所谓的无机农业或石油农业。其实质是靠外加能量和人工合成物质的高投入来换取农业的高产量,以物理和化学过程来部分替代人力,推动农业生产循环的速度,提高农业生产力。这些化肥生产、农药合成、抽水机用的电、拖拉机用的油归根结底大都是来自石油,都是来自地下的化石燃料,因此叫"石油农业"。

这种石油农业在换取高的农业生产力方面是成功的,曾经取得了积极成果,刺激了当时农业的迅速发展,使农业生产效率、单位面积产量和农产品的商品率等大大提高。据不完全统计,欧美和东欧各国近几十年来农作物产量迅速增长,化肥所起的作用占一半以上。工业化革命以来,以高度集中、高度专业化、高度劳动生产率为特征的石油农业在发达国家取得了很大发展。美国著名的生态学家 E. P. Odum 的统计表明,美国在石油农业中每生产一份产品的能量,是以投入 10 倍能量(化肥、杀虫剂和燃油动力)为代价的。这就是说大量的石油等能量的消耗,只换来了有限的碳水化合物收获。

片面追求高能量投入以换取高的产出,带来了一系列不良的严重后果:加剧了能源供应的紧张状况;加速了不可再生能源的消耗;破坏了土壤的结构,使土壤板结,土壤有机质及营养元素含量下降;土壤微生物群落演替受影响;化肥、农药污染了环境,破坏了生态系统之间生物信息传递;化学物质变性,影响了生物种群之间的平衡,破坏了生态系统的良性循环。其结果造成生态环境恶化,自然灾害频繁,水土流失严重,农业持续发展的后劲严重不足。同时,由于工业化等原因造成的全球生态环境的恶化也构成了对现实农业持续发展的严重威胁,如世界范围内,沙漠在扩张,森林在缩小,物种在消失,污染在排放,农药生物富集,耕地在减少。这些都是影响到农业发展的突出问题,使农业发展面临困境。在这种情况下,各国相继寻求新的农业模式,如:有机农业、生物农业、生物动力学农业、自然农业等,希望能建立一个土壤肥力自我维持、少污染和病虫害能受到有效控制的持续发展的农业生态系统。要解决这一问题,其出路就必然要从农业投入、产出、结构、技术到政策法规作一系列改变和调整,这种改变和调整的结果就是生态农业的产生。

1970 年美国的 Albrect 提出了"生态农业"一词,1981 年 Worthington 将生态农业定义为"生态上能通过低输入自我维持,经济上有生命力,在环境、伦理和审美方面可以接受的小型农业"。实际上,在生态农业的研究方面,一些国家早在 1969 年就提出进行生态农业系统的研究。美国的罗代尔研究中心也于 1974 年开始生态农业的研究。1975 年英国成立了一个国际性机构,专门研究生态农业等问题。20 世纪 70 年代末以来,甚至在许多发展中国家,如菲律宾、泰国、印度尼西亚,生态农业的研究也蓬勃发展。1982 年还成立了一个地区性的协作研究机构——东南亚大学农业生态系统研究网。菲律宾的马雅生态农场以较大的成功而闻名全球。20 世纪 80 年代以来,我国有越来越多的科技人员投入生态农业的研究。我国也提出了中国特色的生态农业与农业生态工程,将生态农业定义为根据生态学、生态经济学的原理,在传统农业精耕细作的基础上,应用现代科学技术建立和发展起来的一种多层次、多结构、多功能的集约经营管理的综合农业生产体系。因此生态农业是生态工程在农业生产上的应用,它总结传统的有机农业生产经验,并以系统工程的优化方法而进行的农业生产实践的新型模式,是具有生态系统健康、经济良性循环、集约经营管理特征的综合农业生产体系。生态农业的目标是环境生态、农村经济、社会影响三大效益的协调统一。

生态农业具有重大的现实意义和深远的战略意义。它适合于我国人多地少、经济水平低的国情,投资少,收入大,能充分挖掘生态系统内部的潜力,在少增加甚至不增加系统外部物质和能量输入的条件下,获取尽可能大的持久的效益,是实现我国农业由自给、半自给经济向商品经济转化,由传统农业向现代农业转化的重要途径。

生态农业通过提高太阳能的利用率、生物能的转化率和农副废弃物的再生循环利用率,以及因地制宜地开发利用自然资源,使农、林、牧、加工等各业得到协调发展,提高生产力,维护农村生态环境,达到经济效益、生态效益和社会效益的可持续发展。

现代还有一种提法,叫"持续农业",1991 年由联合国粮农组织在荷兰召开的国际农业与环境会议上发表的《持续农业和农村发展的登博茨宣言》提出。该宣言第一点就提到"发展中国家和发达国家的农业都应当重新调整,以便满足对持续性的要求"。所谓的持续农业就是能使各种乡村社区持续稳定地发展存在下去的农业。国际农业研究磋商小组(CCIAR)的技术咨询委员会对持续农业的定义是:"成功地管理各种农业资源以满足不断变化的人类需求,而同时保持或提高环境质量和保护自然资源。"对这一定义,尽管世界各国有不同的理解和做法,但强调保持稳定持续增长的农业生产率、保持资源与环境的永续利用、保护生态环境、推进农业持续发展,以满足世世代代人民需求的生态学理念,则是一致的。

在我国,经过多年实践,已证明生态农业是适合于我国农业持续发展的一个模式。评价我国农业建设项目就是要用持续发展的生态学观,用生态农业建设的标准来衡量、评估和规划。持续发展是人们针对传统的发展模式以牺牲环境作为代价这一弊端而提出来的一种新型发展模式。生态农业建设是农业建设项目符合可持续发展的优化模式,它对自然资源的开发利用特别重视在农村经济发展的同时保护和改善农村生态环境,使经济、社会的发展具有可持续性;它将资源合理利用、循环及储备型的农村经济发展模式取代传统的单程式、掠夺式、消耗型以及纯增长型的经济发展模式。因此尽管生态农业与持续农业提法不同,但理念是一致的。

二、我国生态农业建设的内容和特点

生态农业既有别于石油农业,也不同于古老的传统农业,它以持续发展的生态学理论为指导,因地制宜,实现农、林、牧、渔、加工、运销诸业的有机结合;又根据具体情况各有侧重,把单纯从自然索取转变为把保护、改善、增殖和合理利用自然资源结合起来。主张按生态经济规律组织农业生产、发展农村经济,把经济效益、生态效益和社会效益统一起来,把高效率生产系统的建设同优美的农村生活环境建设统一起来。

根据我国的特点,生态农业主要内容有:

(1)建立大农业综合经营体系,使每种农业生物和农产品、"废物"均能作为另一种或另一些农业生物的原料或饲料,沿食物链和加工链被多次循环利用,变废为宝,从而形成无废料、无污染的生产系统,形成符合生态系统物质循环的"循环经济"体系;

(2)充分利用太阳能,因地制宜,建立立体结构的生产模式;

(3)充分开发农村能源(沼气、太阳灶、风能、水、地热等);

(4)扩大有机肥源,科学施用化肥,秸秆还田,生物固氮,提高土壤结构和有机质水平,合理使用农药;

(5)改善农村生活和生产环境,加强精神文明建设,提高农民的文化科学素质。

我国的生态农业可以归纳为以下 5 个特点:

(1)是技术密集型与劳力密集型结合的产物;

(2)强调合理投入,并不消极遏制化肥农药的投入,科学地施用化肥,保持和提高土壤的有机质水平和良性循环;

(3)强调生态系统内部资源的深度开发,变废为宝,从而形成无废料、无污染的生产系统,开发农村能源(如发展沼气、太阳灶、营造薪炭林,利用风能、水能、地热等);

(4)农业立体结构模式和耕作制度多样;

(5)强调区域性,系统整体优化和持续发展,注重农业发展与环境保护同存,兼顾经济、社会、生态三个效益的统一,使单位面积上经济收入大大提高。

三、生态农业类型的划分

我国广大农村现在已经涌现出许多生态农业模式,按生态学原理大致可划分为如下类型:

(一)生物互利共生型

生态学研究表明,自然生态系统中的不同生物形态结构、生理功能和生态特征不同,而利用不同空间层次和不同时间内的生态位,使生态系统的效能得到充分发挥。例如,热带雨林中各种植物由于茎、叶、枝干高低不同,根系错落有异,各自占据对自己最有利的生态位,分别利用不同强度的光照和不同土壤层次中的水分和养分。

自然界中生物之间互利共生的现象非常普遍。单纯结构的农田生态系统共生条件差,不能发挥高效益的功能。

通过自然生态系统和单一结构的人工生态系统比较,人们模拟自然生态系统的高效机制,设计出了陆地立体种植、水体立体养殖以及陆地水体种植与养殖结合等立体利用生态位及生物互利共生的种种模式。

(1)陆地立体种植:这种模式的特点是为了高效利用地上和地下各层次的生态位,根据作物茎的高矮、根的类型(深根、浅根、直根系、须根系等)和各种生物对生态位的差异(喜光或喜阴,耐旱或耐涝等),而将两种或两种以上的作物进行合理的套作或间作。

①套种,即在某种作物生长的后期,在行间播种另一种作物;

②间作,即在土地上间隔地种植两种或几种作物。

(2)水体立体种植:水体立体种植这种形式在我国长江流域和南方各省比较普遍,主要是水稻与绿萍的共生系统。

此外还有水体分层立体养殖、水体种养结合等方式。

(二)物质循环再生利用型

生物产量只有一部分(如果实、种子、肉类等)能被人们直接食用,另一部分(根系、秸秆、排泄物、枯枝落叶等)通常不经利用就回到自然生态系统中去。怎样通过某些途径把它们转化为对人类更加有益的产品? 农村多以原粮、毛菜、生猪等形式向城市输出产品,但这种输出中大约有 20%～55% 是无效的,不能为消费者所利用,还造成了城市生态系统的污染,也加大了运输消耗。如何将初级产品变为"半成品"、"成品"或"精品"? 其他部分就地利用,以便既减少无效输出,又降低农村生态系统的物质能量输入。人们发现,模拟自然生态系统的物质循环再生功能可较好地解决上述问题,并且已创立了几种物质循环利用模式,如养殖业内部的种植业、养殖业和加工业结合的种植业、养殖业和沼气相结合的种植业、养殖业与加工业以及与沼气的相结合。

其中养殖业内部的物质循环利用模式得到成功的应用。在自然生态系统中,一些动物取食别的一些动物粪便的现象经常可见,这促使了人们对畜禽粪便再生利用的研究。如采用鸡粪喂猪、猪粪养殖蝇蛆、蝇蛆喂鸡的方式,扩大食物网或延长食物链,使前一环节被利用的不是其生物个体,而是其排泄的废物。这种方式既增加了农民收入,而且还消除了鸡、猪粪堆放给苍蝇、蚊子等造成的滋生条件,改善了农村的卫生状况。

物质循环再生利用的模式是充分利用各个环节的产品和"废料",为下一环节服务,并扩大食物网,使之多层次循环、多次增值。

此外还有生态系统自控型、限制因子调控型、区域协调规划型等等。这说明生态农业类型的多样性和内涵的丰富,不能认为只有"立体农业"一种。

四、衡量生态农业建设效果的标准和方法

衡量一个生态农业建设项目实施效果的标准可以概括为如下几个方面:①经济上高效益(包括降低成本提高收益);②资源利用(包括自然资源、社会资源)合理和高效;③生态环境逐渐优化(包括系统本身环境和对周围环境);④产品品质优良和无害;⑤农民个人收入不断提高;⑥每一项目的建设不仅顾及现代人,也都从长远考虑到后代人的利益,各种资源具有持续

发展的"后劲";⑦不断满足社会对农产品日益增长的需求;⑧农民的精神文明和文化素质的提高。

由于生态农业系统也是一种生态系统类型,而一个好的生态系统的生态功能应是最佳的,所以分析一个生态农业模式的效率往往引进生态科学中生态系统能量流动模式的概念。分析时要全面考虑农业生态系统的总体结构,进行能量产投比测算,项目包括:①投入的总能量:有机能投入(劳力、畜力、种子、有机肥)和无机能投入(农机、燃油、农电、化肥、农药);②产出的总能量;③有机能/无机能;④能量产投比,凡是能量产投比高的,则这个生态农业的模式是成功的。当然还要同时考虑经济效益,从经济效益、社会效益、生态效益进行全面衡量。

对于生态系统中的一些能量计算,可以查阅现成资料、现成测算表;而对一些特殊的物质就要进行实际测定,主要的方法是采用热值仪(如氢弹式热值仪),通过测定热值,再由热功当量(4.18 kJ/kcal)转换为功的能量,进行统一的能量产投比计算。

[概念与知识点]

粮食安全、食品安全、餐桌污染、有机农业、石油农业、生态农业、能量产投比。

[思考与练习]

1. 简述世界人口发展的趋势。
2. 简述世界人口增长的基本特点。
3. 我国人口目前的特点如何?
4. 如何理解"人口、资源、环境、发展"四者的关系?
5. 你对中国是"人口大国,资源小国"这句话的看法如何?
6. 我国为什么要设定耕地红线? 如何守住 18 亿亩的耕地红线?
7. 从能量的角度分析,为什么地球上不能养活无限多的人口?
8. 用指数增长方式的公式推导出人口倍增期的时间。
9. 试绘制年龄金字塔来预测本地区人口发展的趋势。
10. 人口预测的重要意义是什么?
11. 简述人口预测的模型及特点。
12. 简述影响人口增长的主要因素。
13. 简述人口增长对经济、社会和环境的影响。
14. 人口对生态和环境系统的压力是怎样产生的?
15. 简述我国人口老龄化的情况和应对的政策。
16. 简述当前我国的人口政策。
17. 分析人口与环境主方程对环境的影响,讨论如何调控各因素来减小人口增长对环境的压力。
18. 1990 年,爱尔兰的年人口出生率为 1.9%,同年的人口死亡率、居民迁入迁出率分别为 0.93%、0.27% 和 1.15%,当年人口数量为 372 万人。从 2005 年开始,爱尔兰的动荡局面得到改善,年人口迁出率比原来降低 50%,请计算 2005 年及 2020 年爱尔兰的人口数量。(附录有参考答案)

19. 已知 1990 年中国及美国的人口数量、GDP 及占全球二氧化碳排放的百分比如下表所示：

国家	人口数量/亿人	GDP/亿美元	二氧化碳排放量百分比/%
中国	11.34	4 195	9.12
美国	2.5	52 008	17.81

(1)试计算 1990 年两个国家的单位 GDP 二氧化碳排放量。1990 年全球的二氧化碳排放当量为 13.15×10^9 t。(附录有参考答案)

(2)已知 2010 年和 2025 年两国的人口、GDP 增长率及单位 GDP 二氧化碳排放量下降率如下表所示，计算两国 2010 年和 2025 年的 GDP 二氧化碳排放量。(附录有参考答案)

国家	2010 年人口/亿人	2025 年人口/亿人	GDP 增长率/(%/a)		单位 GDP 排放量下降率/(%/a)
			1990—2010 年	2010—2025 年	
中国	12.90	16.00	5.5	4.0	1.0
美国	2.7	3.07	2.4	1.7	0.7

20. 试述当今世界粮食生产上的主要问题。

21. 简述大量施用农药的生态学后果。

22. 解决粮食问题可能带来哪些环境问题？

23. 组织调查学校各食堂中存在的粮食浪费现象，将调查的资料在"世界粮食日"向同学公布，并发表相关评论，组织相关论坛，进一步树立大家自觉爱护和节约粮食的品德。

24. 何为"食品安全"？当前食品安全处在哪些问题？

25. 党的十九大后国家对食品安全的保障采取哪些措施？

26. 党和国家对食品安全工作"四个最严"的具体要求是什么？

27. 何谓绿色产业、绿色技术、绿色食品？

28. 绿色食品与有机食品有何区别及联系？

29. 试了解绿色食品包装标志和批准号的含义。为什么说在看到 AAA 级食品反而不能购买？

30. 有机(天然)食品必须符合哪几方面的要求？

31. 新形势下我国发展绿色食品(包括有机食品)有何重大意义？

32. 结合国家的政策和你身边的实际情况，请提出解决餐桌污染的建议。

33. 结合你身边发生的事情举例谈谈我国食品安全的现状。对解决食品安全性问题，你如何落实国家政策？

34. 何谓"地沟油"？调查你生活的邻近地区是否有"地沟油"等食品安全隐患的危害。提出防范的措施和建议。

35. 在有条件的地方，通过热值仪的使用等方法分析一个农业生态系统的能量产投比。

[网络资源]

http://www.fao.org/state-of-food-security-nutrition/en/　联合国粮食及农业组织

（2023 世界粮食安全和营养状况报告）

http://www.gov.cn/zhengce/2019-10/14/content_5439410.htm 中华人民共和国国务院新闻办公室（《中国的粮食安全》白皮书）

https://www.renkou.org.cn/ 世界人口网

www.unfpa.org 联合国人口基金

www.cpwf.org.cn 中国人口福利基金会

www.popcouncil.org 人口理事会

www.ippf.org 国际计划生育联合会

www.grainoil.com.cn 国家粮油信息中心

www.chinagrain.cn 中国粮油信息网

www.cereal.com.cn 中国粮食网

www.greenfood.org.cn 中国绿色食品发展中心

www.ofdc.org.cn 南京国环有机产品认证中心

www.ukabc.org 农业生物多样性—食物安全性的可持续性使用

http://www.samr.gov.cn 国家市场监督管理总局

http://ofcc.org.cn 中绿华夏有机食品认证中心

http://www.foodsafes.cn 中国食品安全网

http://www.eshian.com 食品安全查询系统

第九章　我国的环境保护政策、相关法律法规及环境标志

环境保护是指人类为解决现实或潜在的环境问题,协调人类与环境的关系,保护人类的生存环境、保障经济社会的可持续发展而采取的各种行动的总称。环境问题是中国 21 世纪面临的最严峻挑战之一,保护环境是保证经济长期稳定增长和实现可持续发展的基本国家利益,是我们建设绿水青山的美丽中国,为人民谋幸福,为中华民族谋复兴的主要举措。环境问题解决得好坏关系到中国的国家安全、国际形象、广大人民群众的根本利益,以及全面建成小康社会和"中国梦"的实现。为社会经济发展提供良好的资源环境基础,使所有人都能获得清洁的大气、卫生的饮水和安全的食品,是政府的基本责任与治国理政的任务。

第一节　我国环境保护的主要政策

环境保护工作的实行依靠最健全、最严格的法律法规来保障。我国的环境保护法规工作起始于 20 世纪 70 年代初,1973 年召开的第一次全国环境保护工作会议,确定了"全面规划、合理布局、综合利用、化害为利、依靠群众、大家动手、保护环境、造福人民"的 32 字方针。在这个方针的指导下,国家和地方开始有组织地制定了环境保护政策、法规、标准,并逐步形成了具有中国特色的环境保护工作制度。

环境保护已经成为我国的一项基本国策。

一、环境保护立法的任务、目的与作用

(一)环境保护立法的任务

根据《中华人民共和国宪法》和《中华人民共和国环境保护法》的规定,我国环境保护立法有两项任务:

1. 保证合理地利用自然环境

自然资源也是自然环境的重要组成部分。

2. 保证防治环境污染与生态破坏

防治环境污染和保护生态环境是指防治废气、废渣、粉尘、垃圾、污水、滥伐森林、破坏草原、破坏植物,乱采乱挖矿产资源、滥捕滥猎鱼类和动物等等。

(二)环境保护立法的目的

为人民创造一个清洁、适宜的生活环境和劳动环境以及符合生态系统健全发展的生态环境,为保护人民健康,促进经济可持续发展提供法律上的保障。

(三)环境保护法的作用

环境保护法是保护人民健康、促进经济发展的法律武器;是推动我国环境法制建设的动力;是提高广大干部、群众的环境保护意识、环保法制观念,以及环境科学基本知识的好教材;是维护我国环境权益的有效工具;是促进环境保护的国际交流与合作、开展国际环境保护活动的有效手段。

二、环境保护法的基本原则

环境保护法的基本原则,是环境保护方针、政策在法律上的体现,是调整环境保护方面社会关系的指导规范,也是环境保护立法、司法、执法、守法必须遵循的准则。它反映了环保法的本质,并贯穿环境保护法制建设的全过程,具有十分重要的意义。我国环保的基本原则有以下五点:

(一)经济建设与环境保护协调发展的原则

根据经济规律和生态规律的要求,环境保护法必须认真贯彻"经济建设、城市建设、环境建设同步规划、同步实施、同步发展的三同步方针""经济效益、环境效益、社会效益的三统一方针"和"污染防治与生态保护并重的方针"。

(二)预防为主,防治结合的原则

预防为主的原则,就是"防患于未然"的原则,避免重蹈"先污染后治理"的覆辙。环境保护中预防污染不仅可以尽可能地提高原材料、能源的利用率,而且可以大大地减少污染物的产生量和排放量,减少二次污染的风险,减少末端治理负荷,节省环保投资和运行费用。"预防"是环境保护第一位的工作。然而,根据目前的技术、经济条件,工业企业做到"零排放"也是很困难的,因此还必须与治理相结合。

(三)污染者付费的原则

"谁污染,谁治理;谁开发,谁保护"的原则,其基本思想是明确治理污染、保护环境的经济责任,是中国环保法的一项基本原则,也是环境保护工作中一项重要原则。在十八届三中全会提出要坚持"谁污染环境、谁破坏生态谁付费"原则,并明确"建立吸引社会资本投入生态环境保护的市场化机制,推行环境污染第三方治理",使污染治理的任务更好落实和可操作性更强。

《中华人民共和国环境保护税法》已从 2018 年 1 月 1 日起施行,规定在中华人民共和国领域和中华人民共和国管辖的其他海域,直接向环境排放应税污染物的企业事业单位和其他生产经营单位依法征收环境保护税。

环境保护税,或环境税(environmental taxation),也有人称之为生态税(ecological taxation)、绿色税(green tax),是 20 世纪末国际税收学界兴起的概念。生态环境可以容纳或净化社会经济活动所产生的污染物,同时又可以提供社会经济活动所需要的物力。因此从经济学的角度看,生态环境是一种资源,而且随着社会的发展,它的稀缺性日益明显,这种稀缺性就体现了生态环境的经济价值。但在传统的计划经济体制下,生态环境资源往往被认为是免费的,可以随意无偿占用,结果形成了"资源免费、原料低价、产品高价"的奇怪现象。因此,环境税实际上可以看作是一种生态环境补偿费,它把应由资源开发者或消费者承担的对生态环境污染或破坏后的补偿,以税收的形式进行平衡,体现了"谁污染谁治理、谁开发谁保护、谁破坏谁恢复、谁利用谁补偿、谁受益谁付费"的生态环境开发利用保护原则。它是把环境污染和生态破坏的社会成本,内化到生产成本和市场价格中去,再通过市场机制来分配环境资源的一种经济手段。部分发达国家征收的环境税主要有二氧化硫税、水污染税、噪声税、固体废物税和垃圾税 5 种。

之前,随着我国环境污染和生态破坏出现的问题越多,国家在环境和生态保护方面的投资也越来越大,而国家拿出的资金其实都是全体纳税人的钱,让全民为污染者和破坏者买单,这是不公平的。根据"污染者付费"的原则,增加设立的环境税,所有主要污染物的排污费改为环境税征收种类,其税率制定原则高于现行排污费的标准;同时全国主要污染物排污收费标准上调,这也是改革我国现行环境保护收费制度的需要。环境税的出台使国内排污企业的污染成本大幅提高了,通过加大排污企业的成本压力,促使其进行技术改造,加强管理,从而减少排污,改变过去"违法成本低,守法成本高"的状况。

(四)政府对环境质量负责的原则

环境保护是一项涉及政治、经济、技术、社会各个方面的复杂又艰巨的任务,是我国的基本国策,关系到国家和人民的长远利益。解决这种带动全局、综合性很强的问题,是政府治国理政的重要职责之一。

(五)依靠群众保护环境的原则

环境质量的好坏关系到广大群众的切身利益,因此保护环境不仅是公民的义务,也是公民的权利。

三、环境保护法的特点

环境保护法除了具有法律的一般特征外,还有以下特点:

(一)科学性

环保是以科学的生态规律与经济规律为依据的,它的体系原则、法律法规、管理制度都是从环境科学和生态学的研究成果和技术规范总结出来的。

(二)综合性

环保法所调整的社会关系相当复杂,涉及面广,综合性强。既有基本法,又有单行法;既有实体法,又有程序法;而且涉及行政法、经济法、劳动法、民法、刑法等有关内容。

(三)区域性

我国是一个大国,区域差别很大,因此我国的环保法具有区域性特点。各省市可根据本地区制定相应的地方法规和地方标准,体现地区间的差异。

(四)奖励与惩罚相结合

我国的环保法不仅要对违法者给予惩罚,而且还要对保护资源、环境有功者给予奖励,做到赏罚分明。这是我国环保法区别于其他国家法律的一大特点。

第二节 我国环境保护主要法规
和法规体系介绍

环境保护法是国家整个法律体系的重要组成部分,具有自身一套比较完整的体系。首先《中华人民共和国宪法》是我国的根本大法,它为制定环境保护基本法和专项法奠定了基础。其次,1997年3月修改的《中华人民共和国刑法》就开始增加了"破坏环境保护罪"的条款(第二篇第六章第六节),使得违反国家环境保护规定的个人或集体都不只负有行政责任,而且还要负刑事责任。再者,不断完善的《中华人民共和国环境保护法》作为我国环保的"基本法";陆续公布的10个环境保护"专项法"为防治大气、水体、海洋、固体废物、噪声污染、土壤污染、放射性污染、清洁生产、环境影响评价、环境保护税制定了法规依据。环境保护工作涉及方方面面,特别是资源、能源的利用,因此资源法和其他有关的法,以及我国签订或加入的相关国际公约、协议,也是环境保护法规体系的重要组成部分。

《中华人民共和国宪法》规定:"国家保护和改善生活环境和生态环境,防治污染和其他公害。""国家保障自然资源的合理利用,保护珍贵的动物和植物。禁止任何组织或者个人用任何手段侵占或者破坏自然资源。""国家保护名胜古迹、珍贵文物和其他重要历史文化遗产。""国家组织和鼓励植树造林,保护林木。"

1979年,我国正式颁布了《中华人民共和国环境保护法(试行)》,这标志着我国环境保护工作步入了法制轨道。以《中华人民共和国环境保护法(试行)》为依据,1982年又相继颁布了《中华人民共和国海洋环境保护法》(2017年修订)、《中华人民共和国大气污染防治法》(2018年修订)、《中华人民共和国水污染防治法》(2017年修订)、《中华人民共和国噪声污染防治法》(2022年6月起实施)及相关的资源法、环保行政法规和许多部门规章及标准,基本形成了具有我国特色的环境法律法规体系。

1989年12月和2014年4月,根据我国环境保护事业发展的需要,两次对《中华人民共和国环境保护法》进行了修订(第二次修订于2015年1月1日实施)。1996年4月1日颁布实施了《中华人民共和国固体废物污染环境防治法》(2020年修订实施),与原法相比,增加了许多重要内容,同时对原有的制度和措施做了重要修改和补充,主要体现在以下方面:"维护生态安全"首次进入中国的环境资源立法,保障国家稳定、协调发展;明确提出了国家促进循环经济发展的原则,倡导绿色生产、绿色生活;全面落实污染者责任,保障公民环境权益,公平享有和使用环境;首次将限期治理决定权明确赋予环保部门,合理配置权力;农村固体废物防治纳入法律规制范围,关注保护与改善农村环境;完善管理措施,严格防治危险废物污染环境;加强固体废物进口分类管理,体现了中国入世承诺和 WTO 规则要求。《中华人民共和国清洁生产促进法》(2003 年施行,2012 年修订)、《中华人民共和国环境影响评价法》(2003 年施行,2018 年修订)、《中华人民共和国放射性污染防治法》(2003 年 10 月 1 日施行)、《中华人民共和国土壤污染防治法》(2019 年 1 月 1 日施行)和《中华人民共和国湿地保护法》(2022 年 6 月 1 日施行)相继出台。

新实施的《中华人民共和国环境保护法》(见附录)增加了政府、企业各方面责任和处罚力度,被专家称为"史上最严的环保法"。修订后的环保法加大惩治力度:"企业事业单位和其他生产经营者违法排放污染物,受到罚款处罚,被责令改正,拒不改正的,依法作出处罚决定的行政机关可以自责令更改之日的次日起,按照原处罚数额按日连续处罚。"新环保法还明确:国家在重点生态功能区、生态环境敏感区和脆弱区等区域划定生态保护红线,实行严格保护。

环保法律的颁布与逐步修订完善,有力地保障和推动了我国环境保护事业的持续深入发展。

为便于记忆,本书将环境保护相关的法律法规归纳为以下几个方面:

(1)根本大法:《中华人民共和国宪法》。

(2)《中华人民共和国刑法》的有关环境刑法方面的规定;《中华人民共和国民法典》有关环保的条例。

(3)《中华人民共和国民法典》的有关环境法务方面的规定。

(4)1 个"基本法"或称"综合法":《中华人民共和国环境保护法》。

(5)10 个专项法和 1 个湿地法:《中华人民共和国大气污染防治法》《中华人民共和国水污染防治法》《中华人民共和国固体废物污染环境防治法》《中华人民共和国噪声污染防治法》《中华人民共和国土壤污染防治法》《中华人民共和国海洋环境保护法》《中华人民共和国放射性污染防治法》《中华人民共和国环境影响评价法》《中华人民共和国清洁生产促进法》《中华人民共和国环境保护税法》《中华人民共和国湿地保护法》。

(6)环境保护行政法规、法规性文件:如《中华人民共和国水污染防治法实施细则》《中华人民共和国海洋倾废管理条例实施细则》等(将在本书后附录列出,便于读者上网查阅)。

(7)环境保护部门规章、规范性文件(将在本书后附录部分列出,便于读者上网查阅):如《中华人民共和国水污染防治法实施细则(第一号局令)》《国家环境保护局法规性文件管理办法(第二号局令)》《环境保护信访管理办法(第四号局令)》《国家环境保护局环境保护科学技术进步奖励办法(第六号局令)》《建设项目环境保护管理办法》《废电池污染防治技术政策》(环发〔2003〕163 号),等等。

(8)与环境保护相关的其他法律、法规:如《中华人民共和国城市规划法》《中华人民共和国乡镇企业法》《中华人民共和国农业法》等,以及其他相关文件。

(9)有关程序和实体法律、法规:如《中华人民共和国行政处罚法》《中华人民共和国行政诉讼法》。

(10)常用环境标准(更多的将在本书后附录部分列出,便于读者上网查阅):《地表水环境质量标准》(GB 3838—2002)、《环境空气质量标准》(GB 3095—2012)、《污水综合排放标准》(GB 8978—1996)、《大气污染物综合排放标准》(GB 16297—1996)、《生活饮用水卫生标准》(GB 5749—2022)、《土壤环境质量　农用地土壤污染风险管控标准(试行)》(GB 15618—2018)、《土壤环境质量　建设用地土壤污染风险管控标准(试行)》(GB 36600—2018)、《声环境质量标准》(GB 3096—2008),以及国家的一系列环境标准的相关文件。

(11)各地各部门也制定颁布了一些具体法规和标准:如《福建省环境保护条例》《福建省流域水环境保护条例》《厦门市建筑废土管理办法》等。

(12)我国签订或加入的国际上有关环保、资源保护的公约、协议和国际承诺:如《消耗臭氧层物质的蒙特利尔协议书》《控制危险废物越境转移及其处置的巴塞尔公约》《联合国气候变化框架公约》等。

第三节　环境标志

一、环境标志的概念

环境标志,又称生态标志、绿色标志、环境标签等,它是由政府环境管理部门依据有关的法规、标准向一些商品颁发的一种张贴在产品上的图形,用以标识该产品从生产到使用以及回收的整个过程都符合规定的环境保护要求,对生态环境无害或危害极小,并易于资源的回收和再生利用。环境标志产品的范围主要是那些对人类和环境有危害但采取适当措施后就可以减小或消除危害的产品。实施环境标志可以使公众直观、清楚地看出产品在环境保护方面的差异,提高公众的环境保护意识,还可以增强企业在市场上的竞争能力。因此,可以把环境标志看成是产品绿色通道的护照。联邦德国是最早实施环境标志计划的国家,目前已有 75 种类型4 500多种产品被授予环境标志,随后日本、加拿大、法国、瑞士、芬兰、澳大利亚等国家开始实施环境标志。国际标准化组织(ISO)环境战略咨询组于 1991 年成立了环境标志分组,旨在统一环境标志方面的有关定义、标准和测试方法,避免导致国际贸易上的障碍。

1994 年 5 月由国家环境保护总局、国家质检总局等 11 个部委的代表和知名专家组成的国家最高规格的中国环境标志产品认证委员会成立,它是代表国家对产品环境行为进行认证、授予产品环境标志的唯一机构。与国际生态标签计划对接的中国环境标志计划同时开始实施。之后由中环联合(北京)认证中心有限公司接替中国环境标志产品认证委员会秘书处的认证职能,成为国家授权的唯一授予中国环境标志的机构。

在环境标志国际互认的大趋势下,2005 年初,我国已经与日本、韩国、澳大利亚分别签署了环境标志互认协议,并与美国、加拿大、德国等 20 多个国家组成的全球环境标志网(GEN)及瑞典、加拿大、丹麦等 6 个国家组成的全球环境产品声明网(GED)加强了交流与合作。这表明中国环境标志作为"绿色通行证"已在国际贸易中开始发挥它的重要作用。

二、常见的环保标志介绍

1. 中国环境标志（图 9-1）

中国环境标志是一种官方的产品证明性商标，图形的中心结构表示人类赖以生存的环境，外围的十个环紧密结合，环环紧扣，表示公众参与共同保护环境；同时十个环的"环"字与环境的"环"同字，其寓意为"全民联合起来，共同保护人类赖以生存的环境"。

图 9-1

2. 中国环境保护徽（图 9-2）

中国环境保护徽是中国环境保护的标志，象征地球，说明地球只有一个，这是我们全人类赖以生存的大环境，人们要共同保护它。徽标上端图案基本结构与组合同联合国环境保护徽相近，说明环境保护事业是全球性的，它为全世界所关注。在当今时代，日益恶化的环境告诫人们：环境保护事业与全人类生存休戚相关。上端图案绿色橄榄枝，既代表和平、安宁，又代表一切植物和生态环境，象征绿色在召唤。人们应当知道：绿色的消失，就会使生态失去平衡，就是对人类生存的严重威胁。图形的蓝色块，代表蓝天与碧水，泛指大气与水体，太阳代表宇宙空间，山与水借用中国象形文字

图 9-2

并使之图案化，从形象上增强中国特色。这说明我们环境保护工作者的任务，就是要通过对污染的监督与治理，使天长蓝、水长清、山长绿，让人们永远生活在美好环境中。图案基本色调采用明快，洁白的颜色，代表洁净、无污染的大气。下端 ZHB 为 Zhong Guo Huan Bao（中国环保）的缩写，标明这是环境保护徽。

3. 中国 I 型环境标志（图 9-3）

中国 I 型环境标志严格遵循 ISO 14020 系列国际标准及 ISO 14040 产品生命周期信息评估理论，开展以 ISO 14024 环境标志国际标准为审核依据的认证工作。ISO 14024（环境管理、环境标志与声明、I 型环境标志、原则与程序）由国际标准化组织（ISO）于 1999 年 4 月正式颁布，目前世界各国开展的环境标志计划主要为此种类型。我国于 2001 年正式将 ISO 14024 标准等同转化为 GB/T 24024 国家标准。

图 9-3

I 型环境标志计划（执行 ISO 14024 标准）是一种自愿的、基于多准则的第三方认证计划，以此颁发许可证授权产品使用环境标志证书。I 型环境标志对每一类产品配备一套完整的、具有高度科学性、可行性、公开性、透明性的标准，凡是符合标准的产品即表明其基于生命周期考虑，具有整体的环境优越性。I 型环境标志用科学的标准和严格的评定程序确立了第三方认证程序的范本。

I 型环境标志遵循的原则：自愿性、选择性、产品的功能性、符合性和验证性、可得性、保密性。

Ⅰ型环境标志的特点:公开透明、第三方认证、产品的规模效应、其他国际通行标准、明确的环境标志产品准则。

4. 中国Ⅱ型环境标志(9-4)

ISO 14021 环境标志国际标准(Ⅱ型环境标志)于 1999 年 9 月 15 日颁布,1999 年 11 月正式成为国际标准。我国于 2001 年正式将 ISO 14021 标准等同转化为 GB/T 240241 国家标准。它规定了对产品和服务的自我环境声明的要求,理论上是无边界的,自我环境声明包括与产品有关的说明、符号和图形;有选择地提供了环境声明中一些通用的术语及其使用的限用条件;规定了对自我环境声明进行评价和验证的一般方法,以及对选定的 12 个声明进行评价和验证的具体方法。为增强声明的可信度,是否经第三方验证由声明者自愿签约。自我环境声明验证通过后,许可使用验证方的Ⅱ型环境标志标识,颁发验证证书。

图 9-4

5. 中国Ⅲ型环境标志(图 9-5)

中国Ⅲ型环境标志严格遵循 ISO 14020 系列国际标准及 ISO 14040 产品生命周期信息评估理论,开展以 ISO 14025 环境标志国际标准为审核依据的审核工作。中国Ⅲ型环境标志强调产品质量指标与环境指标的双优,它是对产品和服务的各个阶段(如设计、生产、使用、废弃等阶段)按照生命周期评价理论进行系统的分析,列出所有与产品和服务有关的环境影响清单(声明数据表),并检测和计算出相应的量化结果,向消费者、经销商提供产品和服务的可比环境信息,同时在市场上树立企业的"绿色"形象。

图 9-5

6. 绿色食品标志(图 9-6)

绿色食品标志图形由三部分构成:上方的太阳、下方的叶片和蓓蕾,象征自然生态;标志图形为正圆形,意为保护、安全;颜色为绿色,象征着生命、农业、环保。AA 级绿色食品标志与字体为绿色,底色为白色,A级绿色食品标志与字体为白色,底色为绿色。整个图形描绘了一幅明媚阳光照耀下的和谐生机,告诉人们绿色食品是出自纯净、良好生态环境的安全、无污染食品,能给人们带来蓬勃的生命力。绿色食品标志还提醒人们要保护环境和防止污染,通过改善人与环境的关系,创造自然界新的和谐。

图 9-6

绿色食品标志是指"绿色食品"、"Green Food"、绿色食品标志图形及这三者相互组合等 4 种形式(附图仅为三者的组合),注册在以食品为主的共 9 大类食品上,并扩展到肥料等绿色食品相关类产品上。

7. 无公害农产品（食品）标志（图 9-7）

无公害农产品（食品）标志是由麦穗、对勾和无公害农产品字样组成，麦穗代表农产品，对勾表示合格，金色寓意成熟和丰收，绿色象征环保和安全。由于新修订的《中华人民共和国农产品质量安全法》，不再规定"生产者可以申请使用无公害农产品标志"，农业农村部于 2022 年 9 月 22 日停止无公害农产品认证。后续将做好与新修订农产品质量安全法施行工作的衔接，改革无公害农产品认证制度，健全与市场准入相衔接的食用农产品合格证制度。

图 9-7

8. 有机食品标志（图 9-8）

有机食品标志采用人手和叶片为创意元素。一只手向上持着一片绿叶，寓意人类对自然和生命的渴望；两只手一上一下握在一起，将绿叶拟人化为自然的手，寓意人类的生存离不开大自然的呵护，人与自然需要和谐美好的生存关系。

图 9-8

9. 中国环保产品认证标志（图 9-9）

中国环保产品认证标志由地球、鸟及植物叶子进行有机组合而构成，准确、生动而清晰地阐述了地球与环境息息相关、相互依存的关系，强化了人们的环保意识。图案隐含着字母"E"，三个有序排列的鸟（叶子）寓意再生与重复利用，同时还有三个"√"体现了"认证"的功能，象征认证机构的权威性。

图 9-9

10. 中国节能认证标志（图 9-10）

中国节能认证标志中"长城"代表中国，变形的"节"字代表节约能源，外形"c"代表中国，外形"e"代表能源节约，天蓝色寓意蓝天、环保和美好未来。

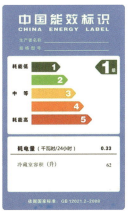

图 9-10

11. 国家节水标志（图 9-11）

国家节水标志由水滴、人手和地球变形而成。绿色的圆形代表地球，象征节约用水是保护地球生态的重要措施。标志留白部分像一只手托起一滴水，手是拼音字母 JS 的变形，寓意节水，表示节水需要公众参与，鼓励人们从我做起，人人动手节约每一滴水；手又像一条蜿蜒的河流，象征滴水汇成江河。

图 9-11

12. 国际爱护动物基金会（IFAW）（图 9-12）

IFAW 以宣扬公平，仁慈对待一切动物为宗旨。使命是改善动物的生存环境，保护濒临灭绝的种群，杜绝对动物的残暴虐待，倡导对所有生命的尊重和爱护。

1969 年，白仁戴维斯为制止在加拿大东岸捕杀白毛幼海豹而创立了 IFAW。多年来，该会一直锲而不舍，为保护动物免受人类摧残迫害而努力。至今，IFAW 已在五大洲设有办事处，全球支持者不下 180 万人。世界上只要还有残暴动物的行为存在一天，IFAW 就会与其斗争。

图 9-12

13. 人与生物圈计划（MAB）（图 9-13）

MAB 是教科文组织于 1971 年发起的一项政府间跨学科大型综合性研究计划，并以此成立了教科文组织 MAB 政府间委员会。该计划的目的是为全球的环境与发展服务，从多学科（包括自然科学和社会科学）角度研究人与环境之间的关系，为资源和生态系统的保护及可持续发展提供科学依据，并通过培训、示范、信息传播等方式，提高人类对生物圈的认识和有效管理。中国

图 9-13

于 1973 年开始参与 MAB 活动，1978 年成立了"中国人与生物圈国家委员会"，秘书处设在中国科学院。中国科学家多次当选 MAB 政府间理事会成员，积极参与该计划各项活动，为 MAB 的全球发展作出了积极贡献。

14. 世界自然基金会（WWF）（图 9-14）

WWF（World Wide Fund for Nature）世界自然基金会是世界最大的、经验最丰富的独立性非政府环境保护机构。最终目标是制止并最终扭转地球自然环境的加速恶化，并帮助创立一个人与自然和谐共处的美好未来。WWF 因其黑白两色的大熊猫标识而广为人知，是一个以解决问题为目标的环保组织。WWF 通过建立在科学基础上的方法、对话及合作以达成其环保目标。WWF 的全球性网络拥有数千名兢兢业业、经验丰富

图 9-14

的专业人员,他们使 WWF 在全球范围内设计、规划、管理、运作项目时可以保证卓越的技术支持。作为一个主要的环保项目筹集者、一个值得信赖的资金掌管者、一个高效的经营者,WWF 通过与各国、各级政府、各国际性机构及其他非政府组织及项目执行地的当地民众通力合作来达到其环保目标。

15. 中国国家公园(图 9-15)

2023 年 8 月 19 日,国家林草局发布了中国国家公园标志。标识由地球、山、水、人和汉字书法等元素构成,标识中连绵的山川构成汉字"众",造型特征鲜明,寓意山连山、水连水、众人携手保护自然资源,展现了生态功能和文化价值的有机融合,体现中国国家公园的全球价值和国家象征。

图 9-15

三、环境标志计划的实施对我国环保工作的积极推动作用

(一)有利于实现环境与经济的协调发展

实施环境标志可以加速产业结构的调整,鼓励企业开发无污染产品、节约原材料和能源的新工艺,同时还可以降低污染物的排放,减少环境风险,为企业主动保护环境创造条件。

(二)有利于加强政府对企业环境管理的指导

企业若想通过环境标志产品认证,首先要达到国家环境法律、法规和其他要求,这有利于规范企业的环境行为,改进环境保护工作。中国环境标志实施以来,一直配合国家的政府环保部门不同时期的环境管理目标,在防止水源地富营养化、综合治理"白色污染"、发展生态纺织品、保障居室空气质量等一系列环境保护重点工作中起到了重要的先驱作用。有效推进和引导了中国绿色(环境)产品的形成和发展,改善了企业的环境行为,对发展绿色经济、引导绿色消费、促进我国环境与经济的协调发展,起到了很好的推动作用。

(三)有利于提高企业及其产品在市场上的竞争力

环境标志是一种"证明性商标";环境标志产品是一种质量可靠、环境行为优的产品。企业获得环境标志后,有利于消费者购买到真正的绿色产品,并得到消费者的认可,有利于国家绿色金融制度的发展,通过绿色信贷、绿色债券等各种金融手段,激励更多社会资本投入绿色产业中来。近年来,绿色生产和绿色消费已经成为国际上的一个潮流;在国际贸易中,一些发达国家通过立法制定严格的强制性技术标准,以限制不符合其生态环保标准的国外产品进口。绿色壁垒的影响凸现,中国环境标志承担历史赋予的责任,积极引进国际先进技术标准,引导企业以消除或减轻国际绿色壁垒对我国产品出口产生的不利影响。

(四)有利于提高全民的环境保护意识

通过环境标志的宣传,使广大消费者关心使用绿色产品,从而使人们了解如何参与环境保护工作。人们为了保障自身健康,对周边的环境要求越来越高。许多民众认为,如果明确知道某种产品确实具有环境优势,他们愿意为此多付些钱来获得。目前,我国提出要大力发展循环经济,推动实施政府绿色采购制度。中国环境标志产品正是政府和普通消费者绿色采购的选择对象。

第四节 可持续发展理论简介

一、古代朴素的可持续思想

可持续的概念源远流长。资源的持续利用是持续发展的基础。

我国早在2 200多年前的春秋战国时期,就有保护正在怀孕和产卵的鸟兽鱼鳖以利"永续利用"的思想和封山育林定期开禁的法令。春秋时在齐国为相的管仲,从发展经济、富国强兵的目标出发,十分注意保护山林川泽及其生物资源,反对过度采伐。他说:"为人君而不能谨守其山林菹泽草莱,不可以为天下王。"(《管子•地数》)

战国时期的荀子也把自然资源的保护视作治国安邦之策,特别注重遵从生态学的季节规律(时令),重视自然资源的持续保存和永续利用。

1975年在湖北云梦睡虎地11号秦墓中发掘出1 100多枚竹简,其中的《田律》清晰地体现了可持续发展的思想——"春二月,毋敢伐树木山林及雍堤水。不夏月,毋敢夜草为灰,取生荔,毋……毒鱼鳖,置阱罔,到七月而纵之。"这是中国和世界最早的环境法律之一,也体现了可持续发展的理念。

"天地与我并生,而万物与我为一""天不言而四时行,地不语而百物生"。在漫长的物种进化过程中,人从自然界脱颖而出,成为当之无愧的"万物之灵",但是无论人如何进化,人类来自自然界,人类的一切创造都来自自然界。正如习近平主席多次强调的"人与自然是个生命共同体""尊重自然、敬畏自然、顺应自然、保护自然"。

二、发展的内涵

(一)发展的含义

传统的狭义的发展(development),指的只是经济领域的活动,其目标是产值和利润的增长、物质财富的增加。当然,为了实现经济增长,还必须进行一定的社会经济改革,然而这种改革也只是实现经济增长的手段。在这种发展观的支配下,为了追求最大的经济效益,人们尚不认识因而也不承认环境本身具有价值,却采取了以损害环境为代价来换取经济增长的发展模式,其结果是在全球范围内继续造成了严重的环境问题。

随着认识的提高,人们注意到发展并非纯经济性的,发展应该是一个很广泛的概念,既要"经济繁荣",也要"社会进步"。发展除了生产数量上的增加,还包括社会状况的改善和政治行政体制的进步;不仅有量的增长,还有质的提高。

"发展"一词,无论怎样理解,它首先应包含有人类社会物质财富的增长和人群生活条件的提高等方面的含义,由此,问题可归结为:认为社会物质财富的生产究竟应该增长到什么程度和如何去增长才能使人类社会的发展成为可持续性的?

(二)三种发展观的讨论

人类发展观的讨论和转变,其实质是生产方式在意识上的反映的深化和提高。迄今为止,人类的发展观可归纳为以下三种:

1. 传统发展观

传统发展观的核心是物质财富的增长。其致命缺陷在于它误认为物质财富增长所依赖的资源在数量上是不会枯竭的,即使由于短时期内资源的供给小于资源的需求,但在市场机制作用下,这种短缺也会得到补充;同时,环境和资源的价值也未体现在产品和服务的价格中。因此,在传统发展观指导下的经济活动往往是滥用环境资源,过度地消耗石油、煤炭、淡水、木材等自然资源,经济活动产生的废物任意地排入周围环境,造成环境的严重破坏。

2. 零增长发展观

《增长的极限》是罗马俱乐部的第一份报告,公开发表于 1972 年。它指出:我们生活的地球是有限的,地球上的土地资源、不可再生资源、污染承载能力都存在着极限,它们对经济增长会产生限制,使增长存在一个极限。如果继续无限制地追求增长就可能很快达到地球上许多极限中的某一个极限。最终,人口和工业生产能力都将发生不可控制的衰退。因此,为了避免灾难的突然降临,现在就必须自觉地抑制增长,使人口和资本保持稳定。那些会导致严重后果的人类活动必须认真地加以控制;而那些不需要大量资源或不产生严重环境退化的人类活动,如教育、艺术、体育等,仍可以无限地增长。零增长是罗马俱乐部发展观的核心。

3. 可持续发展观

可持续发展概念的明确提出,最早可追溯到 1980 年由世界自然保护联盟(IUCN)/联合国环境规划署(UNEP)和世界自然基金会(WWF)共同发表的《世界自然保护大纲》:"必须研究自然的、社会的、生态的、经济的以及利用自然资源过程中的基本关系,以确保全球的可持续发展。"1981 年美国的布朗(Lester R. Brown)出版《建设一个可持续发展的社会》,提出控制人口增长、保护资源基础和开发可再生资源来实现可持续发展。

1987 年以布伦兰特为首的世界环境与发展委员会(WCED)发表了报告《我们共同的未来》,正式使用可持续发展的概念,并对此做出了比较系统地阐述,产生了广泛的影响。

1992 年 6 月,联合国在里约热内卢召开的"环境与发展大会",通过了以可持续发展为核心的《里约环境与发展宣言》等文件,世界各国开始接受可持续发展观。随后,中国政府编制了《中国 21 世纪人口、环境与发展白皮书》,首次把可持续发展战略纳入我国经济和社会发展的长远规划。

2015 年 9 月,习近平主席出席联合国发展峰会,同 193 个会员国领导人一道通过了《2030年可持续发展议程》。这是联合国继制定《21 世纪议程》《千年发展目标》之后在可持续发展领域确定的又一全球性重要行动。该议程呼吁各国采取行动,为今后 15 年实现 17 项可持续发展目标而努力。这 17 个可持续发展目标是:

(1)在全世界消除一切形式的贫困;

(2)消除饥饿,实现粮食安全,改善营养状况和促进可持续农业;

（3）确保健康的生活方式，促进各年龄段人群的福祉；

（4）确保包容和公平的优质教育，让全民终身享有学习机会；

（5）实现性别平等，增强所有妇女和女童的权能；

（6）为所有人提供水和环境卫生并对其进行可持续管理；

（7）确保人人获得负担得起的、可靠和可持续的现代能源；

（8）促进持久、包容和可持续的经济增长，促进充分的生产性就业和人人获得体面工作；

（9）建造具备抵御灾害能力的基础设施，促进具有包容性的可持续工业化，推动创新；

（10）减少国家内部和国家之间的不平等目标；

（11）建设包容、安全、有抵御灾害能力和可持续的城市和人类住区；

（12）采用可持续的消费和生产模式；

（13）采取紧急行动应对气候变化及其影响；

（14）保护和可持续利用海洋和海洋资源以促进可持续发展；

（15）保护、恢复和促进可持续利用陆地生态系统，可持续管理森林，防治荒漠化，制止和扭转土地退化，遏制生物多样性的丧失；

（16）创建和平、包容的社会以促进可持续发展，让所有人都能诉诸司法，在各级建立有效、负责和包容的机构；

（17）加强执行手段，重振可持续发展全球伙伴关系。

这 17 项可持续发展目标是人类的共同愿景，也是世界各国领导人与各国人民之间达成的社会契约。它们既是一份造福人类和地球的行动清单，也是谋求取得成功的一幅蓝图。

以习近平为核心的党中央和中国政府高度重视《2030 年可持续发展议程》的落实，将可持续发展目标融入《国民经济与社会发展十三五规划纲要》中。先后发布《中国落实 2030 年可持续发展议程国别方案》《中国落实 2030 年可持续发展议程创新示范区建设方案》等，扎实推进《2030 年可持续发展议程》的落实，体现中国作为负责任发展中大国的责任担当。

党的十八大以来，我国提出了"五位一体"总体布局、"四个全面"战略布局以及创新、协调、绿色、开放、共享五大新发展理念，是对可持续发展内涵的丰富和完善。我国已经进入全球可持续发展理念创新的前沿。同时，十八大报告强调指出，必须把科技创新摆在国家发展全局的核心位置，建设国家可持续发展议程创新示范区，也是我国贯彻落实全国科技创新大会精神和《国家创新驱动发展战略纲要》，充分发挥科技创新对可持续发展支撑引领作用的重要行动。

三、可持续发展的基本原则

人类对自然的利用，应该是有限度的利用、可持续性为前提的利用，坚持人与自然的可持续性。"人类可以利用自然、改造自然，但归根结底是自然的一部分，必须呵护自然，不能凌驾于自然之上""人类改造大自然的目的在于使人的生活更加美好，但事与愿违，大自然早已在无情地报复人类。人类如果再不改善与自然的关系，必将遭受更大的灾难，就会受到自然规律的惩罚"。特别值得重视的是，习近平总书记强调了"代际公平"的原则："在资源利用方面，不仅要考虑人类和当代的需要，也要考虑大自然和后人的需要，把握好自然资源开发利用的度，不要突破自然资源承载能力，不能继续走工业文明的杀鸡取卵、竭泽而渔的发展方式。"

可持续发展丰富的内涵就其社会观而言，它主张公平分配，既要满足当代人又要满足后代人的基本需求；就其经济观而言，它主张建立在保护地球自然系统基础上的持续经济发展；就

其自然观而言,它主张人类与自然的和谐相处。从中不难看出可持续发展的基本原则包括以下三个方面:

(一)公平性原则

可持续发展是一种机会、利益均等的发展,既包括同代内区际的均衡发展,即一个地区的发展不应以损害其他地区的发展为代价;也包括代际间的均衡发展,即既满足当代人的需要,又不损害后代人满足其需要的发展。该原则认为人类各代都处在同一生存空间,对这一空间的自然资源和社会财富应该拥有同等的享用权和同等的生存权。因此,可持续发展把消除贫困作为重要问题提出来,予以优先解决,给各地区、各世代的人以平等的发展权利。

(二)持续性原则

人类经济和社会的发展不能超越资源和环境的承载能力。在满足需要的同时必须有限制,即在发展的概念中包含着制约的因素。主要限制因素有人口数量、资源、环境以及技术状况和社会组织对环境满足眼前和将来需要能力施加的限制,其中最大的限制因素是人类赖以生存的物质基础——自然资源。

(三)共同性原则

各国可持续发展的模式虽然不同,但公平性和持续性原则是共同的。可持续发展是超越文化与历史的障碍来看待全球问题的。它所讨论的问题是关系到全人类的问题,所要达到的目标是全人类的共同目标。虽然国情不同,实现可持续发展的具体模式不可能是唯一的,但是无论富国还是贫国,公平性原则、协调性原则、持续性原则是共同的,各个国家要实现可持续发展都需要适当调整其国内和国际政策。只有全人类共同努力,才能实现可持续发展的总目标,从而将人类的局部利益与整体利益结合起来。

［思考与练习］

1. 环境保护法的主要任务和作用是什么?
2. 简述环境保护法的基本原则。
3. 简述环境保护法的特点。
4. 了解目前已颁布的主要环境保护法律法规有哪些?
5. 新修订的《中华人民共和国环境保护法》有哪些特点?
6. 新修订的《中华人民共和国固体废物污染环境防治法》对污染者的法律责任如何规定?
7. 国家的"生态安全"问题最早在哪些法规里提出?
8. 从哪些方面可以体现"环境保护是我国的一项基本国策"?
9.《中华人民共和国环境影响评价法》对公众参与、区域开发利用问题有何规定?
10. 你对发展和可持续发展作何理解?
11. 什么叫环境标志?
12. 我国实行环境标志的意义何在?
13. 熟悉常见的一些环保标志。
14. 结合你的理解,谈谈可持续发展的概念和内涵。

15. 简述可持续发展基本原则所包含的基本内容。

16. 试述实施可持续发展战略需要遵循的基本原则。

17. 上"环境标志国际标准咨询"网站查询如何申报中国Ⅲ型环境标志产品。

［推荐读物与网络资源］

韩德培.环境保护法教程(第8版).北京:法律出版社,2018

汪劲.环境法学(第4版).北京:北京大学出版社,2018

李淑芹,孟宪林.环境影响评价(第2版).北京:化学工业出版社,2018

周国强,张青.2017.环境保护与可持续发展概论.北京:中国环境出版社,2017

迈克尔·格拉布,让·夏尔·乌尔卡德,卡斯滕·努豪夫.星球经济学:能源、气候变化和可持续发展的三个领域.刘哲,等译.大连:东北财经大学出版社,2017

马光,等.环境与可持续发展导论(第3版).北京:科学出版社,2014

曲项荣.环境保护与可持续发展(第2版).北京:清华大学出版社,2014

李永峰,乔丽娜,张洪,等.可持续发展概论.哈尔滨:哈尔滨工业大学出版社,2013

www.china-eia.com   环境影响评价网

www.kjs.mee.gov.cn/hjbhbz   中华人民共和国生态环境部环境保护标准网

www.eel.nl   欧洲环境法

www.hjbzrz.com   中国环境标志认证网

附录Ⅰ　部分主要法律选登

为方便读者查阅和使用,以下摘录了我国有关环境保护的最新法律法规[根本大法(宪法)、刑法、民法典、1 部"基本法"和部分"专项法"]。

中华人民共和国宪法(摘录)

第九条　矿藏、水流、森林、山岭、草原、荒地、滩涂等自然资源,都属于国家所有,即全民所有;由法律规定属于集体所有的森林和山岭、草原、荒地、滩涂除外。

国家保障自然资源的合理利用,保护珍贵的动物和植物。禁止任何组织或者个人用任何手段侵占或者破坏自然资源。

第十条　城市的土地属于国家所有。

农村和城市郊区的土地,除由法律规定属于国家所有的以外,属于集体所有;宅基地和自留地、自留山,也属于集体所有。

国家为了公共利益的需要,可以依照法律规定对土地实行征收或者征用并给予补偿。

任何组织或者个人不得侵占、买卖或者以其他形式非法转让土地。土地的使用权可以依照法律的规定转让。

一切使用土地的组织和个人必须合理地利用土地。

第二十二条　国家发展为人民服务、为社会主义服务的文学艺术事业、新闻广播电视事业、出版发行事业、图书馆博物馆文化馆和其他文化事业,开展群众性的文化活动。

国家保护名胜古迹、珍贵文物和其他重要历史文化遗产。

第二十六条　国家保护和改善生活环境和生态环境,防治污染和其他公害。

国家组织和鼓励植树造林,保护林木。

中华人民共和国刑法(摘录)

第二编　分则

第三章　破坏社会主义市场经济秩序罪

第二节　走私罪

第一百五十一条　……

走私国家禁止出口的文物、黄金、白银和其他贵重金属或者国家禁止进出口的珍贵动物及其制品的,处五年以上十年以下有期徒刑,并处罚金;情节特别严重的,处十年以上有期徒刑或者无期徒刑,并没收财产;情节较轻的,处五年以下有期徒刑,并处罚金。

走私珍稀植物及其制品等国家禁止进出口的其他货物、物品的,处五年以下有期徒刑或者拘役,并处或者单处罚金;情节严重的,处五年以上有期徒刑,并处罚金。

第一百五十二条　……

逃避海关监管将境外固体废物、液态废物和气态废物运输进境,情节严重的,处五年以下有期徒刑,并处或者单处罚金;情节特别严重的,处五年以上有期徒刑,并处罚金。

第六章 妨害社会管理秩序罪

第六节 破坏环境资源保护罪

第三百三十八条 违反国家规定,排放、倾倒或者处置有放射性的废物、含传染病病原体的废物、有毒物质或者其他有害物质,严重污染环境的,处三年以下有期徒刑或者拘役,并处或者单处罚金;情节严重的,处三年以上七年以下有期徒刑,并处罚金;有下列情形之一的,处七年以上有期徒刑,并处罚金:

(一)在饮用水水源保护区、自然保护地核心保护区等依法确定的重点保护区域排放、倾倒、处置有放射性的废物、含传染病病原体的废物、有毒物质,情节特别严重的;

(二)向国家确定的重要江河、湖泊水域排放、倾倒、处置有放射性的废物、含传染病病原体的废物、有毒物质,情节特别严重的;

(三)致使大量永久基本农田基本功能丧失或者遭受永久性破坏的;

(四)致使多人重伤、严重疾病,或者致人严重残疾、死亡的。有前款行为,同时构成其他犯罪的,依照处罚较重的规定定罪处罚。

第三百三十九条 违反国家规定,将境外的固体废物进境倾倒、堆放、处置的,处五年以下有期徒刑或者拘役,并处罚金;造成重大环境污染事故,致使公私财产遭受重大损失或者严重危害人体健康的,处五年以上十年以下有期徒刑,并处罚金;后果特别严重的,处十年以上有期徒刑,并处罚金。

未经国务院有关主管部门许可,擅自进口固体废物用作原料,造成重大环境污染事故,致使公私财产遭受重大损失或者严重危害人体健康的,处五年以下有期徒刑或者拘役,并处罚金;后果特别严重的,处五年以上十年以下有期徒刑,并处罚金。

以原料利用为名,进口不能用作原料的固体废物、液态废物和气态废物的,依照本法第一百五十二条第二款、第三款的规定定罪处罚。

第三百四十条 违反保护水产资源法规,在禁渔区、禁渔期或者使用禁用的工具、方法捕捞水产品,情节严重的,处三年以下有期徒刑、拘役、管制或者罚金。

第三百四十一条 非法猎捕、杀害国家重点保护的珍贵、濒危野生动物的,或者非法收购、运输、出售国家重点保护的珍贵、濒危野生动物及其制品的,处五年以下有期徒刑或者拘役,并处罚金;情节严重的,处五年以上十年以下有期徒刑,并处罚金;情节特别严重的,处十年以上有期徒刑,并处罚金或者没收财产。

违反狩猎法规,在禁猎区、禁猎期或者使用禁用的工具、方法进行狩猎,破坏野生动物资源,情节严重的,处三年以下有期徒刑、拘役、管制或者罚金。

违反野生动物保护管理法规,以食用为目的非法猎捕、收购、运输、出售第一款规定以外的在野外环境自然生长繁殖的陆生野生动物,情节严重的,依照前款的规定处罚。

第三百四十二条 违反土地管理法规,非法占用耕地、林地等农用地,改变被占用土地用途,数量较大,造成耕地、林地等农用地大量毁坏的,处五年以下有期徒刑或者拘役,并处或者单处罚金。

第三百四十二条之一 违反自然保护地管理法规,在国家公园、国家级自然保护区进行开垦、开发活动或者修建建筑物,造成严重后果或者有其他恶劣情节的,处五年以下有期徒刑或者拘役,并处或者单处罚金。

有前款行为,同时构成其他犯罪的,依照处罚较重的规定定罪处罚。

第三百四十三条 违反矿产资源法的规定,未取得采矿许可证擅自采矿,擅自进入国家规划矿区、对国民经济具有重要价值的矿区和他人矿区范围采矿,或者擅自开采国家规定实行保护性开采的特定矿种,情节严重的,处三年以下有期徒刑、拘役或者管制,并处或者单处罚金;情节特别严重的,处三年以上七年以下有期徒刑,并处罚金。

违反矿产资源法的规定,采取破坏性的开采方法开采矿产资源,造成矿产资源严重破坏的,处五年以下有期徒刑或者拘役,并处罚金。

第三百四十四条 违反国家规定,非法采伐、毁坏珍贵树木或者国家重点保护的其他植物的,或者非法收购、运输、加工、出售珍贵树木或者国家重点保护的其他植物及其制品的,处三年以下有期徒刑、拘役或者管制,并处罚金;情节严重的,处三年以上七年以下有期徒刑,并处罚金。

第三百四十四条之一 违反国家规定,非法引进、释放或者丢弃外来入侵物种,情节严重的,处三年以下有期徒刑或者拘役,并处或者单处罚金。

第三百四十五条 盗伐森林或者其他林木,数量较大的,处三年以下有期徒刑、拘役或者管制,并处或者单处罚金;数量巨大的,处三年以上七年以下有期徒刑,并处罚金;数量特别巨大的,处七年以上有期徒刑,并处罚金。违反森林法的规定,滥伐森林或者其他林木,数量较大的,处三年以下有期徒刑、拘役或者管制,并处或者单处罚金;数量巨大的,处三年以上七年以下有期徒刑,并处罚金。非法收购、运输明知是盗伐、滥伐的林木,情节严重的,处三年以下有期徒刑、拘役或者管制,并处或者单处罚金;情节特别严重的,处三年以上七年以下有期徒刑,并处罚金。

盗伐、滥伐国家级自然保护区内的森林或者其他林木的,从重处罚。

第三百四十六条 单位犯本节第三百三十八条至第三百四十五条规定之罪的,对单位判处罚金,并对其直接负责的主管人员和其他直接责任人员,依照本节各该条的规定处罚。

第九章 渎职罪

第四百零八条 负有环境保护监督管理职责的国家机关工作人员严重不负责任,导致发生重大环境污染事故,致使公私财产遭受重大损失或者造成人身伤亡的严重后果的,处三年以下有期徒刑或者拘役。

中华人民共和国民法典(摘录)

第九条 民事主体从事民事活动,应当有利于节约资源、保护生态环境。

第二百七十四条 建筑区划内的道路,属于业主共有,但是属于城镇公共道路的除外。建筑区划内的绿地,属于业主共有,但是属于城镇公共绿地或者明示属于个人的除外。建筑区划内的其他公共场所、公用设施和物业服务用房,属于业主共有。

第二百八十六条 业主应当遵守法律、法规以及管理规约,相关行为应当符合节约资源、保护生态环境的要求。对于物业服务企业或者其他管理人执行政府依法实施的应急处置措施和其他管理措施,业主应当依法予以配合。

业主大会或者业主委员会,对任意弃置垃圾、排放污染物或者噪声、违反规定饲养动物、违章搭建、侵占通道、拒付物业费等损害他人合法权益的行为,有权依照法律、法规以及管理规约,请求行为人停止侵害、排除妨碍、消除危险、恢复原状、赔偿损失。

业主或者其他行为人拒不履行相关义务的,有关当事人可以向有关行政主管部门报告或者投诉,有关行政主管部门应当依法处理。

第二百九十四条 不动产权利人不得违反国家规定弃置固体废物,排放大气污染物、水污染物、土壤污染物、噪声、光辐射、电磁辐射等有害物质。

第三百二十五条 国家实行自然资源有偿使用制度,但是法律另有规定的除外。

第三百二十六条 用益物权人行使权利,应当遵守法律有关保护和合理开发利用资源、保护生态环境的规定。所有权人不得干涉用益物权人行使权利。

第三百四十六条 设立建设用地使用权,应当符合节约资源、保护生态环境的要求,遵守法律、行政法规关于土地用途的规定,不得损害已经设立的用益物权。

第五百零九条 当事人应当按照约定全面履行自己的义务。

当事人应当遵循诚信原则,根据合同的性质、目的和交易习惯履行通知、协助、保密等义务。

当事人在履行合同过程中,应当避免浪费资源、污染环境和破坏生态。

第六百一十九条 出卖人应当按照约定的包装方式交付标的物。对包装方式没有约定或者约定不明确,依据本法第五百一十条的规定仍不能确定的,应当按照通用的方式包装;没有通用方式的,应当采取足以保护标的物且有利于节约资源、保护生态环境的包装方式。

第九百三十七条 物业服务合同是物业服务人在物业服务区域内,为业主提供建筑物及其附属设施的维修养护、环境卫生和相关秩序的管理维护等物业服务,业主支付物业费的合同。

物业服务人包括物业服务企业和其他管理人。

第一千二百二十九条 因污染环境、破坏生态造成他人损害的,侵权人应当承担侵权责任。

第一千二百三十条 因污染环境、破坏生态发生纠纷,行为人应当就法律规定的不承担责任或者减轻责任的情形及其行为与损害之间不存在因果关系承担举证责任。

第一千二百三十一条 两个以上侵权人污染环境、破坏生态的,承担责任的大小,根据污染物的种类、浓度、排放量,破坏生态的方式、范围、程度,以及行为对损害后果所起的作用等因素确定。

第一千二百三十二条 侵权人违反法律规定故意污染环境、破坏生态造成严重后果的,被侵权人有权请求相应的惩罚性赔偿。

第一千二百三十三条 因第三人的过错污染环境、破坏生态的,被侵权人可以向侵权人请求赔偿,也可以向第三人请求赔偿。侵权人赔偿后,有权向第三人追偿。

第一千二百三十四条 违反国家规定造成生态环境损害,生态环境能够修复的,国家规定的机关或者法律规定的组织有权请求侵权人在合理期限内承担修复责任。侵权人在期限内未修复的,国家规定的机关或者法律规定的组织可以自行或者委托他人进行修复,所需费用由侵权人负担。

第一千二百三十五条 违反国家规定造成生态环境损害的,国家规定的机关或者法律规定的组织有权请求侵权人赔偿下列损失和费用:

(一)生态环境受到损害至修复完成期间服务功能丧失导致的损失;

(二)生态环境功能永久性损害造成的损失;

(三)生态环境损害调查、鉴定评估等费用;

(四)清除污染、修复生态环境费用;

(五)防止损害的发生和扩大所支出的合理费用。

中华人民共和国环境保护法

第一章 总则

第一条 为保护和改善环境,防治污染和其他公害,保障公众健康,推进生态文明建设,促进经济社会可持续发展,制定本法。

第二条 本法所称环境,是指影响人类生存和发展的各种天然的和经过人工改造的自然因素的总体,包括大气、水、海洋、土地、矿藏、森林、草原、湿地、野生生物、自然遗迹、人文遗迹、自然保护区、风景名胜区、城市和乡村等。

第三条 本法适用于中华人民共和国领域和中华人民共和国管辖的其他海域。

第四条 保护环境是国家的基本国策。

国家采取有利于节约和循环利用资源、保护和改善环境、促进人与自然和谐的经济、技术政策和措施,使经济社会发展与环境保护相协调。

第五条 环境保护坚持保护优先、预防为主、综合治理、公众参与、损害担责的原则。

第六条 一切单位和个人都有保护环境的义务。

地方各级人民政府应当对本行政区域的环境质量负责。

企业事业单位和其他生产经营者应当防止、减少环境污染和生态破坏,对所造成的损害依法承担责任。

公民应当增强环境保护意识,采取低碳、节俭的生活方式,自觉履行环境保护义务。

第七条　国家支持环境保护科学技术研究、开发和应用,鼓励环境保护产业发展,促进环境保护信息化建设,提高环境保护科学技术水平。

第八条　各级人民政府应当加大保护和改善环境、防治污染和其他公害的财政投入,提高财政资金的使用效益。

第九条　各级人民政府应当加强环境保护宣传和普及工作,鼓励基层群众性自治组织、社会组织、环境保护志愿者开展环境保护法律法规和环境保护知识的宣传,营造保护环境的良好风气。

教育行政部门、学校应当将环境保护知识纳入学校教育内容,培养学生的环境保护意识。

新闻媒体应当开展环境保护法律法规和环境保护知识的宣传,对环境违法行为进行舆论监督。

第十条　国务院环境保护主管部门,对全国环境保护工作实施统一监督管理;县级以上地方人民政府环境保护主管部门,对本行政区域环境保护工作实施统一监督管理。

县级以上人民政府有关部门和军队环境保护部门,依照有关法律的规定对资源保护和污染防治等环境保护工作实施监督管理。

第十一条　对保护和改善环境有显著成绩的单位和个人,由人民政府给予奖励。

第十二条　每年6月5日为环境日。

第二章　监督管理

第十三条　县级以上人民政府应当将环境保护工作纳入国民经济和社会发展规划。

国务院环境保护主管部门会同有关部门,根据国民经济和社会发展规划编制国家环境保护规划,报国务院批准并公布实施。

县级以上地方人民政府环境保护主管部门会同有关部门,根据国家环境保护规划的要求,编制本行政区域的环境保护规划,报同级人民政府批准并公布实施。

环境保护规划的内容应当包括生态保护和污染防治的目标、任务、保障措施等,并与主体功能区规划、土地利用总体规划和城乡规划等相衔接。

第十四条　国务院有关部门和省、自治区、直辖市人民政府组织制定经济、技术政策,应当充分考虑对环境的影响,听取有关方面和专家的意见。

第十五条　国务院环境保护主管部门制定国家环境质量标准。

省、自治区、直辖市人民政府对国家环境质量标准中未作规定的项目,可以制定地方环境质量标准;对国家环境质量标准中已作规定的项目,可以制定严于国家环境质量标准的地方环境质量标准。地方环境质量标准应当报国务院环境保护主管部门备案。

国家鼓励开展环境基准研究。

第十六条　国务院环境保护主管部门根据国家环境质量标准和国家经济、技术条件,制定国家污染物排放标准。

省、自治区、直辖市人民政府对国家污染物排放标准中未作规定的项目,可以制定地方污染物排放标准;对国家污染物排放标准中已作规定的项目,可以制定严于国家污染物排放标准的地方污染物排放标准。地方污染物排放标准应当报国务院环境保护主管部门备案。

第十七条　国家建立、健全环境监测制度。国务院环境保护主管部门制定监测规范,会同有关部门组织监测网络,统一规划国家环境质量监测站(点)的设置,建立监测数据共享机制,加强对环境监测的管理。

有关行业、专业等各类环境质量监测站(点)的设置应当符合法律法规规定和监测规范的要求。

监测机构应当使用符合国家标准的监测设备,遵守监测规范。监测机构及其负责人对监测数据的真实性和准确性负责。

第十八条　省级以上人民政府应当组织有关部门或者委托专业机构,对环境状况进行调查、评价,建立环境资源承载能力监测预警机制。

第十九条　编制有关开发利用规划,建设对环境有影响的项目,应当依法进行环境影响评价。

未依法进行环境影响评价的开发利用规划,不得组织实施;未依法进行环境影响评价的建设项目,不得开工建设。

第二十条　国家建立跨行政区域的重点区域、流域环境污染和生态破坏联合防治协调机制,实行统一规划、统一标准、统一监测、统一的防治措施。

前款规定以外的跨行政区域的环境污染和生态破坏的防治,由上级人民政府协调解决,或者由有关地方人民政府协商解决。

第二十一条　国家采取财政、税收、价格、政府采购等方面的政策和措施,鼓励和支持环境保护技术装备、资源综合利用和环境服务等环境保护产业的发展。

第二十二条　企业事业单位和其他生产经营者,在污染物排放符合法定要求的基础上,进一步减少污染物排放的,人民政府应当依法采取财政、税收、价格、政府采购等方面的政策和措施予以鼓励和支持。

第二十三条　企业事业单位和其他生产经营者,为改善环境,依照有关规定转产、搬迁、关闭的,人民政府应当予以支持。

第二十四条　县级以上人民政府环境保护主管部门及其委托的环境监察机构和其他负有环境保护监督管理职责的部门,有权对排放污染物的企业事业单位和其他生产经营者进行现场检查。被检查者应当如实反映情况,提供必要的资料。实施现场检查的部门、机构及其工作人员应当为被检查者保守商业秘密。

第二十五条　企业事业单位和其他生产经营者违反法律法规规定排放污染物,造成或者可能造成严重污染的,县级以上人民政府环境保护主管部门和其他负有环境保护监督管理职责的部门,可以查封、扣押造成污染物排放的设施、设备。

第二十六条　国家实行环境保护目标责任制和考核评价制度。县级以上人民政府应当将环境保护目标完成情况纳入对本级人民政府负有环境保护监督管理职责的部门及其负责人和下级人民政府及其负责人的考核内容,作为对其考核评价的重要依据。考核结果应当向社会公开。

第二十七条　县级以上人民政府应当每年向本级人民代表大会或者人民代表大会常务委员会报告环境状况和环境保护目标完成情况,对发生的重大环境事件应当及时向本级人民代表大会常务委员会报告,依法接受监督。

第三章　保护和改善环境

第二十八条　地方各级人民政府应当根据环境保护目标和治理任务,采取有效措施,改善环境质量。

未达到国家环境质量标准的重点区域、流域的有关地方人民政府,应当制定限期达标规划,并采取措施按期达标。

第二十九条　国家在重点生态功能区、生态环境敏感区和脆弱区等区域划定生态保护红线,实行严格保护。

各级人民政府对具有代表性的各种类型的自然生态系统区域,珍稀、濒危的野生动植物自然分布区域,重要的水源涵养区域,具有重大科学文化价值的地质构造、著名溶洞和化石分布区、冰川、火山、温泉等自然遗迹,以及人文遗迹,古树名木,应当采取措施予以保护,严禁破坏。

第三十条　开发利用自然资源,应当合理开发,保护生物多样性,保障生态安全,依法制定有关生态保护和恢复治理方案并予以实施。

引进外来物种以及研究、开发和利用生物技术,应当采取措施,防止对生物多样性的破坏。

第三十一条　国家建立、健全生态保护补偿制度。

国家加大对生态保护地区的财政转移支付力度。有关地方人民政府应当落实生态保护补偿资金,确保其用于生态保护补偿。

国家指导受益地区和生态保护地区人民政府通过协商或者按照市场规则进行生态保护补偿。

第三十二条　国家加强对大气、水、土壤等的保护,建立和完善相应的调查、监测、评估和修复制度。

第三十三条　各级人民政府应当加强对农业环境的保护,促进农业环境保护新技术的使用,加强对农业污染源的监测预警,统筹有关部门采取措施,防治土壤污染和土地沙化、盐渍化、贫瘠化、石漠化、地面沉降以及防治植被破坏、水土流失、水体富营养化、水源枯竭、种源灭绝等生态失调现象,推广植物病虫害的综合防治。

县级、乡级人民政府应当提高农村环境保护公共服务水平,推动农村环境综合整治。

第三十四条　国务院和沿海地方各级人民政府应当加强对海洋环境的保护。向海洋排放污染物、倾倒废弃物,进行海岸工程和海洋工程建设,应当符合法律法规规定和有关标准,防止和减少对海洋环境的污染损害。

第三十五条　城乡建设应当结合当地自然环境的特点,保护植被、水域和自然景观,加强城市园林、绿地和风景名胜区的建设与管理。

第三十六条　国家鼓励和引导公民、法人和其他组织使用有利于保护环境的产品和再生产品,减少废弃物的产生。

国家机关和使用财政资金的其他组织应当优先采购和使用节能、节水、节材等有利于保护环境的产品、设备和设施。

第三十七条　地方各级人民政府应当采取措施,组织对生活废弃物的分类处置、回收利用。

第三十八条　公民应当遵守环境保护法律法规,配合实施环境保护措施,按照规定对生活废弃物进行分类放置,减少日常生活对环境造成的损害。

第三十九条　国家建立、健全环境与健康监测、调查和风险评估制度;鼓励和组织开展环境质量对公众健康影响的研究,采取措施预防和控制与环境污染有关的疾病。

第四章　防治污染和其他公害

第四十条　国家促进清洁生产和资源循环利用。

国务院有关部门和地方各级人民政府应当采取措施,推广清洁能源的生产和使用。

企业应当优先使用清洁能源,采用资源利用率高、污染物排放量少的工艺、设备以及废弃物综合利用技术和污染物无害化处理技术,减少污染物的产生。

第四十一条　建设项目中防治污染的设施,应当与主体工程同时设计、同时施工、同时投产使用。防治污染的设施应当符合经批准的环境影响评价文件的要求,不得擅自拆除或者闲置。

第四十二条　排放污染物的企业事业单位和其他生产经营者,应当采取措施,防治在生产建设或者其他活动中产生的废气、废水、废渣、医疗废物、粉尘、恶臭气体、放射性物质以及噪声、振动、光辐射、电磁辐射等对环境的污染和危害。

排放污染物的企业事业单位,应当建立环境保护责任制度,明确单位负责人和相关人员的责任。

重点排污单位应当按照国家有关规定和监测规范安装使用监测设备,保证监测设备正常运行,保存原始监测记录。

严禁通过暗管、渗井、渗坑、灌注或者篡改、伪造监测数据,或者不正常运行防治污染设施等逃避监管的方式违法排放污染物。

第四十三条　排放污染物的企业事业单位和其他生产经营者,应当按照国家有关规定缴纳排污费。排污费应当全部专项用于环境污染防治,任何单位和个人不得截留、挤占或者挪作他用。

依照法律规定征收环境保护税的,不再征收排污费。

第四十四条　国家实行重点污染物排放总量控制制度。重点污染物排放总量控制指标由国务院下达,省、自治区、直辖市人民政府分解落实。企业事业单位在执行国家和地方污染物排放标准的同时,应当遵守分解落实到本单位的重点污染物排放总量控制指标。

对超过国家重点污染物排放总量控制指标或者未完成国家确定的环境质量目标的地区,省级以上人民政府环境保护主管部门应当暂停审批其新增重点污染物排放总量的建设项目环境影响评价文件。

第四十五条　国家依照法律规定实行排污许可管理制度。

实行排污许可管理的企业事业单位和其他生产经营者应当按照排污许可证的要求排放污染物;未取得排污许可证的,不得排放污染物。

第四十六条　国家对严重污染环境的工艺、设备和产品实行淘汰制度。任何单位和个人不得生产、销售或者转移、使用严重污染环境的工艺、设备和产品。

禁止引进不符合我国环境保护规定的技术、设备、材料和产品。

第四十七条　各级人民政府及其有关部门和企业事业单位,应当依照《中华人民共和国突发事件应对法》的规定,做好突发环境事件的风险控制、应急准备、应急处置和事后恢复等工作。

县级以上人民政府应当建立环境污染公共监测预警机制,组织制定预警方案;环境受到污染,可能影响公众健康和环境安全时,依法及时公布预警信息,启动应急措施。

企业事业单位应当按照国家有关规定制定突发环境事件应急预案,报环境保护主管部门和有关部门备案。在发生或者可能发生突发环境事件时,企业事业单位应当立即采取措施处理,及时通报可能受到危害的单位和居民,并向环境保护主管部门和有关部门报告。

突发环境事件应急处置工作结束后,有关人民政府应当立即组织评估事件造成的环境影响和损失,并及时将评估结果向社会公布。

第四十八条　生产、储存、运输、销售、使用、处置化学物品和含有放射性物质的物品,应当遵守国家有关规定,防止污染环境。

第四十九条　各级人民政府及其农业等有关部门和机构应当指导农业生产经营者科学种植和养殖,科学合理施用农药、化肥等农业投入品,科学处置农用薄膜、农作物秸秆等农业废弃物,防止农业面源污染。

禁止将不符合农用标准和环境保护标准的固体废物、废水施入农田。施用农药、化肥等农业投入品及进行灌溉,应当采取措施,防止重金属和其他有毒有害物质污染环境。

畜禽养殖场、养殖小区、定点屠宰企业等的选址、建设和管理应当符合有关法律法规规定。从事畜禽养殖和屠宰的单位和个人应当采取措施,对畜禽粪便、尸体和污水等废弃物进行科学处置,防止污染环境。

县级人民政府负责组织农村生活废弃物的处置工作。

第五十条　各级人民政府应当在财政预算中安排资金,支持农村饮用水水源地保护、生活污水和其他废弃物处理、畜禽养殖和屠宰污染防治、土壤污染防治和农村工矿污染治理等环境保护工作。

第五十一条　各级人民政府应当统筹城乡建设污水处理设施及配套管网,固体废物的收集、运输和处置等环境卫生设施,危险废物集中处置设施、场所以及其他环境保护公共设施,并保障其正常运行。

第五十二条　国家鼓励投保环境污染责任保险。

第五章　信息公开和公众参与

第五十三条　公民、法人和其他组织依法享有获取环境信息、参与和监督环境保护的权利。

各级人民政府环境保护主管部门和其他负有环境保护监督管理职责的部门,应当依法公开环境信息、完善公众参与程序,为公民、法人和其他组织参与和监督环境保护提供便利。

第五十四条　国务院环境保护主管部门统一发布国家环境质量、重点污染源监测信息及其他重大环境信息。省级以上人民政府环境保护主管部门定期发布环境状况公报。

县级以上人民政府环境保护主管部门和其他负有环境保护监督管理职责的部门,应当依法公开环境质量、环境监测、突发环境事件以及环境行政许可、行政处罚、排污费的征收和使用情况等信息。

县级以上地方人民政府环境保护主管部门和其他负有环境保护监督管理职责的部门,应当将企业事业单位和其他生产经营者的环境违法信息记入社会诚信档案,及时向社会公布违法者名单。

第五十五条　重点排污单位应当如实向社会公开其主要污染物的名称、排放方式、排放浓度和总量、超标排放情况,以及防治污染设施的建设和运行情况,接受社会监督。

第五十六条　对依法应当编制环境影响报告书的建设项目,建设单位应当在编制时向可能受影响的公众说明情况,充分征求意见。

负责审批建设项目环境影响评价文件的部门在收到建设项目环境影响报告书后,除涉及国家秘密和商业秘密的事项外,应当全文公开;发现建设项目未充分征求公众意见的,应当责成建设单位征求公众意见。

第五十七条　公民、法人和其他组织发现任何单位和个人有污染环境和破坏生态行为的,有权向环境保护主管部门或者其他负有环境保护监督管理职责的部门举报。

公民、法人和其他组织发现地方各级人民政府、县级以上人民政府环境保护主管部门和其他负有环境保护监督管理职责的部门不依法履行职责的,有权向其上级机关或者监察机关举报。

接受举报的机关应当对举报人的相关信息予以保密,保护举报人的合法权益。

第五十八条　对污染环境、破坏生态,损害社会公共利益的行为,符合下列条件的社会组织可以向人民法院提起诉讼:

(一)依法在设区的市级以上人民政府民政部门登记;

(二)专门从事环境保护公益活动连续五年以上且无违法记录。

符合前款规定的社会组织向人民法院提起诉讼,人民法院应当依法受理。

提起诉讼的社会组织不得通过诉讼牟取经济利益。

第六章　法律责任(略)

第七章　附则

第七十条　本法自 2015 年 1 月 1 日起施行。

中华人民共和国水污染防治法

第一章　总则

第一条　为了保护和改善环境,防治水污染,保护水生态,保障饮用水安全,维护公众健康,推进生态文明建设,促进经济社会可持续发展,制定本法。

第二条　本法适用于中华人民共和国领域内的江河、湖泊、运河、渠道、水库等地表水体以及地下水体的污染防治。

海洋污染防治适用《中华人民共和国海洋环境保护法》。

第三条　水污染防治应当坚持预防为主、防治结合、综合治理的原则,优先保护饮用水水源,严格控制工业污染、城镇生活污染,防治农业面源污染,积极推进生态治理工程建设,预防、控制和减少水环境污染和生态破坏。

第四条　县级以上人民政府应当将水环境保护工作纳入国民经济和社会发展规划。

地方各级人民政府对本行政区域的水环境质量负责,应当及时采取措施防治水污染。

第五条　省、市、县、乡建立河长制,分级分段组织领导本行政区域内江河、湖泊的水资源保护、水域岸线管理、水污染防治、水环境治理等工作。

第六条　国家实行水环境保护目标责任制和考核评价制度,将水环境保护目标完成情况作为对地方人民政府及其负责人考核评价的内容。

第七条　国家鼓励、支持水污染防治的科学技术研究和先进适用技术的推广应用,加强水环境保护的宣传教育。

第八条　国家通过财政转移支付等方式,建立健全对位于饮用水水源保护区区域和江河、湖泊、水库上游地区的水环境生态保护补偿机制。

第九条　县级以上人民政府环境保护主管部门对水污染防治实施统一监督管理。

交通主管部门的海事管理机构对船舶污染水域的防治实施监督管理。

县级以上人民政府水行政、国土资源、卫生、建设、农业、渔业等部门以及重要江河、湖泊的流域水资源保护机构,在各自的职责范围内,对有关水污染防治实施监督管理。

第十条　排放水污染物,不得超过国家或者地方规定的水污染物排放标准和重点水污染物排放总量控制指标。

第十一条　任何单位和个人都有义务保护水环境,并有权对污染损害水环境的行为进行检举。

县级以上人民政府及其有关主管部门对在水污染防治工作中做出显著成绩的单位和个人给予表彰和奖励。

第二章　水污染防治的标准和规划

第十二条　国务院环境保护主管部门制定国家水环境质量标准。

省、自治区、直辖市人民政府可以对国家水环境质量标准中未作规定的项目,制定地方标准,并报国务院环境保护主管部门备案。

第十三条　国务院环境保护主管部门会同国务院水行政主管部门和有关省、自治区、直辖市人民政府,可以根据国家确定的重要江河、湖泊流域水体的使用功能以及有关地区的经济、技术条件,确定该重要江河、湖泊流域的省界水体适用的水环境质量标准,报国务院批准后施行。

第十四条　国务院环境保护主管部门根据国家水环境质量标准和国家经济、技术条件,制定国家水污染物排放标准。

省、自治区、直辖市人民政府对国家水污染物排放标准中未作规定的项目,可以制定地方水污染物排放标准;对国家水污染物排放标准中已作规定的项目,可以制定严于国家水污染物排放标准的地方水污染物排放标准。地方水污染物排放标准须报国务院环境保护主管部门备案。

向已有地方水污染物排放标准的水体排放污染物的,应当执行地方水污染物排放标准。

第十五条　国务院环境保护主管部门和省、自治区、直辖市人民政府,应当根据水污染防治的要求和国家或者地方的经济、技术条件,适时修订水环境质量标准和水污染物排放标准。

第十六条　防治水污染应当按流域或者按区域进行统一规划。国家确定的重要江河、湖泊的流域水污染防治规划,由国务院环境保护主管部门会同国务院经济综合宏观调控、水行政等部门和有关省、自治区、直辖市人民政府编制,报国务院批准。

前款规定外的其他跨省、自治区、直辖市江河、湖泊的流域水污染防治规划,根据国家确定的重要江河、湖泊的流域水污染防治规划和本地实际情况,由有关省、自治区、直辖市人民政府环境保护主管部门会同同级水行政等部门和有关市、县人民政府编制,经有关省、自治区、直辖市人民政府审核,报国务院批准。

省、自治区、直辖市内跨县江河、湖泊的流域水污染防治规划,根据国家确定的重要江河、湖泊的流域水污染防治规划和本地实际情况,由省、自治区、直辖市人民政府环境保护主管部门会同同级水行政等部门编制,报省、自治区、直辖市人民政府批准,并报国务院备案。

经批准的水污染防治规划是防治水污染的基本依据,规划的修订须经原批准机关批准。

县级以上地方人民政府应当根据依法批准的江河、湖泊的流域水污染防治规划,组织制定本行政区域的水污染防治规划。

第十七条　有关市、县级人民政府应当按照水污染防治规划确定的水环境质量改善目标的要求,制定限期达标规划,采取措施按期达标。

有关市、县级人民政府应当将限期达标规划报上一级人民政府备案,并向社会公开。

第十八条　市、县级人民政府每年在向本级人民代表大会或者其常务委员会报告环境状况和环境保护目标完成情况时,应当报告水环境质量限期达标规划执行情况,并向社会公开。

第三章　水污染防治的监督管理

第十九条　新建、改建、扩建直接或者间接向水体排放污染物的建设项目和其他水上设施,应当依法进行环境影响评价。

建设单位在江河、湖泊新建、改建、扩建排污口的,应当取得水行政主管部门或者流域管理机构同意;涉及通航、渔业水域的,环境保护主管部门在审批环境影响评价文件时,应当征求交通、渔业主管部门的意见。

建设项目的水污染防治设施,应当与主体工程同时设计、同时施工、同时投入使用。水污染防治设施应当符合经批准或者备案的环境影响评价文件的要求。

第二十条　国家对重点水污染物排放实施总量控制制度。

重点水污染物排放总量控制指标，由国务院环境保护主管部门在征求国务院有关部门和各省、自治区、直辖市人民政府意见后，会同国务院经济综合宏观调控部门报国务院批准并下达实施。

省、自治区、直辖市人民政府应当按照国务院的规定削减和控制本行政区域的重点水污染物排放总量。具体办法由国务院环境保护主管部门会同国务院有关部门规定。

省、自治区、直辖市人民政府可以根据本行政区域水环境质量状况和水污染防治工作的需要，对国家重点水污染物之外的其他水污染物排放实行总量控制。

对超过重点水污染物排放总量控制指标或者未完成水环境质量改善目标的地区，省级以上人民政府环境保护主管部门应当会同有关部门约谈该地区人民政府的主要负责人，并暂停审批新增重点水污染物排放总量的建设项目的环境影响评价文件。约谈情况应当向社会公开。

第二十一条　直接或者间接向水体排放工业废水和医疗污水以及其他按照规定应当取得排污许可证方可排放的废水、污水的企业事业单位和其他生产经营者，应当取得排污许可证；城镇污水集中处理设施的运营单位，也应当取得排污许可证。排污许可证应当明确排放水污染物的种类、浓度、总量和排放去向等要求。排污许可的具体办法由国务院规定。

禁止企业事业单位和其他生产经营者无排污许可证或者违反排污许可证的规定向水体排放前款规定的废水、污水。

第二十二条　向水体排放污染物的企业事业单位和其他生产经营者，应当按照法律、行政法规和国务院环境保护主管部门的规定设置排污口；在江河、湖泊设置排污口的，还应当遵守国务院水行政主管部门的规定。

第二十三条　实行排污许可管理的企业事业单位和其他生产经营者应当按照国家有关规定和监测规范，对所排放的水污染物自行监测，并保存原始监测记录。重点排污单位还应当安装水污染物排放自动监测设备，与环境保护主管部门的监控设备联网，并保证监测设备正常运行。具体办法由国务院环境保护主管部门规定。

应当安装水污染物排放自动监测设备的重点排污单位名录，由设区的市级以上地方人民政府环境保护主管部门根据本行政区域的环境容量、重点水污染物排放总量控制指标的要求以及排污单位排放水污染物的种类、数量和浓度等因素，商同级有关部门确定。

第二十四条　实行排污许可管理的企业事业单位和其他生产经营者应当对监测数据的真实性和准确性负责。

环境保护主管部门发现重点排污单位的水污染物排放自动监测设备传输数据异常，应当及时进行调查。

第二十五条　国家建立水环境质量监测和水污染物排放监测制度。国务院环境保护主管部门负责制定水环境监测规范，统一发布国家水环境状况信息，会同国务院水行政等部门组织监测网络，统一规划国家水环境质量监测站（点）的设置，建立监测数据共享机制，加强对水环境监测的管理。

第二十六条　国家确定的重要江河、湖泊流域的水资源保护工作机构负责监测其所在流域的省界水体的水环境质量状况，并将监测结果及时报国务院环境保护主管部门和国务院水行政主管部门；有经国务院批准成立的流域水资源保护领导机构的，应当将监测结果及时报告流域水资源保护领导机构。

第二十七条　国务院有关部门和县级以上地方人民政府开发、利用和调节、调度水资源时，应当统筹兼顾，维持江河的合理流量和湖泊、水库以及地下水体的合理水位，保障基本生态用水，维护水体的生态功能。

第二十八条　国务院环境保护主管部门应当会同国务院水行政等部门和有关省、自治区、直辖市人民政府，建立重要江河、湖泊的流域水环境保护联合协调机制，实行统一规划、统一标准、统一监测、统一的防治措施。

第二十九条　国务院环境保护主管部门和省、自治区、直辖市人民政府环境保护主管部门应当会同同级有关部门根据流域生态环境功能需要，明确流域生态环境保护要求，组织开展流域环境资源承载能力监测、评价，实施流域环境资源承载能力预警。

县级以上地方人民政府应当根据流域生态环境功能需要，组织开展江河、湖泊、湿地保护与修复，因地制宜建设人工湿地、水源涵养林、沿河沿湖植被缓冲带和隔离带等生态环境治理与保护工程,整治黑臭水体,提高流域环境资源承载能力。

从事开发建设活动,应当采取有效措施,维护流域生态环境功能,严守生态保护红线。

第三十条 环境保护主管部门和其他依照本法规定行使监督管理权的部门,有权对管辖范围内的排污单位进行现场检查,被检查的单位应当如实反映情况,提供必要的资料。检查机关有义务为被检查的单位保守在检查中获取的商业秘密。

第三十一条 跨行政区域的水污染纠纷,由有关地方人民政府协商解决,或者由其共同的上级人民政府协调解决。

第四章 水污染防治措施

第一节 一般规定

第三十二条 国务院环境保护主管部门应当会同国务院卫生主管部门,根据对公众健康和生态环境的危害和影响程度,公布有毒有害水污染物名录,实行风险管理。

排放前款规定名录中所列有毒有害水污染物的企业事业单位和其他生产经营者,应当对排污口和周边环境进行监测,评估环境风险,排查环境安全隐患,并公开有毒有害水污染物信息,采取有效措施防范环境风险。

第三十三条 禁止向水体排放油类、酸液、碱液或者剧毒废液。

禁止在水体清洗装贮过油类或者有毒污染物的车辆和容器。

第三十四条 禁止向水体排放、倾倒放射性固体废物或者含有高放射性和中放射性物质的废水。

向水体排放含低放射性物质的废水,应当符合国家有关放射性污染防治的规定和标准。

第三十五条 向水体排放含热废水,应当采取措施,保证水体的水温符合水环境质量标准。

第三十六条 含病原体的污水应当经过消毒处理;符合国家有关标准后,方可排放。

第三十七条 禁止向水体排放、倾倒工业废渣、城镇垃圾和其他废弃物。

禁止将含有汞、镉、砷、铬、铅、氰化物、黄磷等的可溶性剧毒废渣向水体排放、倾倒或者直接埋入地下。

存放可溶性剧毒废渣的场所,应当采取防水、防渗漏、防流失的措施。

第三十八条 禁止在江河、湖泊、运河、渠道、水库最高水位线以下的滩地和岸坡堆放、存贮固体废弃物和其他污染物。

第三十九条 禁止利用渗井、渗坑、裂隙、溶洞,私设暗管,篡改、伪造监测数据,或者不正常运行水污染防治设施等逃避监管的方式排放水污染物。

第四十条 化学品生产企业以及工业集聚区、矿山开采区、尾矿库、危险废物处置场、垃圾填埋场等的运营、管理单位,应当采取防渗漏等措施,并建设地下水水质监测井进行监测,防止地下水污染。

加油站等的地下油罐应当使用双层罐或者采取建造防渗池等其他有效措施,并进行防渗漏监测,防止地下水污染。

禁止利用无防渗漏措施的沟渠、坑塘等输送或者存贮含有毒污染物的废水、含病原体的污水和其他废弃物。

第四十一条 多层地下水的含水层水质差异大的,应当分层开采;对已受污染的潜水和承压水,不得混合开采。

第四十二条 兴建地下工程设施或者进行地下勘探、采矿等活动,应当采取防护性措施,防止地下水污染。

报废矿井、钻井或者取水井等,应当实施封井或者回填。

第四十三条 人工回灌补给地下水,不得恶化地下水质。

第二节 工业水污染防治

第四十四条 国务院有关部门和县级以上地方人民政府应当合理规划工业布局,要求造成水污染的企业进行技术改造,采取综合防治措施,提高水的重复利用率,减少废水和污染物排放量。

第四十五条 排放工业废水的企业应当采取有效措施,收集和处理产生的全部废水,防止污染环境。含有毒有害水污染物的工业废水应当分类收集和处理,不得稀释排放。

工业集聚区应当配套建设相应的污水集中处理设施,安装自动监测设备,与环境保护主管部门的监控设备联网,并保证监测设备正常运行。

向污水集中处理设施排放工业废水的,应当按照国家有关规定进行预处理,达到集中处理设施处理工艺要求后方可排放。

第四十六条 国家对严重污染水环境的落后工艺和设备实行淘汰制度。

国务院经济综合宏观调控部门会同国务院有关部门,公布限期禁止采用的严重污染水环境的工艺名录和限期禁止生产、销售、进口、使用的严重污染水环境的设备名录。

生产者、销售者、进口者或者使用者应当在规定的期限内停止生产、销售、进口或者使用列入前款规定的设备名录中的设备。工艺的采用者应当在规定的期限内停止采用列入前款规定的工艺名录中的工艺。

依照本条第二款、第三款规定被淘汰的设备,不得转让给他人使用。

第四十七条 国家禁止新建不符合国家产业政策的小型造纸、制革、印染、染料、炼焦、炼硫、炼砷、炼汞、炼油、电镀、农药、石棉、水泥、玻璃、钢铁、火电以及其他严重污染水环境的生产项目。

第四十八条 企业应当采用原材料利用效率高、污染物排放量少的清洁工艺,并加强管理,减少水污染物的产生。

第三节 城镇水污染防治

第四十九条 城镇污水应当集中处理。

县级以上地方人民政府应当通过财政预算和其他渠道筹集资金,统筹安排建设城镇污水集中处理设施及配套管网,提高本行政区域城镇污水的收集率和处理率。

国务院建设主管部门应当会同国务院经济综合宏观调控、环境保护主管部门,根据城乡规划和水污染防治规划,组织编制全国城镇污水处理设施建设规划。县级以上地方人民政府组织建设、经济综合宏观调控、环境保护、水行政等部门编制本行政区域的城镇污水处理设施建设规划。县级以上地方人民政府建设主管部门应当按照城镇污水处理设施建设规划,组织建设城镇污水集中处理设施及配套管网,并加强对城镇污水集中处理设施运营的监督管理。

城镇污水集中处理设施的运营单位按照国家规定向排污者提供污水处理的有偿服务,收取污水处理费用,保证污水集中处理设施的正常运行。收取的污水处理费用应当用于城镇污水集中处理设施的建设运行和污泥处理处置,不得挪作他用。

城镇污水集中处理设施的污水处理收费、管理以及使用的具体办法,由国务院规定。

第五十条 向城镇污水集中处理设施排放水污染物,应当符合国家或者地方规定的水污染物排放标准。

城镇污水集中处理设施的运营单位,应当对城镇污水集中处理设施的出水水质负责。

环境保护主管部门应当对城镇污水集中处理设施的出水水质和水量进行监督检查。

第五十一条 城镇污水集中处理设施的运营单位或者污泥处理处置单位应当安全处理处置污泥,保证处理处置后的污泥符合国家标准,并对污泥的去向等进行记录。

第四节 农业和农村水污染防治

第五十二条 国家支持农村污水、垃圾处理设施的建设,推进农村污水、垃圾集中处理。

地方各级人民政府应当统筹规划建设农村污水、垃圾处理设施,并保障其正常运行。

第五十三条 制定化肥、农药等产品的质量标准和使用标准,应当适应水环境保护要求。

第五十四条 使用农药,应当符合国家有关农药安全使用的规定和标准。

运输、存贮农药和处置过期失效农药,应当加强管理,防止造成水污染。

第五十五条 县级以上地方人民政府农业主管部门和其他有关部门,应当采取措施,指导农业生产者科学、合理地施用化肥和农药,推广测土配方施肥技术和高效低毒低残留农药,控制化肥和农药的过量使用,防止造成水污染。

第五十六条　国家支持畜禽养殖场、养殖小区建设畜禽粪便、废水的综合利用或者无害化处理设施。

畜禽养殖场、养殖小区应当保证其畜禽粪便、废水的综合利用或者无害化处理设施正常运转,保证污水达标排放,防止污染水环境。

畜禽散养密集区所在地县、乡级人民政府应当组织对畜禽粪便污水进行分户收集、集中处理利用。

第五十七条　从事水产养殖应当保护水域生态环境,科学确定养殖密度,合理投饵和使用药物,防止污染水环境。

第五十八条　农田灌溉用水应当符合相应的水质标准,防止污染土壤、地下水和农产品。

禁止向农田灌溉渠道排放工业废水或者医疗污水。向农田灌溉渠道排放城镇污水以及未综合利用的畜禽养殖废水、农产品加工废水的,应当保证其下游最近的灌溉取水点的水质符合农田灌溉水质标准。

第五节　船舶水污染防治

第五十九条　船舶排放含油污水、生活污水,应当符合船舶污染物排放标准。从事海洋航运的船舶进入内河和港口的,应当遵守内河的船舶污染物排放标准。

船舶的残油、废油应当回收,禁止排入水体。

禁止向水体倾倒船舶垃圾。

船舶装载运输油类或者有毒货物,应当采取防止溢流和渗漏的措施,防止货物落水造成水污染。

进入中华人民共和国内河的国际航线船舶排放压载水的,应当采用压载水处理装置或者采取其他等效措施,对压载水进行灭活等处理。禁止排放不符合规定的船舶压载水。

第六十条　船舶应当按照国家有关规定配置相应的防污设备和器材,并持有合法有效的防止水域环境污染的证书与文书。

船舶进行涉及污染物排放的作业,应当严格遵守操作规程,并在相应的记录簿上如实记载。

第六十一条　港口、码头、装卸站和船舶修造厂所在地市、县级人民政府应当统筹规划建设船舶污染物、废弃物的接收、转运及处理处置设施。

港口、码头、装卸站和船舶修造厂应当备有足够的船舶污染物、废弃物的接收设施。从事船舶污染物、废弃物接收作业,或者从事装载油类、污染危害性货物船舱清洗作业的单位,应当具备与其运营规模相适应的接收处理能力。

第六十二条　船舶及有关作业单位从事有污染风险的作业活动,应当按照有关法律法规和标准,采取有效措施,防止造成水污染。海事管理机构、渔业主管部门应当加强对船舶及有关作业活动的监督管理。

船舶进行散装液体污染危害性货物的过驳作业,应当编制作业方案,采取有效的安全和污染防治措施,并报作业地海事管理机构批准。

禁止采取冲滩方式进行船舶拆解作业。

第五章　饮用水水源和其他特殊水体保护

第六十三条　国家建立饮用水水源保护区制度。饮用水水源保护区分为一级保护区和二级保护区;必要时,可以在饮用水水源保护区外围划定一定的区域作为准保护区。

饮用水水源保护区的划定,由有关市、县人民政府提出划定方案,报省、自治区、直辖市人民政府批准;跨市、县饮用水水源保护区的划定,由有关市、县人民政府协商提出划定方案,报省、自治区、直辖市人民政府批准;协商不成的,由省、自治区、直辖市人民政府环境保护主管部门会同同级水行政、国土资源、卫生、建设等部门提出划定方案,征求同级有关部门的意见后,报省、自治区、直辖市人民政府批准。

跨省、自治区、直辖市的饮用水水源保护区,由有关省、自治区、直辖市人民政府商有关流域管理机构划定;协商不成的,由国务院环境保护主管部门会同同级水行政、国土资源、卫生、建设等部门提出划定方案,征求国务院有关部门的意见后,报国务院批准。

国务院和省、自治区、直辖市人民政府可以根据保护饮用水水源的实际需要,调整饮用水水源保护区的范围,确保饮用水安全。有关地方人民政府应当在饮用水水源保护区的边界设立明确的地理界标和明显的警示标志。

第六十四条 在饮用水水源保护区内,禁止设置排污口。

第六十五条 禁止在饮用水水源一级保护区内新建、改建、扩建与供水设施和保护水源无关的建设项目;已建成的与供水设施和保护水源无关的建设项目,由县级以上人民政府责令拆除或者关闭。

禁止在饮用水水源一级保护区内从事网箱养殖、旅游、游泳、垂钓或者其他可能污染饮用水水体的活动。

第六十六条 禁止在饮用水水源二级保护区内新建、改建、扩建排放污染物的建设项目;已建成的排放污染物的建设项目,由县级以上人民政府责令拆除或者关闭。

在饮用水水源二级保护区内从事网箱养殖、旅游等活动的,应当按照规定采取措施,防止污染饮用水水体。

第六十七条 禁止在饮用水水源准保护区内新建、扩建对水体污染严重的建设项目;改建建设项目,不得增加排污量。

第六十八条 县级以上地方人民政府应当根据保护饮用水水源的实际需要,在准保护区内采取工程措施或者建造湿地、水源涵养林等生态保护措施,防止水污染物直接排入饮用水水体,确保饮用水安全。

第六十九条 县级以上地方人民政府应当组织环境保护等部门,对饮用水水源保护区、地下水型饮用水水源的补给区及供水单位周边区域的环境状况和污染风险进行调查评估,筛查可能存在的污染风险因素,并采取相应的风险防范措施。

饮用水水源受到污染可能威胁供水安全的,环境保护主管部门应当责令有关企业事业单位和其他生产经营者采取停止排放水污染物等措施,并通报饮用水供水单位和供水、卫生、水行政等部门;跨行政区域的,还应当通报相关地方人民政府。

第七十条 单一水源供水城市的人民政府应当建设应急水源或者备用水源,有条件的地区可以开展区域联网供水。

县级以上地方人民政府应当合理安排、布局农村饮用水水源,有条件的地区可以采取城镇供水管网延伸或者建设跨村、跨乡镇联片集中供水工程等方式,发展规模集中供水。

第七十一条 饮用水供水单位应当做好取水口和出水口的水质检测工作。发现取水口水质不符合饮用水水源水质标准或者出水口水质不符合饮用水卫生标准的,应当及时采取相应措施,并向所在地市、县级人民政府供水主管部门报告。供水主管部门接到报告后,应当通报环境保护、卫生、水行政等部门。

饮用水供水单位应当对供水水质负责,确保供水设施安全可靠运行,保证供水水质符合国家有关标准。

第七十二条 县级以上地方人民政府应当组织有关部门监测、评估本行政区域内饮用水水源、供水单位供水和用户水龙头出水的水质等饮用水安全状况。

县级以上地方人民政府有关部门应当至少每季度向社会公开一次饮用水安全状况信息。

第七十三条 国务院和省、自治区、直辖市人民政府根据水环境保护的需要,可以规定在饮用水水源保护区内,采取禁止或者限制使用含磷洗涤剂、化肥、农药以及限制种植养殖等措施。

第七十四条 县级以上人民政府可以对风景名胜区水体、重要渔业水体和其他具有特殊经济文化价值的水体划定保护区,并采取措施,保证保护区的水质符合规定用途的水环境质量标准。

第七十五条 在风景名胜区水体、重要渔业水体和其他具有特殊经济文化价值的水体的保护区内,不得新建排污口。在保护区附近新建排污口,应当保证保护区水体不受污染。

第六章 水污染事故处置

第七十六条 各级人民政府及其有关部门,可能发生水污染事故的企业事业单位,应当依照《中华人民共和国突发事件应对法》的规定,做好突发水污染事故的应急准备、应急处置和事后恢复等工作。

第七十七条 可能发生水污染事故的企业事业单位,应当制定有关水污染事故的应急方案,做好应急准备,并定期进行演练。

生产、储存危险化学品的企业事业单位,应当采取措施,防止在处理安全生产事故过程中产生的可能严重污染水体的消防废水、废液直接排入水体。

第七十八条 企业事业单位发生事故或者其他突发性事件,造成或者可能造成水污染事故的,应当立即启动本单位的应急方案,采取隔离等应急措施,防止水污染物进入水体,并向事故发生地的县级以上地方人民政府或者环境保护主管部门报告。环境保护主管部门接到报告后,应当及时向本级人民政府报告,并抄送有关部门。

造成渔业污染事故或者渔业船舶造成水污染事故的,应当向事故发生地的渔业主管部门报告,接受调查处理。其他船舶造成水污染事故的,应当向事故发生地的海事管理机构报告,接受调查处理;给渔业造成损害的,海事管理机构应当通知渔业主管部门参与调查处理。

第七十九条 市、县级人民政府应当组织编制饮用水安全突发事件应急预案。

饮用水供水单位应当根据所在地饮用水安全突发事件应急预案,制定相应的突发事件应急方案,报所在地市、县级人民政府备案,并定期进行演练。

饮用水水源发生水污染事故,或者发生其他可能影响饮用水安全的突发性事件,饮用水供水单位应当采取应急处理措施,向所在地市、县级人民政府报告,并向社会公开。有关人民政府应当根据情况及时启动应急预案,采取有效措施,保障供水安全。

第七章 法律责任(略)

第八章 附则

第一百零二条 本法中下列用语的含义:

(一)水污染,是指水体因某种物质的介入,而导致其化学、物理、生物或者放射性等方面特性的改变,从而影响水的有效利用,危害人体健康或者破坏生态环境,造成水质恶化的现象。

(二)水污染物,是指直接或者间接向水体排放的,能导致水体污染的物质。

(三)有毒污染物,是指那些直接或者间接被生物摄入体内后,可能导致该生物或者其后代发病、行为反常、遗传异变、生理机能失常、机体变形或者死亡的污染物。

(四)污泥,是指污水处理过程中产生的半固态或者固态物质。

(五)渔业水体,是指划定的鱼虾类的产卵场、索饵场、越冬场、洄游通道和鱼虾贝藻类的养殖场的水体。

第一百零三条 本法自 2008 年 1 月 1 日起施行。

中华人民共和国海洋环境保护法

第一章 总则

第一条 为了保护和改善海洋环境,保护海洋资源,防治污染损害,维护生态平衡,保障人体健康,促进经济和社会的可持续发展,制定本法。

第二条 本法适用于中华人民共和国内水、领海、毗连区、专属经济区、大陆架以及中华人民共和国管辖的其他海域。

在中华人民共和国管辖海域内从事航行、勘探、开发、生产、旅游、科学研究及其他活动,或者在沿海陆域内从事影响海洋环境活动的任何单位和个人,都必须遵守本法。

在中华人民共和国管辖海域以外,造成中华人民共和国管辖海域污染的,也适用本法。

第三条 国家在重点海洋生态功能区、生态环境敏感区和脆弱区等海域划定生态保护红线,实行严格保护。

国家建立并实施重点海域排污总量控制制度,确定主要污染物排海总量控制指标,并对主要污染源分配排放控制数量。具体办法由国务院制定。

第四条 一切单位和个人都有保护海洋环境的义务,并有权对污染损害海洋环境的单位和个人,以及海洋环境监督管理人员的违法失职行为进行监督和检举。

第五条 国务院环境保护行政主管部门作为对全国环境保护工作统一监督管理的部门,对全国海洋环境保护工作实施指导、协调和监督,并负责全国防治陆源污染物和海岸工程建设项目对海洋污染损害的环境保护工作。

国家海洋行政主管部门负责海洋环境的监督管理,组织海洋环境的调查、监测、监视、评价和科学研究,负责全国防治海洋工程建设项目和海洋倾倒废弃物对海洋污染损害的环境保护工作。

国家海事行政主管部门负责所辖港区水域内非军事船舶和港区水域外非渔业、非军事船舶污染海洋环境的监督管理,并负责污染事故的调查处理;对在中华人民共和国管辖海域航行、停泊和作业的外国籍船舶造成的污染事故登轮检查处理。船舶污染事故给渔业造成损害的,应当吸收渔业行政主管部门参与调查处理。

国家渔业行政主管部门负责渔港水域内非军事船舶和渔港水域外渔业船舶污染海洋环境的监督管理,负责保护渔业水域生态环境工作,并调查处理前款规定的污染事故以外的渔业污染事故。

军队环境保护部门负责军事船舶污染海洋环境的监督管理及污染事故的调查处理。

沿海县级以上地方人民政府行使海洋环境监督管理权的部门的职责,由省、自治区、直辖市人民政府根据本法及国务院有关规定确定。

第六条 环境保护行政主管部门、海洋行政主管部门和其他行使海洋环境监督管理权的部门,根据职责分工依法公开海洋环境相关信息;相关排污单位应当依法公开排污信息。

第二章 海洋环境监督管理

第七条 国家海洋行政主管部门会同国务院有关部门和沿海省、自治区、直辖市人民政府根据全国海洋主体功能区规划,拟定全国海洋功能区划,报国务院批准。

沿海地方各级人民政府应当根据全国和地方海洋功能区划,保护和科学合理地使用海域。

第八条 国家根据海洋功能区划制定全国海洋环境保护规划和重点海域区域性海洋环境保护规划。

毗邻重点海域的有关沿海省、自治区、直辖市人民政府及行使海洋环境监督管理权的部门,可以建立海洋环境保护区域合作组织,负责实施重点海域区域性海洋环境保护规划、海洋环境污染的防治和海洋生态保护工作。

第九条 跨区域的海洋环境保护工作,由有关沿海地方人民政府协商解决,或者由上级人民政府协调解决。

跨部门的重大海洋环境保护工作,由国务院环境保护行政主管部门协调;协调未能解决的,由国务院作出决定。

第十条 国家根据海洋环境质量状况和国家经济、技术条件,制定国家海洋环境质量标准。

沿海省、自治区、直辖市人民政府对国家海洋环境质量标准中未作规定的项目,可以制定地方海洋环境质量标准。

沿海地方各级人民政府根据国家和地方海洋环境质量标准的规定和本行政区近岸海域环境质量状况,确定海洋环境保护的目标和任务,并纳入人民政府工作计划,按相应的海洋环境质量标准实施管理。

第十一条 国家和地方水污染物排放标准的制定,应当将国家和地方海洋环境质量标准作为重要依据之一。在国家建立并实施排污总量控制制度的重点海域,水污染物排放标准的制定,还应当将主要污染物排海总量控制指标作为重要依据。

排污单位在执行国家和地方水污染物排放标准的同时,应当遵守分解落实到本单位的主要污染物排海总量控制指标。

对超过主要污染物排海总量控制指标的重点海域和未完成海洋环境保护目标、任务的海域,省级以上人民政府环境保护行政主管部门、海洋行政主管部门,根据职责分工暂停审批新增相应种类污染物排放总量的建设项目环境影响报告书(表)。

第十二条　直接向海洋排放污染物的单位和个人,必须按照国家规定缴纳排污费。依照法律规定缴纳环境保护税的,不再缴纳排污费。

向海洋倾倒废弃物,必须按照国家规定缴纳倾倒费。

根据本法规定征收的排污费、倾倒费,必须用于海洋环境污染的整治,不得挪作他用。具体办法由国务院规定。

第十三条　国家加强防治海洋环境污染损害的科学技术的研究和开发,对严重污染海洋环境的落后生产工艺和落后设备,实行淘汰制度。

企业应当优先使用清洁能源,采用资源利用率高、污染物排放量少的清洁生产工艺,防止对海洋环境的污染。

第十四条　国家海洋行政主管部门按照国家环境监测、监视规范和标准,管理全国海洋环境的调查、监测、监视,制定具体的实施办法,会同有关部门组织全国海洋环境监测、监视网络,定期评价海洋环境质量,发布海洋巡航监视通报。

依照本法规定行使海洋环境监督管理权的部门分别负责各自所辖水域的监测、监视。

其他有关部门根据全国海洋环境监测网的分工,分别负责对入海河口、主要排污口的监测。

第十五条　国务院有关部门应当向国务院环境保护行政主管部门提供编制全国环境质量公报所必需的海洋环境监测资料。

环境保护行政主管部门应当向有关部门提供与海洋环境监督管理有关的资料。

第十六条　国家海洋行政主管部门按照国家制定的环境监测、监视信息管理制度,负责管理海洋综合信息系统,为海洋环境保护监督管理提供服务。

第十七条　因发生事故或者其他突发性事件,造成或者可能造成海洋环境污染事故的单位和个人,必须立即采取有效措施,及时向可能受到危害者通报,并向依照本法规定行使海洋环境监督管理权的部门报告,接受调查处理。

沿海县级以上地方人民政府在本行政区域近岸海域的环境受到严重污染时,必须采取有效措施,解除或者减轻危害。

第十八条　国家根据防止海洋环境污染的需要,制定国家重大海上污染事故应急计划。

国家海洋行政主管部门负责制定全国海洋石油勘探开发重大海上溢油应急计划,报国务院环境保护行政主管部门备案。

国家海事行政主管部门负责制定全国船舶重大海上溢油污染事故应急计划,报国务院环境保护行政主管部门备案。

沿海可能发生重大海洋环境污染事故的单位,应当依照国家的规定,制定污染事故应急计划,并向当地环境保护行政主管部门、海洋行政主管部门备案。

沿海县级以上地方人民政府及其有关部门在发生重大海上污染事故时,必须按照应急计划解除或者减轻危害。

第十九条　依照本法规定行使海洋环境监督管理权的部门可以在海上实行联合执法,在巡航监视中发现海上污染事故或者违反本法规定的行为时,应当予以制止并调查取证,必要时有权采取有效措施,防止污染事态的扩大,并报告有关主管部门处理。

依照本法规定行使海洋环境监督管理权的部门,有权对管辖范围内排放污染物的单位和个人进行现场检查。被检查者应当如实反映情况,提供必要的资料。

检查机关应当为被检查者保守技术秘密和业务秘密。

第三章　海洋生态保护

第二十条　国务院和沿海地方各级人民政府应当采取有效措施,保护红树林、珊瑚礁、滨海湿地、海岛、海湾、入海河口、重要渔业水域等具有典型性、代表性的海洋生态系统,珍稀、濒危海洋生物的天然集中分布区,具有重要经济价值的海洋生物生存区域及有重大科学文化价值的海洋自然历史遗迹和自然景观。

对具有重要经济、社会价值的已遭到破坏的海洋生态,应当进行整治和恢复。

第二十一条　国务院有关部门和沿海省级人民政府应当根据保护海洋生态的需要,选划、建立海洋自然保护区。

国家级海洋自然保护区的建立,须经国务院批准。

第二十二条　凡具有下列条件之一的,应当建立海洋自然保护区:

(一)典型的海洋自然地理区域、有代表性的自然生态区域,以及遭受破坏但经保护能恢复的海洋自然生态区域;

(二)海洋生物物种高度丰富的区域,或者珍稀、濒危海洋生物物种的天然集中分布区域;

(三)具有特殊保护价值的海域、海岸、岛屿、滨海湿地、入海河口和海湾等;

(四)具有重大科学文化价值的海洋自然遗迹所在区域;

(五)其他需要予以特殊保护的区域。

第二十三条　凡具有特殊地理条件、生态系统、生物与非生物资源及海洋开发利用特殊需要的区域,可以建立海洋特别保护区,采取有效的保护措施和科学的开发方式进行特殊管理。

第二十四条　国家建立健全海洋生态保护补偿制度。

开发利用海洋资源,应当根据海洋功能区划合理布局,严格遵守生态保护红线,不得造成海洋生态环境破坏。

第二十五条　引进海洋动植物物种,应当进行科学论证,避免对海洋生态系统造成危害。

第二十六条　开发海岛及周围海域的资源,应当采取严格的生态保护措施,不得造成海岛地形、岸滩、植被以及海岛周围海域生态环境的破坏。

第二十七条　沿海地方各级人民政府应当结合当地自然环境的特点,建设海岸防护设施、沿海防护林、沿海城镇园林和绿地,对海岸侵蚀和海水入侵地区进行综合治理。

禁止毁坏海岸防护设施、沿海防护林、沿海城镇园林和绿地。

第二十八条　国家鼓励发展生态渔业建设,推广多种生态渔业生产方式,改善海洋生态状况。

新建、改建、扩建海水养殖场,应当进行环境影响评价。

海水养殖应当科学确定养殖密度,并应当合理投饵、施肥,正确使用药物,防止造成海洋环境的污染。

第四章　防治陆源污染物对海洋环境的污染损害

第二十九条　向海域排放陆源污染物,必须严格执行国家或者地方规定的标准和有关规定。

第三十条　入海排污口位置的选择,应当根据海洋功能区划、海水动力条件和有关规定,经科学论证后,报设区的市级以上人民政府环境保护行政主管部门备案。

环境保护行政主管部门应当在完成备案后十五个工作日内将入海排污口设置情况通报海洋、海事、渔业行政主管部门和军队环境保护部门。

在海洋自然保护区、重要渔业水域、海滨风景名胜区和其他需要特别保护的区域,不得新建排污口。

在有条件的地区,应当将排污口深海设置,实行离岸排放。设置陆源污染物深海离岸排放排污口,应当根据海洋功能区划、海水动力条件和海底工程设施的有关情况确定,具体办法由国务院规定。

第三十一条　省、自治区、直辖市人民政府环境保护行政主管部门和水行政主管部门应当按照水污染防治有关法律的规定,加强入海河流管理,防治污染,使入海河口的水质处于良好状态。

第三十二条　排放陆源污染物的单位,必须向环境保护行政主管部门申报拥有的陆源污染物排放设施、处理设施和在正常作业条件下排放陆源污染物的种类、数量和浓度,并提供防治海洋环境污染方面的有关技术和资料。

排放陆源污染物的种类、数量和浓度有重大改变的,必须及时申报。

第三十三条　禁止向海域排放油类、酸液、碱液、剧毒废液和高、中水平放射性废水。

严格限制向海域排放低水平放射性废水;确需排放的,必须严格执行国家辐射防护规定。

严格控制向海域排放含有不易降解的有机物和重金属的废水。

第三十四条　含病原体的医疗污水、生活污水和工业废水必须经过处理,符合国家有关排放标准后,方能排入海域。

第三十五条　含有机物和营养物质的工业废水、生活污水,应当严格控制向海湾、半封闭海及其他自净能力较差的海域排放。

第三十六条　向海域排放含热废水,必须采取有效措施,保证邻近渔业水域的水温符合国家海洋环境质量标准,避免热污染对水产资源的危害。

第三十七条　沿海农田、林场施用化学农药,必须执行国家农药安全使用的规定和标准。

沿海农田、林场应当合理使用化肥和植物生长调节剂。

第三十八条　在岸滩弃置、堆放和处理尾矿、矿渣、煤灰渣、垃圾和其他固体废物的,依照《中华人民共和国固体废物污染环境防治法》的有关规定执行。

第三十九条　禁止经中华人民共和国内水、领海转移危险废物。

经中华人民共和国管辖的其他海域转移危险废物的,必须事先取得国务院环境保护行政主管部门的书面同意。

第四十条　沿海城市人民政府应当建设和完善城市排水管网,有计划地建设城市污水处理厂或者其他污水集中处理设施,加强城市污水的综合整治。

建设污水海洋处置工程,必须符合国家有关规定。

第四十一条　国家采取必要措施,防止、减少和控制来自大气层或者通过大气层造成的海洋环境污染损害。

第五章　防治海岸工程建设项目对海洋环境的污染损害

第四十二条　新建、改建、扩建海岸工程建设项目,必须遵守国家有关建设项目环境保护管理的规定,并把防治污染所需资金纳入建设项目投资计划。

在依法划定的海洋自然保护区、海滨风景名胜区、重要渔业水域及其他需要特别保护的区域,不得从事污染环境、破坏景观的海岸工程项目建设或者其他活动。

第四十三条　海岸工程建设项目单位,必须对海洋环境进行科学调查,根据自然条件和社会条件,合理选址,编制环境影响报告书(表)。在建设项目开工前,将环境影响报告书(表)报环境保护行政主管部门审查批准。

环境保护行政主管部门在批准环境影响报告书(表)之前,必须征求海洋、海事、渔业行政主管部门和军队环境保护部门的意见。

第四十四条　海岸工程建设项目的环境保护设施,必须与主体工程同时设计、同时施工、同时投产使用。环境保护设施应当符合经批准的环境影响评价报告书(表)的要求。

第四十五条　禁止在沿海陆域内新建不具备有效治理措施的化学制浆造纸、化工、印染、制革、电镀、酿造、炼油、岸边冲滩拆船以及其他严重污染海洋环境的工业生产项目。

第四十六条　兴建海岸工程建设项目,必须采取有效措施,保护国家和地方重点保护的野生动植物及其生存环境和海洋水产资源。

严格限制在海岸采挖砂石。露天开采海滨砂矿和从岸上打井开采海底矿产资源,必须采取有效措施,防止污染海洋环境。

第六章　防治海洋工程建设项目对海洋环境的污染损害

第四十七条　海洋工程建设项目必须符合全国海洋主体功能区规划、海洋功能区划、海洋环境保护规划和国家有关环境保护标准。海洋工程建设项目单位应当对海洋环境进行科学调查,编制海洋环境影响报告书(表),并在建设项目开工前,报海洋行政主管部门审查批准。

海洋行政主管部门在批准海洋环境影响报告书(表)之前,必须征求海事、渔业行政主管部门和军队环境保护部门的意见。

第四十八条　海洋工程建设项目的环境保护设施,必须与主体工程同时设计、同时施工、同时投产使用。环境保护设施未经海洋行政主管部门验收,或者经验收不合格的,建设项目不得投入生产或者使用。

拆除或者闲置环境保护设施,必须事先征得海洋行政主管部门的同意。

第四十九条　海洋工程建设项目,不得使用含超标准放射性物质或者易溶出有毒有害物质的材料。

第五十条　海洋工程建设项目需要爆破作业时,必须采取有效措施,保护海洋资源。

海洋石油勘探开发及输油过程中,必须采取有效措施,避免溢油事故的发生。

第五十一条　海洋石油钻井船、钻井平台和采油平台的含油污水和油性混合物,必须经过处理达标后排放;残油、废油必须予以回收,不得排放入海。经回收处理后排放的,其含油量不得超过国家规定的标准。

钻井所使用的油基泥浆和其他有毒复合泥浆不得排放入海。水基泥浆和无毒复合泥浆及钻屑的排放,必须符合国家有关规定。

第五十二条　海洋石油钻井船、钻井平台和采油平台及其有关海上设施,不得向海域处置含油的工业垃圾。处置其他工业垃圾,不得造成海洋环境污染。

第五十三条　海上试油时,应当确保油气充分燃烧,油和油性混合物不得排放入海。

第五十四条　开发海洋石油,必须按有关规定编制溢油应急计划,报国家海洋行政主管部门的海区派出机构备案。

第七章　防治倾倒废弃物对海洋环境的污染损害

第五十五条　任何单位未经国家海洋行政主管部门批准,不得向中华人民共和国管辖海域倾倒任何废弃物。

需要倾倒废弃物的单位,必须向国家海洋行政主管部门提出书面申请,经国家海洋行政主管部门审查批准,发给许可证后,方可倾倒。

禁止中华人民共和国境外的废弃物在中华人民共和国管辖海域倾倒。

第五十六条　国家海洋行政主管部门根据废弃物的毒性、有毒物质含量和对海洋环境影响程度,制定海洋倾倒废弃物评价程序和标准。

向海洋倾倒废弃物,应当按照废弃物的类别和数量实行分级管理。

可以向海洋倾倒的废弃物名录,由国家海洋行政主管部门拟定,经国务院环境保护行政主管部门提出审核意见后,报国务院批准。

第五十七条　国家海洋行政主管部门按照科学、合理、经济、安全的原则选划海洋倾倒区,经国务院环境保护行政主管部门提出审核意见后,报国务院批准。

临时性海洋倾倒区由国家海洋行政主管部门批准,并报国务院环境保护行政主管部门备案。

国家海洋行政主管部门在选划海洋倾倒区和批准临时性海洋倾倒区之前,必须征求国家海事、渔业行政主管部门的意见。

第五十八条　国家海洋行政主管部门监督管理倾倒区的使用,组织倾倒区的环境监测。对经确认不宜继续使用的倾倒区,国家海洋行政主管部门应当予以封闭,终止在该倾倒区的一切倾倒活动,并报国务院备案。

第五十九条　获准倾倒废弃物的单位,必须按照许可证注明的期限及条件,到指定的区域进行倾倒。废弃物装载之后,批准部门应当予以核实。

第六十条　获准倾倒废弃物的单位,应当详细记录倾倒的情况,并在倾倒后向批准部门作出书面报告。倾倒废弃物的船舶必须向驶出港的海事行政主管部门作出书面报告。

第六十一条　禁止在海上焚烧废弃物。

禁止在海上处置放射性废弃物或者其他放射性物质。废弃物中的放射性物质的豁免浓度由国务院制定。

第八章　防治船舶及有关作业活动对海洋环境的污染损害

第六十二条　在中华人民共和国管辖海域,任何船舶及相关作业不得违反本法规定向海洋排放污染物、废弃物和压载水、船舶垃圾及其他有害物质。

从事船舶污染物、废弃物、船舶垃圾接收、船舶清舱、洗舱作业活动的,必须具备相应的接收处理能力。

第六十三条 船舶必须按照有关规定持有防止海洋环境污染的证书与文书,在进行涉及污染物排放及操作时,应当如实记录。

第六十四条 船舶必须配置相应的防污设备和器材。

载运具有污染危害性货物的船舶,其结构与设备应当能够防止或者减轻所载货物对海洋环境的污染。

第六十五条 船舶应当遵守海上交通安全法律、法规的规定,防止因碰撞、触礁、搁浅、火灾或者爆炸等引起的海难事故,造成海洋环境的污染。

第六十六条 国家完善并实施船舶油污损害民事赔偿责任制度;按照船舶油污损害赔偿责任由船东和货主共同承担风险的原则,建立船舶油污保险、油污损害赔偿基金制度。

实施船舶油污保险、油污损害赔偿基金制度的具体办法由国务院规定。

第六十七条 载运具有污染危害性货物进出港口的船舶,其承运人、货物所有人或者代理人,必须事先向海事行政主管部门申报。经批准后,方可进出港口、过境停留或者装卸作业。

第六十八条 交付船舶装运污染危害性货物的单证、包装、标志、数量限制等,必须符合对所装货物的有关规定。

需要船舶装运污染危害性不明的货物,应当按照有关规定事先进行评估。

装卸油类及有毒有害货物的作业,船岸双方必须遵守安全防污操作规程。

第六十九条 港口、码头、装卸站和船舶修造厂必须按照有关规定备有足够的用于处理船舶污染物、废弃物的接收设施,并使该设施处于良好状态。

装卸油类的港口、码头、装卸站和船舶必须编制溢油污染应急计划,并配备相应的溢油污染应急设备和器材。

第七十条 船舶及有关作业活动应当遵守有关法律法规和标准,采取有效措施,防止造成海洋环境污染。海事行政主管部门等有关部门应当加强对船舶及有关作业活动的监督管理。

船舶进行散装液体污染危害性货物的过驳作业,应当事先按照有关规定报经海事行政主管部门批准。

第七十一条 船舶发生海难事故,造成或者可能造成海洋环境重大污染损害的,国家海事行政主管部门有权强制采取避免或者减少污染损害的措施。

对在公海上因发生海难事故,造成中华人民共和国管辖海域重大污染损害后果或者具有污染威胁的船舶、海上设施,国家海事行政主管部门有权采取与实际的或者可能发生的损害相称的必要措施。

第七十二条 所有船舶均有监视海上污染的义务,在发现海上污染事故或者违反本法规定的行为时,必须立即向就近的依照本法规定行使海洋环境监督管理权的部门报告。

民用航空器发现海上排污或者污染事件,必须及时向就近的民用航空空中交通管制单位报告。接到报告的单位,应当立即向依照本法规定行使海洋环境监督管理权的部门通报。

第九章 法律责任(略)

第十章 附则

第九十四条 本法中下列用语的含义是:

(一)海洋环境污染损害,是指直接或者间接地把物质或者能量引入海洋环境,产生损害海洋生物资源、危害人体健康、妨害渔业和海上其他合法活动、损害海水使用素质和减损环境质量等有害影响。

(二)内水,是指我国领海基线向内陆一侧的所有海域。

(三)滨海湿地,是指低潮时水深浅于六米的水域及其沿岸浸湿地带,包括水深不超过六米的永久性水域、潮间带(或洪泛地带)和沿海低地等。

(四)海洋功能区划,是指依据海洋自然属性和社会属性,以及自然资源和环境特定条件,界定海洋利用的主导功能和使用范畴。

（五）渔业水域，是指鱼虾类的产卵场、索饵场、越冬场、洄游通道和鱼虾贝藻类的养殖场。

（六）油类，是指任何类型的油及其炼制品。

（七）油性混合物，是指任何含有油分的混合物。

（八）排放，是指把污染物排入海洋的行为，包括泵出、溢出、泄出、喷出和倒出。

（九）陆地污染源（简称陆源），是指从陆地向海域排放污染物，造成或者可能造成海洋环境污染的场所、设施等。

（十）陆源污染物，是指由陆地污染源排放的污染物。

（十一）倾倒，是指通过船舶、航空器、平台或者其他载运工具，向海洋处置废弃物和其他有害物质的行为，包括弃置船舶、航空器、平台及其辅助设施和其他浮动工具的行为。

（十二）沿海陆域，是指与海岸相连，或者通过管道、沟渠、设施，直接或者间接向海洋排放污染物及其相关活动的一带区域。

（十三）海上焚烧，是指以热摧毁为目的，在海上焚烧设施上，故意焚烧废弃物或者其他物质的行为，但船舶、平台或者其他人工构造物正常操作中，所附带发生的行为除外。

第九十五条　涉及海洋环境监督管理的有关部门的具体职权划分，本法未作规定的，由国务院规定。

第九十六条　中华人民共和国缔结或者参加的与海洋环境保护有关的国际条约与本法有不同规定的，适用国际条约的规定；但是，中华人民共和国声明保留的条款除外。

第九十七条　本法自 2000 年 4 月 1 日起施行。

中华人民共和国大气污染防治法

第一章　总则

第一条　为保护和改善环境，防治大气污染，保障公众健康，推进生态文明建设，促进经济社会可持续发展，制定本法。

第二条　防治大气污染，应当以改善大气环境质量为目标，坚持源头治理，规划先行，转变经济发展方式，优化产业结构和布局，调整能源结构。

防治大气污染，应当加强对燃煤、工业、机动车船、扬尘、农业等大气污染的综合防治，推行区域大气污染联合防治，对颗粒物、二氧化硫、氮氧化物、挥发性有机物、氨等大气污染物和温室气体实施协同控制。

第三条　县级以上人民政府应当将大气污染防治工作纳入国民经济和社会发展规划，加大对大气污染防治的财政投入。

地方各级人民政府应当对本行政区域的大气环境质量负责，制定规划，采取措施，控制或者逐步削减大气污染物的排放量，使大气环境质量达到规定标准并逐步改善。

第四条　国务院生态环境主管部门会同国务院有关部门，按照国务院的规定，对省、自治区、直辖市大气环境质量改善目标、大气污染防治重点任务完成情况进行考核。省、自治区、直辖市人民政府制定考核办法，对本行政区域内地方大气环境质量改善目标、大气污染防治重点任务完成情况实施考核。考核结果应当向社会公开。

第五条　县级以上人民政府环境保护主管部门对大气污染防治实施统一监督管理。

县级以上人民政府其他有关部门在各自职责范围内对大气污染防治实施监督管理。

第六条　国家鼓励和支持大气污染防治科学技术研究，开展对大气污染来源及其变化趋势的分析，推广先进适用的大气污染防治技术和装备，促进科技成果转化，发挥科学技术在大气污染防治中的支撑作用。

第七条　企业事业单位和其他生产经营者应当采取有效措施，防止、减少大气污染，对所造成的损害依法承担责任。

公民应当增强大气环境保护意识，采取低碳、节俭的生活方式，自觉履行大气环境保护义务。

第二章　大气污染防治标准和限期达标规划

第八条　国务院生态环境主管部门或者省、自治区、直辖市人民政府制定大气环境质量标准,应当以保障公众健康和保护生态环境为宗旨,与经济社会发展相适应,做到科学合理。

第九条　国务院生态环境主管部门或者省、自治区、直辖市人民政府制定大气污染物排放标准,应当以大气环境质量标准和国家经济、技术条件为依据。

第十条　制定大气环境质量标准、大气污染物排放标准,应当组织专家进行审查和论证,并征求有关部门、行业协会、企业事业单位和公众等方面的意见。

第十一条　省级以上人民政府生态环境主管部门应当在其网站上公布大气环境质量标准、大气污染物排放标准,供公众免费查阅、下载。

第十二条　大气环境质量标准、大气污染物排放标准的执行情况应当定期进行评估,根据评估结果对标准适时进行修订。

第十三条　制定燃煤、石油焦、生物质燃料、涂料等含挥发性有机物的产品、烟花爆竹以及锅炉等产品的质量标准,应当明确大气环境保护要求。

制定燃油质量标准,应当符合国家大气污染物控制要求,并与国家机动车船、非道路移动机械大气污染物排放标准相互衔接,同步实施。

前款所称非道路移动机械,是指装配有发动机的移动机械和可运输工业设备。

第十四条　未达到国家大气环境质量标准城市的人民政府应当及时编制大气环境质量限期达标规划,采取措施,按照国务院或者省级人民政府规定的期限达到大气环境质量标准。

编制城市大气环境质量限期达标规划,应当征求有关行业协会、企业事业单位、专家和公众等方面的意见。

第十五条　城市大气环境质量限期达标规划应当向社会公开。直辖市和设区的市的大气环境质量限期达标规划应当报国务院生态环境主管部门备案。

第十六条　城市人民政府每年在向本级人民代表大会或者其常务委员会报告环境状况和环境保护目标完成情况时,应当报告大气环境质量限期达标规划执行情况,并向社会公开。

第十七条　城市大气环境质量限期达标规划应当根据大气污染防治的要求和经济、技术条件适时进行评估、修订。

第三章　大气污染防治的监督管理

第十八条　企业事业单位和其他生产经营者建设对大气环境有影响的项目,应当依法进行环境影响评价、公开环境影响评价文件;向大气排放污染物的,应当符合大气污染物排放标准,遵守重点大气污染物排放总量控制要求。

第十九条　排放工业废气或者本法第七十八条规定名录中所列有毒有害大气污染物的企业事业单位、集中供热设施的燃煤热源生产运营单位以及其他依法实行排污许可管理的单位,应当取得排污许可证。排污许可的具体办法和实施步骤由国务院规定。

第二十条　企业事业单位和其他生产经营者向大气排放污染物的,应当依照法律法规和国务院生态环境主管部门的规定设置大气污染物排放口。

禁止通过偷排、篡改或者伪造监测数据、以逃避现场检查为目的的临时停产、非紧急情况下开启应急排放通道、不正常运行大气污染防治设施等逃避监管的方式排放大气污染物。

第二十一条　国家对重点大气污染物排放实行总量控制。

重点大气污染物排放总量控制目标,由国务院生态环境主管部门在征求国务院有关部门和各省、自治区、直辖市人民政府意见后,会同国务院经济综合主管部门报国务院批准并下达实施。

省、自治区、直辖市人民政府应当按照国务院下达的总量控制目标,控制或者削减本行政区域的重点大气污染物排放总量。

确定总量控制目标和分解总量控制指标的具体办法,由国务院生态环境主管部门会同国务院有关部门规定。省、自治区、直辖市人民政府可以根据本行政区域大气污染防治的需要,对国家重点大气污染物之外的其他大气污染物排放实行总量控制。

国家逐步推行重点大气污染物排污权交易。

第二十二条　对超过国家重点大气污染物排放总量控制指标或者未完成国家下达的大气环境质量改善目标的地区,省级以上人民政府生态环境主管部门应当会同有关部门约谈该地区人民政府的主要负责人,并暂停审批该地区新增重点大气污染物排放总量的建设项目环境影响评价文件。约谈情况应当向社会公开。

第二十三条　国务院生态环境主管部门负责制定大气环境质量和大气污染源的监测和评价规范,组织建设与管理全国大气环境质量和大气污染源监测网,组织开展大气环境质量和大气污染源监测,统一发布全国大气环境质量状况信息。

县级以上地方人民政府生态环境主管部门负责组织建设与管理本行政区域大气环境质量和大气污染源监测网,开展大气环境质量和大气污染源监测,统一发布本行政区域大气环境质量状况信息。

第二十四条　企业事业单位和其他生产经营者应当按照国家有关规定和监测规范,对其排放的工业废气和本法第七十八条规定名录中所列有毒有害大气污染物进行监测,并保存原始监测记录。其中,重点排污单位应当安装、使用大气污染物排放自动监测设备,与生态环境主管部门的监控设备联网,保证监测设备正常运行并依法公开排放信息。监测的具体办法和重点排污单位的条件由国务院生态环境主管部门规定。

重点排污单位名录由设区的市级以上地方人民政府环境保护主管部门按照国务院生态环境主管部门的规定,根据本行政区域的大气环境承载力、重点大气污染物排放总量控制指标的要求以及排污单位排放大气污染物的种类、数量和浓度等因素,商有关部门确定,并向社会公布。

第二十五条　重点排污单位应当对自动监测数据的真实性和准确性负责。生态环境主管部门发现重点排污单位的大气污染物排放自动监测设备传输数据异常,应当及时进行调查。

第二十六条　禁止侵占、损毁或者擅自移动、改变大气环境质量监测设施和大气污染物排放自动监测设备。

第二十七条　国家对严重污染大气环境的工艺、设备和产品实行淘汰制度。

国务院经济综合主管部门会同国务院有关部门确定严重污染大气环境的工艺、设备和产品淘汰期限,并纳入国家综合性产业政策目录。

生产者、进口者、销售者或者使用者应当在规定期限内停止生产、进口、销售或者使用列入前款规定目录中的设备和产品。工艺的采用者应当在规定期限内停止采用列入前款规定目录中的工艺。

被淘汰的设备和产品,不得转让给他人使用。

第二十八条　国务院生态环境主管部门会同有关部门,建立和完善大气污染损害评估制度。

第二十九条　生态环境主管部门及其环境执法机构和其他负有大气环境保护监督管理职责的部门,有权通过现场检查监测、自动监测、遥感监测、远红外摄像等方式,对排放大气污染物的企业事业单位和其他生产经营者进行监督检查。被检查者应当如实反映情况,提供必要的资料。实施检查的部门、机构及其工作人员应当为被检查者保守商业秘密。

第三十条　企业事业单位和其他生产经营者违反法律法规规定排放大气污染物,造成或者可能造成严重大气污染,或者有关证据可能灭失或者被隐匿的,县级以上人民政府生态环境主管部门和其他负有大气环境保护监督管理职责的部门,可以对有关设施、设备、物品采取查封、扣押等行政强制措施。

第三十一条　生态环境主管部门和其他负有大气环境保护监督管理职责的部门应当公布举报电话、电子邮箱等,方便公众举报。

生态环境主管部门和其他负有大气环境保护监督管理职责的部门接到举报的,应当及时处理并对举报人的相关信息予以保密;对实名举报的,应当反馈处理结果等情况,查证属实的,处理结果依法向社会公开,并对举报人给予奖励。

举报人举报所在单位的,该单位不得以解除、变更劳动合同或者其他方式对举报人进行打击报复。

第四章 大气污染防治措施

第一节 燃煤和其他能源污染防治

第三十二条 国务院有关部门和地方各级人民政府应当采取措施,调整能源结构,推广清洁能源的生产和使用;优化煤炭使用方式,推广煤炭清洁高效利用,逐步降低煤炭在一次能源消费中的比重,减少煤炭生产、使用、转化过程中的大气污染物排放。

第三十三条 国家推行煤炭洗选加工,降低煤炭的硫分和灰分,限制高硫分、高灰分煤炭的开采。新建煤矿应当同步建设配套的煤炭洗选设施,使煤炭的硫分、灰分含量达到规定标准;已建成的煤矿除所采煤炭属于低硫分、低灰分或者根据已达标排放的燃煤电厂要求不需要洗选的以外,应当限期建成配套的煤炭洗选设施。

禁止开采含放射性和砷等有毒有害物质超过规定标准的煤炭。

第三十四条 国家采取有利于煤炭清洁高效利用的经济、技术政策和措施,鼓励和支持洁净煤技术的开发和推广。

国家鼓励煤矿企业等采用合理、可行的技术措施,对煤层气进行开采利用,对煤矸石进行综合利用。从事煤层气开采利用的,煤层气排放应当符合有关标准规范。

第三十五条 国家禁止进口、销售和燃用不符合质量标准的煤炭,鼓励燃用优质煤炭。

单位存放煤炭、煤矸石、煤渣、煤灰等物料,应当采取防燃措施,防止大气污染。

第三十六条 地方各级人民政府应当采取措施,加强民用散煤的管理,禁止销售不符合民用散煤质量标准的煤炭,鼓励居民燃用优质煤炭和洁净型煤,推广节能环保型炉灶。

第三十七条 石油炼制企业应当按照燃油质量标准生产燃油。

禁止进口、销售和燃用不符合质量标准的石油焦。

第三十八条 城市人民政府可以划定并公布高污染燃料禁燃区,并根据大气环境质量改善要求,逐步扩大高污染燃料禁燃区范围。高污染燃料的目录由国务院环境保护主管部门确定。

在禁燃区内,禁止销售、燃用高污染燃料;禁止新建、扩建燃用高污染燃料的设施,已建成的,应当在城市人民政府规定的期限内改用天然气、页岩气、液化石、油气、电或者其他清洁能源。

第三十九条 城市建设应当统筹规划,在燃煤供热地区,推进热电联产和集中供热。在集中供热管网覆盖地区,禁止新建、扩建分散燃煤供热锅炉;已建成的不能达标排放的燃煤供热锅炉,应当在城市人民政府规定的期限内拆除。

第四十条 县级以上人民政府质量监督部门应当会同环境保护主管部门对锅炉生产、进口、销售和使用环节执行环境保护标准或者要求的情况进行监督检查;不符合环境保护标准或者要求的,不得生产、进口、销售和使用。

第四十一条 燃煤电厂和其他燃煤单位应当采用清洁生产工艺,配套建设除尘、脱硫、脱硝等装置,或者采取技术改造等其他控制大气污染物排放的措施。

国家鼓励燃煤单位采用先进的除尘、脱硫、脱硝、脱汞等大气污染物协同控制的技术和装置,减少大气污染物的排放。

第四十二条 电力调度应当优先安排清洁能源发电上网。

第二节 工业污染防治

第四十三条 钢铁、建材、有色金属、石油、化工等企业生产过程中排放粉尘、硫化物和氮氧化物的,应当采用清洁生产工艺,配套建设除尘、脱硫、脱硝等装置,或者采取技术改造等其他控制大气污染物排放的措施。

第四十四条 生产、进口、销售和使用含挥发性有机物的原材料和产品的,其挥发性有机物含量应当符合质量标准或者要求。

国家鼓励生产、进口、销售和使用低毒、低挥发性有机溶剂。

第四十五条　产生含挥发性有机物废气的生产和服务活动,应当在密闭空间或者设备中进行,并按照规定安装、使用污染防治设施;无法密闭的,应当采取措施减少废气排放。

第四十六条　工业涂装企业应当使用低挥发性有机物含量的涂料,并建立台账,记录生产原料、辅料的使用量、废弃量、去向以及挥发性有机物含量。台账保存期限不得少于三年。

第四十七条　石油、化工以及其他生产和使用有机溶剂的企业,应当采取措施对管道、设备进行日常维护、维修,减少物料泄漏,对泄漏的物料应当及时收集处理。

储油储气库、加油加气站、原油成品油码头、原油成品油运输船舶和油罐车、气罐车等,应当按照国家有关规定安装油气回收装置并保持正常使用。

第四十八条　钢铁、建材、有色金属、石油、化工、制药、矿产开采等企业,应当加强精细化管理,采取集中收集处理等措施,严格控制粉尘和气态污染物的排放。

工业生产企业应当采取密闭、围挡、遮盖、清扫、洒水等措施,减少内部物料的堆存、传输、装卸等环节产生的粉尘和气态污染物的排放。

第四十九条　工业生产、垃圾填埋或者其他活动产生的可燃性气体应当回收利用,不具备回收利用条件的,应当进行污染防治处理。

可燃性气体回收利用装置不能正常作业的,应当及时修复或者更新。在回收利用装置不能正常作业期间确需排放可燃性气体的,应当将排放的可燃性气体充分燃烧或者采取其他控制大气污染物排放的措施,并向当地生态环境主管部门报告,按照要求限期修复或者更新。

第三节　机动车船等污染防治

第五十条　国家倡导低碳、环保出行,根据城市规划合理控制燃油机动车保有量,大力发展城市公共交通,提高公共交通出行比例。

国家采取财政、税收、政府采购等措施推广应用节能环保型和新能源机动车船、非道路移动机械,限制高油耗、高排放机动车船、非道路移动机械的发展,减少化石能源的消耗。

省、自治区、直辖市人民政府可以在条件具备的地区,提前执行国家机动车大气污染物排放标准中相应阶段排放限值,并报国务院生态环境主管部门备案。

城市人民政府应当加强并改善城市交通管理,优化道路设置,保障人行道和非机动车道的连续、畅通。

第五十一条　机动车船、非道路移动机械不得超过标准排放大气污染物。

禁止生产、进口或者销售大气污染物排放超过标准的机动车船、非道路移动机械。

第五十二条　机动车、非道路移动机械生产企业应当对新生产的机动车和非道路移动机械进行排放检验。经检验合格的,方可出厂销售。检验信息应当向社会公开。

省级以上人民政府生态环境主管部门可以通过现场检查、抽样检测等方式,加强对新生产、销售机动车和非道路移动机械大气污染物排放状况的监督检查。工业、市场监督管理等有关部门予以配合。

第五十三条　在用机动车应当按照国家或者地方的有关规定,由机动车排放检验机构定期对其进行排放检验。经检验合格的,方可上道路行驶。未经检验合格的,公安机关交通管理部门不得核发安全技术检验合格标志。

县级以上地方人民政府生态环境主管部门可以在机动车集中停放地、维修地对在用机动车的大气污染物排放状况进行监督抽测;在不影响正常通行的情况下,可以通过遥感监测等技术手段对在道路上行驶的机动车的大气污染物排放状况进行监督抽测,公安机关交通管理部门予以配合。

第五十四条　机动车排放检验机构应当依法通过计量认证,使用经依法检定合格的机动车排放检验设备,按照国务院生态环境主管部门制定的规范,对机动车进行排放检验,并与生态环境主管部门联网,实现检验数据实时共享。机动车排放检验机构及其负责人对检验数据的真实性和准确性负责。

生态环境主管部门和认证认可监督管理部门应当对机动车排放检验机构的排放检验情况进行监督检查。

第五十五条　机动车生产、进口企业应当向社会公布其生产、进口机动车车型的排放检验信息、污染控制技术信息和有关维修技术信息。

机动车维修单位应当按照防治大气污染的要求和国家有关技术规范对在用机动车进行维修,使其达到规定的排放标准。交通运输、生态环境主管部门应当依法加强监督管理。

禁止机动车所有人以临时更换机动车污染控制装置等弄虚作假的方式通过机动车排放检验。禁止机动车维修单位提供该类维修服务。禁止破坏机动车车载排放诊断系统。

第五十六条 生态环境主管部门应当会同交通运输、住房城乡建设、农业行政、水行政等有关部门对非道路移动机械的大气污染物排放状况进行监督检查,排放不合格的,不得使用。

第五十七条 国家倡导环保驾驶,鼓励燃油机动车驾驶人在不影响道路通行且需停车三分钟以上的情况下熄灭发动机,减少大气污染物的排放。

第五十八条 国家建立机动车和非道路移动机械环境保护召回制度。

生产、进口企业获知机动车、非道路移动机械排放大气污染物超过标准,属于设计、生产缺陷或者不符合规定的环境保护耐久性要求的,应当召回;未召回的,由国务院市场监督管理部门会同国务院生态环境主管部门责令其召回。

第五十九条 在用重型柴油车、非道路移动机械未安装污染控制装置或者污染控制装置不符合要求,不能达标排放的,应当加装或者更换符合要求的污染控制装置。

第六十条 在用机动车排放大气污染物超过标准的,应当进行维修;经维修或者采用污染控制技术后,大气污染物排放仍不符合国家在用机动车排放标准的,应当强制报废。其所有人应当将机动车交售给报废机动车回收拆解企业,由报废机动车回收拆解企业按照国家有关规定进行登记、拆解、销毁等处理。

国家鼓励和支持高排放机动车船、非道路移动机械提前报废。

第六十一条 城市人民政府可以根据大气环境质量状况,划定并公布禁止使用高排放非道路移动机械的区域。

第六十二条 船舶检验机构对船舶发动机及有关设备进行排放检验。经检验符合国家排放标准的,船舶方可运营。

第六十三条 内河和江海直达船舶应当使用符合标准的普通柴油。远洋船舶靠港后应当使用符合大气污染物控制要求的船舶用燃油。

新建码头应当规划、设计和建设岸基供电设施;已建成的码头应当逐步实施岸基供电设施改造。船舶靠港后应当优先使用岸电。

第六十四条 国务院交通运输主管部门可以在沿海海域划定船舶大气污染物排放控制区,进入排放控制区的船舶应当符合船舶相关排放要求。

第六十五条 禁止生产、进口、销售不符合标准的机动车船、非道路移动机械用燃料;禁止向汽车和摩托车销售普通柴油以及其他非机动车用燃料;禁止向非道路移动机械、内河和江海直达船舶销售渣油和重油。

第六十六条 发动机油、氮氧化物还原剂、燃料和润滑油添加剂以及其他添加剂的有害物质含量和其他大气环境保护指标,应当符合有关标准的要求,不得损害机动车船污染控制装置效果和耐久性,不得增加新的大气污染物排放。

第六十七条 国家积极推进民用航空器的大气污染防治,鼓励在设计、生产、使用过程中采取有效措施减少大气污染物排放。

民用航空器应当符合国家规定的适航标准中的有关发动机排出物要求。

第四节 扬尘污染防治

第六十八条 地方各级人民政府应当加强对建设施工和运输的管理,保持道路清洁,控制料堆和渣土堆放,扩大绿地、水面、湿地和地面铺装面积,防治扬尘污染。

住房城乡建设、市容环境卫生、交通运输、国土资源等有关部门,应当根据本级人民政府确定的职责,做好扬尘污染防治工作。

第六十九条 建设单位应当将防治扬尘污染的费用列入工程造价,并在施工承包合同中明确施工单位扬尘污染防治责任。施工单位应当制定具体的施工扬尘污染防治实施方案。

从事房屋建筑、市政基础设施建设、河道整治以及建筑物拆除等施工单位,应当向负责监督管理扬尘污染防治的主管部门备案。

施工单位应当在施工工地设置硬质围挡,并采取覆盖、分段作业、择时施工、洒水抑尘、冲洗地面和车辆等有效防尘降尘措施。建筑土方、工程渣土、建筑垃圾应当及时清运;在场地内堆存的,应当采用密闭式防尘网遮盖。工程渣土、建筑垃圾应当进行资源化处理。

施工单位应当在施工工地公示扬尘污染防治措施、负责人、扬尘监督管理主管部门等信息。

暂时不能开工的建设用地,建设单位应当对裸露地面进行覆盖;超过三个月的,应当进行绿化、铺装或者遮盖。

第七十条　运输煤炭、垃圾、渣土、砂石、土方、灰浆等散装、流体物料的车辆应当采取密闭或者其他措施防止物料遗撒造成扬尘污染,并按照规定路线行驶。

装卸物料应当采取密闭或者喷淋等方式防治扬尘污染。

城市人民政府应当加强道路、广场、停车场和其他公共场所的清扫保洁管理,推行清洁动力机械化清扫等低尘作业方式,防治扬尘污染。

第七十一条　市政河道以及河道沿线、公共用地的裸露地面以及其他城镇裸露地面,有关部门应当按照规划组织实施绿化或者透水铺装。

第七十二条　贮存煤炭、煤矸石、煤渣、煤灰、水泥、石灰、石膏、砂土等易产生扬尘的物料应当密闭;不能密闭的,应当设置不低于堆放物高度的严密围挡,并采取有效覆盖措施防治扬尘污染。

码头、矿山、填埋场和消纳场应当实施分区作业,并采取有效措施防治扬尘污染。

第五节　农业和其他污染防治

第七十三条　地方各级人民政府应当推动转变农业生产方式,发展农业循环经济,加大对废弃物综合处理的支持力度,加强对农业生产经营活动排放大气污染物的控制。

第七十四条　农业生产经营者应当改进施肥方式,科学合理施用化肥并按照国家有关规定使用农药,减少氨、挥发性有机物等大气污染物的排放。

禁止在人口集中地区对树木、花草喷洒剧毒、高毒农药。

第七十五条　畜禽养殖场、养殖小区应当及时对污水、畜禽粪便和尸体等进行收集、贮存、清运和无害化处理,防止排放恶臭气体。

第七十六条　各级人民政府及其农业行政等有关部门应当鼓励和支持采用先进适用技术,对秸秆、落叶等进行肥料化、饲料化、能源化、工业原料化、食用菌基料化等综合利用,加大对秸秆还田、收集一体化农业机械的财政补贴力度。

县级人民政府应当组织建立秸秆收集、贮存、运输和综合利用服务体系,采用财政补贴等措施支持农村集体经济组织、农民专业合作经济组织、企业等开展秸秆收集、贮存、运输和综合利用服务。

第七十七条　省、自治区、直辖市人民政府应当划定区域,禁止露天焚烧秸秆、落叶等产生烟尘污染的物质。

第七十八条　国务院生态环境主管部门应当会同国务院卫生行政部门,根据大气污染物对公众健康和生态环境的危害和影响程度,公布有毒有害大气污染物名录,实行风险管理。

排放前款规定名录中所列有毒有害大气污染物的企业事业单位,应当按照国家有关规定建设环境风险预警体系,对排放口和周边环境进行定期监测,评估环境风险,排查环境安全隐患,并采取有效措施防范环境风险。

第七十九条　向大气排放持久性有机污染物的企业事业单位和其他生产经营者以及废弃物焚烧设施的运营单位,应当按照国家有关规定,采取有利于减少持久性有机污染物排放的技术方法和工艺,配备有效的净化装置,实现达标排放。

第八十条　企业事业单位和其他生产经营者在生产经营活动中产生恶臭气体的,应当科学选址,设置合理的防护距离,并安装净化装置或者采取其他措施,防止排放恶臭气体。

第八十一条　排放油烟的餐饮服务业经营者应当安装油烟净化设施并保持正常使用,或者采取其他油烟净化措施,使油烟达标排放,并防止对附近居民的正常生活环境造成污染。

禁止在居民住宅楼、未配套设立专用烟道的商住综合楼以及商住综合楼内与居住层相邻的商业楼层内新建、改建、扩建产生油烟、异味、废气的餐饮服务项目。

任何单位和个人不得在当地人民政府禁止的区域内露天烧烤食品或者为露天烧烤食品提供场地。

第八十二条　禁止在人口集中地区和其他依法需要特殊保护的区域内焚烧沥青、油毡、橡胶、塑料、皮革、垃圾以及其他产生有毒有害烟尘和恶臭气体的物质。

禁止生产、销售和燃放不符合质量标准的烟花爆竹。任何单位和个人不得在城市人民政府禁止的时段和区域内燃放烟花爆竹。

第八十三条　国家鼓励和倡导文明、绿色祭祀。

火葬场应当设置除尘等污染防治设施并保持正常使用,防止影响周边环境。

第八十四条　从事服装干洗和机动车维修等服务活动的经营者,应当按照国家有关标准或者要求设置异味和废气处理装置等污染防治设施并保持正常使用,防止影响周边环境。

第八十五条　国家鼓励、支持消耗臭氧层物质替代品的生产和使用,逐步减少直至停止消耗臭氧层物质的生产和使用。

国家对消耗臭氧层物质的生产、使用、进出口实行总量控制和配额管理。具体办法由国务院规定。

第五章　重点区域大气污染联合防治

第八十六条　国家建立重点区域大气污染联防联控机制,统筹协调重点区域内大气污染防治工作。国务院生态环境主管部门根据主体功能区划、区域大气环境质量状况和大气污染传输扩散规律,划定国家大气污染防治重点区域,报国务院批准。

重点区域内有关省、自治区、直辖市人民政府应当确定牵头的地方人民政府,定期召开联席会议,按照统一规划、统一标准、统一监测、统一的防治措施的要求,开展大气污染联合防治,落实大气污染防治目标责任。国务院生态环境主管部门应当加强指导、督促。

省、自治区、直辖市可以参照第一款规定划定本行政区域的大气污染防治重点区域。

第八十七条　国务院生态环境主管部门会同国务院有关部门、国家大气污染防治重点区域内有关省、自治区、直辖市人民政府,根据重点区域经济社会发展和大气环境承载力,制定重点区域大气污染联合防治行动计划,明确控制目标,优化区域经济布局,统筹交通管理,发展清洁能源,提出重点防治任务和措施,促进重点区域大气环境质量改善。

第八十八条　国务院经济综合主管部门会同国务院生态环境主管部门,结合国家大气污染防治重点区域产业发展实际和大气环境质量状况,进一步提高环境保护、能耗、安全、质量等要求。

重点区域内有关省、自治区、直辖市人民政府应当实施更严格的机动车大气污染物排放标准,统一在用机动车检验方法和排放限值,并配套供应合格的车用燃油。

第八十九条　编制可能对国家大气污染防治重点区域的大气环境造成严重污染的有关工业园区、开发区、区域产业和发展等规划,应当依法进行环境影响评价。规划编制机关应当与重点区域内有关省、自治区、直辖市人民政府或者有关部门会商。

重点区域内有关省、自治区、直辖市建设可能对相邻省、自治区、直辖市大气环境质量产生重大影响的项目,应当及时通报有关信息,进行会商。

会商意见及其采纳情况作为环境影响评价文件审查或者审批的重要依据。

第九十条　国家大气污染防治重点区域内新建、改建、扩建用煤项目的,应当实行煤炭的等量或者减量替代。

第九十一条　国务院生态环境主管部门应当组织建立国家大气污染防治重点区域的大气环境质量监测、大气污染源监测等相关信息共享机制,利用监测、模拟以及卫星、航测、遥感等新技术分析重点区域内大气污染来源及其变化趋势,并向社会公开。

第九十二条　国务院生态环境主管部门和国家大气污染防治重点区域内有关省、自治区、直辖市人民政府可以组织有关部门开展联合执法、跨区域执法、交叉执法。

第六章　重污染天气应对

第九十三条　国家建立重污染天气监测预警体系。

国务院生态环境主管部门会同国务院气象主管机构等有关部门、国家大气污染防治重点区域内有关省、自治区、直辖市人民政府,建立重点区域重污染天气监测预警机制,统一预警分级标准。可能发生区域重污染天气的,应当及时向重点区域内有关省、自治区、直辖市人民政府通报。

省、自治区、直辖市、设区的市人民政府生态环境主管部门会同气象主管机构等有关部门建立本行政区域重污染天气监测预警机制。

第九十四条　县级以上地方人民政府应当将重污染天气应对纳入突发事件应急管理体系。

省、自治区、直辖市、设区的市人民政府以及可能发生重污染天气的县级人民政府,应当制定重污染天气应急预案,向上一级人民政府生态环境主管部门备案,并向社会公布。

第九十五条　省、自治区、直辖市、设区的市人民政府生态环境主管部门应当会同气象主管机构建立会商机制,进行大气环境质量预报。可能发生重污染天气的,应当及时向本级人民政府报告。省、自治区、直辖市、设区的市人民政府依据重污染天气预报信息,进行综合研判,确定预警等级并及时发出预警。预警等级根据情况变化及时调整。任何单位和个人不得擅自向社会发布重污染天气预报预警信息。

预警信息发布后,人民政府及其有关部门应当通过电视、广播、网络、短信等途径告知公众采取健康防护措施,指导公众出行和调整其他相关社会活动。

第九十六条　县级以上地方人民政府应当依据重污染天气的预警等级,及时启动应急预案,根据应急需要可以采取责令有关企业停产或者限产、限制部分机动车行驶、禁止燃放烟花爆竹、停止工地土石方作业和建筑物拆除施工、停止露天烧烤、停止幼儿园和学校组织的户外活动、组织开展人工影响天气作业等应急措施。

应急响应结束后,人民政府应当及时开展应急预案实施情况的评估,适时修改完善应急预案。

第九十七条　发生造成大气污染的突发环境事件,人民政府及其有关部门和相关企业事业单位,应当依照《中华人民共和国突发事件应对法》、《中华人民共和国环境保护法》的规定,做好应急处置工作。生态环境主管部门应当及时对突发环境事件产生的大气污染物进行监测,并向社会公布监测信息。

第七章　法律责任(略)

第八章　附则

第一百二十八条　海洋工程的大气污染防治,依照《中华人民共和国海洋环境保护法》的有关规定执行。

第一百二十九条　本法自 2016 年 1 月 1 日起施行。

中华人民共和国固体废物污染环境防治法

第一章　总则

第一条　为了保护和改善生态环境,防治固体废物污染环境,保障公众健康,维护生态安全,推进生态文明建设,促进经济社会可持续发展,制定本法。

第二条　固体废物污染环境的防治适用本法。

固体废物污染海洋环境的防治和放射性固体废物污染环境的防治不适用本法。

第三条　国家推行绿色发展方式,促进清洁生产和循环经济发展。

国家倡导简约适度、绿色低碳的生活方式,引导公众积极参与固体废物污染环境防治。

第四条　固体废物污染环境防治坚持减量化、资源化和无害化的原则。

任何单位和个人都应当采取措施,减少固体废物的产生量,促进固体废物的综合利用,降低固体废物的危害性。

第五条　固体废物污染环境防治坚持污染担责的原则。

产生、收集、贮存、运输、利用、处置固体废物的单位和个人,应当采取措施,防止或者减少固体废物对环境的污染,对所造成的环境污染依法承担责任。

第六条　国家推行生活垃圾分类制度。

生活垃圾分类坚持政府推动、全民参与、城乡统筹、因地制宜、简便易行的原则。

第七条　地方各级人民政府对本行政区域固体废物污染环境防治负责。

国家实行固体废物污染环境防治目标责任制和考核评价制度,将固体废物污染环境防治目标完成情况纳入考核评价的内容。

第八条　各级人民政府应当加强对固体废物污染环境防治工作的领导,组织、协调、督促有关部门依法履行固体废物污染环境防治监督管理职责。

省、自治区、直辖市之间可以协商建立跨行政区域固体废物污染环境的联防联控机制,统筹规划制定、设施建设、固体废物转移等工作。

第九条　国务院生态环境主管部门对全国固体废物污染环境防治工作实施统一监督管理。国务院发展改革、工业和信息化、自然资源、住房城乡建设、交通运输、农业农村、商务、卫生健康、海关等主管部门在各自职责范围内负责固体废物污染环境防治的监督管理工作。

地方人民政府生态环境主管部门对本行政区域固体废物污染环境防治工作实施统一监督管理。地方人民政府发展改革、工业和信息化、自然资源、住房城乡建设、交通运输、农业农村、商务、卫生健康等主管部门在各自职责范围内负责固体废物污染环境防治的监督管理工作。

第十条　国家鼓励、支持固体废物污染环境防治的科学研究、技术开发、先进技术推广和科学普及,加强固体废物污染环境防治科技支撑。

第十一条　国家机关、社会团体、企业事业单位、基层群众性自治组织和新闻媒体应当加强固体废物污染环境防治宣传教育和科学普及,增强公众固体废物污染环境防治意识。

学校应当开展生活垃圾分类以及其他固体废物污染环境防治知识普及和教育。

第十二条　各级人民政府对在固体废物污染环境防治工作以及相关的综合利用活动中做出显著成绩的单位和个人,按照国家有关规定给予表彰、奖励。

第二章　监督管理

第十三条　县级以上人民政府应当将固体废物污染环境防治工作纳入国民经济和社会发展规划、生态环境保护规划,并采取有效措施减少固体废物的产生量、促进固体废物的综合利用、降低固体废物的危害性,最大限度降低固体废物填埋量。

第十四条　国务院生态环境主管部门应当会同国务院有关部门根据国家环境质量标准和国家经济、技术条件,制定固体废物鉴别标准、鉴别程序和国家固体废物污染环境防治技术标准。

第十五条　国务院标准化主管部门应当会同国务院发展改革、工业和信息化、生态环境、农业农村等主管部门,制定固体废物综合利用标准。

综合利用固体废物应当遵守生态环境法律法规,符合固体废物污染环境防治技术标准。使用固体废物综合利用产品应当符合国家规定的用途、标准。

第十六条　国务院生态环境主管部门应当会同国务院有关部门建立全国危险废物等固体废物污染环境防治信息平台,推进固体废物收集、转移、处置等全过程监控和信息化追溯。

第十七条　建设产生、贮存、利用、处置固体废物的项目,应当依法进行环境影响评价,并遵守国家有关建设项目环境保护管理的规定。

第十八条　建设项目的环境影响评价文件确定需要配套建设的固体废物污染环境防治设施,应当与主体工程同时设计、同时施工、同时投入使用。建设项目的初步设计,应当按照环境保护设计规范的要求,将固体废物污染环境防治内容纳入环境影响评价文件,落实防治固体废物污染环境和破坏生态的措施以及固体废物污染环境防治设施投资概算。

建设单位应当依照有关法律法规的规定,对配套建设的固体废物污染环境防治设施进行验收,编制验收报告,并向社会公开。

第十九条　收集、贮存、运输、利用、处置固体废物的单位和其他生产经营者,应当加强对相关设施、设备和场所的管理和维护,保证其正常运行和使用。

第二十条　产生、收集、贮存、运输、利用、处置固体废物的单位和其他生产经营者,应当采取防扬散、防流失、防渗漏或者其他防止污染环境的措施,不得擅自倾倒、堆放、丢弃、遗撒固体废物。

禁止任何单位或者个人向江河、湖泊、运河、渠道、水库及其最高水位线以下的滩地和岸坡以及法律法规规定的其他地点倾倒、堆放、贮存固体废物。

第二十一条　在生态保护红线区域,永久基本农田集中区域和其他需要特别保护的区域内,禁止建设工业固体废物、危险废物集中贮存、利用、处置的设施、场所和生活垃圾填埋场。

第二十二条　转移固体废物出省、自治区、直辖市行政区域贮存、处置的,应当向固体废物移出地的省、自治区、直辖市人民政府生态环境主管部门提出申请。移出地的省、自治区、直辖市人民政府生态环境主管部门应当及时商经接受地的省、自治区、直辖市人民政府生态环境主管部门同意后,在规定期限内批准转移该固体废物出省、自治区、直辖市行政区域。未经批准的,不得转移。

转移固体废物出省、自治区、直辖市行政区域利用的,应当报固体废物移出地的省、自治区、直辖市人民政府生态环境主管部门备案。移出地的省、自治区、直辖市人民政府生态环境主管部门应当将备案信息通报接受地的省、自治区、直辖市人民政府生态环境主管部门。

第二十三条　禁止中华人民共和国境外的固体废物进境倾倒、堆放、处置。

第二十四条　国家逐步实现固体废物零进口,由国务院生态环境主管部门会同国务院商务、发展改革、海关等主管部门组织实施。

第二十五条　海关发现进口货物疑似固体废物的,可以委托专业机构开展属性鉴别,并根据鉴别结论依法管理。

第二十六条　生态环境主管部门及其环境执法机构和其他负有固体废物污染环境防治监督管理职责的部门,在各自职责范围内有权对从事产生、收集、贮存、运输、利用、处置固体废物等活动的单位和其他生产经营者进行现场检查。被检查者应当如实反映情况,并提供必要的资料。

实施现场检查,可以采取现场监测、采集样品、查阅或者复制与固体废物污染环境防治相关的资料等措施。检查人员进行现场检查,应当出示证件。对现场检查中知悉的商业秘密应当保密。

第二十七条　有下列情形之一,生态环境主管部门和其他负有固体废物污染环境防治监督管理职责的部门,可以对违法收集、贮存、运输、利用、处置的固体废物及设施、设备、场所、工具、物品予以查封、扣押:

(一)可能造成证据灭失、被隐匿或者非法转移的;

(二)造成或者可能造成严重环境污染的。

第二十八条　生态环境主管部门应当会同有关部门建立产生、收集、贮存、运输、利用、处置固体废物的单位和其他生产经营者信用记录制度,将相关信用记录纳入全国信用信息共享平台。

第二十九条　设区的市级人民政府生态环境主管部门应当会同住房城乡建设、农业农村、卫生健康等主管部门,定期向社会发布固体废物的种类、产生量、处置能力、利用处置状况等信息。

产生、收集、贮存、运输、利用、处置固体废物的单位,应当依法及时公开固体废物污染环境防治信息,主动接受社会监督。

利用、处置固体废物的单位,应当依法向公众开放设施、场所,提高公众环境保护意识和参与程度。

第三十条　县级以上人民政府应当将工业固体废物、生活垃圾、危险废物等固体废物污染环境防治情况纳入环境状况和环境保护目标完成情况年度报告,向本级人民代表大会或者人民代表大会常务委员会报告。

第三十一条 任何单位和个人都有权对造成固体废物污染环境的单位和个人进行举报。

生态环境主管部门和其他负有固体废物污染环境防治监督管理职责的部门应当将固体废物污染环境防治举报方式向社会公布,方便公众举报。

接到举报的部门应当及时处理并对举报人的相关信息予以保密;对实名举报并查证属实的,给予奖励。

举报人举报所在单位的,该单位不得以解除、变更劳动合同或者其他方式对举报人进行打击报复。

第三章 工业固体废物

第三十二条 国务院生态环境主管部门应当会同国务院发展改革、工业和信息化等主管部门对工业固体废物对公众健康、生态环境的危害和影响程度等作出界定,制定防治工业固体废物污染环境的技术政策,组织推广先进的防治工业固体废物污染环境的生产工艺和设备。

第三十三条 国务院工业和信息化主管部门应当会同国务院有关部门组织研究开发、推广减少工业固体废物产生量和降低工业固体废物危害性的生产工艺和设备,公布限期淘汰产生严重污染环境的工业固体废物的落后生产工艺、设备的名录。

生产者、销售者、进口者、使用者应当在国务院工业和信息化主管部门会同国务院有关部门规定的期限内分别停止生产、销售、进口或者使用列入前款规定名录中的设备。生产工艺的采用者应当在国务院工业和信息化主管部门会同国务院有关部门规定的期限内停止采用列入前款规定名录中的工艺。

列入限期淘汰名录被淘汰的设备,不得转让给他人使用。

第三十四条 国务院工业和信息化主管部门应当会同国务院发展改革、生态环境等主管部门,定期发布工业固体废物综合利用技术、工艺、设备和产品导向目录,组织开展工业固体废物资源综合利用评价,推动工业固体废物综合利用。

第三十五条 县级以上地方人民政府应当制定工业固体废物污染环境防治工作规划,组织建设工业固体废物集中处置等设施,推动工业固体废物污染环境防治工作。

第三十六条 产生工业固体废物的单位应当建立健全工业固体废物产生、收集、贮存、运输、利用、处置全过程的污染环境防治责任制度,建立工业固体废物管理台账,如实记录产生工业固体废物的种类、数量、流向、贮存、利用、处置等信息,实现工业固体废物可追溯、可查询,并采取防治工业固体废物污染环境的措施。

禁止向生活垃圾收集设施中投放工业固体废物。

第三十七条 产生工业固体废物的单位委托他人运输、利用、处置工业固体废物的,应当对受托方的主体资格和技术能力进行核实,依法签订书面合同,在合同中约定污染防治要求。

受托方运输、利用、处置工业固体废物,应当依照有关法律法规的规定和合同约定履行污染防治要求,并将运输、利用、处置情况告知产生工业固体废物的单位。

产生工业固体废物的单位违反本条第一款规定的,除依照有关法律法规的规定予以处罚外,还应当与造成环境污染和生态破坏的受托方承担连带责任。

第三十八条 产生工业固体废物的单位应当依法实施清洁生产审核,合理选择和利用原材料、能源和其他资源,采用先进的生产工艺和设备,减少工业固体废物的产生量,降低工业固体废物的危害性。

第三十九条 产生工业固体废物的单位应当取得排污许可证。排污许可的具体办法和实施步骤由国务院规定。

产生工业固体废物的单位应当向所在地生态环境主管部门提供工业固体废物的种类、数量、流向、贮存、利用、处置等有关资料,以及减少工业固体废物产生、促进综合利用的具体措施,并执行排污许可管理制度的相关规定。

第四十条 产生工业固体废物的单位应当根据经济、技术条件对工业固体废物加以利用;对暂时不利用或者不能利用的,应当按照国务院生态环境等主管部门的规定建设贮存设施、场所,安全分类存放,或者采取无害化处置措施。贮存工业固体废物应当采取符合国家环境保护标准的防护措施。

建设工业固体废物贮存、处置的设施、场所,应当符合国家环境保护标准。

第四十一条　产生工业固体废物的单位终止的,应当在终止前对工业固体废物的贮存、处置的设施、场所采取污染防治措施,并对未处置的工业固体废物作出妥善处置,防止污染环境。

产生工业固体废物的单位发生变更的,变更后的单位应当按照国家有关环境保护的规定对未处置的工业固体废物及其贮存、处置的设施、场所进行安全处置或者采取有效措施保证该设施、场所安全运行。变更前当事人对工业固体废物及其贮存、处置的设施、场所的污染防治责任另有约定的,从其约定;但是,不得免除当事人的污染防治义务。

对2005年4月1日前已经终止的单位未处置的工业固体废物及其贮存、处置的设施、场所进行安全处置的费用,由有关人民政府承担;但是,该单位享有的土地使用权依法转让的,应当由土地使用权受让人承担处置费用。当事人另有约定的,从其约定;但是,不得免除当事人的污染防治义务。

第四十二条　矿山企业应当采取科学的开采方法和选矿工艺,减少尾矿、煤矸石、废石等矿业固体废物的产生量和贮存量。

国家鼓励采取先进工艺对尾矿、煤矸石、废石等矿业固体废物进行综合利用。

尾矿、煤矸石、废石等矿业固体废物贮存设施停止使用后,矿山企业应当按照国家有关环境保护等规定进行封场,防止造成环境污染和生态破坏。

第四章　生活垃圾

第四十三条　县级以上地方人民政府应当加快建立分类投放、分类收集、分类运输、分类处理的生活垃圾管理系统,实现生活垃圾分类制度有效覆盖。

县级以上地方人民政府应当建立生活垃圾分类工作协调机制,加强和统筹生活垃圾分类管理能力建设。

各级人民政府及其有关部门应当组织开展生活垃圾分类宣传,教育引导公众养成生活垃圾分类习惯,督促和指导生活垃圾分类工作。

第四十四条　县级以上地方人民政府应当有计划地改进燃料结构,发展清洁能源,减少燃料废渣等固体废物的产生量。

县级以上地方人民政府有关部门应当加强产品生产和流通过程管理,避免过度包装,组织净菜上市,减少生活垃圾的产生量。

第四十五条　县级以上人民政府应当统筹安排建设城乡生活垃圾收集、运输、处理设施,确定设施厂址,提高生活垃圾的综合利用和无害化处置水平,促进生活垃圾收集、处理的产业化发展,逐步建立和完善生活垃圾污染环境防治的社会服务体系。

县级以上地方人民政府有关部门应当统筹规划,合理安排回收、分拣、打包网点,促进生活垃圾的回收利用工作。

第四十六条　地方各级人民政府应当加强农村生活垃圾污染环境的防治,保护和改善农村人居环境。

国家鼓励农村生活垃圾源头减量。城乡结合部、人口密集的农村地区和其他有条件的地方,应当建立城乡一体的生活垃圾管理系统;其他农村地区应当积极探索生活垃圾管理模式,因地制宜,就近就地利用或者妥善处理生活垃圾。

第四十七条　设区的市级以上人民政府环境卫生主管部门应当制定生活垃圾清扫、收集、贮存、运输和处理设施、场所建设运行规范,发布生活垃圾分类指导目录,加强监督管理。

第四十八条　县级以上地方人民政府环境卫生等主管部门应当组织对城乡生活垃圾进行清扫、收集、运输和处理,可以通过招标等方式选择具备条件的单位从事生活垃圾的清扫、收集、运输和处理。

第四十九条　产生生活垃圾的单位、家庭和个人应当依法履行生活垃圾源头减量和分类投放义务,承担生活垃圾产生者责任。

任何单位和个人都应当依法在指定的地点分类投放生活垃圾。禁止随意倾倒、抛撒、堆放或者焚烧生活垃圾。

机关、事业单位等应当在生活垃圾分类工作中起示范带头作用。

已经分类投放的生活垃圾,应当按照规定分类收集、分类运输、分类处理。

第五十条　清扫、收集、运输、处理城乡生活垃圾,应当遵守国家有关环境保护和环境卫生管理的规定,防止污染环境。

从生活垃圾中分类并集中收集的有害垃圾,属于危险废物的,应当按照危险废物管理。

第五十一条　从事公共交通运输的经营单位,应当及时清扫、收集运输过程中产生的生活垃圾。

第五十二条　农贸市场、农产品批发市场等应当加强环境卫生管理,保持环境卫生清洁,对所产生的垃圾及时清扫、分类收集、妥善处理。

第五十三条　从事城市新区开发、旧区改建和住宅小区开发建设、村镇建设的单位,以及机场、码头、车站、公园、商场、体育场馆等公共设施、场所的经营管理单位,应当按照国家有关环境卫生的规定,配套建设生活垃圾收集设施。

县级以上地方人民政府应当统筹生活垃圾公共转运、处理设施与前款规定的收集设施的有效衔接,并加强生活垃圾分类收运体系和再生资源回收体系在规划、建设、运营等方面的融合。

第五十四条　从生活垃圾中回收的物质应当按照国家规定的用途、标准使用,不得用于生产可能危害人体健康的产品。

第五十五条　建设生活垃圾处理设施、场所,应当符合国务院生态环境主管部门和国务院住房城乡建设主管部门规定的环境保护和环境卫生标准。

鼓励相邻地区统筹生活垃圾处理设施建设,促进生活垃圾处理设施跨行政区域共建共享。

禁止擅自关闭、闲置或者拆除生活垃圾处理设施、场所;确有必要关闭、闲置或者拆除的,应当经所在地的市、县级人民政府环境卫生主管部门商所在地生态环境主管部门同意后核准,并采取防止污染环境的措施。

第五十六条　生活垃圾处理单位应当按照国家有关规定,安装使用监测设备,实时监测污染物的排放情况,将污染排放数据实时公开。监测设备应当与所在地生态环境主管部门的监控设备联网。

第五十七条　县级以上地方人民政府环境卫生主管部门负责组织开展厨余垃圾资源化、无害化处理工作。

产生、收集厨余垃圾的单位和其他生产经营者,应当将厨余垃圾交由具备相应资质条件的单位进行无害化处理。

禁止畜禽养殖场、养殖小区利用未经无害化处理的厨余垃圾饲喂畜禽。

第五十八条　县级以上地方人民政府应当按照产生者付费原则,建立生活垃圾处理收费制度。

县级以上地方人民政府制定生活垃圾处理收费标准,应当根据本地实际,结合生活垃圾分类情况,体现分类计价、计量收费等差别化管理,并充分征求公众意见。生活垃圾处理收费标准应当向社会公布。

生活垃圾处理费应当专项用于生活垃圾的收集、运输和处理等,不得挪作他用。

第五十九条　省、自治区、直辖市和设区的市、自治州可以结合实际,制定本地方生活垃圾具体管理办法。

第五章　建筑垃圾、农业固体废物等

第六十条　县级以上地方人民政府应当加强建筑垃圾污染环境的防治,建立建筑垃圾分类处理制度。

县级以上地方人民政府应当制定包括源头减量、分类处理、消纳设施和场所布局及建设等在内的建筑垃圾污染环境防治工作规划。

第六十一条　国家鼓励采用先进技术、工艺、设备和管理措施,推进建筑垃圾源头减量,建立建筑垃圾回收利用体系。

县级以上地方人民政府应当推动建筑垃圾综合利用产品应用。

第六十二条　县级以上地方人民政府环境卫生主管部门负责建筑垃圾污染环境防治工作,建立建筑垃圾全过程管理制度,规范建筑垃圾产生、收集、贮存、运输、利用、处置行为,推进综合利用,加强建筑垃圾处置设施、场所建设,保障处置安全,防止污染环境。

第六十三条　工程施工单位应当编制建筑垃圾处理方案,采取污染防治措施,并报县级以上地方人民政府环境卫生主管部门备案。

工程施工单位应当及时清运工程施工过程中产生的建筑垃圾等固体废物,并按照环境卫生主管部门的规定进行利用或者处置。

工程施工单位不得擅自倾倒、抛撒或者堆放工程施工过程中产生的建筑垃圾。

第六十四条 县级以上人民政府农业农村主管部门负责指导农业固体废物回收利用体系建设,鼓励和引导有关单位和其他生产经营者依法收集、贮存、运输、利用、处置农业固体废物,加强监督管理,防止污染环境。

第六十五条 产生秸秆、废弃农用薄膜、农药包装废弃物等农业固体废物的单位和其他生产经营者,应当采取回收利用和其他防止污染环境的措施。

从事畜禽规模养殖应当及时收集、贮存、利用或者处置养殖过程中产生的畜禽粪污等固体废物,避免造成环境污染。

禁止在人口集中地区、机场周围、交通干线附近以及当地人民政府划定的其他区域露天焚烧秸秆。

国家鼓励研究开发、生产、销售、使用在环境中可降解且无害的农用薄膜。

第六十六条 国家建立电器电子、铅蓄电池、车用动力电池等产品的生产者责任延伸制度。

电器电子、铅蓄电池、车用动力电池等产品的生产者应当按照规定以自建或者委托等方式建立与产品销售量相匹配的废旧产品回收体系,并向社会公开,实现有效回收和利用。

国家鼓励产品的生产者开展生态设计,促进资源回收利用。

第六十七条 国家对废弃电器电子产品等实行多渠道回收和集中处理制度。

禁止将废弃机动车船等交由不符合规定条件的企业或者个人回收、拆解。

拆解、利用、处置废弃电器电子产品、废弃机动车船等,应当遵守有关法律法规的规定,采取防止污染环境的措施。

第六十八条 产品和包装物的设计、制造,应当遵守国家有关清洁生产的规定。国务院标准化主管部门应当根据国家经济和技术条件、固体废物污染环境防治状况以及产品的技术要求,组织制定有关标准,防止过度包装造成环境污染。

生产经营者应当遵守限制商品过度包装的强制性标准,避免过度包装。县级以上地方人民政府市场监督管理部门和有关部门应当按照各自职责,加强对过度包装的监督管理。

生产、销售、进口依法被列入强制回收目录的产品和包装物的企业,应当按照国家有关规定对该产品和包装物进行回收。

电子商务、快递、外卖等行业应当优先采用可重复使用、易回收利用的包装物,优化物品包装,减少包装物的使用,并积极回收利用包装物。县级以上地方人民政府商务、邮政等主管部门应当加强监督管理。

国家鼓励和引导消费者使用绿色包装和减量包装。

第六十九条 国家依法禁止、限制生产、销售和使用不可降解塑料袋等一次性塑料制品。

商品零售场所开办单位、电子商务平台企业和快递企业、外卖企业应当按照国家有关规定向商务、邮政等主管部门报告塑料袋等一次性塑料制品的使用、回收情况。

国家鼓励和引导减少使用、积极回收塑料袋等一次性塑料制品,推广应用可循环、易回收、可降解的替代产品。

第七十条 旅游、住宿等行业应当按照国家有关规定推行不主动提供一次性用品。

机关、企业事业单位等的办公场所应当使用有利于保护环境的产品、设备和设施,减少使用一次性办公用品。

第七十一条 城镇污水处理设施维护运营单位或者污泥处理单位应当安全处理污泥,保证处理后的污泥符合国家有关标准,对污泥的流向、用途、用量等进行跟踪、记录,并报告城镇排水主管部门、生态环境主管部门。

县级以上人民政府城镇排水主管部门应当将污泥处理设施纳入城镇排水与污水处理规划,推动同步建设污泥处理设施与污水处理设施,鼓励协同处理,污水处理费征收标准和补偿范围应当覆盖污泥处理成本和污水处理设施正常运营成本。

第七十二条 禁止擅自倾倒、堆放、丢弃、遗撒城镇污水处理设施产生的污泥和处理后的污泥。

禁止重金属或者其他有毒有害物质含量超标的污泥进入农用地。

从事水体清淤疏浚应当按照国家有关规定处理清淤疏浚过程中产生的底泥,防止污染环境。

第七十三条　各级各类实验室及其设立单位应当加强对实验室产生的固体废物的管理,依法收集、贮存、运输、利用、处置实验室固体废物。实验室固体废物属于危险废物的,应当按照危险废物管理。

第六章　危险废物

第七十四条　危险废物污染环境的防治,适用本章规定;本章未作规定的,适用本法其他有关规定。

第七十五条　国务院生态环境主管部门应当会同国务院有关部门制定国家危险废物名录,规定统一的危险废物鉴别标准、鉴别方法、识别标志和鉴别单位管理要求。国家危险废物名录应当动态调整。

国务院生态环境主管部门根据危险废物的危害特性和产生数量,科学评估其环境风险,实施分级分类管理,建立信息化监管体系,并通过信息化手段管理、共享危险废物转移数据和信息。

第七十六条　省、自治区、直辖市人民政府应当组织有关部门编制危险废物集中处置设施、场所的建设规划,科学评估危险废物处置需求,合理布局危险废物集中处置设施、场所,确保本行政区域的危险废物得到妥善处置。

编制危险废物集中处置设施、场所的建设规划,应当征求有关行业协会、企业事业单位、专家和公众等方面的意见。

相邻省、自治区、直辖市之间可以开展区域合作,统筹建设区域性危险废物集中处置设施、场所。

第七十七条　对危险废物的容器和包装物以及收集、贮存、运输、利用、处置危险废物的设施、场所,应当按照规定设置危险废物识别标志。

第七十八条　产生危险废物的单位,应当按照国家有关规定制定危险废物管理计划;建立危险废物管理台账,如实记录有关信息,并通过国家危险废物信息管理系统向所在地生态环境主管部门申报危险废物的种类、产生量、流向、贮存、处置等有关资料。

前款所称危险废物管理计划应当包括减少危险废物产生量和降低危险废物危害性的措施以及危险废物贮存、利用、处置措施。危险废物管理计划应当报产生危险废物的单位所在地生态环境主管部门备案。

产生危险废物的单位已经取得排污许可证的,执行排污许可管理制度的规定。

第七十九条　产生危险废物的单位,应当按照国家有关规定和环境保护标准要求贮存、利用、处置危险废物,不得擅自倾倒、堆放。

第八十条　从事收集、贮存、利用、处置危险废物经营活动的单位,应当按照国家有关规定申请取得许可证。许可证的具体管理办法由国务院制定。

禁止无许可证或者未按照许可证规定从事危险废物收集、贮存、利用、处置的经营活动。

禁止将危险废物提供或者委托给无许可证的单位或者其他生产经营者从事收集、贮存、利用、处置活动。

第八十一条　收集、贮存危险废物,应当按照危险废物特性分类进行。禁止混合收集、贮存、运输、处置性质不相容而未经安全性处置的危险废物。

贮存危险废物应当采取符合国家环境保护标准的防护措施。禁止将危险废物混入非危险废物中贮存。

从事收集、贮存、利用、处置危险废物经营活动的单位,贮存危险废物不得超过一年;确需延长期限的,应当报经颁发许可证的生态环境主管部门批准;法律、行政法规另有规定的除外。

第八十二条　转移危险废物的,应当按照国家有关规定填写、运行危险废物电子或者纸质转移联单。

跨省、自治区、直辖市转移危险废物的,应当向危险废物移出地省、自治区、直辖市人民政府生态环境主管部门申请。移出地省、自治区、直辖市人民政府生态环境主管部门应当及时商经接受地省、自治区、直辖市人民政府生态环境主管部门同意后,在规定期限内批准转移该危险废物,并将批准信息通报相关省、自治区、直辖市人民政府生态环境主管部门和交通运输主管部门。未经批准的,不得转移。

危险废物转移管理应当全程管控、提高效率,具体办法由国务院生态环境主管部门会同国务院交通运输主管部门和公安部门制定。

第八十三条　运输危险废物,应当采取防止污染环境的措施,并遵守国家有关危险货物运输管理的规定。

禁止将危险废物与旅客在同一运输工具上载运。

第八十四条　收集、贮存、运输、利用、处置危险废物的场所、设施、设备和容器、包装物及其他物品转作他用时,应当按照国家有关规定经过消除污染处理,方可使用。

第八十五条　产生、收集、贮存、运输、利用、处置危险废物的单位,应当依法制定意外事故的防范措施和应急预案,并向所在地生态环境主管部门和其他负有固体废物污染环境防治监督管理职责的部门备案;生态环境主管部门和其他负有固体废物污染环境防治监督管理职责的部门应当进行检查。

第八十六条　因发生事故或者其他突发性事件,造成危险废物严重污染环境的单位,应当立即采取有效措施消除或者减轻对环境的污染危害,及时通报可能受到污染危害的单位和居民,并向所在地生态环境主管部门和有关部门报告,接受调查处理。

第八十七条　在发生或者有证据证明可能发生危险废物严重污染环境、威胁居民生命财产安全时,生态环境主管部门或者其他负有固体废物污染环境防治监督管理职责的部门应当立即向本级人民政府和上一级人民政府有关部门报告,由人民政府采取防止或者减轻危害的有效措施。有关人民政府可以根据需要责令停止导致或者可能导致环境污染事故的作业。

第八十八条　重点危险废物集中处置设施、场所退役前,运营单位应当按照国家有关规定对设施、场所采取污染防治措施。退役的费用应当预提,列入投资概算或者生产成本,专门用于重点危险废物集中处置设施、场所的退役。具体提取和管理办法,由国务院财政部门、价格主管部门会同国务院生态环境主管部门规定。

第八十九条　禁止经中华人民共和国过境转移危险废物。

第九十条　医疗废物按照国家危险废物名录管理。县级以上地方人民政府应当加强医疗废物集中处置能力建设。

县级以上人民政府卫生健康、生态环境等主管部门应当在各自职责范围内加强对医疗废物收集、贮存、运输、处置的监督管理,防止危害公众健康、污染环境。

医疗卫生机构应当依法分类收集本单位产生的医疗废物,交由医疗废物集中处置单位处置。医疗废物集中处置单位应当及时收集、运输和处置医疗废物。

医疗卫生机构和医疗废物集中处置单位,应当采取有效措施,防止医疗废物流失、泄漏、渗漏、扩散。

第九十一条　重大传染病疫情等突发事件发生时,县级以上人民政府应当统筹协调医疗废物等危险废物收集、贮存、运输、处置等工作,保障所需的车辆、场地、处置设施和防护物资。卫生健康、生态环境、环境卫生、交通运输等主管部门应当协同配合,依法履行应急处置职责。

第七章　保障措施

第九十二条　国务院有关部门、县级以上地方人民政府及其有关部门在编制国土空间规划和相关专项规划时,应当统筹生活垃圾、建筑垃圾、危险废物等固体废物转运、集中处置等设施建设需求,保障转运、集中处置等设施用地。

第九十三条　国家采取有利于固体废物污染环境防治的经济、技术政策和措施,鼓励、支持有关方面采取有利于固体废物污染环境防治的措施,加强对从事固体废物污染环境防治工作人员的培训和指导,促进固体废物污染环境防治产业专业化、规模化发展。

第九十四条　国家鼓励和支持科研单位、固体废物产生单位、固体废物利用单位、固体废物处置单位等联合攻关,研究开发固体废物综合利用、集中处置等的新技术,推动固体废物污染环境防治技术进步。

第九十五条　各级人民政府应当加强固体废物污染环境的防治,按照事权划分的原则安排必要的资金用于下列事项:

(一)固体废物污染环境防治的科学研究、技术开发;

(二)生活垃圾分类;

(三)固体废物集中处置设施建设;

(四)重大传染病疫情等突发事件产生的医疗废物等危险废物应急处置;

（五）涉及固体废物污染环境防治的其他事项。

使用资金应当加强绩效管理和审计监督,确保资金使用效益。

第九十六条　国家鼓励和支持社会力量参与固体废物污染环境防治工作,并按照国家有关规定给予政策扶持。

第九十七条　国家发展绿色金融,鼓励金融机构加大对固体废物污染环境防治项目的信贷投放。

第九十八条　从事固体废物综合利用等固体废物污染环境防治工作的,依照法律、行政法规的规定,享受税收优惠。

国家鼓励并提倡社会各界为防治固体废物污染环境捐赠财产,并依照法律、行政法规的规定,给予税收优惠。

第九十九条　收集、贮存、运输、利用、处置危险废物的单位,应当按照国家有关规定,投保环境污染责任保险。

第一百条　国家鼓励单位和个人购买、使用综合利用产品和可重复使用产品。

县级以上人民政府及其有关部门在政府采购过程中,应当优先采购综合利用产品和可重复使用产品。

第八章　法律责任(略)

第九章　附则

第一百二十四条　本法下列用语的含义:

（一）固体废物,是指在生产、生活和其他活动中产生的丧失原有利用价值或者虽未丧失利用价值但被抛弃或者放弃的固态、半固态和置于容器中的气态的物品、物质以及法律、行政法规规定纳入固体废物管理的物品、物质。经无害化加工处理,并且符合强制性国家产品质量标准,不会危害公众健康和生态安全,或者根据固体废物鉴别标准和鉴别程序认定为不属于固体废物的除外。

（二）工业固体废物,是指在工业生产活动中产生的固体废物。

（三）生活垃圾,是指在日常生活中或者为日常生活提供服务的活动中产生的固体废物,以及法律、行政法规规定视为生活垃圾的固体废物。

（四）建筑垃圾,是指建设单位、施工单位新建、改建、扩建和拆除各类建筑物、构筑物、管网等,以及居民装饰装修房屋过程中产生的弃土、弃料和其他固体废物。

（五）农业固体废物,是指在农业生产活动中产生的固体废物。

（六）危险废物,是指列入国家危险废物名录或者根据国家规定的危险废物鉴别标准和鉴别方法认定的具有危险特性的固体废物。

（七）贮存,是指将固体废物临时置于特定设施或者场所中的活动。

（八）利用,是指从固体废物中提取物质作为原材料或者燃料的活动。

（九）处置,是指将固体废物焚烧和用其他改变固体废物的物理、化学、生物特性的方法,达到减少已产生的固体废物数量、缩小固体废物体积、减少或者消除其危险成分的活动,或者将固体废物最终置于符合环境保护规定要求的填埋场的活动。

第一百二十五条　液态废物的污染防治,适用本法;但是,排入水体的废水的污染防治适用有关法律,不适用本法。

第一百二十六条　本法自2020年9月1日起施行。

中华人民共和国湿地保护法

第一章　总则

第一条　为了加强湿地保护,维护湿地生态功能及生物多样性,保障生态安全,促进生态文明建设,实现人与自然和谐共生,制定本法。

第二条　在中华人民共和国领域及管辖的其他海域内从事湿地保护、利用、修复及相关管理活动,适用本法。

本法所称湿地,是指具有显著生态功能的自然或者人工的、常年或者季节性积水地带、水域,包括低潮时水深不超过六米的海域,但是水田以及用于养殖的人工的水域和滩涂除外。国家对湿地实行分级管理及名录制度。

江河、湖泊、海域等的湿地保护、利用及相关管理活动还应当适用《中华人民共和国水法》《中华人民共和国防洪法》《中华人民共和国水污染防治法》《中华人民共和国海洋环境保护法》《中华人民共和国长江保护法》《中华人民共和国渔业法》《中华人民共和国海域使用管理法》等有关法律的规定。

第三条　湿地保护应当坚持保护优先、严格管理、系统治理、科学修复、合理利用的原则,发挥湿地涵养水源、调节气候、改善环境、维护生物多样性等多种生态功能。

第四条　县级以上人民政府应当将湿地保护纳入国民经济和社会发展规划,并将开展湿地保护工作所需经费按照事权划分原则列入预算。

县级以上地方人民政府对本行政区域内的湿地保护负责,采取措施保持湿地面积稳定,提升湿地生态功能。

乡镇人民政府组织群众做好湿地保护相关工作,村民委员会予以协助。

第五条　国务院林业草原主管部门负责湿地资源的监督管理,负责湿地保护规划和相关国家标准拟定、湿地开发利用的监督管理、湿地生态保护修复工作。国务院自然资源、水行政、住房城乡建设、生态环境、农业农村等其他有关部门,按照职责分工承担湿地保护、修复、管理有关工作。

国务院林业草原主管部门会同国务院自然资源、水行政、住房城乡建设、生态环境、农业农村等主管部门建立湿地保护协作和信息通报机制。

第六条　县级以上地方人民政府应当加强湿地保护协调工作。县级以上地方人民政府有关部门按照职责分工负责湿地保护、修复、管理有关工作。

第七条　各级人民政府应当加强湿地保护宣传教育和科学知识普及工作,通过湿地保护日、湿地保护宣传周等开展宣传教育活动,增强全社会湿地保护意识;鼓励基层群众性自治组织、社会组织、志愿者开展湿地保护法律法规和湿地保护知识宣传活动,营造保护湿地的良好氛围。

教育主管部门、学校应当在教育教学活动中注重培养学生的湿地保护意识。

新闻媒体应当开展湿地保护法律法规和湿地保护知识的公益宣传,对破坏湿地的行为进行舆论监督。

第八条　国家鼓励单位和个人依法通过捐赠、资助、志愿服务等方式参与湿地保护活动。

对在湿地保护方面成绩显著的单位和个人,按照国家有关规定给予表彰、奖励。

第九条　国家支持开展湿地保护科学技术研究开发和应用推广,加强湿地保护专业技术人才培养,提高湿地保护科学技术水平。

第十条　国家支持开展湿地保护科学技术、生物多样性、候鸟迁徙等方面的国际合作与交流。

第十一条　任何单位和个人都有保护湿地的义务,对破坏湿地的行为有权举报或者控告,接到举报或者控告的机关应当及时处理,并依法保护举报人、控告人的合法权益。

第二章　湿地资源管理

第十二条　国家建立湿地资源调查评价制度。

国务院自然资源主管部门应当会同国务院林业草原等有关部门定期开展全国湿地资源调查评价工作,对湿地类型、分布、面积、生物多样性、保护与利用情况等进行调查,建立统一的信息发布和共享机制。

第十三条　国家实行湿地面积总量管控制度,将湿地面积总量管控目标纳入湿地保护目标责任制。

国务院林业草原、自然资源主管部门会同国务院有关部门根据全国湿地资源状况、自然变化情况和湿地面积总量管控要求,确定全国和各省、自治区、直辖市湿地面积总量管控目标,报国务院批准。地方各级人民政府应当采取有效措施,落实湿地面积总量管控目标的要求。

第十四条　国家对湿地实行分级管理,按照生态区位、面积以及维护生态功能、生物多样性的重要程度,将湿地分为重要湿地和一般湿地。重要湿地包括国家重要湿地和省级重要湿地,重要湿地以外的湿地为一般湿地。重要湿地依法划入生态保护红线。

国务院林业草原主管部门会同国务院自然资源、水行政、住房城乡建设、生态环境、农业农村等有关部门发布国家重要湿地名录及范围,并设立保护标志。国际重要湿地应当列入国家重要湿地名录。

省、自治区、直辖市人民政府或者其授权的部门负责发布省级重要湿地名录及范围,并向国务院林业草原主管部门备案。

一般湿地的名录及范围由县级以上地方人民政府或者其授权的部门发布。

第十五条　国务院林业草原主管部门应当会同国务院有关部门,依据国民经济和社会发展规划、国土空间规划和生态环境保护规划编制全国湿地保护规划,报国务院或者其授权的部门批准后组织实施。

县级以上地方人民政府林业草原主管部门应当会同有关部门,依据本级国土空间规划和上一级湿地保护规划编制本行政区域内的湿地保护规划,报同级人民政府批准后组织实施。

湿地保护规划应当明确湿地保护的目标任务、总体布局、保护修复重点和保障措施等内容。经批准的湿地保护规划需要调整的,按照原批准程序办理。

编制湿地保护规划应当与流域综合规划、防洪规划等规划相衔接。

第十六条　国务院林业草原、标准化主管部门会同国务院自然资源、水行政、住房城乡建设、生态环境、农业农村主管部门组织制定湿地分级分类、监测预警、生态修复等国家标准;国家标准未作规定的,可以依法制定地方标准并备案。

第十七条　县级以上人民政府林业草原主管部门建立湿地保护专家咨询机制,为编制湿地保护规划、制定湿地名录、制定相关标准等提供评估论证等服务。

第十八条　办理自然资源权属登记涉及湿地的,应当按照规定记载湿地的地理坐标、空间范围、类型、面积等信息。

第十九条　国家严格控制占用湿地。

禁止占用国家重要湿地,国家重大项目、防灾减灾项目、重要水利及保护设施项目、湿地保护项目等除外。

建设项目选址、选线应当避让湿地,无法避让的应当尽量减少占用,并采取必要措施减轻对湿地生态功能的不利影响。

建设项目规划选址、选线审批或者核准时,涉及国家重要湿地的,应当征求国务院林业草原主管部门的意见;涉及省级重要湿地或者一般湿地的,应当按照管理权限,征求县级以上地方人民政府授权的部门的意见。

第二十条　建设项目确需临时占用湿地的,应当依照《中华人民共和国土地管理法》《中华人民共和国水法》《中华人民共和国森林法》《中华人民共和国草原法》《中华人民共和国海域使用管理法》等有关法律法规的规定办理。临时占用湿地的期限一般不得超过二年,并不得在临时占用的湿地上修建永久性建筑物。

临时占用湿地期满后一年内,用地单位或者个人应当恢复湿地面积和生态条件。

第二十一条　除因防洪、航道、港口或者其他水工程占用河道管理范围及蓄滞洪区内的湿地外,经依法批准占用重要湿地的单位应当根据当地自然条件恢复或者重建与所占用湿地面积和质量相当的湿地;没有条件恢复、重建的,应当缴纳湿地恢复费。缴纳湿地恢复费的,不再缴纳其他相同性质的恢复费用。

湿地恢复费缴纳和使用管理办法由国务院财政部门会同国务院林业草原等有关部门制定。

第二十二条　国务院林业草原主管部门应当按照监测技术规范开展国家重要湿地动态监测,及时掌握湿地分布、面积、水量、生物多样性、受威胁状况等变化信息。

国务院林业草原主管部门应当依据监测数据,对国家重要湿地生态状况进行评估,并按照规定发布预警信息。

省、自治区、直辖市人民政府林业草原主管部门应当按照监测技术规范开展省级重要湿地动态监测、评估和预警工作。

县级以上地方人民政府林业草原主管部门应当加强对一般湿地的动态监测。

第三章 湿地保护与利用

第二十三条 国家坚持生态优先、绿色发展,完善湿地保护制度,健全湿地保护政策支持和科技支撑机制,保障湿地生态功能和永续利用,实现生态效益、社会效益、经济效益相统一。

第二十四条 省级以上人民政府及其有关部门根据湿地保护规划和湿地保护需要,依法将湿地纳入国家公园、自然保护区或者自然公园。

第二十五条 地方各级人民政府及其有关部门应当采取措施,预防和控制人为活动对湿地及其生物多样性的不利影响,加强湿地污染防治,减缓人为因素和自然因素导致的湿地退化,维护湿地生态功能稳定。

在湿地范围内从事旅游、种植、畜牧、水产养殖、航运等利用活动,应当避免改变湿地的自然状况,并采取措施减轻对湿地生态功能的不利影响。

县级以上人民政府有关部门在办理环境影响评价、国土空间规划、海域使用、养殖、防洪等相关行政许可时,应当加强对有关湿地利用活动的必要性、合理性以及湿地保护措施等内容的审查。

第二十六条 地方各级人民政府对省级重要湿地和一般湿地利用活动进行分类指导,鼓励单位和个人开展符合湿地保护要求的生态旅游、生态农业、生态教育、自然体验等活动,适度控制种植养殖等湿地利用规模。

地方各级人民政府应当鼓励有关单位优先安排当地居民参与湿地管护。

第二十七条 县级以上地方人民政府应当充分考虑保障重要湿地生态功能的需要,优化重要湿地周边产业布局。

县级以上地方人民政府可以采取定向扶持、产业转移、吸引社会资金、社区共建等方式,推动湿地周边地区绿色发展,促进经济发展与湿地保护相协调。

第二十八条 禁止下列破坏湿地及其生态功能的行为:

(一)开(围)垦、排干自然湿地,永久性截断自然湿地水源;

(二)擅自填埋自然湿地,擅自采砂、采矿、取土;

(三)排放不符合水污染物排放标准的工业废水、生活污水及其他污染湿地的废水、污水,倾倒、堆放、丢弃、遗撒固体废物;

(四)过度放牧或者滥采野生植物,过度捕捞或者灭绝式捕捞,过度施肥、投药、投放饵料等污染湿地的种植养殖行为;

(五)其他破坏湿地及其生态功能的行为。

第二十九条 县级以上人民政府有关部门应当按照职责分工,开展湿地有害生物监测工作,及时采取有效措施预防、控制、消除有害生物对湿地生态系统的危害。

第三十条 县级以上人民政府应当加强对国家重点保护野生动植物集中分布湿地的保护。任何单位和个人不得破坏鸟类和水生生物的生存环境。

禁止在以水鸟为保护对象的自然保护地及其他重要栖息地从事捕鱼、挖捕底栖生物、捡拾鸟蛋、破坏鸟巢等危及水鸟生存、繁衍的活动。开展观鸟、科学研究以及科普活动等应当保持安全距离,避免影响鸟类正常觅食和繁殖。

在重要水生生物产卵场、索饵场、越冬场和洄游通道等重要栖息地应当实施保护措施。经依法批准在洄游通道建闸、筑坝,可能对水生生物洄游产生影响的,建设单位应当建造过鱼设施或者采取其他补救措施。

禁止向湿地引进和放生外来物种,确需引进的应当进行科学评估,并依法取得批准。

第三十一条 国务院水行政主管部门和地方各级人民政府应当加强对河流、湖泊范围内湿地的管理和保护,因地制宜采取水系连通、清淤疏浚、水源涵养与水土保持等治理修复措施,严格控制河流源头和蓄滞洪区、水土流失严重区等区域的湿地开发利用活动,减轻对湿地及其生物多样性的不利影响。

第三十二条 国务院自然资源主管部门和沿海地方各级人民政府应当加强对滨海湿地的管理和保护,严格管控围填滨海湿地。经依法批准的项目,应当同步实施生态保护修复,减轻对滨海湿地生态功能的不利影响。

第三十三条　国务院住房城乡建设主管部门和地方各级人民政府应当加强对城市湿地的管理和保护,采取城市水系治理和生态修复等措施,提升城市湿地生态质量,发挥城市湿地雨洪调蓄、净化水质、休闲游憩、科普教育等功能。

第三十四条　红树林湿地所在地县级以上地方人民政府应当组织编制红树林湿地保护专项规划,采取有效措施保护红树林湿地。

红树林湿地应当列入重要湿地名录;符合国家重要湿地标准的,应当优先列入国家重要湿地名录。

禁止占用红树林湿地。经省级以上人民政府有关部门评估,确因国家重大项目、防灾减灾等需要占用的,应当依照有关法律规定办理,并做好保护和修复工作。相关建设项目改变红树林所在河口水文情势、对红树林生长产生较大影响的,应当采取有效措施减轻不利影响。

禁止在红树林湿地挖塘,禁止采伐、采挖、移植红树林或者过度采摘红树林种子,禁止投放、种植危害红树林生长的物种。因科研、医药或者红树林湿地保护等需要采伐、采挖、移植、采摘的,应当依照有关法律法规办理。

第三十五条　泥炭沼泽湿地所在地县级以上地方人民政府应当制定泥炭沼泽湿地保护专项规划,采取有效措施保护泥炭沼泽湿地。

符合重要湿地标准的泥炭沼泽湿地,应当列入重要湿地名录。

禁止在泥炭沼泽湿地开采泥炭或者擅自开采地下水;禁止将泥炭沼泽湿地蓄水向外排放,因防灾减灾需要的除外。

第三十六条　国家建立湿地生态保护补偿制度。

国务院和省级人民政府应当按照事权划分原则加大对重要湿地保护的财政投入,加大对重要湿地所在地区的财政转移支付力度。

国家鼓励湿地生态保护地区与湿地生态受益地区人民政府通过协商或者市场机制进行地区间生态保护补偿。

因生态保护等公共利益需要,造成湿地所有者或者使用者合法权益受到损害的,县级以上人民政府应当给予补偿。

第四章　湿地修复

第三十七条　县级以上人民政府应当坚持自然恢复为主、自然恢复和人工修复相结合的原则,加强湿地修复工作,恢复湿地面积,提高湿地生态系统质量。

县级以上人民政府对破碎化严重或者功能退化的自然湿地进行综合整治和修复,优先修复生态功能严重退化的重要湿地。

第三十八条　县级以上人民政府组织开展湿地保护与修复,应当充分考虑水资源禀赋条件和承载能力,合理配置水资源,保障湿地基本生态用水需求,维护湿地生态功能。

第三十九条　县级以上地方人民政府应当科学论证,对具备恢复条件的原有湿地、退化湿地、盐碱化湿地等,因地制宜采取措施,恢复湿地生态功能。

县级以上地方人民政府应当按照湿地保护规划,因地制宜采取水体治理、土地整治、植被恢复、动物保护等措施,增强湿地生态功能和碳汇功能。

禁止违法占用耕地等建设人工湿地。

第四十条　红树林湿地所在地县级以上地方人民政府应当对生态功能重要区域、海洋灾害风险等级较高地区、濒危物种保护区域或者造林条件较好地区的红树林湿地优先实施修复,对严重退化的红树林湿地进行抢救性修复,修复应当尽量采用本地树种。

第四十一条　泥炭沼泽湿地所在地县级以上地方人民政府应当因地制宜,组织对退化泥炭沼泽湿地进行修复,并根据泥炭沼泽湿地的类型、发育状况和退化程度等,采取相应的修复措施。

第四十二条　修复重要湿地应当编制湿地修复方案。

重要湿地的修复方案应当报省级以上人民政府林业草原主管部门批准。林业草原主管部门在批准修复方案前,应当征求同级人民政府自然资源、水行政、住房城乡建设、生态环境、农业农村等有关部门的意见。

第四十三条　修复重要湿地应当按照经批准的湿地修复方案进行修复。

重要湿地修复完成后,应当经省级以上人民政府林业草原主管部门验收合格,依法公开修复情况。省级以上人民政府林业草原主管部门应当加强修复湿地后期管理和动态监测,并根据需要开展修复效果后期评估。

第四十四条　因违法占用、开采、开垦、填埋、排污等活动,导致湿地破坏的,违法行为人应当负责修复。违法行为人变更的,由承继其债权、债务的主体负责修复。

因重大自然灾害造成湿地破坏,以及湿地修复责任主体灭失或者无法确定的,由县级以上人民政府组织实施修复。

第五章　监督检查

第四十五条　县级以上人民政府林业草原、自然资源、水行政、住房城乡建设、生态环境、农业农村主管部门应当依照本法规定,按照职责分工对湿地的保护、修复、利用等活动进行监督检查,依法查处破坏湿地的违法行为。

第四十六条　县级以上人民政府林业草原、自然资源、水行政、住房城乡建设、生态环境、农业农村主管部门进行监督检查,有权采取下列措施:

(一)询问被检查单位或者个人,要求其对与监督检查事项有关的情况作出说明;

(二)进行现场检查;

(三)查阅、复制有关文件、资料,对可能被转移、销毁、隐匿或者篡改的文件、资料予以封存;

(四)查封、扣押涉嫌违法活动的场所、设施或者财物。

第四十七条　县级以上人民政府林业草原、自然资源、水行政、住房城乡建设、生态环境、农业农村主管部门依法履行监督检查职责,有关单位和个人应当予以配合,不得拒绝、阻碍。

第四十八条　国务院林业草原主管部门应当加强对国家重要湿地保护情况的监督检查。省、自治区、直辖市人民政府林业草原主管部门应当加强对省级重要湿地保护情况的监督检查。

县级人民政府林业草原主管部门和有关部门应当充分利用信息化手段,对湿地保护情况进行监督检查。

各级人民政府及其有关部门应当依法公开湿地保护相关信息,接受社会监督。

第四十九条　国家实行湿地保护目标责任制,将湿地保护纳入地方人民政府综合绩效评价内容。

对破坏湿地问题突出、保护工作不力、群众反映强烈的地区,省级以上人民政府林业草原主管部门应当会同有关部门约谈该地区人民政府的主要负责人。

第五十条　湿地的保护、修复和管理情况,应当纳入领导干部自然资源资产离任审计。

第六章　法律责任(略)

第七章　附　则

第六十三条　本法下列用语的含义:

(一)红树林湿地,是指由红树植物为主组成的近海和海岸潮间湿地;

(二)泥炭沼泽湿地,是指有泥炭发育的沼泽湿地。

第六十四条　省、自治区、直辖市和设区的市、自治州可以根据本地实际,制定湿地保护具体办法。

第六十五条　本法自 2022 年 6 月 1 日起施行。

中华人民共和国环境影响评价法

第一章 总则

第一条 为了实施可持续发展战略,预防因规划和建设项目实施后对环境造成不良影响,促进经济、社会和环境的协调发展,制定本法。

第二条 本法所称环境影响评价,是指对规划和建设项目实施后可能造成的环境影响进行分析、预测和评估,提出预防或者减轻不良环境影响的对策和措施,进行跟踪监测的方法与制度。

第三条 编制本法第九条所规定的范围内的规划,在中华人民共和国领域和中华人民共和国管辖的其他海域内建设对环境有影响的项目,应当依照本法进行环境影响评价。

第四条 环境影响评价必须客观、公开、公正,综合考虑规划或者建设项目实施后对各种环境因素及其所构成的生态系统可能造成的影响,为决策提供科学依据。

第五条 国家鼓励有关单位、专家和公众以适当方式参与环境影响评价。

第六条 国家加强环境影响评价的基础数据库和评价指标体系建设,鼓励和支持对环境影响评价的方法、技术规范进行科学研究,建立必要的环境影响评价信息共享制度,提高环境影响评价的科学性。

国务院生态环境主管部门应当会同国务院有关部门,组织建立和完善环境影响评价的基础数据库和评价指标体系。

第二章 规划的环境影响评价

第七条 国务院有关部门、设区的市级以上地方人民政府及其有关部门,对其组织编制的土地利用的有关规划,区域、流域、海域的建设、开发利用规划,应当在规划编制过程中组织进行环境影响评价,编写该规划有关环境影响的篇章或者说明。

规划有关环境影响的篇章或者说明,应当对规划实施后可能造成的环境影响作出分析、预测和评估,提出预防或者减轻不良环境影响的对策和措施,作为规划草案的组成部分一并报送规划审批机关。

未编写有关环境影响的篇章或者说明的规划草案,审批机关不予审批。

第八条 国务院有关部门、设区的市级以上地方人民政府及其有关部门,对其组织编制的工业、农业、畜牧业、林业、能源、水利、交通、城市建设、旅游、自然资源开发的有关专项规划(以下简称专项规划),应当在该专项规划草案上报审批前,组织进行环境影响评价,并向审批该专项规划的机关提出环境影响报告书。

前款所列专项规划中的指导性规划,按照本法第七条的规定进行环境影响评价。

第九条 依照本法第七条、第八条的规定进行环境影响评价的规划的具体范围,由国务院生态环境主管部门会同国务院有关部门规定,报国务院批准。

第十条 专项规划的环境影响报告书应当包括下列内容:

(一)实施该规划对环境可能造成影响的分析、预测和评估;

(二)预防或者减轻不良环境影响的对策和措施;

(三)环境影响评价的结论。

第十一条 专项规划的编制机关对可能造成不良环境影响并直接涉及公众环境权益的规划,应当在该规划草案报送审批前,举行论证会、听证会,或者采取其他形式,征求有关单位、专家和公众对环境影响报告书草案的意见。但是,国家规定需要保密的情形除外。

编制机关应当认真考虑有关单位、专家和公众对环境影响报告书草案的意见,并应当在报送审查的环境影响报告书中附具对意见采纳或者不采纳的说明。

第十二条 专项规划的编制机关在报批规划草案时,应当将环境影响报告书一并附送审批机关审查;未附送环境影响报告书的,审批机关不予审批。

第十三条　设区的市级以上人民政府在审批专项规划草案,作出决策前,应当先由人民政府指定的生态环境主管部门或者其他部门召集有关部门代表和专家组成审查小组,对环境影响报告书进行审查。审查小组应当提出书面审查意见。

参加前款规定的审查小组的专家,应当从按照国务院环境保护行政主管部门的规定设立的专家库内的相关专业的专家名单中,以随机抽取的方式确定。

由省级以上人民政府有关部门负责审批的专项规划,其环境影响报告书的审查办法,由国务院生态环境主管部门会同国务院有关部门制定。

第十四条　设区的市级以上人民政府或者省级以上人民政府有关部门在审批专项规划草案时,应当将环境影响报告书结论以及审查意见作为决策的重要依据。

在审批中未采纳环境影响报告书结论以及审查意见的,应当作出说明,并存档备查。

第十五条　对环境有重大影响的规划实施后,编制机关应当及时组织环境影响的跟踪评价,并将评价结果报告审批机关;发现有明显不良环境影响的,应当及时提出改进措施。

第三章　建设项目的环境影响评价

第十六条　国家根据建设项目对环境的影响程度,对建设项目的环境影响评价实行分类管理。

建设单位应当按照下列规定组织编制环境影响报告书、环境影响报告表或者填报环境影响登记表(以下统称环境影响评价文件):

(一)可能造成重大环境影响的,应当编制环境影响报告书,对产生的环境影响进行全面评价;

(二)可能造成轻度环境影响的,应当编制环境影响报告表,对产生的环境影响进行分析或者专项评价;

(三)对环境影响很小、不需要进行环境影响评价的,应当填报环境影响登记表。

建设项目的环境影响评价分类管理名录,由国务院生态环境主管部门制定并公布。

第十七条　建设项目的环境影响报告书应当包括下列内容:

(一)建设项目概况;

(二)建设项目周围环境现状;

(三)建设项目对环境可能造成影响的分析、预测和评估;

(四)建设项目环境保护措施及其技术、经济论证;

(五)建设项目对环境影响的经济损益分析;

(六)对建设项目实施环境监测的建议;

(七)环境影响评价的结论。

涉及水土保持的建设项目,还必须有经水行政主管部门审查同意的水土保持方案。

环境影响报告表和环境影响登记表的内容和格式,由国务院生态环境主管部门制定。

第十八条　建设项目的环境影响评价,应当避免与规划的环境影响评价相重复。

作为一项整体建设项目的规划,按照建设项目进行环境影响评价,不进行规划的环境影响评价。

已经进行了环境影响评价的规划包含具体建设项目的,规划的环境影响评价结论应当作为建设项目环境影响评价的重要依据,建设项目环境影响评价的内容应当根据规划的环境影响评价审查意见予以简化。

第十九条　建设单位可以委托技术单位对其建设项目开展环境影响评价,编制建设项目环境影响报告书、环境影响报告表;建设单位具备环境影响评价技术能力的,可以自行对其建设项目开展环境影响评价,编制建设项目环境影响报告书、环境影响报告表。

编制建设项目环境影响报告书、环境影响报告表应当遵守国家有关环境影响评价标准、技术规范等规定。

国务院生态环境主管部门应当制定建设项目环境影响报告书、环境影响报告表编制的能力建设指南和监管办法。

接受委托为建设单位编制建设项目环境影响报告书、环境影响报告表的技术单位,不得与负责审批建设项目环境影响报告书、环境影响报告表的生态环境主管部门或者其他有关审批部门存在任何利益关系。

第二十条　建设单位应当对建设项目环境影响报告书、环境影响报告表的内容和结论负责,接受委托编制建设项目环境影响报告书、环境影响报告表的技术单位对其编制的建设项目环境影响报告书、环境影响报告表承担相应责任。

设区的市级以上人民政府生态环境主管部门应当加强对建设项目环境影响报告书、环境影响报告表编制单位的监督管理和质量考核。

负责审批建设项目环境影响报告书、环境影响报告表的生态环境主管部门应当将编制单位、编制主持人和主要编制人员的相关违法信息记入社会诚信档案,并纳入全国信用信息共享平台和国家企业信用信息公示系统向社会公布。

任何单位和个人不得为建设单位指定编制建设项目环境影响报告书、环境影响报告表的技术单位。

第二十一条　除国家规定需要保密的情形外,对环境可能造成重大影响、应当编制环境影响报告书的建设项目,建设单位应当在报批建设项目环境影响报告书前,举行论证会、听证会,或者采取其他形式,征求有关单位、专家和公众的意见。

建设单位报批的环境影响报告书应当附具对有关单位、专家和公众的意见采纳或者不采纳的说明。

第二十二条　建设项目的环境影响评价文件,由建设单位按照国务院的规定报有审批权的环境保护行政主管部门审批;建设项目有行业主管部门的,其环境影响报告书或者环境影响报告表应当经行业主管部门预审后,报有审批权的生态环境主管部门审批。

海洋工程建设项目的海洋环境影响报告书的审批,依照《中华人民共和国海洋环境保护法》的规定办理。

审批部门应当自收到环境影响报告书之日起六十日内,收到环境影响报告表之日起三十日内,收到环境影响登记表之日起十五日内,分别作出审批决定并书面通知建设单位。

预审、审核、审批建设项目环境影响评价文件,不得收取任何费用。

第二十三条　国务院生态环境主管部门负责审批下列建设项目的环境影响评价文件:

(一)核设施、绝密工程等特殊性质的建设项目;

(二)跨省、自治区、直辖市行政区域的建设项目;

(三)由国务院审批的或者由国务院授权有关部门审批的建设项目。

前款规定以外的建设项目的环境影响评价文件的审批权限,由省、自治区、直辖市人民政府规定。

建设项目可能造成跨行政区域的不良环境影响,有关生态环境主管部门对该项目的环境影响评价结论有争议的,其环境影响评价文件由共同的上一级生态环境主管部门审批。

第二十四条　建设项目的环境影响评价文件经批准后,建设项目的性质、规模、地点、采用的生产工艺或者防治污染、防止生态破坏的措施发生重大变动的,建设单位应当重新报批建设项目的环境影响评价文件。

建设项目的环境影响评价文件自批准之日起超过五年,方决定该项目开工建设的,其环境影响评价文件应当报原审批部门重新审核;原审批部门应当自收到建设项目环境影响评价文件之日起十日内,将审核意见书面通知建设单位。

第二十五条　建设项目的环境影响评价文件未经法律规定的审批部门审查或者审查后未予批准的,该项目审批部门不得批准其建设,建设单位不得开工建设。

第二十六条　建设项目建设过程中,建设单位应当同时实施环境影响报告书、环境影响报告表以及环境影响评价文件审批部门审批意见中提出的环境保护对策措施。

第二十七条　在项目建设、运行过程中产生不符合经审批的环境影响评价文件的情形的,建设单位应当组织环境影响的后评价,采取改进措施,并报原环境影响评价文件审批部门和建设项目审批部门备案;原环境影响评价文件审批部门也可以责成建设单位进行环境影响的后评价,采取改进措施。

第二十八条　生态环境主管部门应当对建设项目投入生产或者使用后所产生的环境影响进行跟踪检查,对造成严重环境污染或者生态破坏的,应当查清原因、查明责任。

第四章　法律责任(略)

第五章　附则

第三十六条　省、自治区、直辖市人民政府可以根据本地的实际情况,要求对本辖区的县级人民政府编制的规划进行环境影响评价。具体办法由省、自治区、直辖市参照本法第二章的规定制定。

第三十七条　军事设施建设项目的环境影响评价办法,由中央军事委员会依照本法的原则制定。

第三十八条　本法自 2003 年 9 月 1 日起施行。

为了节省篇幅,本书只将部分有关环保的主要法律文件摘录如上,其他相关文件分类列表如下,读者可以在网络上输入名称,就可以很方便地查到文件的详细内容及其更新的动态。

常用法律

序号	名称	施行日期
1	中华人民共和国宪法	2018 年 3 月 1 日
2	中华人民共和国刑法	2021 年 3 月 1 日
3	中华人民共和国环境保护法	2015 年 1 月 1 日
4	中华人民共和国水污染防治法	2018 年 1 月 1 日
5	中华人民共和国海洋环境保护法	2017 年 11 月 5 日
6	中华人民共和国大气污染防治法	2018 年 10 月 26 日
7	中华人民共和国固体废物污染环境防治法	2020 年 9 月 1 日
8	中华人民共和国土壤污染防治法	2019 年 1 月 1 日
9	中华人民共和国噪声污染防治法	2022 年 6 月 5 日
10	中华人民共和国环境影响评价法	2018 年 12 月 29 日
11	中华人民共和国湿地保护法	2022 年 6 月 1 日
12	中华人民共和国放射性污染防治法	2003 年 10 月 1 日
13	中华人民共和国食品安全法	2021 年 4 月 29 日
14	中华人民共和国野生动物保护法	2023 年 5 月 1 日
15	中华人民共和国水土保持法	2011 年 3 月 1 日
16	中华人民共和国清洁生产促进法	2012 年 7 月 1 日
17	中华人民共和国节约能源法	2018 年 10 月 26 日
18	中华人民共和国水法	2016 年 9 月 1 日
19	中华人民共和国森林法	2020 年 7 月 1 日
20	中华人民共和国草原法	2021 年 4 月 29 日
21	中华人民共和国海域使用管理法	2002 年 1 月 1 日
22	中华人民共和国海岛保护法	2010 年 3 月 1 日
23	中华人民共和国行政处罚法	2021 年 7 月 15 日

续表

序号	名称	施行日期
24	中华人民共和国行政强制法	2012 年 1 月 1 日
25	中华人民共和国行政复议法	2018 年 1 月 1 日
26	中华人民共和国行政诉讼法	2017 年 7 月 1 日

常用法规

序号	名称	文号
1	规划环境影响评价条例	国务院令第 559 号
2	建设项目环境保护管理条例	国务院令第 253 号
3	城镇排水与污水处理条例	国务院令第 641 号
4	消耗臭氧层物质管理条例	国务院令第 573 号
5	医疗废物管理条例	国务院令第 380 号
6	废弃电器电子产品回收处理管理条例	国务院令第 551 号
7	放射性物品运输安全管理条例	国务院令第 562 号
8	防治海岸工程建设项目污染损害海洋环境管理条例	国务院令第 62 号
9	防治船舶污染海洋环境管理条例	国务院令第 561 号
10	防止拆船污染环境管理条例	国发〔1988〕31 号
11	危险化学品安全管理条例	国务院令第 591 号
12	危险废物经营许可证管理办法	国务院令第 408 号
13	自然保护区条例	国务院令第 167 号
14	土地管理法实施条例	国务院令第 256 号
15	退耕还林条例	国务院令第 367 号
16	取水许可和水资源费征收管理条例	国务院令第 460 号
17	森林法实施条例	国务院令第 278 号
18	野生植物保护条例	国务院令第 204 号
19	陆生野生动物保护实施条例	国务院关于废止和修改部分行政法规的决定
20	水生野生动物保护实施条例	国务院关于废止和修改部分行政法规的决定
21	河道管理条例	国务院令第 3 号

常用部门规章

序号	名称	文号
1	饮用水水源保护区污染防治管理规定	(89)环管字第 201 号
2	汽车排气污染监督管理办法	(90)环管字第 359 号
3	防治尾矿污染环境管理规定	环境保护部令第 16 号
4	危险废物转移联单管理办法	国家环境保护总局令第 5 号
5	医疗废物管理行政处罚办法	卫生部 环境保护部令第 16 号
6	环境保护行政许可听证暂行办法	国家环境保护总局令第 22 号
7	污染源自动监控管理办法	国家环境保护总局令第 28 号
8	环境信访办法	国家环境保护总局令第 34 号
9	环境监测管理办法	国家环境保护总局令第 39 号
10	电子废物污染环境防治管理办法	国家环境保护总局令第 40 号
11	建设项目环境影响评价文件分级审批规定	环境保护部令第 5 号
12	新化学物质环境管理办法	环境保护部令第 7 号
13	地方环境质量标准和污染物排放标准备案管理办法	环境保护部令第 9 号
14	固体废物进口管理办法	环境保护部令第 12 号
15	废弃电器电子产品处理资格许可管理办法	环境保护部令第 13 号
16	突发环境事件信息报告办法	环境保护部令第 17 号
17	污染源自动监控设施现场监督检查办法	环境保护部令第 19 号
18	环境监察办法	环境保护部令第 21 号
19	环境监察执法证件管理办法	环境保护部令第 23 号
20	消耗臭氧层物质进出口管理办法	环境保护部令第 26 号
21	环境保护主管部门实施按日连续处罚办法	环境保护部令第 28 号
22	环境保护主管部门实施查封、扣押办法	环境保护部令第 29 号
23	环境保护主管部门实施限制生产、停产整治办法	环境保护部令第 30 号
24	企业事业单位环境信息公开办法	环境保护部令第 31 号
25	突发环境事件调查处理办法	环境保护部令第 32 号
26	突发环境事件应急管理办法	环境保护部令第 34 号
27	环境保护公众参与办法	环境保护部令第 35 号
28	建设项目环境影响后评价管理办法(试行)	环境保护部令第 37 号
29	污染地块土壤环境管理办法(试行)	环境保护部令第 42 号
30	农用地土壤环境管理办法(试行)	环境保护部 农业部令第 46 号
31	环境影响评价公众参与办法	生态环境部令第 4 号

常用司法解释

序号	名称	文号
1	环境保护行政执法与刑事司法衔接工作办法	环环监〔2017〕17 号
2	最高人民法院 最高人民检察院关于办理环境污染刑事案件适用法律若干问题的解释	法释〔2016〕29 号
3	最高人民法院 最高人民检察院关于办理非法采矿、破坏性采矿刑事案件适用法律若干问题的解释	法释〔2016〕25 号
4	最高人民法院关于审理环境侵权责任纠纷案件适用法律若干问题的解释	法释〔2015〕12 号
5	最高人民法院关于审理破坏草原资源刑事案件应用法律若干问题的解释	法释〔2012〕15 号
6	最高人民法院关于审理政府信息公开行政案件若干问题的规定	法释〔2011〕17 号
7	最高人民法院关于审理船舶油污损害赔偿纠纷案件若干问题的规定	法释〔2011〕14 号

常用的标准

序号	名称	文号
1	地表水环境质量标准	GB 3838—2002
2	地下水质量标准	GB/T 14848—2017
3	污水综合排放标准	GB 8978—1996
4	土壤环境质量 农用地土壤污染风险管控标准（试行）	GB 15618—2018
5	土壤环境质量 建设用地土壤污染风险管控标准（试行）	GB 36600—2018
6	城镇污水处理厂污染物排放标准	GB 18918—2002
7	环境空气质量标准	GB 3095—2012
8	大气污染物综合排放标准	GB 16297—1996
9	室内空气质量标准	GB/T 18883—2022
10	电磁环境控制限值	GB 8702—2014
11	声环境质量标准	GB 3096—2008
12	工业企业厂界环境噪声排放标准	GB 12348—2008
13	建筑施工场界环境噪声排放标准	GB 12523—2011
14	铁路边界噪声限值及其测量方法	GB 12525—1990
15	社会生活环境噪声排放标准	GB 22337—2008
16	海水水质标准	GB 3097—1997
17	渔业水质标准	GB 11607—1989
18	船舶水污染物排放控制标准	GB 3552—2018

续表

序号	名称	文号
19	危险废物填埋污染控制标准	GB 18598—2019
20	固体废物鉴别标准通则	GB 34330—2017
21	危险废物鉴别标准通则	GB 5085.7—2019

部分复函

序号	名称
1	关于拆迁活动是否纳入建设项目 环境影响评价管理问题的复函
2	关于废铅蓄电池铅回收项目审批权限的复函
3	关于餐饮单位办理环评审批有关问题的复函
4	关于未批先建环境违法行为行政处罚适用问题的复函
5	关于执行《危险废物集中焚烧处置工程建设技术规范》(HJ/T 176—2005)问题的复函
6	关于建设单位无视环保部门审批要求擅自建设或经营产生污染的项目法规适用的复函
7	关于未执行环境影响评价和"三同时"制度并已投产的行为适用法律的复函
8	关于责令未经环评擅自开工建设的单位停止建设、补办手续有关问题的复函
9	关于焦化项目环境影响评价文件审批权限有关问题的复函
10	关于未批先建环境违法行为行政处罚适用问题的复函
11	关于餐饮行业产生的废弃食用油脂是否属于生活垃圾的复函
12	关于明确固体废物鉴别结论用语的复函
13	关于涂有金属层塑料制品废物进口意见的复函
14	关于在设区的市内转移危险废物有关问题的复函
15	关于废弃钻井液经分离筛分离是否属于《国家危险废物名录》中"废弃钻井液处理"的复函
16	关于进口废物管理有关问题的复函
17	关于利用废旧轮胎炼油有关问题的复函
18	关于界定含氧化铜废物是否属于危险废物的复函
19	关于进口废物管理有关问题的复函
20	关于企业对其产生的危险废物进行回收利用是否属于危险废物经营活动的复函
21	关于纯碱生产企业废渣液堆放场适用标准问题的复函
22	关于产生环境噪声的工业企业申报登记有关问题的复函
23	关于企业厂界噪声标准适用问题的复函
24	关于环境扰民噪声监测法律适用问题的复函
25	关于限制营业性饮食服务单位和娱乐场所夜间工作时间的复函
26	关于夜间违法进行建筑施工作业处罚问题的复函
27	关于机场周围区域噪声环境标准有关条目解释的复函

续表

序号	名称
28	关于执行《工业企业厂界噪声标准》有关问题的复函
29	关于工业企业环境噪声干扰他人法律适用问题的复函
30	关于烟气黑度监测方法标准问题的复函
31	关于烟厂原烟储存仓库磷化氢无组织排放适用标准的复函
32	关于执行《恶臭污染物排放标准》问题的复函
33	关于生物质发电项目废气排放执行标准问题的复函
36	关于明确执行高污染燃料目录有关问题的复函
37	关于《环境噪声污染防治法》罚款幅度有关问题的复函
38	关于石油天然气管道建设与饮用水源保护区相遇问题有关意见的复函
39	关于城市生活垃圾处理设施渗滤液超标排放行为行政处罚适用意见的复函
40	关于执行地表水环境质量标准有关意见的复函
41	关于企业污水排入城镇污水处理厂执行标准问题的复函
42	关于排污单位执行水污染物排放标准有关问题的复函
43	关于向公共污水处理系统排放废水执行标准问题的复函

附录Ⅱ　历年世界环境日主题和中国主题

世界环境日简介：

　　1972年6月5日联合国在瑞典首都斯德哥尔摩召开的联合国人类环境会议,提出将每年的6月5日定为"世界环境日"(World Environment Day),这是联合国促进全球环境意识、提高政府对环境问题的注意并采取行动的主要媒介之一。联合国环境规划署在每年的年初公布当年的世界环境日主题,并在每年的世界环境日发表环境状况的年度报告书。中国国家环保总局在这期间发布中国环境状况公报。

　　中国从1985年6月5日开始举办纪念世界环境日的活动。

1974年　只有一个地球 Only One Earth

1975年　人类居住 Human Settlements

1976年　水:生命的重要源泉 Water:Vital Resource for Life

1977年　关注臭氧层破坏、水土流失、土壤退化和滥伐森林 Ozone Layer Environmental Concern;Lands Loss and Soil Degradation;Firewood

1978年　没有破坏的发展 Development Without Destruction

1979年　为了儿童的未来——没有破坏的发展 Only One Future for Our Children-Development Without Destruction

1980年　新的十年,新的挑战——没有破坏的发展 A New Challenge for the New Decade:Development Without Destruction

1981年　保护地下水和人类食物链,防治有毒化学品污染 Ground Water;Toxic Chemicals in Human Food Chains and Environmental Economics

1982年　纪念斯德哥尔摩人类环境会议十周年——提高环境意识 Ten Years After Stockholm (Renewal of Environmental Concerns)

1983年　管理和处置有害废弃物,防治酸雨破坏和提高能源利用率 Managing and Disposing Hazardous Waste:Acid Rain and Energy

1984年　沙漠化 Desertification

1985年　青年·人口·环境 Youth,Population and the Environment

1986年　环境与和平 A Tree for Peace

1987年　环境与居住 Environment and Shelter:More Than A Roof

1988年　保护环境、持续发展、公众参与 When People Put the Environment First,Development Will Last

1989年　警惕,全球变暖 Global Warming;Global Warning

1990年　儿童与环境 Children and the Environment

1991年　气候变化——需要全球合作 Climate Change,Need for Global Partnership

1992年　只有一个地球——关心与共享 Only One Earth,Care and Share

1993年　贫穷与环境——摆脱恶性循环 Poverty and the Environment-Breaking the Vicious Circle

1994年　一个地球,一个家庭 One Earth,One Family

1995年　各国人民联合起来,创造更加美好的世界 We the Peoples:United for the Global Environment

1996年　我们的地球、居住地、国家 Our Earth,Our Habitat,Our Home

1997 年　为了地球上的生命 For Life on Earth

1998 年　为了地球上的生命,拯救我们的海洋 For Life on Earth-Save Our Seas

1999 年　拯救地球就是拯救未来 Our Earth-Our Future-Just Save It!

2000 年　环境千年,让我们行动起来吧 2000 The Environment Millennium-Time to Act

2001 年　世间万物,生命之网 Connect with the World Wide Web of life

2002 年　让地球充满生机 Give Earth a Chance

2003 年　水——20 亿人生命之所系 Water-Two Billion People are Dying for It!

2004 年　海洋存亡,匹夫有责 Wanted! Seas and Oceans——Dead or Alive?

2005 年　营造绿色城市,呵护地球家园 Green Cities,Plan for the Planet

2006 年　莫使旱地变荒漠 Deserts and Desertification-Don't Desert Dry Lands!

　　　　中国主题:生态安全与环境友好型社会

2007 年　冰川消融,后果堪忧 Melting Ice——a Hot Topic?

　　　　中国主题:污染减排与环境友好型社会

2008 年　促进低碳经济 Kick the Habit! Towards a Low Carbon Economy

　　　　中国主题:绿色奥运与环境友好型社会

2009 年　地球需要你:团结起来应对气候变化 Your Planet Needs You-Unite to Combat Climate Change

　　　　中国主题:减少污染——行动起来

2010 年　多样的物种,唯一的地球,共同的未来 Many Species, One Planet,One Future

　　　　中国主题:低碳减排,绿色生活

2011 年　森林:大自然需要您的呵护 Forests：Nature at Your Service

　　　　中国主题:共建生态文明,共享绿色未来

2012 年　绿色经济:你参与了吗? Green Economy：Does It Include You?

　　　　中国主题:绿色消费,你行动了吗?

2013 年　思前、食后、厉行节约 Think. Eat. Save.

　　　　中国主题:同呼吸,共奋斗

2014 年　提高你的呼声,而不是海平面 Raise Your Voice,Not the Sea Level

　　　　中国主题:向污染宣战

2015 年　可持续消费和生产 Sustainable Consumption and Production

　　　　中国主题:践行绿色生活

2016 年　为生命呐喊(打击非法野生动物贸易)Go Wild for Life

　　　　中国主题:改善环境质量,推动绿色发展

2017 年　人与自然,相联相生 Connecting People to Nature；Man and nature are linked

　　　　中国主题:绿水青山就是金山银山

2018 年　塑战速决 Beat Plastic Pollution

　　　　中国主题:美丽中国,我是行动者

2019 年　聚焦空气污染防治 Beat Air Pollution

　　　　中国主题:蓝天保卫战,我是行动者

2020 年　关爱自然,刻不容缓 Time for Nature

　　　　中国主题:美丽中国,我是行动者

2021 年 生态系统恢复 Ecosystem Restoration
中国主题：人与自然和谐共生
2022 年 只有一个地球 Only One Earth
中国主题：共建清洁美丽世界
2023 年 减塑捡塑 Beat Plastic Pollution
中国主题：建设人与自然和谐共生的现代化

附录Ⅲ 每年有关环保和人体健康等方面的纪念日

环境科学是渗透面最广的学科之一,日常生活都离不开环境科学及其所涉及的问题。本附录将有关环保、人体健康、生活和文化等方面的纪念日列出,供师生、环保人员、志愿者根据需要择日开展活动,以促进环保事业的发展和更加深入人心。

每月首个工作日:北京党政机关节能行动日(2006)

1月4日:世界盲文日(World Braille Day)(2019)

1月6日:中国第13亿人口日(2005)

1月10日:中国人民警察节(2021)

1月24日:国际教育日(International Day of Education)(2019)

1月26日:国际海关日(International Customs Day)(1984)

1月最后一个星期日:世界防治麻风病日(国际麻风节)(International Prevention and Cure Leprosy Day)(1954)

2月2日:世界湿地日(World Wetlands Day)(1997)

2月4日:世界抗癌症日(World Cancer Day)(2000)

2月10日:国际气象节(International Meteorological Day)(1991)

2月10日:世界豆类日(World Pulses Day)(2019)

2月11日:妇女和女童参与科学国际日(International Day of Women and Girls in Science)(2016)

2月13日:世界无线电日(World Radio Day)(2012)

2月15日:中国12亿人口日(1995)

2月15日:国际儿童癌症日(International Day of Childhood Cancer)(2002)

2月20日:世界社会公正日(World Day of Social Justice)(2007)

2月21日:国际母语日(International Mother Language Day)(2000)

2月24日:第三世界青年日(World Youth Day)(1975)

2月27日:国际北极熊日(International Polar Bear Day)(2011)

2月第三个周六:世界穿山甲日(World Pangolin Day)(2012)

2月最后一天:世界居住条件调查日(World Day for Surveys of Living Conditions)(2003)

2月最后一天:国际罕见病日(World Rare Disease Day)(2008)

农历二月十三—十七日:花朝节(Flower Festival)(汉族传统节日)

3月1日:国际海豹日(International Day of the Seal)(1983)

3月1日:国际民防日(International Civil Defense Day)(2009)

3月3日:世界野生动植物日(World Wildlife Day)(2013)

3月3日:全国爱耳日(2000)

3月4日:世界工程日(World Engineering Day)(2020)

3月5日:中国青年志愿者服务日(2000)

3月6日:世界青光眼日(World Glaucoma Day)(2008)

3月7日:女生节

3月9日:保护母亲河日(Mother River Protection Day)(2002)

3 月 12 日:中国植树节(China Arbor Day)(1979)

3 月 15 日:世界消费者权益日(World Consumer Right Day)(1983)

3 月 16 日:手拉手情系贫困小伙伴全国统一行动日(20 世纪 90 年代初)

3 月 17 日:中国国医节(1929)

3 月 17 日:国际航海日(International Day of Navigation)(1978)

3 月 18 日:全国科技人才活动日(1993)

3 月 18 日:全国爱肝日(National Protect Liver Day)(2001)

3 月 20 日:世界无肉日(Meat Out Day)(1985)

3 月 20 日:世界口腔健康日(World Oral Health Day)(2007)

3 月 20 日:国际幸福日(International Day of Happiness)(2012)

3 月 20 日:世界青蛙日(World Frog Day)(2015)

3 月 21 日:国际消除种族歧视日(International Day for the Elimination of Racial Discrimination)(1966)

3 月 21 日:世界森林日(World Forest Day)、世界林业节(2012)

3 月 21 日:世界儿歌日(World Nursery Rhyme Day)(1976)

3 月 21 日:世界诗歌日(World Poetry Day)(1999)

3 月 21 日:世界睡眠日(World Sleep Day)(2001)

3 月 21 日:世界唐氏综合征日(World Down Syndrome Day)(2011)

3 月 22 日:世界水日(World Water Day)(1993)

3 月 22—28 日:中国水周

3 月 23 日:世界气象日(World Meteorological Day)(1960)

3 月 24 日:世界防治结核病日(World Tuberculosis Day)(1996)

3 月 25—31 日:福建省爱鸟周(各省都有,日期根据气候条件自定)

3 月 27 日:世界戏剧日(World Theatre Day)(1961)

3 月 30 日:厦门河(湖)长日(2021)

3 月 30 日:美国(国际)医生节(National Doctor's Day)(1993)

3 月第二个星期四:世界肾脏日(World Kidney Day)(2006)

3 月第三个星期二:世界社会工作日(World Social Work Day)(2007)

3 月最后一个完整周的星期一:全国中小学安全宣传教育日(1996)

3 月最后一个星期六:地球一小时(Earth Hour)(又称:世界节能日,World Energy Day)(2007)

4 月 2 日:国际儿童图书日(International Children's Book Day)(1967)

4 月 2 日:世界自闭症日(World Autism Awareness Day)(2007)

4 月 2 日:国际枕头大战日(International Pillow Fight Day)(2008)

4 月 7 日:世界卫生日(World Health Day)(1950)

4 月 8 日:国际珍稀动物保护日(International Rare Animal Protection Day)

4 月 9 日:国际护胃日,又称国际养胃日(International Day for Protection of the Stomach)(2006)

4 月 10 日:非洲环境保护日(African Environmental Day)(1984)

4 月 11 日:世界帕金森病日(World Parkinson's Disease Day)(1997)

4 月 12 日：载人空间飞行国际日，世界航天节（International Day of Human Space Flight）（2011）

4 月 14 日：国际海豚日（International Dolphin Day）（2007）

4 月 15 日：全民国家安全教育日（2016）

4 月 17 日：世界血友病日（World Hemophilia Day）（1989）

4 月 18 日：国际古迹遗址日（International Day for Monuments and Sites）（1982）

4 月 21 日：全国企业家活动日（1994）

4 月 22 日：世界地球日（World Earth Day）（1970）

4 月 22 日：世界法律日（World Law Day）（1965）

4 月 22 日前后：鹭岛关爱日（厦门市）（1999）

4 月 23 日：世界书籍和版权日（World Book and Copyright Day）（世界读书日、世界图书日）（1995）

4 月 24 日：世界实验动物日（World Day for Laboratory Animals）（1979）

4 月 24 日：中国航天日（2016）

4 月 25 日：全国儿童预防接种宣传日（1986）

4 月 25 日：世界防治疟疾日（World Malaria Day）（2007）

4 月 25 日：世界企鹅日（World Penguin Day）

4 月 26 日：世界知识产权日（World Intellectual Property Day）（2001）

4 月 26 日：国际切尔诺贝利灾难纪念日（International Chernobyl Disaster Remembrance Day）（2016）

4 月 28 日：世界工作安全与健康日（World Day for Safety and Health at Work）（2001）

4 月 29 日：化学战受害者纪念日（Day of Remembrance for All Victims of Chemical Warfare）（2006）

4 月 30 日：全国交通安全反思日（1993）

4 月第二或第三个周末：全球青年服务日（Global Youth Service Day）（2000）

4 月第四个星期日：世界儿童日（World Children's Day）（1986）

4 月最后一个完整周：国际秘书周，该周周三为国际秘书节（International Secretary Day）

农历三月廿三日全国中华白海豚保护宣传日（2017）

5 月 1 日：国际劳动节（也称国际示威游行日）（International Workers' Day）（1890）

5 月 2 日：世界金枪鱼日（World Tuna Day）（2016）

5 月 3 日：世界新闻自由日（World Press Freedom Day）（1993）

5 月 4 日：科技传播日（1996）

5 月 5 日：全国碘缺乏病防治日（1994）（2000 年起改为 5 月 15 日）

5 月 5 日：世界手卫生日（World Hand Hygiene Day）（2009）

5 月 8 日：世界红十字日（World Red-Cross Day）（1948）

5 月 8 日：世界微笑日（World Smile Day）（1948）

5 月 10 日：世界狼疮日（World Lupus Day）（2004）

5 月 11 日：世界防治肥胖日（World Preventing Obesity Day）（2015）

5 月 12 日：国际护士节（International Nurse Day）（1912）

5 月 12 日：全国防灾减灾日（2009）

5 月 15 日：国际家庭日(International Family Day)(1994)

5 月 15 日：全国碘缺乏病防治日(2000)

5 月 15 日所在的那一周为全国城市节水宣传周(1992)

5 月 16 日：国际光日(International Day of Light)(2015)

5 月 16 日：国际和平共处日(International Day of Living Together in Peace)(2018)

5 月 17 日：世界电信日(World Telecommunications Day)(1969)

5 月 17 日：世界高血压日(World Hypertension Day)(1978)

5 月 18 日：国际博物馆日(International Museum Day)(1977)

5 月 19 日：中国旅游日(2001)

5 月 20 日：全国学生营养日(1990)

5 月 20 日：全国母乳喂养宣传日(1990)

5 月 20 日：世界计量日(World Metrology Day)(1999)

5 月 20 日：世界蜜蜂日(World Bee Day)(2015)

5 月 21 日：世界文化发展日(世界文化多样性促进对话和发展日)(World Day for Cultural Diversity for Dialogue and Development)(2001)

5 月 21 日：国际茶日(International Tea Day)(2020)

5 月 22 日：生物多样性国际日(International Biological Diversity Day)(2001)

5 月 23 日：世界海龟日(World Turtle Day)(1990)

5 月 25 日：世界预防中风日(World Stroke Prevention Day)(2004)

5 月 25 日："我爱我"关爱自己行动日、心理健康日(2006)

5 月 26 日：世界向人体条件挑战日(World Day of the Human Condition Challenge)(1993)

5 月 28 日：全国爱发日(2010)

5 月 29 日：世界肠道健康日(World Intestinal Health Day)(2005)

5 月 29 日：国际山地旅游日(International Mountain Tourism Day)(2018)

5 月 29 日：联合国维持和平人员国际日(International Day of UN Peacekeepers)(2002)

5 月 29 日：全国爱足日(2016)

5 月 30 日：全国科技工作者日(2017)

5 月 31 日：世界无烟日(World No-Smoking Day)(1988)

5 月第二个星期二：世界防治哮喘日(World Asthma Day)(2000)

5 月第二个星期六(每年的第一次)：世界候鸟日(World Migratory Bird Day)(2006)

5 月第二个星期日：母亲节(Mother's Day)(1914)

5 月第二个星期日：救助贫困母亲(1997)

5 月第三个星期日：全国助残日(1991)

中华白海豚保护联盟 2018 年确定每年的农历三月二十三(妈祖诞日)为"中华白海豚保护宣传日"

6 月 1 日：世界牛奶日(World Milk Day)(2000)

6 月 3 日：世界自行车日(World Bicycle Day)(2018)

6 月 4 日：受侵略戕害无辜儿童国际日(International Day of Innocent Children Victims of Aggression)(1983)

6 月 5 日：世界环境日(International Environment Day)(1974)

6 月 5 日：打击非法、未报告和无管制的捕捞活动国际日(International Day for the Fight

Against Illegal,Unreported and Unregulated Fishing)(2017)

6 月 6 日:全国爱眼日(1996)

6 月 6 日:全国放鱼日(增殖放流日)(2015)

6 月 6 日:世界害虫日(World Pest Day)(2017)

6 月 7 日:世界食品安全日(World Food Safety Day)(2018)

6 月 8 日:世界海洋日(World Oceans Day)(2009)

6 月 8 日:全国海洋宣传日(2009)

6 月 11 日:中国人口日(1974)

6 月 11 日—17 日:全国节能宣传周(1990)

6 月 12 日:世界无童工日(The World Day Against Child Labor)(2002)

6 月 13 日:国际白化病宣传日(International Albinism Awareness Day)(2015)

6 月 14 日:世界无偿献血者日(World Blood Donor Day)(2005)

6 月 15 日:世界风能日(国际风能日)(Global Wind Day)(2009)

6 月 15 日:认识虐待老年人问题世界日(World Elder Abuse Awareness Day)(2011)

6 月 15 日:世界呼吸日(World Breath Day)(2013)

6 月 17 日:全国低碳日(The Low Carbon Day)(2013)

6 月 17 日:世界防治荒漠化和干旱日(World Day to Combat Desertification and Drought)
    (1995)

6 月 20 日:世界难民日(World Refugee Day)(2001)

6 月 20 日:国际鲎保育日(International Horseshoe Crab Day)(2020)

6 月 21 日:国际瑜伽日(International Yoga Day)(2014)

6 月 22 日:中国儿童慈善活动日(2002)

6 月 23 日:国际奥林匹克日(International Olympic Day)(1948)

6 月 23 日:世界手球日(World Handball Day)(1928)

6 月 25 日:全国土地日(1991)

6 月 26 日:国际禁毒日(禁止药物滥用和非法贩运国际日)(International Day Against Drug
    Abuse and Illicit Trafficking)(1987)

6 月 26 日:国际宪章日(联合国宪章日)[International Charter Day(Charter of the United
    Nations Day)](1945)

6 月 29 日:国际热带日(International Day of the Tropics)(2015)

6 月 29 日:全国科普行动日(2003)

6 月 30 日:世界青年联欢节、世界青年与学生和平友谊联欢节(World Festival of Youth and
    Students)(1947)

6 月第二个星期六:文化和自然遗产日(2018)

6 月第三个星期日:父亲节(Father's Day)(1934)

7 月 1 日:国际建筑日(International Architecture Day)(1985)

7 月 1 日:亚洲"三十亿人口日"(Asian Population Day Three Billion)(1988)

7 月 2 日:国际体育记者日(International sports reporter day)(1995)

7 月 5 日:世界羽毛球日(World Badminton Day)(2022)

7 月 6 日:国际接吻日,也叫世界接吻日或国际亲吻节(International Kissing Day)(1991)

7月8日:世界过敏性疾病日(World Allergy Day)(2005)

7月8日:全国自然日(2023)

7月11日:世界(50亿)人口日(World Population Day)(1987)

7月11日:中国航海日(世界海事日)(World Maritime Day)(2005)

7月12日:全国低碳日(2023)

7月15日:世界青年技能日(World Youth Skills Day)(2014)

7月16日:国际冰壶日(World Curling Day)

7月18日:世界海洋日(World Oceans Day)(2009年起改为6月8日)

7月20日:人类月球日(Human Moon Day)(1969)

7月24日:国际自我保健日(International Self-Care Day)(2012)

7月25日:世界预防溺水日(World Drowning Prevention Day)(2021)

7月26日:保护红树林生态系统国际日(简称世界红树林日)(International Day for the Conservation of the Mangrove Ecosystem)(2015)

7月28日:世界肝炎日(World Hepatitis Awareness Day)(2011)

7月29日:世界老虎日(世界爱虎日、国际老虎日)(International Tiger Day)(2010)

7月30日:国际友谊日(International Day of Friendship)(1997)

7月30日:世界打击贩运人口行为日(World Day Against Trafficking in Persons)(2013)

7月31日:世界巡护员日(World Ranger Day)(2007)

7月第一个星期六:国际合作节(国际合作社日)(International Day of Cooperatives)(1995)

8月1—7日:世界母乳喂养周(World Breastfeeding Week)(1992)(2007,中国)

8月6日:国际电影节(International Film Festival)(1932)

8月8日:中国男子节(爸爸节)(1988)

8月8日:全民健身日(2009)

8月8日:无现金日(微信支付日)(2015)

8月8日:国际猫咪日(国际爱猫日)(International Cat Day)(2002)

8月9日:国际男生节(International Men's Day)

8月10日:世界狮子日(World Lion Day)(2019)

8月12日:世界大象日(World Elephant Day)(2012)

8月12日:国际青年日(International Youth Day)(1999)

8月13日:国际左撇子日(International Left-Handers Day)(1976)

8月15日:全国生态日(2023)

8月19日:世界人道主义日(World Humanitarian Day)(2008)

8月19日:中国医师节(2018)

8月20日:世界蚊子日(World Mosquito Day)(1897)

8月25日:全国残疾预防日(2017)

8月26日:全国律师咨询日(1993)

8月29日:禁止核试验国际日(International Day Against Nuclear Tests)(2009)

8月29日:全国测绘法宣传日(2002)

9月5日:世界慈善日(International Day of Charity)(2012)

9月6日:世界鸻鹬日(World Shorebirds Day)(1987)

9 月 7 日：国际清洁空气蓝天日(International Day of Clean Air for Blue Skies)(2019)

9 月 8 日：国际新闻工作者(团结)日(International Day of journalists (Solidarity)(1958)

9 月 8 日：国际扫盲日(International Anti-Illiteracy Day)(1966)

9 月 10 日：中国教师节(1985)

9 月 10 日：世界预防自杀日(World Suicide Prevention Day)(2003)

9 月 12 日：联合国南南合作日(International Day for South-South Cooperation)(2012)

9 月 15 日：国际民主日(International Democracy Day)(2008)

9 月 16 日：国际臭氧层保护日(International Ozone Layer Protection Day)(1995)

9 月 16 日：中国脑健康日(2000)

9 月 17 日：世界骑行日(World Cycling Day)(2017)

9 月 20 日：全国爱牙日(1989)

9 月 20 日：中国公民道德宣传日(2003)

9 月 21 日：国际和平日(International Day of Peace)(2001)

9 月 21 日：世界停火日(World Cease-Fire Day)(2002)

9 月 21 日：世界老年性痴呆宣传日(World Alzheimers Day)(1994)

9 月 22 日：世界无车日(World Car Free Day)(1998)

9 月 22 日：中国无车日(2007)

9 月 25 日：婚前医学检查宣传日

9 月 26 日：快乐节日网建站日(2001)

9 月 26 日：世界避孕日(World Contraception Day)(2007)

9 月 26 日：彻底消灭核武器国际日(International Day for the Total Elimination of Nuclear Weapons)(2013)

9 月 27 日：世界旅游日(World Tourism Day)(1980)

9 月 28 日：世界狂犬病日(World Rabies Day)(2007)

9 月 28 日：普遍获取信息国际日(International Day for Universal Access to Information)(2016)

9 月 29 日：国际粮食损失和浪费问题宣传日(International Day of Awareness of Food Loss and Waste)(2019)

9 月 30 日：国际翻译日(International Translation Day)(1991)

9 月 30 日：中国烈士纪念日(2014)

9 月第二个星期六：世界急救日(World First Aid day)(2000)

9 月第三周：国家网络安全宣传周(2014)

9 月第三个星期二：国际和平日(International Peace Day,1981 年起设立,2002 年起改为每年的 9 月 21 日)

9 月第三个周末(周五至周日)：世界清洁地球日(Clean Up the World)(1993)

9 月第三个星期六：国际海岸清洁日(1986)；全国海滩清洁日(2017)

9 月第三个星期六：全民国防教育日(2001)

9 月第四个星期日：国际聋人节(International Day of the Deaf)(1958)

9 月最后一个星期日：世界心脏日(World Heart Day)(2000)

9 月最后一个周(自选一天)：世界海事日(World Maritime Day)(1979)

农历九月初九：中国老年节、重阳节（义务助老活动日）（1989 ）

每年农历"秋分"：中国农民丰收节（2018）

10 月 1 日：国际音乐日（International Music Day）（1980）

10 月 1 日：世界素食日（World Vegetarian Day）（1977）

10 月 1 日：国际老年人日（国际老人节）（International Day of Older Persons）（1990）

10 月 2 日：国际和平与民主自由斗争日（简称国际和平斗争日）（The International Day of Peaceful Struggles）（1949）

10 月 2 日：世界家畜日（World Farm Animals Day）（1983）

10 月 2 日：国际非暴力日（International Day of Non-Violence）（2007）

10 月 4 日：世界动物日（World Animal Day）（1949）

10 月 4—10 日：世界空间（科技）周［World Space（Sci & Tech）Week］（1999）

10 月 5 日：世界教师日（World Teachers' Day）（1944）

10 月 6 日：世界脑瘫日（World Cerebral Palsy Day）（2012）

10 月 8 日：全国高血压日（1998）

10 月 8 日：中国航天日（2007）

10 月 9 日：世界邮政日（万国邮联日）（World Post Day）（1969）

10 月 10 日：世界精神卫生日（世界心理健康日）（World Mental Health Day）（1992）

10 月 10 日：世界居室卫生日（World Room Health Day）

10 月 11 日：世界镇痛日（（Global Day Against Pain）（2004）

10 月 11 日：世界女童日（International Day of the Girl Child）（2011）

10 月 12 日：世界 60 亿人口日（World Population Day of 6 Billion）（1999）

10 月 12 日：世界关节炎日（World Arthritis Day）（1998）

10 月 13 日：世界保健日（World Health Day）（1950）

10 月 13 日：国际标准时间日（采用格林威治时间）［International Standard Time Day（in Greenwich Mean Time）］（1884）

10 月 13 日：国际减轻自然灾害日（International Day for Natural Disaster Reduction）、简称国际减灾日（2009 年）

10 月 13 日：世界血栓日（World Thrombosis Day）（2014）

10 月 14 日：世界标准日（World Standards Day）（1969）

10 月 15 日：国际盲人节（白手杖节）（International Day of the Blind）（1984）

10 月 15 日：世界农村妇女日（World Rural Women's Day）（2007）

10 月 15 日：全球洗手日（Global Hand Washing Day）（2005）

10 月 16 日：世界粮食日（World Food Day）（1981）

10 月 17 日：国际消除贫困日（消灭贫穷国际日）（International Day for the Eradication of Poverty）（1992）

10 月 17 日：中国扶贫日（2014）

10 月 20 日：世界厨师日（International Chef Day）（2004）

10 月 20 日：世界骨质疏松日（World Osteoporosis Day）（1996）

10 月 20 日：世界统计日（World Statistics Day）（2010）

10 月 22 日：世界传统医药日（World Traditional Medicine Day）（1992）

10 月 24 日:联合国日(United Nations Day)(1947)

10 月 24 日:世界发展新闻日(世界发展信息日)(World Development Information Day)(1972)

10 月 25 日:人类天花绝迹日(Human Smallpox Extinction Day)(1979)

10 月 26 日:环卫工人节(1987)

10 月 28 日:中国男性健康日(关注男性生殖健康日)(2000)

10 月 29 日:世界卒中(脑中风)日(World Stroke Day)(2004)

10 月 31 日:世界勤俭日(World Thrift Day)(2006)

10 月 31 日:世界城市日(World Cities Day)(2014)

10 月第一个星期一:世界住房日(世界人居日)(World Habitat Day)(1986)

10 月第二个星期四:世界爱眼(世界视力)日(World Sight Day)(1998)

10 月第二个星期六(每年的第二次)世界候鸟日 World Migratory Bind Day(2006)

11 月 1 日:中国企业家节(企业家活动日)(1984)

11 月 5 日:世界海啸意识日(World Tsunami Awareness Day)(2015)

11 月 6 日:防止战争和武装冲突糟蹋环境国际日(International Day for Preventing the Exploitation of the Environment in War and Armed Conflict)(2001)

11 月 8 日:中国记者节(2000)

11 月 9 日:中国消防宣传日(消防节)(1992)

11 月 10 日:世界青年节(日)(World Youth Day)(1984)

11 月 10 日:争取和平与发展世界科学日(World Science Day for Peace and Development)(2002)

11 月 11 日:"光棍节"(提醒人们注意维护人口性别比例的自然协调)

11 月 12 日:世界肺炎日(World Pneumonia Day)(2009)

11 月 14 日:世界糖尿病日(World Diabetes Day)(1995)

11 月 16 日:国际容忍日(国际宽容日)(International Day for Tolerance)(2012)

11 月 17 日:国际大学生节(国际学生日)(International Students' Day)(1946)

11 月 19 日:世界厕所日(World Toilet Day)(2013)

11 月 20 日:中国心梗救治日(2014)

11 月 21 日:世界电视日(World Television Day)(1996)

11 月 21 日:世界问候日(World Hello Day)(1973)

11 月 25 日:国际消除对妇女的暴力日(International Day For the Elimination of Violence Against Women)(1999)

11 月 25 日:国际素食日(World Vegetarian Day)(1986)

11 月 30 日:化学战受害者纪念日(Day of Remembrance for all Victims of Chemical Warfare)(2015)

11 月第二个星期四:吉尼斯世界纪录日(Guinness World Record day)(1974)

11 月第三个星期日:世界道路交通事故受害者纪念日(World Day of Remembrance for Road Traffic Victims)

12 月 1 日:世界艾滋病日(World AIDS Day),1988 起成立,联合国艾滋病规划署(UNAIDS)1997 年将"世界艾滋病日"更名为"世界艾滋病防治宣传运动"

12 月 1 日:中国测绘日

12 月 2 日:废除一切形式奴役世界日(International Day for the Abolition of Slavery)(1986)

12 月 2 日:全国交通安全日(2012)

12 月 3 日:国际残疾人日(International Day of Disabled Persons)(1992)

12 月 4 日:国家宪法日(National Constitution Day)、全国法制宣传日(2001)

12 月 4 日:国际猎豹日(International Cheetah Day)(2010)

12 月 5 日:促进经济和社会发展国际志愿人员日(International Volunteer Day for Social and Economic Development,简称:国际志愿者日)(1986)

12 月 5 日:世界土壤日(World Soil Day)(2013)

12 月 5 日:世界弱能人士日(World Day of the Disabled)(1990)

12 月 7 日:国际民航日(International Civil Aviation Day)(1992)

12 月 9 日:国际反腐败日(International Anti-Corruption Day)(2003)

12 月 9 日:世界足球日(World Football Day)(1978)

12 月 10 日:世界人权日(Human Rights Day)(1950)

12 月 11 日:国际山岳日(International Mountain Day)(2002)

12 月 11 日(或不定时):中国中小企业节(2006)

12 月 12 日:国际中立日(International Day of Neutrality)(2016)

12 月 12 日:国际全民健康覆盖日(International Universal Health Coverage Day)(2017)

12 月 15 日:世界强化免疫日(World Strengthened Immunity Day)(1988)

12 月 18 日:国际移徙者日(International Migrants Day)(2000)

12 月 20 日:国际人类团结日(International Human Solidarity Day)(2005)

12 月 21 日:国际篮球日(International Basketball Day)(1891)

12 月第二个星期日:国际儿童电视广播日(International Children's Day of Broadcasting)(1997)

附录Ⅳ 部分习题参考答案

第四章

56.2019 年 7 月 18 日,某市自动监测系统测得该市各项污染物日均浓度分别为 SO_2 58 $\mu g/m^3$、NO_2 95 $\mu g/m^3$、$PM_{2.5}$ 170 $\mu g/m^3$。问当天该市空气质量指数为多少?

解:当某种污染物浓度 $c_n < c_i < c_{n+1}$ 时,其分指数计算公式为:

$$IAQI_p = \frac{IAQI_{Hi} - IAQI_{Lo}}{BP_{Hi} - BP_{Lo}}(c_p - BP_{Lo}) + IAQI_{Lo}$$

①计算分指数:

$$I_{SO_2} = \frac{100-50}{150-50} \times (58-50) + 50 = 54;$$

$$I_{NO_2} = \frac{150-100}{180-80} \times (95-80) + 100 = 107.5 \approx 108;$$

$$I_{PM_{2.5}} = \frac{300-200}{250-150} \times (170-150) + 200 = 220。$$

②求最大值:

$$\max(I_{SO_2}, I_{NO_2}, I_{PM_{2.5}}) = \max(54, 108, 220) = 220。$$

则当天该市空气质量指数(AQI)为 220,空气重度污染,首要污染物为 $PM_{2.5}$。

57. 某建筑物的钢筋材料在噪声超过 3 μbar 时,就会产生"声疲劳",试计算其所处的噪声环境不能超过多少分贝(基准声压为 2×10^{-5} Pa)

解:3 $\mu bar = 0.3$ Pa

$$L_p = 20 \lg(P/P_0) = 20 \lg(0.3/2 \times 10^{-5}) = 83.5 (dB),$$

所以其所处的噪声环境不能超过 83.5 dB。

58. 计算 84 dB、87 dB、90 dB、95 dB、96 dB、91 dB、85 dB、79 dB 8 个噪声的声压级和及其平均值。

解:(1)噪声声压级和

$$L_{eq} = 10 \lg \sum_{i=1}^{n} 10^{0.1L_i}$$
$$= 10\lg(10^{8.4} + 10^{8.7} + 10^{9} + 10^{9.5} + 10^{9.6} + 10^{9.1} + 10^{8.5} + 10^{7.9})$$
$$= 100.2(dB)$$

也可用查表法:

先从小到大顺序排列为 79、84、85、87、90、91、95、96,再两两组合相加。

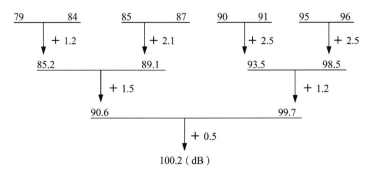

计算结果是相同的。

(2)噪声级平均值

$$L_m = 10\lg(1/n)\sum_{i=1}^{n}10^{0.1L_i} = 10\lg\sum_{i=1}^{n}10^{0.1L_i} - 10\lg n = 100.2 - 10\lg 8 = 91.2(\text{dB})$$

59. 一点声源 5 m 处测得噪声 100 dB,问多远处才能达 60 dB?

解:　　　　　　　　　　$\Delta L = 100\ \text{dB} - 60\ \text{dB} = 40\ \text{dB},$

代入得　　　　　　　　　　$40 = 20\lg(r_2/5\ \text{m})$

$$r_2 = 500\ \text{m}$$

即距离点声源 500 m 的地方噪声才能达到 60 dB。

60. 一机器房产生的噪声在 2 m 处测得噪声 80 dB,距机器房 40 m 处有一民宅,离民宅 80 m 处又有一抽水泵,水泵外 5 m 处的噪声为 82 dB。问民宅的噪声为多少分贝?

解:(1)机器房产生的噪声在民宅处衰减了

$$\Delta L_1 = 20\lg(40\ \text{m}/2\ \text{m}) = 26(\text{dB}),$$

则机器房在民宅处产生的噪声为

$$L_1 = 80\ \text{dB} - 26\ \text{dB} = 54\ \text{dB}。$$

(2)抽水泵产生的噪声在民宅处衰减了 $\Delta L_2 = 20\lg(80/5\ \text{m}) = 24\ \text{dB}$,则抽水泵在民宅处产生的噪声为 $L_2 = 82\ \text{dB} - 24\ \text{dB} = 58\ \text{dB}$。

因 $L_1 < L_2$ 且声压级差为 $58 - 54 = 4(\text{dB})$,查表得

$$\Delta L = 1.5\ \text{dB}$$

故民宅处的噪声 $L_{1+2} = \Delta L + L_2 = 58 + 1.5 = 59.5(\text{dB})$。

第七章

12. 一年投射到地球的太阳能为 5.14×10^{21} kJ,试计算一天投射到地球的太阳能相当于多少吨标准煤?$(E_{标煤} = 29.306 \times 10^6\ \text{kJ/t})$

解:一年为 365 天,则一天投射到地球的太阳能为

$$5.14 \times 10^{21}/365 = 14.08 \times 10^{18}(\text{kJ}),$$

相当于　　　　$14.08 \times 10^{18}/29.26 \times 10^6 = 4.81 \times 10^{11}(\text{吨标准煤})$

13. 如石油的总储量还有 4 310 亿吨标煤,设现在年消耗量为 20 亿吨石油,年消耗增长率为 14%,如果不考虑新发现的储量,问地球的石油还可再用多少年?(1 t 石油相当于 1.43 t 标准煤)

解:(1)石油的总储量有 $4\ 310/1.43 = 3\ 014$(亿吨)

(2)根据计算能源使用时间的公式:

$$T = (1/r)\ln(rR/P + 1)$$

T——现有能源储量可以维持的时间(单位为年);

R——储量 3 014 亿吨;

P——现在的年消耗量 20 亿吨;

r——年平均耗用增长率 14%。

石油可用:

$$T = (1/r)\ln(rR/P + 1)$$
$$= (1/0.14)\ln(0.14 \times 3\ 014/20 + 1)$$
$$\approx 22(\text{年})$$

第八章

18.1990 年,爱尔兰的年人口出生率为 1.9%,同年的人口死亡率、居民迁入迁出率分别为 0.93%、0.27% 和 1.15%,当年人口数量为 372 万人。从 2005 年开始,爱尔兰的动荡局面得到改善,年人口迁出率比原来降低 50%,请计算 2005 年及 2020 年爱尔兰的人口数量。

解:

$$人口变化率 R = (R_b - R_d) + (R_i - R_e)$$
$$= (1.9\% - 0.93\%) + (0.27\% - 1.15\%)$$
$$= 0.09\%$$

即 1983 年爱尔兰总的人口变化率为 0.09%。

在 2005 年之前,爱尔兰的人口年增长率为 $R_1 = 0.09\%$。

到 2005 年的时候,爱尔兰的人口为

$$P_1 = 372\exp[0.09\% \times (2005 - 1990)]$$
$$= 372\exp(0.0135)$$
$$= 377(万人)$$

到 2005 年时,该国的人口迁出率下降 50%,即人口迁出率为 0.575%。

由此可以知,从 2005 年开始,爱尔兰的人口变化率为

$$R_2 = (1.9\% - 0.93\%) + (0.27\% - 0.575\%) = 0.665\%$$

因此,到 2020 年的时候,爱尔兰的人口数量为

$$P_2 = P_1 \exp(R_2 \times t)$$
$$= 377\exp[0.665\% \times (2020 - 2005)]$$
$$= 377\exp(0.099\ 75)$$
$$= 416.5(万人)$$

19. 已知 1990 年中国及美国的人口数量、GDP 及占全球二氧化碳排放的百分比如下表所示:

国家	人口数量/亿人	GDP/亿美元	二氧化碳排放量百分比/%
中国	11.34	4 195	9.12
美国	2.50	52 008	17.81

(1)试计算 1990 年两个国家的单位 GDP 二氧化碳排放量。1990 年全球的二氧化碳排放当量为 13.15×10^9 t。

(2)下表为到 2010 年和 2025 年两国的人口、GDP 增长率及单位 GDP 二氧化碳排放量下降率如下表所示,计算两国 2010 年和 2025 年的单位 GDP 二氧化碳排放量。

国家	2010 年人口 亿人	2025 年人口 亿人	GDP 增长率/(%/a)		单位 GDP 排放量 下降率/(%/a)
			1990—2010 年	2010—2025 年	
中国	12.90	16.00	5.5	4.0	1.0
美国	2.70	3.07	2.4	1.7	0.7

解:(1)1990 年两个国家的单位 GDP 二氧化碳排放量如下:

中国:$13.15 \times 10^9 \times 9.12\% / 419\ 500 \times 10^6 = 2.86 \times 10^{-3}$(t/美元)

美国:$13.15 \times 10^9 \times 17.81\% / 5\ 200\ 800 \times 10^6 = 0.45 \times 10^{-3}$(t/美元)

(2)两国 2010 年和 2025 年的单位 GDP 二氧化碳排放量

①中国：

2010 年 $GDP_{2010} = GDP_{1990} \times (1+r)^n$

$\qquad\qquad\qquad = 419\,500 \times 10^6 \times (1+5.5\%)^{2010-1990}$

$\qquad\qquad\qquad = 1\,223\,999.3 \times 10^6 (美元)$

2010 年单位 GDP 二氧化碳排放量 $= 2.86 \times 10^{-3} \times (1-1.0\%)^{2010-1990}$

$\qquad\qquad\qquad\qquad\qquad\qquad = 2.34 \times 10^{-3} (t/美元)$

2010 年二氧化碳排放量 $= GDP_{2010} \times$ 单位 GDP 二氧化碳排放量

$\qquad\qquad\qquad\qquad = 1\,223\,999.3 \times 10^6 美元 \times 2.34 \times 10^{-3} t/美元$

$\qquad\qquad\qquad\qquad = 2.86 \times 10^9 \ t$

2025 年 $GDP_{2025} = GDP_{2010} \times (1+4.0\%)^{2025-2010} = 2\,204\,353 \times 10^6 (美元)$

2025 年单位 GDP 二氧化碳排放量 $= 2.86 \times 10^{-3} (t/美元) \times (1-1.0\%)^{2025-1990}$

2025 年二氧化碳排放量 $= GDP_{2025} \times$ 单位 GDP 二氧化碳排放量

$\qquad\qquad\qquad\qquad = GDP_{2010} \times (1+4.0\%)^{2025-2010} \times 2.86 \times 10^{-3} \times (1-1.0\%)^{2025-1990}$

$\qquad\qquad\qquad\qquad = 4.43 \times 10^9 (t)$

②美国：

2010 年 $GDP_{2010} = GDP_{1990} \times (1+r)^n$

$\qquad\qquad\qquad = 5\,200\,800 \times 10^6 \times (1+2.4\%)^{2010-1990}$

$\qquad\qquad\qquad = 8\,357\,363.4 \times 10^6 (美元)$

2010 年单位 GDP 二氧化碳排放量 $= 0.45 \times 10^{-3} \times (1-0.7\%)^{2010-1990}$

$\qquad\qquad\qquad\qquad\qquad\qquad = 3.91 \times 10^{-4} (t/美元)$

2010 年二氧化碳排放量 $= GDP_{2010} \times$ 单位 GDP 二氧化碳排放量

$\qquad\qquad\qquad\qquad = 857\,363.4 \times 10^6 美元 \times 3.91 \times 10^{-4} t/美元$

$\qquad\qquad\qquad\qquad = 3.26 \times 10^9 \ t$

2025 年 $GDP_{2025} = GDP_{2010} \times (1+1.7\%)^{2025-2010}$

2025 年单位 GDP 二氧化碳排放量 $= 0.45 \times 10^{-3} (t/美元) \times (1-0.7\%)^{2025-1990}$

2025 年二氧化碳排放量 $= GDP_{2025} \times$ 单位 GDP 二氧化碳排放量

$\qquad\qquad\qquad\qquad = GDP_{2010} \times (1+1.7\%)^{2025-2010} \times 4.50 \times 10^{-4} \times (1-0.7\%)^{2025-1990}$

$\qquad\qquad\qquad\qquad = 3.77 \times 10^9 (t)$

附录Ⅴ 水平测试卷(共10套)

第一套

一、单项选择题(每题2分,共20分)

1. 首次确认"可持续发展"理念的国际文件是( )
   A.《我们共同的未来》　　　　　　　　　B.《人类环境宣言》
   C.《蒙特利尔议定书》　　　　　　　　　D.《京都议定书》

2. 下列关于"双碳战略"的说法中,不正确的是( )。
   A. "双碳战略"指的是我国力争在2030年前实现碳达峰,2060年前实现碳中和
   B. "双碳战略"是一场广泛而深刻的社会经济系统性变革
   C. 要实现"双碳战略"的目标,我国当前的能源结构亟待调整
   D. 根据"双碳战略"要求,2060年以后,我国的工业、交通、能源等行业将不再排放二氧化碳

3. 关于禁食野生动物问题,以下不正确的说法是( )。
   A. 禁止食用国家保护的"有重要生态、科学、社会价值"的"三有"陆生野生动物。
   B. 人工繁育、人工饲养的陆生野生动物也在禁止食用范围。
   C. 禁食范围也包括鱼类等所有水生野生动物。
   D. 已为人民群众广泛接受的饲养动物,经科学论证慎重评估后可以纳入可食用的家畜家禽范围。

4. 形成烟雾型大气污染的最不利的气象条件是( )。
   A. 低温　　　　　B. 风速小　　　　　C. 湿度大　　　　　D. 逆温

5. 人们在进行家庭装修的时候经常听到"VOCs"这个词,又叫"挥发性有机物",它主要来源于( )。
   A. 建筑石材　　　　　　　　　　B. 建筑木材
   C. 建筑钢材　　　　　　　　　　D. 建筑用胶粘剂、涂料、油漆及装饰材料

6. 2021全国节能宣传周的主题是"节能降碳,绿色发展",下列的发电方式中,不符合这一主题的是( )。
   A. 火力发电　　　　　　　　　　B. 水力发电
   C. 风力发电　　　　　　　　　　D. 太阳能发电

7. 自然保护地包括以下哪三种类型( )。
   A. 国家公园、自然保护区、自然公园
   B. 核心区、缓冲区和实验区
   C. 国家公园、自然保护区、海洋公园
   D. 国家自然保护区、省级自然保护区、市级自然保护区

8. 下列选项中属于现代生物技术的是( )。
   A. 酿酒技术　　　B. 接种技术　　　C. 基因工程技术　　　D. 杂交水稻技术

9. 生物多样性包含( )。
   A. 地球上生命有机体多样化
   B. 植物、动物、微生物的多样性
   C. 地球上生物群落多样性
   D. 遗传多样性、物种多样性、生态系统多样性和景观多样性

10. 下列哪项不属于我国环境保护法的基本原则(　　)。

　　A. 污染者付费的原则　　　　　　　　B. 政府对环境质量负责的原则

　　C. 先污染后治理的原则　　　　　　　D. 经济建设与环境保护协调发展的原则

二、名词解释(每题 4 分,共 24 分)

1. 蓝碳

2. 海洋酸化

3. 我国的环境影响评价制度

4. 土地荒漠化

5. 绿色食品

6. 生态足迹

三、简答题(每题 6 分,共 36 分)

1. 何谓生物安全?其焦点问题、科学涵义和核心是什么?

2. 什么叫噪声?噪声污染有何特点?为什么要用等效连续 A 声级来衡量噪声的强弱(注意:要答出"等效连续"和"A 声级"两个关键词的意义)?其单位用什么表示?

3. 大气污染物包括哪些主要类型?何为"$PM_{2.5}$"?有什么危害?

4. 简述酸雨的概念、形成过程及其危害。

5. 近几年来,全球变暖问题成为全球关注的焦点环境问题,请写出历年来其中一个与全球变暖问题有关的世界环境日的主题,并结合所学的知识,简要说说全球变暖会对人类带来哪些不利的影响。围绕全球变暖这个主题,你参与过什么纪念活动,或者你认为今后可以如何开展这方面的纪念活动?

6. 室内空气质量的好坏关系到每一个人的生活质量,也关系到每一个人的身体健康。请结合所学的知识,分析一下,一个新近装修完的房间中,可能存在哪些室内空气污染物?这些污染物的来源是哪里?这些污染物分别会对人体健康产生哪些危害?可以采取哪些方法防治室内空气污染?

四、计算题(每题 10 分,共 20 分)

1. 2015 年我国人口数量为 13.5 亿人,CO_2 排放量为 100.0 亿吨,GDP 为 68.9 万亿元人民币。假设从 2015 年到 2050 年,我国人口数量呈指数增长,增长率为 5‰;GDP 呈几何级数增长,增长率为 4%;单位 GDP CO_2 排放呈几何级数负增长,增长率为 −1.0%,试计算:(1)我国 2015 年和 2050 年单位 GDP CO_2 排放;(2)2050 年时 CO_2 总排放。(已知 e＝2.718)

2. 地点不合适的广场舞可能造成的噪声扰民已成为社会热点问题,对之开展噪声环境监测与评价具有现实的社会需求。按国标要求,居民小区声环境背景值夜晚应小于 45 dB。现已知某一居民小区有两个噪声来源:其一来自距此小区 500 m 的某一水冷机房,产生的噪声在距机房 5 m 处的噪声为 82 dB;其二来自广场舞产生的声响,广场舞每晚 19:00—21:00 进行,声音主要源自音响,表现为点声源,距小区 50 m。假设机器房因某种原因不能停机,问该时段广场舞的音响值必须控制在多少分贝以下,才能使该小区的声环境背景值符合要求?(要求列出计算公式和完整的计算步骤,通过计算结果来回答问题。)

第二套

一、单项选择题(每题 2 分,共 20 分)

1. 2015 年 12 月 12 日,《联合国气候变化框架公约》近 200 个缔约方在巴黎气候变化大会上达成了《巴黎协定》,为2020年后全球气候变化行动做出了安排。《巴黎协定》规定,缔约各方将加强对气候变化威胁的全球应对,把全球平均气温较工业化前水平升高控制在(　　)之内。

 A. 1 ℃   B. 2 ℃   C. 3 ℃   D. 4 ℃

2. 在生态系统的同一食物链上,某种元素或难分解的化合物在机体中的浓度随(　　)。

 A. 营养级的提高而增大   B. 营养级的降低而增大

 C. 有机体个体增大而增大   D. 有机体个体减小而增大

3. 以下哪个途径不是实现海洋"负排放"的有效途径(　　)。

 A. 蓝碳技术 B. 清除海漂垃圾 C. 营造红树林 D. 保护海草床

4. 1987年全球24个国家在美国纽约签署的(　　)标志着各国对保护臭氧层具体行动的开始。

 A.《蒙特利尔协议书》   B.《京都议定书》

 C.《远距离跨界污染大气公约》   D.《气候变化框架公约》

5. 下列对"海洋酸化"的说法,错误的是(　　)。

 A. 海洋酸化是指衡量海水的 pH 值低于正常的水平

 B. 海洋酸化是由于海洋吸收了大量的二氧化碳,导致化学成分发生变化

 C. 海洋酸化会损害包括珊瑚虫在内的许多有机体

 D. 海洋酸化减缓了全球变暖的步伐,却给海洋生物带来了严重损害

6. 许多人喜欢早晨锻炼身体,但从环境角度来看城市早晨的空气并不新鲜,原因是(　　)。

 A. 早晨空气中有时存在逆温层,这种情况不利于污染物的扩散

 B. 早晨空气中含有大量的二氧化碳

 C. 早晨公路上汽车太多,污染严重

 D. 早晨人们刚刚起床,不适宜在室外锻炼

7. 下列选项中不属于固体废物处理原则的是(　　)。

 A. 资源化原则 B. 对外转移原则 C. 减量化原则 D. 无害化原则

8. 生物多样性一般指遗传多样性、物种多样性、生态系统多样性和(　　)。

 A. 景观多样性 B. 基因多样性 C. 蛋白质多样性 D. 表达的多样性

9. 下列选项中属于不可再生能源的是(　　)。

 A. 太阳能 B. 风能   C. 地热能   D. 核能

10. 自然保护地按生态价值和保护强度高低依次分为(　　)

 A. 国家公园、自然保护区、自然公园

 B. 国家公园、湿地保护区、自然公园

 C. 国家级自然保护区、省级自然保护区、市级自然保护区

 D. 自然保护区、海洋公园、森林公园

二、名词解释(每题 4 分,共 24 分)

 1. 大气温室效应

 2. 生物富集

 3. 海洋微塑料

 4. 逆温层

 5. 水体富营养化

 6. 循环经济

三、简答题(每题 6 分,共 36 分)

1. 举例说明污染物质在环境中迁移的几种主要方式。

2. 简述水体有机污染物浓度的几种表示方法及其含义。试说明这几种表示方法各有何优缺点?

3. 什么叫"城市热岛效应"? 分析其形成的原因;针对你所熟悉的地区提出减轻这种效应的对策。

4. 雾霾和沙尘天气都是我国当前面临的严重的空气污染问题。请你从污染产生的原因、污染最易发生的季节、污染对环境和人体健康造成的影响等方面分析两者之间的差异;并针对每一种污染,都提出几条有效的控制措施。

5. 当今世界,能源已成为衡量一个国家生产技术和生活水平的重要标志。但是人类在大量使用能源的过程中也付出了巨大的环境代价。请你以煤炭为例,介绍其在开采、运输、加工和使用过程中可能对环境造成的破坏。

6. 联合国环境规划署在每年 6 月 5 日前根据当年的世界主要环境问题及环境热点问题有针对性地制定每年的"世界环境日"主题。并在 6 月 5 日当天选择一个成员国举行"世界环境日"纪念活动。请您:(1)先分析当前全球的主要环境问题及环境热点问题;(2)提出本年度"世界环境日"主题的建议,说明其建议的理由;(3)你打算如何组织纪念活动?

四、计算题(每题 10 分,共 20 分)

1. 2016 年某市大气自动监测系统测得该市空气中各项污染物 24 h 平均浓度分别为 SO_2 58 $\mu g/m^3$、NO_2 95 $\mu g/m^3$、CO 14 mg/m^3,$PM_{2.5}$ 133 $\mu g/m^3$,试计算并回答以下问题:当天该市空气质量指数为多少? 首要污染物和超标污染物各是什么? 空气质量如何?

2. 一个施工工地现场有 4 台挖掘机和 2 台打桩机。每台挖掘机单独工作时产生的噪声为 80 dB,每台打桩机单独工作时产生的噪声为 85 dB。距离施工工地现场 1 000 m 处有一住宅小区。忽略背景噪声,试求:(1)当所有挖掘机和打桩机同时工作时,产生的总噪声是多少分贝?(2)当所有挖掘机和打桩机同时工作时,住宅小区接收到的噪声是多少分贝?

(要求列出计算公式和完整的计算步骤,通过计算结果来回答问题。)

第三套

一、单项选择题(每题 2 分,共 20 分)

1. 下列关于低碳经济的说法中,不正确的是( )。

    A. 低碳经济是以低能耗、低污染、低排放为基础的经济模式

    B. 低碳经济的特征是以减少温室气体排放为目标

    C. 低碳经济是循环经济的一种

    D. 低碳经济的核心是技术创新、制度创新和人类生存发展观念的根本性转变

2. 下列关于群落的论述中,不正确的是( )。

    A. 群落是不同种的种群随意的集合

    B. 群落的结构包括水平结构和垂直结构

    C. 群落的分布包括水平分布和垂直分布

    D. 群落是不同种的种群有规律的集合

3. 大气存在臭氧层对地球上的生命体而言是相当重要的,这是因为它能( )。

    A. 吸收紫外线   B. 吸收红外线   C. 阻挡微波辐射   D. 防止酸雨

4. 空气中的污染物按其形成过程可以分为一次污染物和二次污染物,下列哪种物质不属于二次污染物(　　)。

　　A. 氮氧化物　　　　　B. 光化学烟雾　　　　C. 对流层中的臭氧　　D. 硫酸烟雾

5. 城市双修指的是(　　)

　　A. 生态修复和城市修补　　　　　　　　B. 生态修复和水体修复

　　C. 城市修补和水体修复　　　　　　　　D. 生态修补和城市修补

6. 下列哪一项不是我国水资源的特点(　　)。

　　A. 水资源总量较高　　　　　　　　　　B. 人均水资源占有量较高

　　C. 水资源地区分布不均匀　　　　　　　D. 水资源年际、年内变化大

7. 四个分别为 59 dB、62 dB、59 dB 和 87 dB 的声音相叠加,其叠加值是(　　)

　　A. 65 dB　　　　　　　B. 267 dB　　　　　　C. 略高于 87 dB　　D. 略高于 59 dB

8. 根据《地表水环境质量标准》,国家级自然保护区内的水体应属于(　　)水体。

　　A. Ⅰ 类　　　　　　　B. Ⅱ 类　　　　　　　C. Ⅲ 类　　　　　　D. Ⅳ 类

9. 二噁英、苯并芘等有机污染物具有强烈的致癌效应,对人体健康危害极大,并且这类物质容易通过生物富集效应,富集在人体的(　　)中。

　　A. 血液　　　　　　　B. 脂肪　　　　　　　C. 骨骼　　　　　　D. 毛发

10. 下列哪种物质属于常见的食品添加剂(　　)。

　　A. 三聚氰胺　　　　　B. 塑化剂　　　　　　C. 苏丹红　　　　　　D. 抗氧化剂

二、名词解释(每题 4 分,共 24 分)

　　1. 环境问题

　　2. 蓝碳

　　3. 二次污染物

　　4. 外来生物和外来入侵生物

　　5. 自然保护地

　　6. 转基因食品

三、简答题(每题 6 分,共 36 分)

　　1. 用简图表示配合分析为什么外来生物在原产地不造成危害,进入新的地区后却可能造成不良影响?

　　2. 什么是生态系统中的物质循环? 请举例两种物质说出其循环的途径。

　　3. 简述室内空气污染中苯及其同系物的主要来源、特点、危害和防范措施。

　　4. 我国矿产资源在开发利用过程中存在哪些主要环境问题?

　　5. 简述点源污染与面源污染的含义,并指出二者的区别与联系。

　　6. 什么是环境保护税? 设立环境保护税对于我国环境保护事业有何意义?

四、计算题(每题 10 分,共 20 分)

　　1. 1990 年,某国家的年人口增长率为 0.09%,当年人口数量为 372 万人。从 2005 年开始,该国家的年人口增长率上升为 0.665%,请用指数增长公式计算 2005 年该国家的人口数量。假设 2005 年后该国家的人口增长是稳定的,请计算该国家在哪一年人口可以达到 2005 年的 2 倍。

　　2. 高考时,要求考点的环境噪声背景值小于 50 dB。现已知某一考点有两个噪声来源:其一来自距此考点 100 m 的某一机器房,机器房产生的噪声在距机器房 2 m 处的噪声为 80 dB;

其二来自相邻街道的机动车噪音。假设机器房因某种原因不能停机,问街道的交通噪声平均值必须小于多少分贝,才能使该考点的环境噪声背景值合乎要求?

（要求列出计算公式和完整的计算步骤,通过计算结果来回答问题。）

第四套

一、单项选择题(每题 2 分,共 20 分)

1. 水俣病的成因是由于人食用的鱼、贝机体中富集了(　　)。
   A. 镉　　　　B. 多氯联苯　　　　C. 砷化合物　　　　D. 甲基汞

2. 生态系统是由(　　)所组成。
   A. 生产者和消费者　　　　　　B. 生物和无机环境
   C. 生物种群和分解者　　　　　D. 食草动物和大型食肉动物

3. 根据大气圈中大气组成状况及大气在垂直高度上的温度变化而划分的大气圈层,自地球表面各层依次为(　　)
   A. 电离层、中间层、平流层、对流层　　B. 对流层、平流层、中间层、电离层
   C. 平流层、对流层、中间层、电离层　　D. 中间层、对流层、平流层、电离层

4. 与酸雨、温室效应、臭氧层空洞、光化学烟雾等环境问题的形成都有关的污染物为(　　)。
   A. 二氧化碳　　B. 二氧化硫　　C. 一氧化二氮　　D. 氟里昂

5. 下列哪一项是引起水体溶解氧下降的主要污染物(　　)。
   A. 氯化物　　B. 重金属　　C. 有机物　　D. 硝酸盐

6. 在工业布局中工厂的选址须考虑其对环境的影响,下列哪一项符合环境保护的要求(　　)。
   A. 工厂污水排放口建在靠近城市水源地
   B. 工厂污水排放口建在靠近河流补给区
   C. 排放有害气体的工厂建在城市主导风向的下风向
   D. 排放有害气体的工厂建在城市主导风向的上风向

7. 生物多样性包含(　　)。
   A. 地球上生命有机体多样化
   B. 植物、动物、微生物的多样性
   C. 地球上生物群落多样性
   D. 遗传多样性、物种多样性和生态系统多样性

8. 下列能源中,属于非化石燃料的是(　　)。
   A. 煤　　　　B. 石油　　　　C. 天然气　　　　D. 地热能

9. 以下哪种行为符合可持续发展理念(　　)。
   A. 把农田改为建筑用地,扩大居住面积,改善生活质量
   B. 将现有林地、草地改为耕地,提高粮食产量,解决粮食问题
   C. 增加城市车辆,解决打车难问题
   D. 植树造林,增大绿化面积,改善城市环境

10. 海洋污染的"白"、"红"与"黑"通常分别是指(　　)。
    A. 石灰、赤潮与沥青　　　　　B. 废纸、有机磷农药与石油
    C. 石灰、工业废水与沥青　　　D. 塑料、赤潮与石油

二、名词解释(每题 4 分,共 24 分)

1. 生态文明
2. 持久性有机污染物(POPs)
3. 光化学烟雾
4. 海绵城市
5. 人口环境容量
6. 可持续发展

三、简答题(每题 6 分,共 36 分)

1. 结合环境容量和环境自净能力的定义,分析二者之间有何区别和联系。
2. 简述生态系统中氮的循环。人类的哪些活动会影响氮的循环?氮循环被破坏后会引发哪些环境问题?
3. 什么是光化学烟雾?其主要成分有哪些?光化学烟雾会对环境和人体健康带来哪些危害?
4. 简述土壤污染的特点及其危害。
5. 什么是国家生态安全?当前我国生态安全面临哪些主要的挑战?
6. 汽车的发明给人类的生活带来很大的方便,但大量非绿色能源的汽车,也给环境带来很大的破坏,请您分析燃油汽车对环境中的水、气、声、光、固废、自然资源等的影响,以及对全球环境变化可能造成的污染。您有什么应对的措施和建议?

四、计算题(每题 10 分,共 20 分)

1. 在铁路旁某处测得:货车通过时,在 5 min 内的平均声压级为 72 dB;客车通过时,在 3 min 内的平均声压级为 68 dB。该处白天 12 h 内共有 40 列货车和 30 列客车通过,试计算该地点白天的连续等效声级。
2. 某地空气自动监测系统测得该地空气中污染物的 24 h 平均浓度分别为:$PM_{2.5}$ 166 $\mu g/m^3$,PM_{10} 70 $\mu g/m^3$,O_2 58 $\mu g/m^3$,NO_2 45 $\mu g/m^3$,SO_2 8 $\mu g/m^3$,CO 11 mg/m^3,请问该地当天的空气质量指数是多少?

(要求列出计算公式和完整的计算步骤,通过计算结果来回答问题。)

第五套

一、单项选择题(每题 2 分,共 30 分)

1. 下列哪一项属于原生环境问题(   )。
   A. 臭氧层空洞   B. 火山喷发   C. 酸雨   D. 水土流失
2. 以下关于生态系统中能量流动的特点的论述中,不正确的是(   )。
   A. 能量在生态系统中的流动是从生产者开始,通过食物链的营养级逐级向前流动
   B. 能量在各营养级的流动过程中逐级递减
   C. 能量的流动是一个循环过程,能量可以被反复利用
   D. 在一个稳定的生态系统中,其生产的能量与消耗的能量保持相对平衡
3. 下列哪一项不属于噪声污染的特点(   )。
   A. 噪声污染与人的主观感受有关   B. 噪声污染影响范围有局限
   C. 噪声污染是一种持久性的污染   D. 噪声污染的来源较为分散
4. 我国的酸雨以(   )酸雨为主。
   A. 硫酸型   B. 硝酸型   C. 盐酸型   D. 碳酸型

5. 下列温室气体中,增温潜势(GWP)最强的是(　　　)。

    A. 二氧化碳　　　　B. 甲烷　　　　　　C. 氮氧化物　　　　D. 氟氯烃

6. 下列哪一项不属于我国针对固体废物处理的主要原则(　　　)。

    A. 减量化　　　　　B. 资源化　　　　　C. 无害化　　　　　D. 分散化

7. 下列哪种物质不属于海洋中常见的污染物(　　　)。

    A. 悬浮物　　　　　B. 重金属　　　　　C. 石油　　　　　　D. 氮、磷

8. 为了应对全球变暖,减少温室气体的排放,国际社会做出了很多努力,并签订了一系列协议,下列哪项文件与控制温室气体的排放有关(　　　)。

    A.《京都议定书》　　　　　　　　　　B.《蒙特利尔协议书》

    C.《控制远距离跨界空气污染公约》　　D.《巴塞尔公约》

9. 某食品包装盒上印刷有"AAA 级(3A 级)绿色食品",则该食品属于(　　　)。

    A. 最高级的绿色食品　　　　　　　　B. 相当于国际上的有机食品

    C. 无公害无污染食品　　　　　　　　D. 假冒伪劣食品

10. 下列关于划定"生态红线"的论述,不正确的是(　　　)。

    A."生态红线"是继"18 亿亩耕地红线"后,另一条被提到国家层面的"生命线"

    B."生态红线"是保证生态安全的底线,具有约束性和强制性。只有在该"红线图"内才能开发建设

    C."生态红线"的三大区域主要是:重要生态功能区、陆地和海洋生态环境敏感区、脆弱区

    D."生态红线"内不能触碰,否则就会受到大自然的惩罚,影响人类社会的永续发展

二、名词解释(每题 4 分,共 24 分)

1. 环境自净能力

2. 食物链

3. 固体废物

4. 生物资源

5. 节能减排

6. 环境标志

三、简答题(每题 6 分,共 36 分)

1. 简述习近平生态文明思想的发展过程及重要意义

2. 什么是无废城市?如何建设无废城市?

3. 简述大气中污染物分布的时空特点。

4. 何谓食品安全?造成我国当前食品安全事件频发的主要因素有哪些?

5. 外来生物和外来入侵生物有何不同?生物入侵会带来哪些危害?如何防范?

6. 请结合所学知识,谈谈塑料会造成哪些生态环境问题,如何控制塑料污染。

四、计算题(每题 10 分,共 20 分)

1. 已知某水域鱼类的环境负荷量为 360 亿尾,年种群增长率为 20%,该水域最大持续渔业产量是多少尾?若要达到该产量,需要将鱼类种群维持在多大的种群数量?最佳的捕捞率是多少才能维持最大持续产量?

2. 某监测点昼间 16 h 环境噪声监测结果为:3 h 的测量值为 50 dB,2h 的测量值为 55 dB,3 h 的测量值为 60 dB,其余时间为 70 dB。该点昼间的连续等效声级是多少?

(要求列出计算公式和完整的计算步骤,通过计算结果来回答问题。)

第六套

一、单项选择题（每题 **2** 分，共 **20** 分）

1. 下列关于植物的生活型和生活型谱的论述中，不正确的是（ ）。
    A. 生活型是指植物在外界综合环境的长期作用下所显示的适应形态
    B. 同种植物在不同的环境条件下，生活型仍然相同
    C. 不同种植物在相同的环境条件下，也会有相同的生活型
    D. 植物的生活型谱可以用来指示气候和环境

2. 铅对人体造成的主要危害是（ ）。
    A. 骨痛病　　　　B. 致突变　　　　C. 呼吸病　　　　D. 慢性肾病

3. 在污水综合排放标准中，将排放的污染物按其性质及控制方式分为两类，下列属于第二类污染物的是（ ）
    A. 烷基汞　　　　B. 苯并芘　　　　C. 六价铬　　　　D. 总铜

4. 占土壤固相质量 90% 以上的是（ ）。
    A. 矿物质　　　　B. 有机质　　　　C. 土壤生物　　　　D. 土壤胶体

5. 世界自然保护大纲中提到的三大生态系统，以下哪项不在其中（ ）。
    A. 湿地　　　　B. 森林　　　　C. 草原　　　　D. 海洋

6. 人类历史上第一次在全世界范围内召开的研究保护环境的会议是（ ）。
    A. 巴西里约热内卢召开的联合国环境与发展大会
    B. 瑞典斯德哥尔摩召开的人类环境会议
    C. 南非约翰内斯堡召开的 可持续发展世界首脑会议
    D. 日本东京召开的《全球气候变化框架公约》缔约方第三次大会

7. 下列哪种固体废物属于危险废物（ ）。
    A. 一次性干电池　　B. 医用注射器　　　C. 塑料袋　　　　D. 废旧手机

8. 开发"城市矿产"是指（ ）。
    A. 开发城市下面地层多年来未开发的蕴藏的丰富矿藏资源，以减轻资源的匮缺
    B. 在城市开展矿产贸易，提高矿产物流，促进资源和能源的运转效率
    C. 提高城市矿物燃料的能源利用效率，减少污染
    D. 对废弃资源再生利用规模化发展的形象比喻，对于废弃的资源加以有效利用，可替代部分原生资源，并减轻环境污染

9. 下列关于环境标准的表述中，不正确的是（ ）。
    A. 环境质量标准分为国家环境质量标准与地方环境质量标准两级
    B. 污染物排放标准分为综合排放标准和行业排放标准两级
    C. 国家环境质量标准一般严于地方环境质量标准
    D. 行业排放标准一般严于综合排放标准

10. "建设海绵城市"已经明确提上日程。所谓"海绵城市"，是（ ）。
    A. 比喻把城市地面建设得像一块海绵，儿童在上面活动安全，不会跌伤
    B. 比喻把城市建设得像一块海绵，在下大雨时候，能下渗、能滞留、能蓄存、能净化水。在没有降雨的时候可以把水放出来，可用可排
    C. 为了增加我国湿地的面积，把城市建设得像一块海绵，下大雨时候，能下渗、能滞留、造

　　就一些新的湿地

　　D. 比喻把城市建设得像一块富有弹性和韧性的海绵一样,以应付各种自然灾害

二、名词解释(每题 4 分,共 24 分)

1. 生态城市

2. 老龄社会

3. 土壤背景值

4. 空气质量指数

5. 现代生物技术

6. 城市热岛效应

三、简答题(每题 6 分,共 36 分)

1. 简述生物多样性的概念及其重要性。

2. 生物迁移是污染物在环境中迁移的一种重要形式,请说明污染物如何通过生物实现迁移的。并说明生物富集的概念。

3. 简述南极上空臭氧层空洞的季节变化规律及原因。

4. 固体废物处理的原则是什么? 有哪些主要的处理和处置方法,并比较每种方法的优缺点。

5. 随着经济的快速发展,近些年来中国城市化的进程不断加快,请说说当前我国城市化进程所面临的主要问题,并用生态学的观点分析这些问题根源的所在。

6. 什么是压载水(或压舱水)? 请从生物入侵的概念,举例说明压载水如何成为海洋生物入侵的重要载体? 有何防治的对策。

四、计算题(每题 10 分,共 20 分)

1. 假设某海域共有渔业资源 1 000 t,鱼类的自然出生率为 0.2%,自然死亡率为 0.1%。渔船每次出海捕捞的固定成本是 10 万元,每捕捞 1 t 鱼需要花费 1 万元的可变成本,每吨鱼的售价为 3 万元。假设该渔船每次最多能装 10 t 鱼。求:(1)该海域鱼类资源的最大可持续产量;(2)该海域鱼类资源的有效可持续产量;(3)如果你是船主,你一次会捕捞多少万吨的鱼?

2. 页岩油是指以页岩层为主的页岩层系中所含的石油资源,目前世界范围内已探明的页岩油总储量超过 12 万亿吨,远超石油的储量,页岩油的大规模开采可以有效缓解当前世界范围内石油资源短缺的困境。假设当前全球每年消耗的石油资源量为 50 亿吨,石油资源消耗的年增长率为 5%,试计算页岩油可供人类使用多少年?

　　(要求列出计算公式和完整的计算步骤,通过计算结果来回答问题。)

第七套

一、单项选择题(每题 2 分,共 20 分)

1. 党的十八大报告中,把生态文明建设纳入中国特色社会主义事业"五位一体"的总体布局,首次把(　　　)作为生态文明建设的宏伟目标。

　　A. 美丽中国　　　　　　　　　　　B. 绿色中国

　　C. 生态中国　　　　　　　　　　　D. 可持续发展

2. 物质循环是生态系统的基本功能之一,下列哪种物质循环与全球气候变化密切相关(　　　)。

　　A. 碳循环　　　　B. 氮循环　　　　C. 硫循环　　　　D. 磷循环

3. 两个 85 dB 的声音叠加后其声强变为(　　　)。

A. 85 dB   B. 170 dB   C. 88 dB   D. 95 dB

4. 城市生态系统具有很多功能,下列哪项功能不属于其中(　　)。

     A. 生活功能   B. 水体自净功能   C. 管理功能   D. 人工调节功能

5. 生态系统的能量流动是通过(　　)进行的。

     A. 消费者   B. 食物链和食物网   C. 生产者   D. 分解者

6. 有机物在水中降解,(　　)起着最主要的作用。

     A. 生物氧化   B. 化学氧化   C. 光化学氧化   D. 物理扩散

7. 关于废旧电池回收与否的问题,不正确的是(　　)。

     A. 2006 年后我国工厂生产的和市场上使用的一般都是环保电池,这种电池污染不大,因此没有必要再继续回收;

     B. 现在正规商场里销售的一次性干电池(通常的 2 号、5 号、7 号等电池)基本已达到低汞或无汞,分散丢弃少量电池对环境基本不构成危害;

     C. 现在正规商场里销售的一次性干电池(通常的 2 号、5 号、7 号等电池)基本已达到低汞或无汞,分散丢弃少量电池对环境基本不构成危害;

     D. 含有铬镍、氢镍、锂离子、铅酸等成分的纽扣电池、充电电池、手机电池等,也属于环保电池的范围内,随意丢弃也不造成对环境的危害。

8. 臭氧是一种天蓝色、有臭味的气体,在大气圈平流层中的臭氧层可以吸收和滤掉太阳光中大量的(　　),有效保护地球生物的生存。

     A. 红外线   B. 紫外线   C. 可见光   D. 热量

9. 下列做法中,不符合"节能减排"理念的是(　　)。

     A. 仔细检查工厂内各个输水、输气管道,杜绝"跑、冒、漏、滴"

     B. 在大功率用电设备上安装变频器,节约用电

     C. 将窑炉产生的热废气直接排放

     D. 对锅炉冷却水进行循环利用

10. 以下有关可持续发展基本原则的论述,不正确的是(　　)。

     A. 各国虽差异甚大,但可持续发展为全球发展总目标,全球人民必须联合行动

     B. 同代人的公平、代与代之间的公平,公平分配有限资源

     C. 要求人类与自然的和谐相处,发展不能超越资源与环境承载能力

     D. 虽然说要满足当代人,也要满足后代人的基本需求,但主要是考虑满足后代人的需求

二、名词解释(每题 4 分,共 24 分)

1. 环境承载力

2. 生态位

3. 化学需氧量(COD)

4. 酸沉降

5. 低碳经济

6. 生态保护红线

三、简答题(每题 6 分,共 36 分)

1. 简述水体富营养化的成因、过程和危害。

2. 根据噪声污染控制的原理和方法,在城市规划中应如何体现控制噪声污染。

3. 简述新时代全国推进生态文明建设的 6 个原则。

4. 什么是海洋酸化？海洋酸化会带来哪些危害？

5. 什么叫城市森林？城市森林的环境功能有哪些？

6. 为何称新修订的《中华人民共和国环境保护法》为"史上最严的环保法"？

四、论述题(每题 10 分,共 20 分)

1. 近年来,我国许多地方连续出现雾霾和沙尘天气。请您就所学的环境学和生态学知识,提出您对治理雾霾和沙尘天气的思路。

2. 2020 年 9 月 22 日,在第七十五届联合国大会一般性辩论上,习近平主席宣布中国将提高国家自主贡献力度,采取更有力措施,二氧化碳的排放力争在 2030 年前达到峰值,努力争取在 2060 年前实现碳中和。上述"双碳"目标的提出是我国在温室气体减排领域又做出的一项突出贡献。请您结合所学知识,谈一谈:(1)我国为什么要提出"双碳战略";(2)可以通过哪些途径来实现"双碳战略"的目标(不少于 200 字,分条叙述)。

第八套

一、单项选择题:(每题 2 分,共 20 分)

1. 造成英国"伦敦烟雾事件"的主要污染物是(　　)。

　　A. 烟尘和二氧化碳　　　　　　　　B. 二氧化碳和氮氧化物

　　C. 烟尘和二氧化硫　　　　　　　　D. 烟尘和氮氧化物

2. 下列最可能属于次生环境问题的是(　　)。

　　A. 海啸　　　　　　　　　　　　　B. 全球温室效应加剧

　　C. 火山喷发　　　　　　　　　　　D. 地方缺碘性甲状腺肿

3. 我国酸雨"两控区"指的是(　　)。

　　A. 氮氧化物和硫氧化物控制区　　　　B. 氮氧化物和酸雨控制区

　　C. 二氧化硫和酸雨控制区　　　　　　D. 二氧化硫和氮氧化物控制区

4. 下列关于生态系统能量流动特点的叙述中,错误的是(　　)。

　　A. 能量的流动是可逆的

　　B. 流动过程中能量急剧减少,从一个营养级到另一个营养级都有大量的能量以热的形式散失掉

　　C. 生产者对太阳能的利用率很低

　　D. 生态系统生产的能量与消耗的能量保持一定的相对平衡时,该生态系统结构和功能才能保持动态平衡

5. 下列哪一项不属于污染物在环境中的物理—化学迁移方式(　　)。

　　A. 大气中的颗粒物随重力沉降到地面

　　B. 重金属吸附在颗粒物表面并随颗粒物扩散

　　C. 水中的有机污染物在厌氧条件下被分解为甲烷和硫化氢

　　D. 水中的 Hg^{2+} 转化为烷基汞

6. 下列关于 $PM_{2.5}$ 的论述中,不正确的是(　　)。

　　A. $PM_{2.5}$ 是指空气中空气动力学当量直径小于或等于 $2.5\ \mu m$ 的固体颗粒物

　　B. $PM_{2.5}$ 可以依靠自身的重力作用沉降到地面

　　C. $PM_{2.5}$ 可进入肺泡,也称为可入肺颗粒物

　　D. $PM_{2.5}$ 可作为细菌、病毒等致病物质的载体

7. 下列选项中属于可再生能源的是(　　)。

    A. 核能　　　　　　　　B. 电能　　　　　　　　C. 可燃冰　　　　　　　　D. 生物质能

8. 绿色食品是指(　　)。

    A. 绿色的食品　　　　　　　　　　　　B. 安全无污染的食品

    C. 安全无污染的蔬菜　　　　　　　　　D. 经加工食品安全无污染

9. 下列哪一项不属于可持续发展的基本原则(　　)。

    A. 公平性原则　　　　B. 持续性原则　　　　C. 共同性原则　　　　D. 平等性原则

10. 下列选项中,不属于循环经济"3R"原则的是(　　)。

    A. 减量化　　　　B. 无害化　　　　C. 再循环　　　　D. 再利用

二、名词解释(每题 4 分,共 26 分)

    1. 生态补偿机制

    2. 城市矿产

    3. 碳中和

    4. 环境容量

    5. 总悬浮颗粒物(TSP)

    6. 面源污染

三、简答题(每题 6 分,共 36 分)

    1. 简述生态学与环境科学的区别与联系。为什么说生态学是环境科学的理论基础之一?

    2. 简述可持续发展的含义和主要原则。通过本课程的学习,以你身边或家乡的某一环境问题为例,谈谈你对我国环境保护和实施可持续发展战略的理解和建议。

    3. 简述我国当前的能源现状及未来的能源战略。

    4. 2011 年联合国环境规划署发布的世界环境日主题是"森林:大自然需要您的呵护(Forests：Nature at Your Service)"。请你从森林生态系统为大自然服务的生态和经济效益分析这个主题的含义。

    5. 简述生态农业与传统农业的区别,并说明发展生态农业对我国的重要意义。

    6. 什么是自然保护地? 它与自然保护区有什么不同? 建设自然保护地的目的有哪些?

四、论述题(每题 10 分,共 20 分)

    1. 党的二十大报告指出"加快发展方式绿色转型。推动经济社会发展绿色化、低碳化是实现高质量发展的关键环节。"请您结合所学的知识,论述如何实现绿色低碳发展。

    2. 分析您目前所处的地区(或您最熟悉的地区),哪一个问题是制约该地区社会和经济可持续发展的最主要环境问题,为什么? 从环境学科的角度,您有什么解决的思路?

第九套

一、单项选择题(每题 2 分,共 20 分)

1. 震惊世界的日本米糠油事件是由于人食用了富集(　　)的食物而引起的病变。

    A. 甲基汞　　　　B. 多氯联苯　　　　C. 重金属镉　　　　D. 二噁英

2. 目前中国的人口问题所面临的最严重挑战是(　　)。

    A. 庞大的人口基数和过快的增长速度　　　　B. 人口老龄化

    C. 性别比不平衡　　　　　　　　　　　　　D. 人口素质低

3. 以下关于生态位重叠的论述中不正确的是(　　)。

A. 通常情况下不同物种的生态位之间只发生部分重叠

B. 两个物种生态位重叠越多,竞争就越激烈

C. 如果两个物种生态位完全重叠将导致这两个竞争同归于尽

D. 如果两个物种生态位完全重叠有可能使二者生态位分离

4. 下列关于空气质量指数(AQI)的论述中,不正确的是(　　　)。

A. 空气质量指数是将常规监测的几种空气污染物的浓度简化成为单一的概念性数值形式并分级表征空气质量状况与空气污染的程度

B. 空气质量指数分为六个级别,指数越大,级别越高说明污染的情况越严重

C. 空气质量分指数(IAQI)大于 50 的污染物为超标污染物

D. 空气质量指数超过 50 时,要报告首要污染物

5. 下列哪种物质是光化学烟雾中二次污染物的主要成分(　　　)。

A. NO　　　　　　　　B. NO_2　　　　　　　　C. O_3　　　　　　　　D. SO_2

6. 能够反映水体中可被生物氧化的有机物数量的综合性指标是(　　　)。

A. 化学需氧量　　　B. 生化需氧量　　　C. 高锰酸盐指数　　　D. 总有机碳

7. 下列关于赤潮的论述中,不正确的是(　　　)。

A. 赤潮是由于海水中一些赤潮生物在一定的条件下暴发性繁殖引起水体变色的一种生态异常现象

B. 赤潮发生时,海水不一定都变成红色,有时能变成橘红色、黄色、绿色或褐色

C. 海域水体的富营养化是导致赤潮发生的主要原因

D. 赤潮都是有害的,会严重损害海洋环境

8. 经过污水厂处理的污水达到以下哪种标准才能够允许排放入环境水体中(　　　)。

A. 地表水环境质量标准　　　　　　　B. 生活饮用水卫生标准

C. 污水综合排放标准　　　　　　　　D. 中水回用标准

9. 自然保护区按功能分为核心区、缓冲区和(　　　)。

A. 外围区　　　B. 封闭区　　　C. 开放区　　　D. 实验区

10. 森林资源的分类是进行森林资源科学管理的前提,下列选项中哪一项是按照森林资源的功能对森林资源进行分类(　　　)。

A. 天然林、天然次生林和人工林

B. 针叶林、针阔叶混交林、阔叶林、竹林和竹丛以及灌木林和灌丛

C. 防护林、用材林、经济林、碳薪林和特种用途林

D. 国有林、集体林、合作林和个体承包林

二、名词解释(每题 4 分,共 26 分)

1. 蓝碳

2. 光污染

3. 城市双修

4. 生态修复

5. 赤潮

6. 环境保护税

三、简答题(每题 6 分,共 36 分)

1. 结合生态学的知识,简述城市生态系统的特点。

2. 从噪声污染控制的原理分析"绿化减噪"在控制噪声污染上的作用。

3. 哪类大气污染物对当前全球性的三大大气污染问题都有贡献,为什么?

4. 本书认为"必须用长远眼光来审视转基因食品的安全性问题"你对这个观点如何认识?

5. 请简述湿地的定义及湿地提供的生态功能。

6. 简述海绵城市的概念及其出现的背景和意义,为什么建设海绵城市也要因地制宜?

四、论述题(每题 10 分,共 20 分)

1. 2021 年 4 月,日本政府决定将福岛第一核电站的上百万吨核污水排放入大海,这一举动受到周边国家的强烈反对。请您结合所学的知识,谈谈核污水排放入大海后,会引发哪些生态环境问题?

2. 近年来,随着我国经济的快速发展,城市化进程在不断加快。高速的城市化带来了一系列社会、生态和环境问题,被人们形象地称为"城市病"。请结合您所学的知识,谈谈什么是"城市病"? 如何解决"城市病"?

第十套

一、单项选择题(每题 2 分,共 20 分)

1. 人类关于环境必须加以保护的认识可以追溯到人类社会的早期,但一般认为,环境科学产生于(   )。

    A. 19 世纪 90 年代   B. 20 世纪 50—60 年代

    C. 20 世纪 40 年代   D. 20 世纪 70 年代

2. 下列关于环境科学与生态学关系的论述中,不正确的是(   )。

    A. 环境科学研究的中心事物是人

    B. 生态学研究的中心事物是所有的生物

    C. 环境科学是生态学的理论基础

    D. 当前环境科学中遇到的一系列问题的解决都离不开生态学的基本原理

3. 下列有关能源的论述中,不正确的是(   )。

    A. 水力能是最为环保的能源,使用过程中不会对环境带来任何负面影响

    B. 风能是一种绿色能源,但是建设风力发电站会破坏野生动物的栖息地

    C. 核能是一种比较安全、可靠、清洁的能源

    D. 生物质能是太阳能以化学能的形式贮存在生物质体内的能量

4. 下列关于雾和霾的论述中,不正确的是(   )。

    A. 雾是指悬浮在空气中的大量的微小液滴

    B. 雾和霾的区别在于水分含量的大小

    C. 雾和霾是同一种天气现象

    D. 雾和霾都会引起能见度的下降

5. 颗粒物是指大气中分散的固态或气态物质,其中,粒径小于 $10~\mu m$ 的颗粒物称为(   )。

    A. 降尘   B. 总悬浮颗粒物   C. 可吸入颗粒物   D. 细颗粒物

6. 溶解氧是评价水体质量好坏的重要参数之一,未受污染的天然水体中的溶解氧在(   )。

    A. 1~3 mg/L   B. 3~5 mg/L   C. 5~8 mg/L   D. 8~10 mg/L

7. 以下哪个条约是关于危险废物的(   )。

    A.《巴塞尔公约》   B.《蒙特利尔公约》   C.《拉姆萨尔公约》   D.《维也纳公约》

8. 建立自然保护区最重要的目的是(　　)。
   A. 保护天然的基因库　　　　　　　B. 保留森林资源
   C. 涵养水源,防止水土流失　　　　D. 美化景观,开发旅游资源
9. 对放射性废物处理的最佳方法是(　　)。
   A. 分选　　　　　　B. 热处理　　　　　　C. 固化　　　　　　D. 生物处理
10. 建设项目可能造成轻度环境影响的,应当编制(　　),对产生的环境影响进行分析或专项
    评价。
   A. 环境影响报告书　　　　　　　　B. 环境影响报告表
   C. 环境影响登记表　　　　　　　　D. 环境影响评价书

二、名词解释(每题 4 分,共 24 分)
   1. 危险废物
   2. 声影区
   3. 环境标准
   4. 国家生态安全
   5. 点源污染
   6. 湿地生态系统

三、简答题(每题 6 分,共 36 分)
   1. 何为"生物地球化学循环"? 如何从生态系统物质循环的理论来说明"'废物'是不适当的时间,不适当的量,放在不适当位置上的资源"?
   2. 叙述面源污染的定义及面源污染的来源。
   3. 能源利用对大气环境有哪些影响? 并根据我国的能源结构简要分析我国大气污染的特点和控制对策。
   4. 叙述食品安全的定义,举例简述食品安全包括的 3 个方面的内容。
   5. 我国的水资源有哪些特点? 如何合理利用和保护水资源?
   6. 某水电站工程项目在环境影响评估中涉及水环境影响评价,请指出在水环境方面需要监测的主要指标及其表达方式。

四、论述题(每题 10 分,共 20 分)
   1. 森林覆盖着地球上三分之一的陆地面积,为地球提供着至关重要的功能和服务,让我们的星球生机勃勃。请您列出陆地森林生态系统的生态效益和经济效益。(至少有 15 个方面)
   2. 我国从 1995 年起实施伏季休渔制度,请您用生态学相关知识论述这项政策的科学基础,并且评价这项政策的实施对保护海洋和湖区渔业资源的意义。

参考文献及推荐读物

丁军.特大型城市风口地区生态环境治理.北京:北京燕山出版社,2020.

高英杰,王旅东.生态文明.北京:化学工业出版社,2020.

侯青叶.中国土壤地球化学参数.北京:地质出版社,2020.

贾秀英,倪伟敏,朱维琴.环境学案例分析.北京:化学工业出版社,2020.

李广贺.水资源利用与保护.北京:中国建筑工业出版社,2020.

李玉鹏,赵东梅.垃圾分类.北京:化学工业出版社,2020.

刘谋炎.人与自然和谐共生:山水林田湖草生命共同体建设的理论与实践.北京:人民出版社,2020.

罗文泊,盛连喜.生态监测与评价.北京:化学工业出版社,2020.

万笙,刘竟成.绿色发展视角下页岩气开发风险评估与环境满意度研究.北京:北京理工大学出版社,2020.

袁霄梅,张俊,张华等.环境保护概论(第2版).北京:化学工业出版社,2020.

董玉瑛,白日霞.环境学.北京:科学出版社,2019.

何国强,张哲媛,马新萍.环境保护基础.北京:文化发展出版社,2019.

科学技术部社会发展科技司:中国21世纪议程管理中心.应对气候变化国家研究进展报告.北京:科学出版社,2019.

理查德·皮尔森.濒临灭绝:气候变化与生物多样性.刘炎林,梁旭昶,译.重庆:重庆大学出版社,2019.

大森信,Thorne-Miller B.海洋生物多样性.季琰,孙忠民,李春生,译.青岛:中国海洋大学出版社,2019.

龙湘犁,何美琴.环境科学与工程概论.北京:化学工业出版社,2019.

刘经伟,刘伟杰.大学生生态文明实践教程.北京:中国林业出版社,2019.

卢风,等.生态文明:文明的超越.北京:中国科学技术出版社,2019.

帕斯卡尔·康凡,彼特·斯坦姆.巴黎气候协定30问.王瑶琴,译.北京:中国文联出版社,2019.

马中.环境与自然资源经济学概论.北京:高等教育出版社,2019.

蒙天宇,周国梅,汪万发,等.国际无废城市建设研究.北京:中国环境出版集团,2019.

邱贤华.水污染治理与控制技术新探.咸阳:西北农林科技大学出版社,2019.

钱易,何建坤,卢风.生态文明理论与实践.北京:清华大学出版社,2019.

任铃,张云飞,靳诺,等.改革开放40年的中国生态文明建设.北京:中共党史出版社,2019.

生态环境部环境与经济政策研究中心.气候变化与环境治理研究.北京:环境科学出版社,2019.

尚建程,桑换新,张舒.突发环境污染事故典型案例分析.北京:化学工业出版社,2019.

王毅,苏利阳.绿色发展改变中国:如何看中国生态文明建设.北京:外文出版社,2019.

魏振枢.环境保护概论(第4版).北京:化学工业出版社,2019.

吴贤静.美丽中国图景中的生态红线法律问题研究.北京:人民出版社,2019.

宋立杰,安淼,林永江,等.农用地污染土壤修复技术.北京:冶金工业出版社,2019.

赵景联,徐浩,杨柳,等.环境科学与工程导论.北京:机械工业出版社,2019.

周选维.生物技术概论.北京:高等教育出版社,2019.

曹林奎,黄国勤.现代农业与生态文明.北京:科学出版社,2018.

方淑荣,姚红.环境科学概论(第2版).北京:清华大学出版社,2018.

高吉喜,薛达元,马克平.中国生物多样性国情研究.北京:中国环境出版集团,2018.

管华主编.环境学概论.北京:科学出版社,2018.

韩德培.环境保护法教程(第8版).北京:法律出版社,2018.

李淑芹,孟宪林.环境影响评价(第2版).北京:化学工业出版社,2018.

刘芃岩.环境保护概论(第2版).北京:化学工业出版社,2018.

汪劲.环境法学(第4版).北京:北京大学出版社,2018.

William P,Cunningham M.环境科学:全球关注的问题(第13版).北京:清华大学出版社,2018.

苏志华.环境学概论.北京:科学出版社,2018.

朱四喜.人工湿地生态系统功能研究.北京:科学出版社,2018.

段昌群,盛连喜.资源生态学.北京:高等教育出版社,2017.

刘冬梅,高大文.生态修复理论与技术.哈尔滨:哈尔滨工业大学出版社,2017.

刘俊国,安德鲁·克莱尔.生态修复学导论.北京:科学出版社,2017.

卢桂宁,党志.环境科学与工程通识教程.北京:科学出版社,2017.

欧维维,田佩雯.转基因风险争议探析.武汉:长江出版社,2017.

王智,钱者东,张慧.国家级自然保护区生态环境变化调查与评估:2000—2010年.北京:科学出版社,2017.

周北海,陈月芳,袁蓉芳,等.环境学导论.北京:化学工业出版社,2017.

周国强,张青.环境保护与可持续发展概论.北京:中国环境出版社,2017.

黄儒钦,郑爽英,王文勇.环境科学基础(第4版).成都:西南交通大学出版社,2016.

李振基,陈小麟,郑海雷.生态学(第4版).北京:科学出版社,2016.

李宏,许惠.外来物种入侵科学导论.北京:科学出版社,2016.

宋小飞,牛晓君,刘昕宇,等.环境通识教育教程.北京:科学出版社,2016.

张景环,匡少平,胡术刚,等.环境科学.北京:化学工业出版社,2016.

张忠伦,辛志军.室内电磁辐射污染控制与防护技术.北京:中国建材工业出版社,2016.

朱鲁生.环境科学概论(第2版).北京:中国农业出版社,2016.

郭怀成,刘永.环境科学基础教程(第3版).北京:中国环境出版社,2016.

牛翠娟,娄安如,孙儒泳,等.基础生态学(第3版).北京:高等教育出版社,2015.

曲向荣.环境学概论(第2版).北京:科学出版社,2015.

谭万忠,彭于发.生物安全学导论.北京:科学出版社,2015.

中国科学院武汉文献情报中心,生物安全战略情报研究中心.生物安全发展报告:科技保障安全.北京:科学出版社,2015.

黄冠胜.中国外来生物入侵检验防范.北京:中国质检出版社,2014.

王家德,成卓韦.现代环境生物工程.北京:化学工业出版社,2014.

马光.环境与可持续发展导论(第3版).北京:科学出版社,2014.

曲项荣.环境保护与可持续发展(第2版).北京:清华大学出版社,2014.

杨京平.环境与可持续发展科学导论.北京:中国环境科学出版社,2014.

李永峰,乔丽娜,张洪,等.可持续发展概论.哈尔滨:哈尔滨工业大学出版社,2013.

张洪江.水土保持与荒漠化防治实践教程.北京:科学出版社,2013.

沈清基.城市生态与城市环境.上海:同济大学出版社,2012.

郑有飞.环境科学概论.北京:气象出版社,2011.

沈国英.海洋生态学(第3版).北京:科学出版社,2010.

熊治廷.环境生物学.武汉:武汉大学出版社,2010.

盛连喜,王娓,冯江.环境生态学导论(第2版).北京:高等教育出版社,2009.

王麟生.环境化学导论(第2版).上海:华东师范大学出版社,2008.

唐孝炎,张远航,邵敏.大气环境化学.北京:高等教育出版社,2006.

林鹏.海洋高等植物生态学.北京:科学出版社,2005.

杨士弘.城市生态环境学(第2版).北京:科学出版社,2005.

何强,井文涌,王翊亭.环境学导论(第3版).北京:清华大学出版社,2004.

樊芷芸,黎松强.环境学概论(第2版).北京:中国纺织出版社,2004.

刘君卓,等.居住环境和公共场所有害因素及其防治(第2版).北京:化学工业出版社,2004.

陆健健.湿地生态学.上海:华东师大出版社,2004.

Graedel T E,Allenby B R.产业生态学(第2版).施涵,译.北京:清华大学出版社,2003.

肖笃宁,李秀珍,等,李团胜.景观生态学.北京:科学出版社,2003.

李振宇,解焱.中国外来入侵种.北京:中国林业出版社,2002.

张景来,王剑波,常冠钦,等.环境生物技术及应用.北京:化学工业出版社,2002.

吴人坚,陈立民.国际大都市的生态环境.上海:华东理工大学出版社,2001.

周律.清洁生产.北京:中国环境科学出版社,2001.

殷浩文.生态风险评价.上海:华东理工大学出版社,2001.

李爱贞.生态环境保护概论.北京:气象出版社,2001.

钱易,唐孝炎.环境保护与可持续发展.北京:高等教育出版社,2000.

吴人坚,王祥荣,戴流芳.生态城市建设的原理和途径:兼析上海市的现状和发展.上海:复旦大学出版社,2000.

张维平.保护生物多样性.北京:中国环境科学出版社,2000.

钟章成.植物种群生态适应机理研究.北京:科学出版社,2000.

曲格平.环境保护知识读本.北京:红旗出版社,1999.